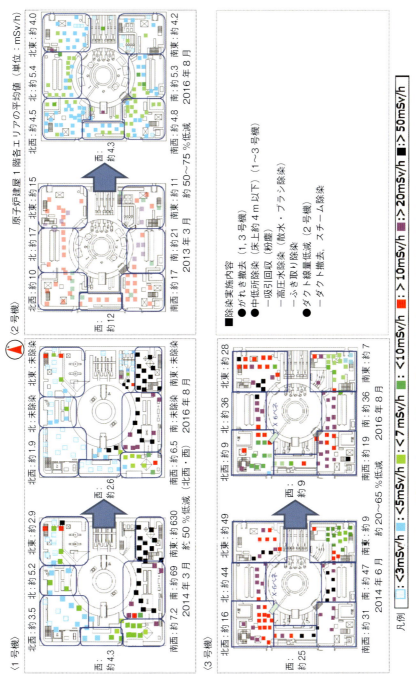

口絵1 東京電力福島第一原子力発電所原子炉建屋1階の空間線量の推移（図3.14参照）

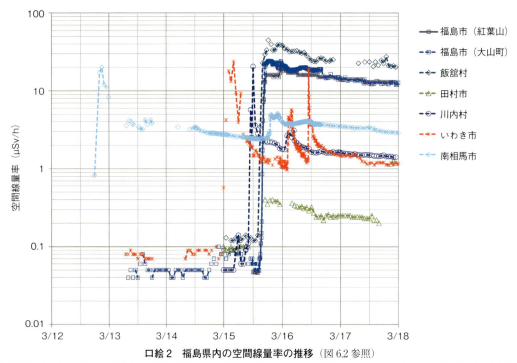

口絵2　福島県内の空間線量率の推移（図6.2参照）

［出典：K. Akahane, S. Yonai, S. Fukuda, N. Miyahara, H. Yasuda, K. Iwaoka, M. Matsumoto, A. Fukumura, M. Akashi, *Sci. Rep.*, **3**, 1670（2013）］

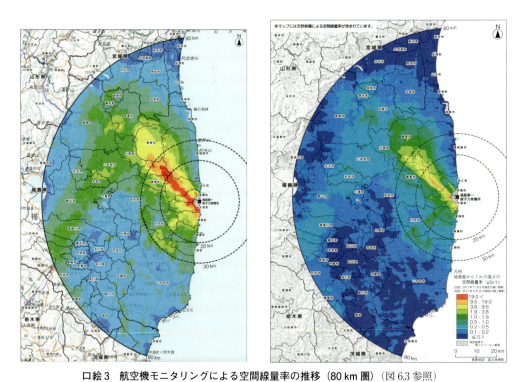

口絵3　航空機モニタリングによる空間線量率の推移（80 km 圏）（図6.3参照）

「出典：（左図）文部科学省「文部科学省による第4次航空機モニタリングの測定結果について」（平成23年12月16日）
（右図）原子力規制委員会「福島県及びその近隣県における航空機モニタリングの測定結果について」（平成30年2月20日）」

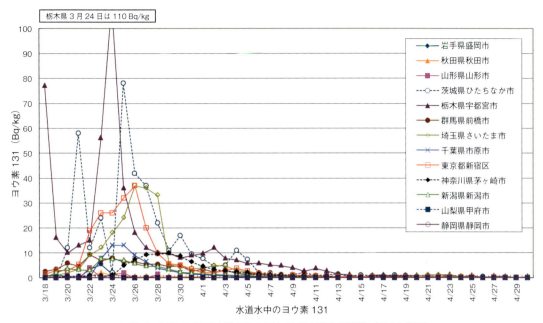

口絵4 1都12県の水道水中のヨウ素131濃度の推移 (図6.4参照)

注1：グラフ中において，検出下限値未満の場合は，図作成のため便宜的にゼロとしている。
注2：測定を実施している都道府県のうち放射性ヨウ素の検出があった都県のみ示した。
[出典：環境省「放射線による健康影響等に関する統一的な基礎資料（平成27年度版）」第7章 環境モニタリング（原典：厚生労働省「水道水における放射性物質対策検討会資料」（平成23年6月）)]

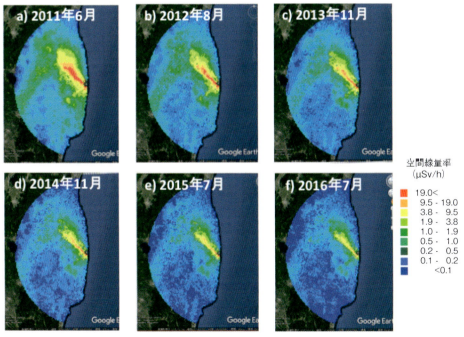

口絵5 80 km圏内の空間線量率分布の経時変化 (図7.1参照)
[出典：斎藤公明，FBNews, 476, 1-5 (2016)]

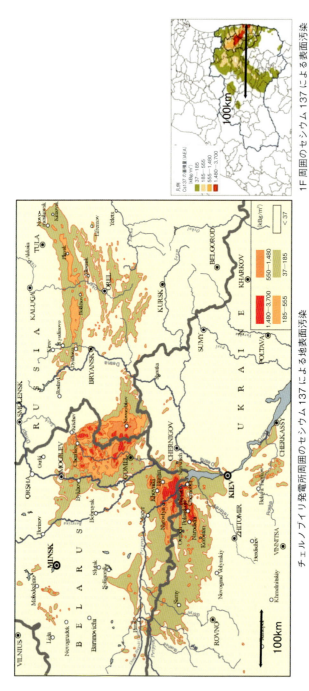

口絵6 チェルノブイリ原子力発電所4号機と福島第一原子力発電所の事故による環境汚染の広がり
チェルノブイリ発電所周囲のセシウム137による地表面汚染　　1F周囲のセシウム137による表面汚染（図7.38参照）
[出典：(左図) IAEA, STI/PUB/1239 (2006) ;（右図）文科省発表データからの試算]

原子力のいまと明日

一般社団法人
日本原子力学会 編

丸善出版

はじめに

　2011（平成23）年3月11日の東日本大震災に伴う東京電力福島第一原子力発電所事故が発生して8年が過ぎました。日本原子力学会は事故により生業の中断や避難を強いられるなど，生活に被害を受けられた皆様に改めて心からお見舞いを申し上げます。現在でも未だ多くの方々が故郷を離れて暮らしておられますが，1日も早く安定した生活ができることをお祈りいたします。

　原子力の平和利用は，原子力発電が世界で一定のエネルギー源としての役割を果たし，地球温暖化防止にも寄与しています。また，放射線利用は医学での診断・治療をはじめ，工業，農業および環境科学，考古学などの研究まで不可欠の手段となっています。

　最近の状況として，文部科学省は初等中等教育段階での放射線，原子力に関する理解が必要との認識から，平成29年の学習指導要領の改正に際して，放射線について中学校2年生から教えることとしており，この新学習指導要領に従って編集された教科書を用いての，生徒たちの放射線リテラシーの充実が期待されます。

　原子力や放射線について，一般市民，教師，学生などに学問的な背景も交えて系統的にわかりやすく説明するために，日本原子力学会は平成10年に『原子力がひらく世紀』（編集委員長・仁科浩二郎名古屋大学教授（当時））を編集，刊行しました。幸いに多くの読者を得て4回の増刷を重ね，平成23年には『改訂第3版』を刊行しました。初版からの販売部数は2万冊を超え，日本原子力学会のこの種の出版物として最も多く読まれています。しかし，『改訂第3版』は東日本大震災の直前の完成・販売だったため，同震災以後の原子力の状況は記載されていません。

　震災とこれに伴う東京電力福島第一原子力発電所事故（以後，事故と略記）の状況が明らかになるにつれて，日本原子力学会として事故以後の原子力の状況をまとめた『原子力がひらく世紀』の姉妹版となるべき新刊出版が必要であるとの声が上がってきました。そこで，学会内に新刊編集委員会を置き，約60名の各分野の専門家に執筆をお願いして1年余りで本書の刊行の運びとなりました。

はじめに

　本書はⅢ部11章で構成しました。第Ⅰ部で事故の推移と発電所の現状，廃炉までの道のりについてまとめています。第Ⅱ部は放射線の人体影響に関する最新の知見，事故による人体への影響，および生活，産業，経済など発電所外への影響です。風評被害は実態がつかみにくいものの，その社会への影響は大きいので，本書ではその面に関しても実態把握と解析を加えています。第Ⅲ部では事故以後のわが国および世界各国の原子力利用状況の変化，および軽水炉の改良，軽水炉以外の原子炉の研究開発状況をまとめました。また，放射線利用を含む量子ビーム技術の最近の発展と，原子力科学技術分野に必要な人材育成に取り組んでいる活動を紹介しました。

　前述のように，本書は主として一般市民に原子力・放射線をより正しく理解してもらうことを主な目的としていますが，教師，学生による副読本的な使われ方をされることも願っています。また，原子力・放射線研究の歴史や詳しい原理などは『原子力がひらく世紀』にあるので，探求したい方はぜひ姉妹版として同書も参考にしてください。

　日本原子力学会は本年2月で発足60周年，人生での還暦を迎えました。本書はその記念ともなるべく，執筆にあたり充実した内容となるよう各分野の専門家に最大の努力をはらっていただきました。執筆いただいた日本原子力学会員および関係した方々に紙上を借りて深く感謝いたします。本書が読者の参考として大いに活用されることを切に願って結びといたします。

平成31年3月

一般社団法人　日本原子力学会
『原子力のいまと明日』編集委員会
委員長
工　藤　和　彦

目　次

第Ⅰ部　東日本大震災と東京電力福島第一原子力発電所事故

第1章　原子力発電の基礎知識 ……………………………………………………… 3
第2章　事故の推移と発電所の現状 ………………………………………………… 25
第3章　廃炉への道のり ……………………………………………………………… 45
第4章　事故の教訓を踏まえた安全性向上への取り組み ………………………… 81

第Ⅱ部　東京電力福島第一原子力発電所事故の影響

第5章　放射線の基礎知識と人体への影響 ………………………………………… 103
第6章　事故による放射線の健康影響と放射線の防護・管理 …………………… 125
第7章　事故による環境の汚染と修復，住民生活への影響 ……………………… 147
第8章　事故による産業・経済への影響，風評被害 ……………………………… 199

第Ⅲ部　原子力の状況とこれから

第9章　日本のエネルギーの確保と原子力 ………………………………………… 223
第10章　世界の原子力利用 …………………………………………………………… 251
第11章　原子力科学技術の利用と人材育成 ………………………………………… 281

編集委員一覧 …………………………………………………………………………… 317
執筆者一覧 ……………………………………………………………………………… 319
索　引 …………………………………………………………………………………… 323

（詳細な目次は各章冒頭の扉参照）

第Ⅰ部

東日本大震災と
東京電力福島第一原子力発電所事故

第1章	原子力発電の基礎知識 ……………………………	3
第2章	事故の推移と発電所の現状 ………………………	25
第3章	廃炉への道のり ………………………………………	45
第4章	事故の教訓を踏まえた安全性向上への取り組み …	81

第1章　原子力発電の基礎知識

編集担当：工藤和彦

- 1.1 原子力発電所 ……………………………………………（工藤和彦）4
  - 1.1.1 原子炉の構成と種類 …………………………………………… 4
  - 1.1.2 沸騰水型軽水炉（BWR）原子力発電所の概要 ………………… 6
  - 1.1.3 加圧水型軽水炉（PWR）原子力発電所の概要 ………………… 9
  - 1.1.4 加圧型重水炉（PHWR）原子力発電所の概要 ………………… 14
- 1.2 原子炉のはたらき ………………………………………（工藤和彦）15
  - 1.2.1 核分裂とエネルギーの発生，連鎖反応 ………………………… 15
  - 1.2.2 原子炉内の中性子のふるまい …………………………………… 16
  - 1.2.3 中性子の寿命 …………………………………………………… 17
  - 1.2.4 原子炉の固有の安全性（自己制御性）………………………… 18
  - 1.2.5 原子炉の制御 …………………………………………………… 19
- 1.3 燃料の燃焼と核分裂生成物 ……………………………（工藤和彦）21
  - 1.3.1 燃料の燃焼 ……………………………………………………… 21
  - 1.3.2 核分裂生成物（FP）の生成と種類 …………………………… 21
  - 1.3.3 プルトニウムの生成 …………………………………………… 22

1.1 原子力発電所

1.1.1 原子炉の構成と種類

原子炉は，ウラン，プルトニウムなどの核燃料物質を燃料として，核分裂の連鎖反応を安全に制御しつつ持続させ，発生する熱エネルギーや放射線を利用するための装置である。

原子炉の基本的な構成を図 1.1 に示す。原子炉容器の内部は核燃料，減速材，冷却材，構造材から構成されており，炉心部で核燃料中のウラン，プルトニウムが核分裂する。炉心の周りには核分裂で漏れてくる中性子を反射して炉心部に戻す反射材（遮蔽材を兼ねる）が置かれている。

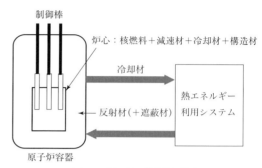

図 1.1 原子炉の基本的な構成

[出典：原子力・量子・核融合事典編集委員会 編『原子力・量子・核融合事典』第Ⅱ分冊，p.Ⅱ-49，丸善出版（2014）]

原子力発電所では，原子炉で発生させた熱エネルギーで水を高温高圧の蒸気に変え，この蒸気で

表 1.1 発電用原子炉（動力炉）の分類

原子炉の分類		燃料	減速材	冷却材	開発国・特徴
軽水炉	加圧水型	濃縮ウラン，プルトニウム	軽水	軽水	米国。現在の世界の発電用原子炉の主流
	沸騰水型				
重水炉	CANDU 炉	天然ウラン	重水	重水	カナダ。天然ウランを利用できる。
	軽水冷却型	濃縮ウラン，プルトニウム	重水	軽水	日本。新型転換炉の実証炉として建設運転されたが，経済性の点から廃炉になった。
軽水冷却黒鉛減速炉	LWGR	濃縮ウラン	黒鉛	軽水	旧ソ連
ガス炉	GCR	天然ウラン	黒鉛	炭酸ガス	英国。天然ウランを利用できる。
	AGR	濃縮ウラン	黒鉛	炭酸ガス	英国。GCR の改良型
	HTTR	濃縮ウラン	黒鉛	ヘリウム	日本。世界で初めて 950℃ の出口温度達成
	THTR	濃縮ウラン，トリウム	黒鉛	ヘリウム	ドイツ。被覆粒子燃料を黒鉛で固め球形にしたもの
	PBMR	濃縮ウラン	黒鉛	ヘリウム	被覆粒子燃料を黒鉛で固め球形にしたもの（開発中）
その他	チェルノブイリ型炉	濃縮ウラン	黒鉛	軽水	ロシア。圧力管に装荷した燃料を黒鉛減速材中に配置した設計
	溶融塩炉	ウラン-トリウムフッ化物	黒鉛	溶融塩	米国。$LiF\text{-}BeF_2\text{-}ThF_4\text{-}^{233}UF_4$ の溶融塩を用い，原子炉内の黒鉛減速材中で臨界，熱発生をする。実験炉が運転された。

注）CANDU 炉：Canadian deuterium uranium reactor, LWGR：light water graphite reactor, GCR：gas cooled reactor, AGR：advanced gas-cooled reactor, HTTR：high-temperature engineering test reactor, THTR：thorium high-temperature reactor, PBMR：pebble bed modular reactor

[出典：原子力・量子・核融合事典編集委員会 編『原子力・量子・核融合事典』第Ⅱ分冊，p.Ⅱ-50，丸善出版（2014）]

タービンを回して，これに直結した発電機で電力を発生させている。使用する蒸気の温度および圧力は異なるが，熱エネルギー利用システムの原理は火力発電と同じである[*1]。

発電用原子炉は動力炉とも呼ばれ，その分類を表1.1に示す。この中で，軽水炉と記しているのは，重水炉[*2]と区別するためで，軽水とは通常の水のことである。以後は軽水炉および重水炉について説明する。

世界で運転中の発電用原子炉は約440基（出力合計4億kW，2018年1月現在）ある。表1.2はその原子炉の炉型別の運転状況を示したもので，加圧水型軽水炉（PWR）[*3]が約280基，沸騰水型

表1.2 世界の運転中の炉型別発電用原子炉数

（2015年12月現在）

炉型	基数	割合（％）
加圧水型軽水炉（PWR）	283	64
沸騰水型軽水炉（BWR）	78	18
加圧型重水炉（PHWR）	49	11
チェルノブイリ型炉（RBMK）	15	3
ガス炉（GCR, AGR）	14	3
高速炉（FR）	3	1
合計	442	100

注）PHWR：pressurized heavy water reactor。CANDU炉とも呼ばれる。
RBMK：Reaktor Bolshoy Moshchnosti Kanalnyy, LWGRとも呼ばれる。FR：fast reactor。その他の略語は表1.1参照。
[出典：国際原子力機関（IAEA・PRIS），世界原子力発電協会（WNA）データベース]

表1.3 日本の原子力発電所の発電炉一覧

運転中

会社名	発電炉名	炉型	出力（MWe）	運転開始	運転年数
日本原子力発電	東海第二	BWR	1,100	1978.11.28	39
	敦賀2	PWR	1,160	1987.02.17	31
北海道電力	泊1	PWR	579	1989.06.22	29
	泊2	PWR	579	1991.04.12	27
	泊3	PWR	912	2009.12.22	8
東北電力	女川1	BWR	524	1984.06.01	34
	女川2	BWR	825	1995.07.28	23
	女川3	BWR	825	2002.01.30	16
	東通1	BWR	1,100	2005.12.08	12
東京電力	柏崎刈羽1	BWR	1,100	1985.09.18	32
	柏崎刈羽2	BWR	1,100	1990.09.28	27
	柏崎刈羽3	BWR	1,100	1993.08.11	24
	柏崎刈羽4	BWR	1,100	1994.08.11	23
	柏崎刈羽5	BWR	1,100	1990.04.10	28
	柏崎刈羽6	ABWR	1,356	1996.11.07	21
	柏崎刈羽7	ABWR	1,356	1997.07.02	21
中部電力	浜岡3	BWR	1,100	1987.08.28	30
	浜岡4	BWR	1,137	1993.09.03	24
	浜岡5	ABWR	1,380	2005.01.18	13
北陸電力	志賀1	BWR	540	1993.07.30	25
	志賀2	ABWR	1,206	2006.03.15	12
関西電力	美浜3	PWR	826	1976.12.01	41
	高浜1	PWR	826	1974.11.14	43
	高浜2	PWR	826	1975.11.14	42
	高浜3	PWR	870	1985.01.17	33
	高浜4	PWR	870	1985.06.05	33
	大飯3	PWR	1,180	1991.12.18	26
	大飯4	PWR	1,180	1993.02.02	25
中国電力	島根2	BWR	820	1989.02.10	29
四国電力	伊方3	PWR	890	1994.12.15	23
九州電力	玄海2	PWR	559	1981.03.30	37
	玄海3	PWR	1,180	1994.03.18	24
	玄海4	PWR	1,180	1997.07.25	21
	川内1	PWR	890	1984.07.04	34
	川内2	PWR	890	1985.11.28	32

建設中

会社名	発電炉名	炉型	出力（MWe）	着工（工認）
電源開発	大間	ABWR	1,383	2008.05
東京電力	東通1	ABWR	1,385	2011.01
中国電力	島根3	ABWR	1,373	2005.12

[出典：日本原子力産業協会]

---

*1 火力発電の運転は燃料費が多くを占めるので，熱効率を高めるため新鋭火力発電所では蒸気圧力22 MPa以上，蒸気温度560℃以上である。原子力発電の蒸気タービンで用いられる蒸気圧力は約7 MPa，蒸気温度は約280℃である。

*2 重水炉：通常の水（軽水，H_2O）の水素原子の質量数は1（^1H）であるが，水素の同位体である質量数2の重水素（^2H, D）からなる水を区別して重水（D_2O）という。重水は中性子の吸収が少ない利点があり，天然ウランを燃料とする原子炉をつくることができる。重水素は安定な同位体であり，天然の存在比は0.0115%とわずかである。

*3 PWR：pressurized water reactor

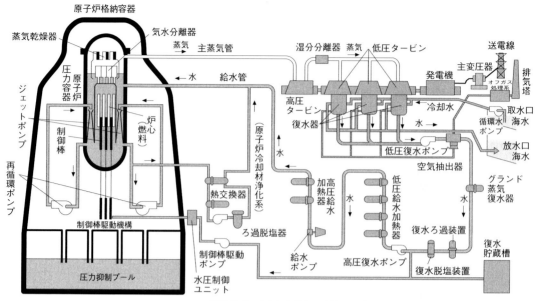

原子炉でつくられた蒸気は直接タービンに送られる。
図 1.2　BWR 原子力発電所の概要
［出典：日本原子力学会 編『原子力がひらく世紀 第 3 版』p.162，日本原子力学会（2011）］

軽水炉（BWR）[*4]が約 80 基，加圧型重水炉（PHWR）が約 50 基と，この 3 種で 9 割強を占める。また，PWR と BWR とは 4 対 1 の割合で，PWR が多く使われている。

現在の日本の原子力発電所は BWR（および ABWR）[*5]と PWR の炉型がほぼ同数で，38 基（うち建設中が 3 基。廃炉を除く）設置されている。その一覧を表 1.3 に示す。電気出力は約 55 万 kW から最大で約 175 万 kW のものまである。運転年数が 40 年を越す見込みの発電炉のうち，さらに 20 年の運転延長を申請しているものもある。

1.1.2　沸騰水型軽水炉（BWR）原子力発電所の概要

a．BWR 原子力発電所

BWR 原子力発電所では，核燃料が発生する熱エネルギーによって原子炉の冷却水（軽水）を沸騰させて蒸気をつくり，この蒸気をタービン発電機に導き発電をする。

BWR 原子力発電所の概要を図 1.2 に，原子炉圧力容器の構造を図 1.3 に示す。原子炉の炉心部は燃料集合体を束ねた部分である。燃料棒，燃料集合体の構造を図 1.4 に示す。冷却水は炉心部で燃料から熱エネルギーを受け取り，沸騰して蒸気になり，炉心出口では体積割合で 70 % くらいが蒸気になっている。

この水と蒸気の二層流は，上部にある気水分離器を通って蒸気のみになり，さらに蒸気乾燥器を通って乾燥し，蒸気出口ノズルから出て，282 ℃，6.7 MPa の蒸気となって主蒸気管を通って高圧および低圧タービンに導かれ羽根車を回し，これに直結された発電機を回す。

タービンで仕事（発電）をした蒸気は復水器に排出され，復水器内にある海水が通っている冷却

[*4]　BWR：boiling water reactor
[*5]　ABWR：advanced BWR，130 万 kW 級の原子炉に用いられている。

第1章　原子力発電の基礎知識

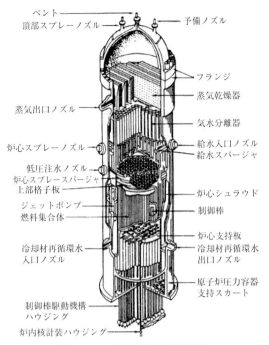

図 1.3　BWR 原子炉圧力容器の構造
[出典：原子炉安全研究協会 編『軽水炉発電所のあらまし（改訂第3版）』p. 32（2008）]

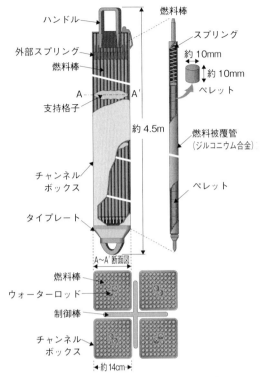

図 1.4　BWR の燃料棒，燃料集合体の構造
[出典：日本原子力文化財団『「原子力・エネルギー」図面集』5-1-7（2016）]

図 1.5　フランスのクリュアス原子力発電所
河川水の温度上昇を抑えるための冷却塔。
原子炉本体は写真左隅の4基。白い煙は冷却水の湯気である。
[出典：原子力委員会『平成10年版 原子力白書』図 2-6-14（1998）]

管で冷やされて，約40℃の水に戻される。冷却水は低圧および高圧の給水加熱器を介して昇温され，給水ポンプで昇圧され，給水管を通って再び原子炉圧力容器に戻される。

タービン入口圧力の 6.7 MPa に対して，復水器内部での圧力は約 0.01 MPa の真空になっているので，蒸気はその圧力差でタービンの羽根車を回す仕事ができる。

原子力発電所を沿海部に設置している日本では，復水器の冷却には海水が使われている。国外では内陸部に立地し，復水器を湖・河川水で冷却する炉の方が多い。内陸部にある炉の多くには，湖・河川水の温度上昇を抑えるため，図1.5のように復水器を冷却した河川水の熱を空中に放散するための巨大な冷却塔が置かれている。

電気出力が110万kW級[*6]のBWRの原子炉圧力容器は，内径約6.2 m，高さ約22 m，厚さ約17 cmの鋼鉄製の円筒容器で，上下端は半球状になっている。熱エネルギーを発生する炉心部は，直径約4.8 m，高さ約3.7 mの円筒形であり，約770体の燃料集合体が入っている。

燃料集合体は，図1.4のように外径約11 mm，長さ約4 mの燃料棒を9×9本の正方格子状に組んで，チャンネルボックスと呼ばれる断面が四角の金属筒に入れたものである。燃料棒を1本1本取り扱うのは大変なので，燃料集合体として組み立てて扱われる。

BWRの制御棒は炉心下部から挿入され，水圧や電気モーターで動く制御棒駆動装置が原子炉圧力容器の下部に設置されている。断面が十字型の制御棒（約190体）は，制御棒駆動装置によって燃料集合体間の隙間を下から上に挿入される。制御棒は燃料の燃焼に伴う核分裂物質の減少を補償するなどの長期にわたる出力制御に使われる。

b. 再循環系

BWRでは，冷却水を強制循環させて炉心で発生する熱を取り出すため，図1.2に示すように，原子炉圧力容器外に設置した再循環ポンプと原子炉圧力容器内に収納したジェットポンプとを組み合わせた再循環系（再循環系ループ）が設けられている。

炉心を循環する冷却水のうち，約3分の1は冷却材再循環水出口ノズルから取り出され，再循環ポンプで昇圧された後，冷却材再循環水入口ノズルから，炉心の外周部にあるジェットポンプの駆動流体として供給される。冷却水の残りの約3分の2はジェットポンプに吸引されて駆動流と混合された後，炉心の下部に流入し，反転して上昇して炉心部で加熱される。

再循環系には，原子炉出力および核分裂を制御する役割もある。速度可変の再循環ポンプにより，原子炉冷却水の再循環流量を調整して蒸気泡の量を変化させ，原子炉出力を制御する。この再循環流量の調整は，通常運転時の急速な負荷変化に対応する出力制御と，短期的な核分裂（反応度）の調整に使われる[*7]。再循環系をもつのがBWRの特徴である。

BWRには，図1.2のように原子炉圧力容器の外部に再循環ポンプを設けたものと，新しい設計として，再循環ポンプを原子炉圧力容器内部の炉心部の外周にインターナルポンプとして設置した改良型BWR（ABWR）[*5]とがある。

c. 非常用炉心冷却装置，原子炉格納容器

原子炉冷却系の配管などに破断事故が発生し，炉心から原子炉冷却材が喪失する場合（冷却材喪失事故）に備えて，非常用炉心冷却装置（ECCS）[*8]が設けられている（図1.6）。ECCSの炉心スプレイ系は，事故時には原子炉圧力容器の上部に設けられたドーナツ状の穴の開いた水管の上部から，シャワーのように散水して燃料を冷却する。

冷却材喪失事故により燃料溶融・破損が発生した場合，原子炉冷却材に放射性物質が混入する。冷却材が原子炉圧力容器から流出した場合も，放射性物質が外部に放散しないように，原子炉格納容器が設置されている。電気出力110万kW級の原子炉格納容器は高さ30〜50 mの円錐形をしている。格納容器上部の内壁には格納容器スプレイ装置と呼ばれるドーナツ状の水管が設けられ，事故時に格納容器の上部からシャワーのように散水して内部を冷却する。原子炉格納容器の下部には，水を張った圧力抑制プール[*9]（圧力抑制室）が置かれている。配管の破断などで格納容器内に流出した高温の蒸気は圧力抑制室へ導かれてプール水で冷却・凝縮されるので，格納容器の圧力上昇が抑えられ，格納容器の破壊を防ぐ。

事故後は燃料の崩壊熱により長期にわたって格納容器内の温度・圧力が上昇するので，格納容器

[*6] 軽水型原子力発電所の熱効率（電気出力／熱出力×100％）はおよそ33％である。電気出力110万kWの原子力発電所では原子炉熱出力は約330万kWである。熱出力と電気出力の差の220万kWは蒸気タービンの復水器を通して海水などへ放出されている。なお，火力発電の熱効率はこれよりも高い。

[*7] 再循環流量制御：この原理は1.2.5項 b.「原子炉の制御」で説明する。

[*8] ECCS：emergency core cooling system

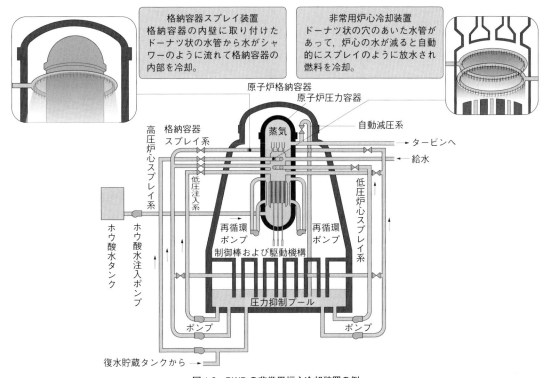

図 1.6　BWR の非常用炉心冷却装置の例
［出典：日本原子力文化財団『「原子力・エネルギー」図面集』5-2-2（2016）］

内を継続的に冷却する必要がある。格納容器内に浮遊しているヨウ素のような放射性物質を除去する必要もある。格納容器スプレイ装置は，これらのために使われる。さらに格納容器外へ放射性物質が漏えいした場合に備えて，原子炉建屋にはフィルターを備えた非常用ガス処理系が設けられている。

冷却材喪失事故に伴って，燃料棒（燃料被覆管，材料：ジルカロイ[*10]）の温度が上昇した場合，水-金属反応（水-ジルカロイ反応）により水素ガスが発生するので，水素爆発によって格納容器の健全性を損なう可能性がある。水素爆発を防止するため，BWR においては運転中は原子炉格納容器内に窒素を封入しており，また発生した水素を酸素と再結合させるための可燃性ガス濃度制御系が設けられている。

1.1.3　加圧水型軽水炉（PWR）原子力発電所の概要

a. PWR 原子力発電所

PWR 原子力発電所の概要を図 1.7，原子炉容器の構造を図 1.8，蒸気発生器の構造を図 1.9 に示す。原子炉の主要部は BWR と同様に燃料集合体を束ねた部分で，炉心と呼ばれる。燃料棒，燃料集合体の構造を図 1.10 に示す。

PWR では，原子炉の炉心部で発生する熱エネルギーを取り出すとき，冷却水が沸騰しないように 15.4 MPa に加圧しているため，加圧水型と呼

---

*9　圧力抑制プール：図 1.6 のような円錐型格納容器のほかに，上部がフラスコ型をし，下部にドーナツ型の円環をした圧力抑制プールを設けた格納容器もある。前者の方が設計が新しい。
*10　ジルカロイ：ジルコニウム（Zr）をベースとした合金。中性子の吸収が少なく，高温の軽水に対しても耐久性が高い。水-ジルカロイ反応は $Zr + 2H_2O \rightarrow ZrO_2 + 4H$ で水素ガスが発生する。

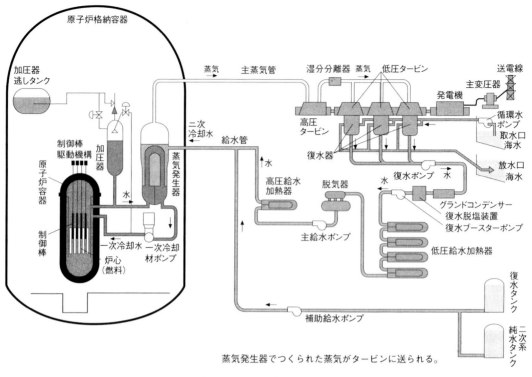

図 1.7　PWR 原子力発電所の概要
[出典：日本原子力学会 編『原子力がひらく世紀 第3版』p.163，日本原子力学会（2011）]

ばれる。炉心部では，冷却水はこの圧力での沸点（345℃，飽和温度）よりかなり低い温度までしか加熱されないので，沸騰はしない。

図 1.7 に示すように，炉心部で核分裂の熱エネルギーにより高温になった一次冷却水は蒸気発生器に導かれ，蒸気発生器の伝熱管（細管とも呼ばれる）を介して別系統の二次冷却水を加熱し，蒸気に変える。この蒸気がタービンに導かれ，タービンを回転させ発電をする。冷却系統が放射性物質を含む一次系（原子炉冷却系）と，蒸気発生器の伝熱管を隔てて，放射性物質を含まない二次系（主蒸気・タービン系）とに分かれているのがPWR の特徴である。

b. 一次系（原子炉冷却系）

原子炉を直接冷却する一次冷却水は，図 1.8 に示す原子炉容器の上部にある入口ノズルから289℃で入り，原子炉容器と炉心槽の間を下向きに通り，炉心底部で逆転し，燃料の下部から上方向に流れる。炉心部では 325℃に加熱されて，蒸気発生器に送られる。高温の一次冷却水は，蒸気発生器の中にある逆 U 字型の伝熱管の中を流れる際に，周囲の二次冷却水に熱を伝えるので，二次冷却水は蒸気になる。温度の下がった一次冷却水は，一次冷却材ポンプによって原子炉に戻される。

原子炉の圧力を一定に制御するため，一次冷却

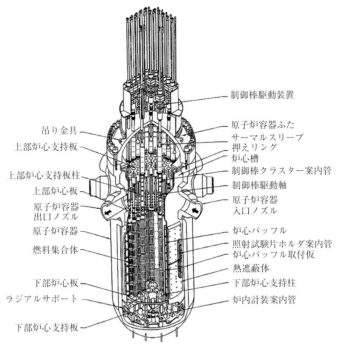

図 1.8　PWR 原子炉容器の構造
[出典：日本原子力発電「敦賀発電所原子炉設置変更許可申請書（一部加筆）」]

系に加圧器が設けられているのも PWR の特徴である。図 1.7 に示す加圧器は一次冷却系とつながる液相部と，その上に気相部（蒸気部）をもつ空洞の容器である。系統の圧力が下がると，液相部にある電気ヒーターで加熱して蒸気を発生させ，蒸気部の体積を増して圧力を上げる。系統の圧力が上がると，気相部に水をスプレイして気相部の体積を減少させ，圧力を下げる。

電気出力 110 万 kW 級の PWR の原子炉容器は鋼鉄製で，内径約 4.4 m，高さ約 13 m，厚さ約 13.5 cm（最小肉厚，下部半球鏡部）の円筒容器で，上下端は半球状になっている。熱エネルギーを発生する炉心部は直径約 3.5 m，高さ約 4 m の円筒形であり，約 200 体の燃料集合体が入っている。

燃料集合体は，図 1.10 に示すように外径約 9.5 mm，長さ約 4 m の燃料棒を一列 14～17 本の正方格子状に組んで，格子の一部に制御棒案内管を通している。

PWR の制御棒は炉心上部から挿入され，制御棒駆動装置は原子炉容器の上部に設置されており，炉心上部には制御棒のガイド管が設置されている。

PWR の核分裂の制御は，主として制御棒および一次冷却水中のホウ素濃度によって行う[*11]。プラントの起動，停止，負荷変化など比較的速い反応度変化には制御棒を用い，燃料の燃焼に伴う反応度変化などには一次冷却中のホウ素濃度調整で対応する。通常運転中の PWR では，制御棒はほぼ全引き抜き状態に置かれ，ホウ素濃度調整に

---

*11　ホウ素濃度制御：この原理は 1.2.5 項 c「原子炉の制御」で説明する。

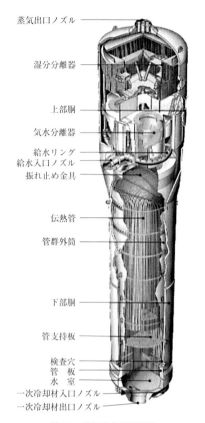

図 1.9　蒸気発生器の構造
［出典：原子力・量子・核融合事典編集委員会 編『原子力・量子・核融合事典』第Ⅱ分冊, p.Ⅱ-65, 丸善出版（2014）］

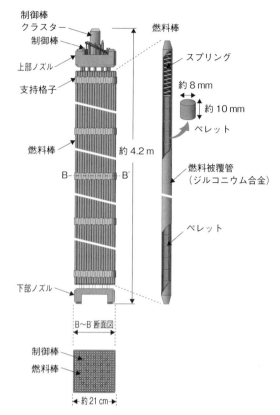

図 1.10　PWR の燃料棒，燃料集合体の構造
［出典：日本原子力文化財団『「原子力・エネルギー」図面集』5-1-7（2016）］

より臨界を調整する。ホウ素は炉内に均一に分布するため，PWR では炉内の出力は平坦化されている。

c. 二次系（主蒸気・タービン系）

蒸気になって，タービンを回転させる水を二次冷却水と呼ぶ。図 1.7，図 1.9 に示すように，放射性物質を含む一次冷却水と放射性物質を含まない二次冷却水とは，蒸気発生器の伝熱管により隔離されている。蒸気になる二次冷却水は BWR とほぼ同じ 280 ℃, 6.7 MPa である。PWR では，炉心出力が大きくなるにつれて燃料集合体の体数を増加させ，蒸気発生器の基数を 2 基（60 万 kW 級）から 3 基（90 万 kW 級），4 基（120 万 kW 級）と増加させている。

120 万 kW 級の PWR には，4 基の蒸気発生器が用いられ，1 基の全高は約 21 m, 胴上部径約 4.5 m, 下部径約 3.4 m, 伝熱管 3,382 本, 重量約 230 t である。図 1.9 に示すように，二次側の上部胴には気水分離器および湿分分離器が配置されている。

d. 非常用炉心冷却装置，原子炉格納容器

原子炉冷却系の配管などに破断事故が発生し，炉心から原子炉冷却材が喪失する場合（一次冷却材喪失事故）などに備えて，非常用炉心冷却装置（ECCS）が設けられている（図 1.11）。一次冷却材喪失事故が起きた場合，状況に応じて高圧注入系，低圧注入系および蓄圧注入系で原子炉容器に冷却水が注入される。

一次冷却材喪失事故により燃料溶融・破損が発生した場合，炉心から流出した高温高圧の一次冷却水に放射性物質が混入する。この放射性物質を外部に放散させないよう原子炉格納容器が設置されている。電気出力 120 万 kW 級（原子炉熱出力約 3,400 MW）の PWR の場合，格納容器は内径約 43 m，内高約 65 m，胴部厚約 1.3 m のプレストレストコンクリート（PCCV）製[*12]で，上部が半球状の円筒形である。事故時には，格納容器スプレイ装置によって水がスプレイされ，格納容器内の圧力が抑制される。また，事故後は燃料の崩壊熱により長期にわたって格納容器内の温度・圧力が上昇するので，格納容器冷却装置が設けられている。

冷却材喪失事故に伴って燃料棒の温度が上昇した場合，BWR で述べたと同様に，水 - 金属反応（水 - ジルカロイ反応[*10]）により水素が発生し，水素燃焼により格納容器の健全性を損なう可能性がある。これを防止するため，発生した水素を酸素と再結合させる水素燃焼装置が格納容器内に設けられている。

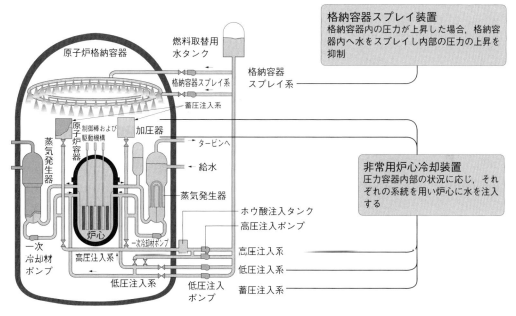

図 1.11 PWR の非常用炉心冷却装置の例
[出典：日本原子力文化財団『「原子力・エネルギー」図面集』5-2-3（2016）]

---

*12 PCCV：prestressed concrete containment vessel. コンクリート部材の内部にピアノ線を通して，予めコンクリート部材に圧縮応力をかけておいて，事故時に格納容器内部の圧力が上がり引張応力がかかったときに圧縮応力と相殺させて，コンクリートに引張応力がかからないようにしている。90 万 kW 級の PWR の格納容器は内径 48 m，全高 87 m の鋼製で，PCCV よりも大きい。

1.1.4 加圧型重水炉(PHWR)原子力発電所の概要

PHWRはカナダで開発された天然ウランを燃料とする原子炉で,CANDU炉とも呼ばれる。重水は減速材および冷却材として用いられる。図1.12に原子炉の構造図を示す。原子炉で加熱された冷却材(重水)は蒸気発生器で軽水と熱交換して原子炉に戻る。カナダにある原子力発電所はすべてこの形式である。CANDU炉はインド,パキスタン,アルゼンチン,韓国,ルーマニア,中国などに導入されている。

CANDU炉は重水を減速材および冷却材として用いており,原子炉内での核分裂のさいに軽水炉よりも中性子を有効に使うことができる(中性子経済性が大変よい)ため,燃料として天然ウランを濃縮せずに使うことができる。

BWRやPWRでは原子炉内の圧力を高くするため,原子炉圧力容器が使われるが,CANDU炉では圧力管が用いられる。燃料集合体は圧力管に一列で挿入され,この中の重水が高圧に保たれる。重水を満たした低圧のカランドリアタンクに380〜480本のカランドリア管が設置され,圧力管はその中を通っている。圧力管中の燃料集合体は水平に装荷されており,燃料交換機を使って運転中に圧力管ごとに燃料交換が可能である。

CANDU炉は第二次世界大戦後に,濃縮ウランの入手が困難で高価だったときに,重水を用いればカナダに豊富な天然ウランをそのまま利用できることから開発が進められた。

[工藤 和彦]

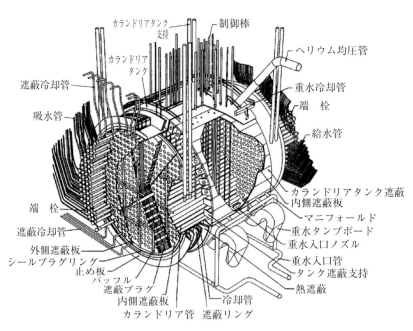

図1.12 加圧重水型原子炉(PHWR, CANDU型ともいう)本体の構造図
[出典:原子力・量子・核融合事典編集委員会 編『原子力・量子・核融合事典』第Ⅱ分冊, p.Ⅱ-56, 丸善出版(2014)]

1.2 原子炉のはたらき

1.2.1 核分裂とエネルギーの発生，連鎖反応

地球上に存在する元素の中で最も重い元素は原子番号 92（陽子の数が 92）のウランである。ウランには質量数 238，中性子数が 146 のウラン 238（^{238}U）と，質量数 235，中性子数が 143 のウラン 235（^{235}U）の 2 種の同位体がある。天然ウランにはウラン 238 が約 99.3％，ウラン 235 が約 0.7％ 含まれている。

ウラン 235 は外部から衝突してきた中性子を吸収すると，原子核が不安定になり，二つの原子核（核分裂片，核分裂生成物ともいう）に分裂し，同時に 2 個ないし 3 個（平均 2.5 個）の中性子を放出する。この現象を核分裂という[*13]。核分裂の概念図を図 1.13 に示す。

「核分裂前のウラン 235 と，衝突した中性子の質量の合計」と，「核分裂後にできる二つの核分裂片および同時に放出される中性子の質量の合計」とを比較すると，核分裂後の質量の方がわずかに少ない。この質量の減少分が，アインシュタイン（Albert Einstein, 1879-1955）の相対性理論から導かれた，質量とエネルギーの等価性の式 $E = mc^2$（E：エネルギー，m：質量，c：光速）に従い，エネルギーに変換され，主として核分裂片や中性子の運動エネルギーとなり，熱エネルギーに変わる[*14]。

1 g のウラン 235 がすべて核分裂した際に発生する熱エネルギーを計算すると，約 82×10^6 kJ になる。1 g の石油が燃えて発生する熱エネルギーは 42 kJ なので，核分裂で放出するエネルギーは石油の燃焼（化学反応）により発生するエネルギーに比べると，燃料の質量当たり 100 万倍も大きい。これが原子核反応エネルギーと化学反応エネルギーの大きい違いである。

図 1.13 から推測できるように，核分裂で発生した中性子の一つを別のウラン 235 に衝突・吸収させて核分裂に利用することができれば，そのウラン 235 の核分裂により新しい中性子が発生する。このように核分裂が鎖のように継続して発生することを連鎖反応[*15]という。

原子炉は，核分裂の連鎖反応が安全に制御された状態で維持できるように構成したものである。原子炉内で，連鎖反応によって一定の核分裂数が安定して維持されている状態を臨界という。核分

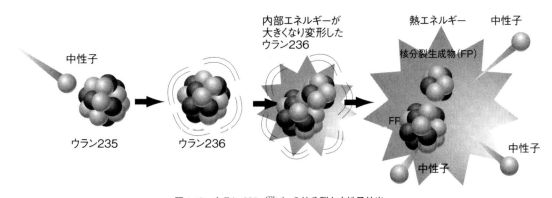

図 1.13　ウラン 235（^{235}U）の核分裂と中性子放出
［出典：日本原子力学会 編『原子力がひらく世紀 第 3 版』p.166，日本原子力学会（2011）］

---

*13　核分裂：中性子を吸収したウラン 235 のすべてが核分裂するのではない。中性子を吸収しても核分裂せずにウラン 236 になるものが約 20％ ある。
*14　1 個のウラン 235 の核分裂当たり二つの核分裂片および中性子の運動エネルギーなどで約 200 MeV（メガ電子ボルト）が発生するが，これらはほとんど熱エネルギーになる。200 MeV = 3.2×10^{-11} J = 7.7×10^{-12} cal，1 MeV = 1.602×10^{-13} J
*15　連鎖反応：chain reaction

裂に伴う中性子の発生から，吸収による消滅を経て，次の中性子が生み出されるまでを中性子の1世代とみることができる。1世代ごとの核分裂数の増加または減少の割合は増倍率と呼ばれ，通常 k で表される。

臨界状態では，世代間において核分裂数の変化がないので，増倍率は $k = 1$ である。一方，連鎖反応によって発生した中性子が一つ未満の核分裂しか起こさない $k < 1$ の場合，次第に次の核分裂の数が減少して何も起きなくなる。この状態を臨界未満あるいは未臨界という。

逆に，連鎖反応によって発生した中性子が次の世代で一つを超える核分裂を引き起こす $k > 1$ が続くと，核分裂数は世代とともに上昇し，発生する核分裂エネルギーは増加していく。この状態を臨界超過または超臨界と呼んでいる。原子炉の状態を表すのに，増倍率の代わりに反応度 $\rho = (k - 1)/k$ [*16] も使われる。

1.2.2 原子炉内の中性子のふるまい

発電用原子炉の主流は，核分裂が主としてエネルギーの低い中性子（熱中性子[*17]）により維持される型式，すなわち熱中性子炉である。図1.1で示したのは熱中性子炉の基本的な構成である。以下，ウランを燃料とし，軽水を減速材・冷却材として用いる軽水型熱中性子炉での中性子のふるまいを説明する。

ウラン235の核分裂に伴って放出される中性子はエネルギーが高いので，高速中性子（平均エネルギーは約 2 MeV）と呼ばれる。高速中性子の一部は直接ウラン238を核分裂させるが，ほとんどは燃料の外に出て，周囲にある軽水の水素分子と衝突してエネルギーを失っていく。このことを減速と呼び，衝突を繰り返して減速された中性子は熱中性子となる。熱中性子は燃料に戻ったときにウラン235に衝突・吸収されて核分裂を起こし，新しい中性子を発生させる。ウラン235は熱中性子を効率よく吸収して核分裂を起こすので，中性子を減速させることは重要な過程である。軽水炉では水が減速材と冷却材を兼ねている。

減速材としては，質量の軽い原子核ほど中性子との衝突に際しての減速の効率がよい。中性子と質量がほぼ等しく最も軽い元素である水素（^1H）からなる軽水（H_2O）は，減速の効率が最も高い減速材であり，重水（D_2O）がそれに次ぐ。しかし，軽水中の水素は中性子を吸収する割合（中性子のムダ食い）が比較的大きいため，軽水炉では連鎖反応が維持できるように，核燃料中のウラン235の割合を天然ウランより少し高くした低濃縮ウランが使われる[*18]。一方，重水中の重水素（^2H, D）は中性子を吸収する割合が水素よりもきわめて少ないため，重水炉（CANDU炉）では天然ウランがそのまま燃料に使われる。

図1.14は臨界状態における1世代中での中性子数の増減の概算例を示している。最初に，100個のウラン235の核分裂によって250個の高速中性子が生まれたとする。高速中性子の一部は直接周囲のウラン238に衝突してウラン238を核分裂させる。これによる高速中性子の増加の割合は，ウラン238による高速核分裂効果と呼ばれるが，1.04程度である。図では10個（= 250 × 1.04 − 250）の高速中性子の増加があったとし，高速中性子が核燃料の外に出て減速を始める過程で，炉心の外に漏れ出て失われてしまう数を50個としている。

減速の過程では，ウラン238による吸収（共鳴吸収[*19]）によって中性子の数が減る。共鳴吸収を逃れて熱中性子になる割合は 0.8〜0.9 程度で，図では共鳴吸収で35個（≒ (260 − 50) × 0.17）が失われるとしている。熱中性子になってからも炉心外に漏れ出て失われてしまうものがあり，13個としている。

---

* 16 反応度 ρ：増倍率が臨界時の値1からどれだけずれているかを表す量。臨界超過，臨界，未臨界でそれぞれ正，ゼロ，負の値をとる。
* 17 熱中性子：周りの構造材の温度に近いレベルのエネルギーをもつ中性子。常温での熱中性子の平均速度は約 2,200 m/s，運動エネルギーは 0.025 eV である。
* 18 軽水炉の場合，ウラン235の割合（濃縮度）を3〜5％程度に高めた低濃縮ウラン（微濃縮ウラン）が用いられる。
* 19 共鳴吸収：原子炉の固有の安全性に関係するので，次項で詳しく説明する。

第1章 原子力発電の基礎知識

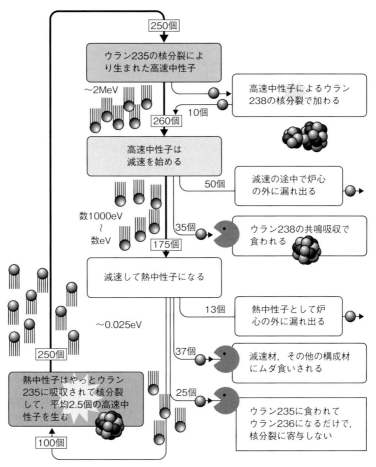

図1.14 原子炉（臨界状態）での中性子のふるまい（最初に100個の熱中性子による核分裂があった場合）
［出典：日本原子力学会 編『原子力がひらく世紀 第3版』p.169, 日本原子力学会（2011）］

　減速材その他の構成材などにムダ食いされる中性子があり，核燃料に吸収される熱中性子の割合（熱中性子利用率）は0.77程度である。この過程で37個（≒(175 − 13)×0.23）がムダ食いされるとしている。
　これを差し引いた125個の熱中性子が燃料のウラン235に吸収されても，そのすべてが核分裂を引き起こすのではない。約20%のウラン235（25個）は中性子を吸収してウラン236[20]に変わる

だけで，核分裂には寄与しない。結局100個（＝125×0.8）の熱中性子が新たなウラン235の核分裂を引き起こすことになる。この核分裂によって，次の250個の高速中性子が生まれる。

1.2.3 中性子の寿命

　図1.13および図1.14に示すように，核分裂によって高速中性子が生まれて，減速されて熱中性子となり，燃料に吸収されて新たな核分裂を起こ

---

[20] ウラン236：半減期は2.4×10^7年

すまでの1世代の時間を中性子の寿命と呼ぶ。大部分の中性子の寿命は10万分の1秒程度ときわめて短い。核分裂とともに即座に発生する，この中性子を即発中性子という。

しかし，発生するすべての中性子の寿命が10万分の1秒程度ではなく，即発中性子に比べるとはるかに時間が遅れて発生する，すなわち1世代の寿命が長い中性子がある。これらは遅発中性子と呼ばれ，その遅れ時間はまちまちだが，平均すると13秒程度であり，核分裂数のうちの0.6〜0.7%程度（遅発中性子割合）[*21] である。

中性子の増倍率が $k = 1$（反応度がゼロ）で臨界が保たれると述べたが，実際には遅発中性子が存在するので，$k < 1.0065$（$= 1 + \beta$）以下の場合，次の世代で核分裂数が増える増倍（$k > 1$, $\rho > 0$，超過臨界）が起きるには，実際には遅発中性子が発生するまで待たねばならない。この場合，1世代の中性子の発生所要時間（中性子の平均寿命）は，即発中性子と遅発中性子の平均（加重平均）となり，0.1秒程度となる。例えば増倍率が $k = 1.001$（反応度 ρ が約0.001）の場合，10世代後の1秒後でも，出力は $1.001^{10} = 1.01$ で1%程度しか上昇しない。遅発中性子が存在するおかげで原子炉の制御が容易であり，原子力の利用が可能になったともいえる[*22]。

1.2.4 原子炉の固有の安全性（自己制御性）

a. 固有の安全性（自己制御性）とは

図1.14は炉心の中性子のふるまいの例であるが，これは増倍率 $k = 1$（$\rho = 0$），すなわち臨界状態での中性子の収支を示している。

何らかの原因で臨界状態から核分裂の割合が増え（$k > 1$, $\rho > 0$），熱出力が上昇して炉心の温度が上昇したとする。このとき，次に述べるウラン238の共鳴吸収で食われる中性子が増え（ドップラー効果），また熱中性子として炉心の外に漏れ出る中性子の数も増える（ボイド効果，減速材の温度効果（密度効果））。これらにより増倍率 k を1に戻し，出力を抑える働きが起きる。

逆に，何らかの原因で核分裂の割合が減ったとき（$k < 1$, $\rho < 0$）は，ウラン238の共鳴吸収で食われる中性子と，熱中性子として炉心の外に漏れ出る中性子の割合が減って，核分裂にまわる中性子が増えて出力を上げる作用が働く。発電用原子炉では図1.15の下部左図に示すように，外乱に対して原子炉出力が安定な状態に保たれるように，燃料の濃縮度や燃料と減速材の割合などが設計されている。この特性を原子炉の固有の安全性または自己制御性という。

b. ドップラー効果

高速中性子が周囲の水分子と衝突して減速し熱中性子になる前のエネルギー状態のとき，ウラン238と衝突すると，温度（エネルギー）が高いほど吸収される割合が高くなる。これをウラン238のドップラー効果による共鳴吸収という。すなわち，炉心部の熱出力が上昇すると燃料の温度が上がり，ウラン238の熱運動（燃料中での振動）が激しくなり，減速してくる中性子と衝突する相対速度の幅が広がる。この結果，共鳴吸収を受けやすいエネルギーの幅が広くなり，ウラン238による中性子の共鳴吸収が増え，熱中性子になっていく割合が減る。

逆に，熱出力が減ってウラン238の温度が下がったときは，ウラン238による中性子の共鳴吸収が減って，核分裂に寄与する熱中性子の数が増えるので，出力は上昇する。

c. ボイド効果

減速材の水の温度が上昇すると，熱膨張によって水の密度が小さくなる。さらに温度が上昇して気泡（ボイド）が発生すると，水の密度は大きく減少する。その結果，中性子と水分子との衝突回数が減り，減速効果が低下し，熱中性子になる前

[*21] 遅発中性子割合は，β（$\fallingdotseq 0.0065$）で表される。なお，遅発中性子も高速中性子である。
[*22] 核兵器は，即発中性子のみで瞬時にすべての核分裂物質が核分裂を起こす体系（$k > 1 + \beta$）である。

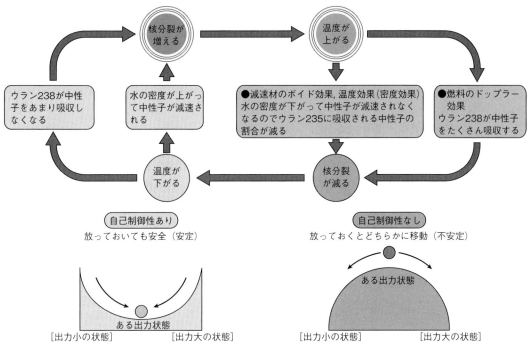

図 1.15 原子炉の固有の安全性
[出典：日本原子力文化財団『「原子力・エネルギー」図面集』5-2-1（2016）]

に炉心の外に漏れ出る中性子が増える。このことをボイド効果という。

1.2.5 原子炉の制御

a. 制御棒

原子炉の出力を一定に保つには，増倍率を $k=1$（$\rho=0$）にして臨界状態を保てばよい。出力を上昇または下降させるには，増倍率を1より増加または減少（ρ を正または負に）させる。言い換えれば，原子炉は増倍率 k を変えて出力を上昇または下降させた後に $k=1$ に戻せば，任意の出力レベルにおいて臨界を保つことができる。核分裂が起きていない停止状態の原子炉から，核分裂を増やして，一定の出力を保って運転し，原子炉を停止させるには，増倍率（反応度）の制御が必要である。発電用原子炉の増倍率の制御には，ここで述べる制御棒や次項の b. 以下で説明する制御システムが使われている。

制御棒は，自動車でのアクセルとブレーキの役割を兼ねていると考えればよい。臨界で一定出力で運転している原子炉に制御棒を挿入することは，一定速度の走行からアクセルを離すことに相当する。緊急時に原子炉の核反応を急停止するには制御棒を全挿入するが，急ブレーキを踏むことと類似している。一定走行速度から加速するときに，それまでの位置よりアクセルを踏み込むことは，臨界状態から制御棒を引き抜くことに相当する。

制御棒の構造を図 1.16 に示す。BWR では制御棒は十字形をしており，燃料集合体のチャンネルボックス（図 1.4）の外側を上下する。PWR では

なお，BWRでは炉心上部に気水分離機や蒸気乾燥器などがあるため，制御棒駆動装置は原子炉圧力容器の下部に置かれ，制御棒は水圧で駆動されるピストンや電気モーターで炉心に下から上に挿入される（図1.3）。PWRでは制御棒駆動装置は原子炉容器の上蓋に置かれ，制御棒は電磁石で保持され，緊急時には磁力を切って重力で炉心に挿入される（図1.8）。

b. 再循環流量制御によるBWRの出力制御

BWRでは，再循環ポンプ（図1.2）の回転数を変えて，炉心を循環する冷却材の流量を制御し，これによるボイド効果を利用して出力を制御している。再循環ポンプの流量を増やすと，炉心部での燃料から冷却材への熱伝達量が増えて冷却材中の気泡（ボイド）が減少し，減速材としての水の密度が増加する。そのため中性子の減速が促進され，核分裂に寄与できる中性子数が増えて，原子炉出力が上昇する。出力上昇によってボイドが増えると負のボイド効果が働いて，上昇は抑えられる。

このようにBWRでは，短期間の出力変化には制御棒を動かさなくても，再循環ポンプの回転数を上げて再循環流量を増やすと，出力が増大した後で自動的に出力は一定になる。逆に再循環流量を減らすと，出力が低下した後に一定になる。

c. 制御棒とホウ素濃度調整によるPWRの出力制御

PWRでは蒸気発生器があるため，主蒸気管のコントロールバルブを開けてタービンへ送る蒸気量を増やすと二次冷却水の温度が下がり，蒸気発生器を介して一次冷却水の原子炉入口温度が下がる。一次冷却水（減速材）の温度が下がってその密度が上がると，中性子の減速効果が増して核分裂数が増えるので，原子炉の出力が上がる。また，このとき制御棒を動かして，必要な出力に迅速に落ちつかせる制御も行う。

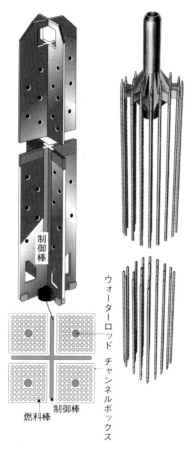

図1.16　BWRとPWRの制御棒の構造
BWRの制御棒（左図）は下方から上向きに，PWRの制御棒（右図）は上方から下向きに入る。
［出典：日本原子力学会 編『原子力がひらく世紀 第3版』p.171，日本原子力学会（2011）］

複数の制御棒がクラスターとしてまとめられて，燃料集合体ごとにその中で上下する（図1.10）。BWRとPWRの制御棒の形状は異なるが，内部には熱中性子をよく吸収するホウ素（ボロン，B）化合物の炭化ホウ素（B_4C），カドミウム（Cd），インジウム（In），銀（Ag），ハフニウム（Hf）などが用いられる。

起動時などの低温から高温になるときや，運転中に燃料の燃焼が起こって，中性子吸収の状態が緩やかに変化して，反応度が徐々に低下することへの対応には，一次冷却水中のホウ素濃度を変えて反応度を変化させるホウ素濃度制御が使われる。出力を低下させる場合には，ホウ酸水の充填ポンプを動かして一次冷却水中にホウ酸水を注入し，炉心のホウ素濃度を高め，ホウ素による中性子の吸収を増加させる。出力を上げるには，炉心に純水を注入してホウ素濃度を減らす。

[工藤 和彦]

1.3 燃料の燃焼と核分裂生成物

1.3.1 燃料の燃焼

天然ウランには，ウラン238が約99.3％，ウラン235が約0.7％含まれている。軽水炉でウランを燃料として用いるには，核分裂しやすいウラン235の割合を増やした低濃縮ウランが用いられる[*23]。ウラン濃縮工場で，ウラン235の割合を3〜5％程度に濃縮されたウランは二酸化ウランに転換される。粉末の二酸化ウランは直径約1cm，高さ約1cmの円筒状の燃料ペレット（一種のセラミックス）に焼結される。燃料被覆管（燃料棒）はジルコニウムをベースとした合金でつくられ，長さ約4m，厚さ約0.6〜0.85mmである。燃料被覆管に燃料ペレットを約350個入れて密封し，これらを束ねて燃料集合体がつくられる（図1.4，図1.10）。

原子炉を運転すると，核反応により燃料の中で種々の変化が生じる。中性子を吸収して核分裂した1個のウラン235は，2個の核分裂生成物（FP）[*24]となる（図1.13）。高速中性子を吸収して核分裂したウラン238も2個の核分裂生成物となる。一方，減速途中の中性子を吸収したウラン238は，質量数が1増えて原子番号が94のプルトニウム239に変換する。プルトニウム239も核分裂性をもつので，ウラン235と同様に原子炉の燃料として利用できる[*25]。

軽水炉の場合，装荷された燃料集合体は定期検査（通常1年に1回）の時期に1/3〜1/5程度が新燃料に交換される。新燃料はウラン238と235のみからなり，放射線はほとんど出さず，発熱はない。原子炉で3〜5年間発電に使われた燃料は使用済燃料と呼ばれる。使用済燃料には核分裂生成物が含まれ，放射線を出し，それらの崩壊熱がある。崩壊熱は核分裂による全エネルギーの約7％程度である[*26]。原子炉から出された使用済燃料は，その中の核分裂生成物が徐々に減衰しながら崩壊熱を発生しているので，発電所内のプールに移して数年間冷却し，寿命の短い核分裂生成物を減衰させる必要がある。新燃料と使用済燃料の組成を図1.17に示す。

使用済燃料にはウランが約95〜96％，プルトニウムが約1％，核分裂生成物が約3〜4％，マイナーアクチノイド（Np, Am, Cm）が約0.1％含まれている[*27]。プルトニウムについては1.3.3項で説明する。

1.3.2 核分裂生成物（FP）の生成と種類

核分裂生成物の多くは不安定な原子核で，放射線を出して他の原子核に変わっていく。これを崩壊または壊変というが，上述のように崩壊の際に出される放射線のエネルギーは崩壊熱となる。原子炉では，核分裂が停止した後も崩壊熱を取るために冷却が必要である。図1.18に熱中性子によるウラン235の核分裂時に放出される核分裂生成物（FP）の質量数と生成量の分布を示す。図のように，ウラン235がちょうど半分の質量数のFPになるものは1％程度で少なく，大部分は質量数がかなり異なる大小2つのFPになる。例えば，以下のような核分裂がある。

[*23] 低濃縮ウランに対して，ウラン235の割合を高めたものを高濃縮ウランという。ウラン235の割合がほぼ100％の高濃縮ウランは，中性子が他の物質に吸収されず，核分裂が一瞬のうちに次々に起こり，爆発的なエネルギー放出が起きる。これが原子爆弾である。低濃縮ウランでは中性子がウラン238に吸収されるため，原子炉内で核分裂が一定の規模で継続する。

[*24] FP：fission products

[*25] プルトニウム239とウラン235を混ぜて軽水炉の燃料として使うことを（和製英語だが）プルサーマルという。

[*26] 原子炉の運転中は，核分裂生成物の崩壊で発生する放射線の大部分は炉心部で熱になって，タービンを回す蒸気をつくる

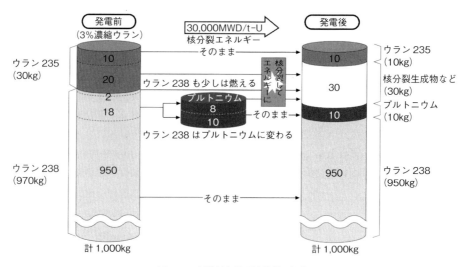

図 1.17　新燃料と使用済燃料の組成
注：1MWD＝電気 8,400kWh（1,000 × 0.35 × 24 時間）
[出典：鈴木篤之『原子力の燃料サイクル』エネルギーフォーラム（1985）]

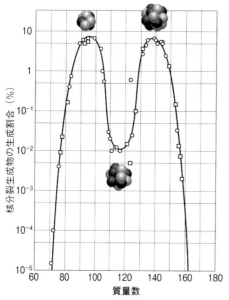

図 1.18　熱中性子によるウラン 235 の核分裂生成物の質量数と生成量の分布
ウラン 235 がちょうど半分になるのではなく，質量数のかなり違う大小二つの核分裂生成物ができる。
[出典：日本原子力学会 編『原子力がひらく世紀 第 3 版』p.167，日本原子力学会（2011）]

$$n + {}^{235}U \rightarrow {}^{91}Sr + {}^{143}Xe + 2n$$
$$n + {}^{235}U \rightarrow {}^{87}Br + {}^{146}La + 3n$$

ここで，n：中性子　Sr：ストロンチウム，Xe：キセノン，Br：臭素，La：ランタン。

核分裂により生成される FP はさまざまであり，通常質量数 66 から 172 までの多くの同位体が約 1,000 種類ほどある。多くの FP は 1 回崩壊してもなお不安定で，さらに 2 度，3 度と放射線を出して崩壊を続ける。

こうした FP の放射性崩壊の半減期の短い核種は，冷却期間 4 年ほどで減衰してしまう。一方，何万年と長いものもある。放射能の高い FP 核種は ${}^{85}Kr$, ${}^{90}Sr/{}^{90}Y$, ${}^{106}Ru/{}^{106}Rh$, ${}^{134}Cs$, ${}^{137}Cs/{}^{137m}Ba$, ${}^{144}Ce/{}^{144}Pr$, ${}^{147}Pm$ などである[*28]。これらの核種で FP の 90％以上を占める。

1.3.3　プルトニウムの生成

1.3.1 項で述べたように，使用済燃料の中には約 1％のプルトニウムが含まれている（図 1.17）。燃料の中で減速途中の中性子を吸収したウラン

熱源となっている。

[*27] マイナーアクチノイド（Np, Am, Cm）は原子番号 93 のネプツニウム（Np），95 のアメリシウム（Am）および 96 のキュリウム（Cm）の総称である。これらの元素は天然には存在しないが，ウランやプルトニウムの中性子吸収などにより燃料中に生成する。一般に半減期が長い（寿命が長い）。

[*28] Kr：クリプトン，Y：イットリウム，Ru：ルテニウム，Rh：ロジウム，Cs：セシウム，Ba：バリウム，Ce：セリウム，Pr：プラセオジム，Pm：プロメチウム

238は，質量数が1増えてウラン239になるが，24分の半減期でベータ崩壊してネプツニウム239（原子番号93）になる。さらに2.3日の半減期でベータ崩壊してプルトニウム239（原子番号94）に変換する。プルトニウム239も熱中性子に対する核分裂性をもち，核分裂に際してウラン235と同様に質量数100および135近辺の二つの核分裂生成物と平均2.9個の中性子，約200 MeVの核分裂エネルギーを発生する。

プルトニウム239が熱中性子を吸収したときに約70%が核分裂するが，30%は核分裂しないでプルトニウム240になる。プルトニウム240は熱中性子を吸収しても，核分裂しないでプルトニウム241になる。プルトニウム241は中性子を吸収して核分裂するが，一部は核分裂せずプルトニウム242になる。プルトニウム242は核分裂しない。

軽水型原子力発電所の核燃料の中では，このように質量数の大きいプルトニウムが次々に生成するが，一部は原子炉運転中に核分裂して原子炉の出力に寄与している[*29]。

［工藤　和彦］

---

*29 使用済燃料中のプルトニウムの組成はおよそ ^{239}Pu56%，^{240}Pu23%，^{241}Pu14%，^{242}Pu5%である（村主進『原子力発電のはなし』日刊工業新聞社，1997）。

第2章　東京電力福島第一原子力発電所事故の推移と発電所の現状

編集担当：安達晃栄

2.1 東日本大震災 ……………………………………………（石川真澄）26
  2.1.1 地震の発生と影響 ……………………………………………26
  2.1.2 津波の発生と影響 ……………………………………………26
2.2 事故の概要 …………………………………………（石川真澄）26
  2.2.1 1F の概要 ……………………………………………………26
  2.2.2 事故の推移 …………………………………………………26
2.3 安全上の問題 ………………………………………（石川真澄）30
  2.3.1 事故への備え …………………………………………………30
   a. 地震対策 …………………………………………（小林義尚）30
   b. 津波対策 …………………………………………（谷　智之）31
   c. 従来のシビアアクシデント対策と問題点 …………（水野聡史）33
  2.3.2 事故時の対応の問題点と対策 ……………………（卜部宣行）33
2.4 事故原因と対策 ……………………………………（田邊恵三）34
  2.4.1 事故原因 ………………………………………………………34
  2.4.2 対策の考え方 …………………………………………………34
2.5 1F の現状 …………………………………………（石川真澄）35
  2.5.1 汚染水対策 ……………………………………………………35
  2.5.2 使用済燃料プールからの取り出し …………………………37
  2.5.3 燃料デブリ取り出し …………………………………………38
  2.5.4 廃棄物の保管管理 ……………………………………………38
  2.5.5 労働環境改善 …………………………………………………38
2.6 東日本大震災に耐えた原子力発電所 ……………………………38
  2.6.1 東北電力女川原子力発電所 ……………………（小保内秋芳）38
  2.6.2 東京電力福島第二原子力発電所 ………………（安達晃栄）39
  2.6.3 日本原子力発電東海第二発電所 ………………（近江　正）42

2.1 東日本大震災

2.1.1 地震の発生と影響

2011年3月11日14時46分,宮城県牡鹿半島の東南東130 km(三陸沖)の深さ約24 kmを震源とするマグニチュード(以下,M)9.0の大地震が発生した。宮城県栗原市で震度7,宮城県,福島県,茨城県,栃木県の4県37市町村で震度6強が観測された。

東京電力福島第一原子力発電所(以下,1Fと称する)では,観測された地震動が設計時に想定していた地震動(耐震安全性評価に用いた基準地震動S_s)を一部超えたものの,ほとんどが下回った。また,地震時の地震観測記録を用いて改めて解析を実施した結果,基準地震動S_sと概ね同程度の地震動レベルであったことを確認した(表2.1)。

2.1.2 津波の発生と影響

今回の地震は太平洋プレート(海洋プレート)と北米プレート(大陸プレート)との境界(断層)で発生した海溝型地震であったが,岩手県沖から茨城県沖までの400 kmを越える長い部分でほぼ同時に大きくずれ動いたため,想定をはるかに超える規模の津波が引き起こされることとなった。

1Fに襲来した津波は,主要な建屋敷地高さ(1~4号機側で海抜+10 m,5,6号機側で海抜+13 m)まで遡上し,各建屋の浸水も深さ約1.5~5.5 mに及んだ。津波は,潮位計や波高計が地震,津波の被害を受けたため直接には測定できていないが,海抜+10 mの防波堤を乗り越えてくるほどの高さであり,1Fは施設全域が浸水した(図2.1)。

[石川 真澄]

2.2 事故の概要

2.2.1 1Fの概要

1Fは福島県太平洋岸の双葉郡大熊町と同双葉町にまたがる敷地約350万m^2に,6基の沸騰水型軽水炉(BWR)[*1]を設置している。1~4号機は発電所の南側(大熊町),5号機,6号機は発電所の北側(双葉町)に立地している。

2011年3月11日の発災時,1~3号機は定格出力で運転中,4~6号機は定期検査のため停止中であった。

2.2.2 事故の推移

a. 1F事故の特徴

運転中の原子炉は核分裂反応により発生するエ

表2.1 1Fの基準地震動S_sと地震観測記録との比較

観測点 (原子炉建屋基礎盤上)		地震観測記録 最大加速度値(gal)			基準地震動S_sに対する 最大応答加速度値(gal)		
		南北方向	東西方向	上下方向	南北方向	東西方向	上下方向
1Fの1~6号機	1号機	460	447	258	487	489	412
	2号機	348	550	302	441	438	420
	3号機	322	507	231	449	441	429
	4号機	281	319	200	447	445	422
	5号機	311	548	256	452	452	427
	6号機	298	444	244	445	448	415

*1 BWR:boiling water reactor

図 2.1　1F の津波の状況と浸水域
[© GeoEye／日本スペースイメージング]

ネルギーを用いて発電を行っている。核分裂はウランが中性子を吸収することにより起こるが，原子炉は大きな地震動を検知すると，原子炉炉心部（核燃料が装荷されている場所）に制御棒を挿入することで中性子を吸収させ，核分裂反応を停止させる設計になっている。東北地方太平洋沖地震発生時には1Fの運転中であった1～3号機は地震動を検知して，自動的に原子炉炉心部に制御棒が挿入され，核分裂反応を停止させることができている。すなわち，原子炉を安定な停止状態にするために必要な「止める」「冷やす」「閉じ込める」のうち，「止める」については成功している。

しかしながら，核分裂によるエネルギー放出は，核分裂直後に出てくるものと核分裂後しばらくしてから出てくるものの二通りがあり，制御棒により核分裂反応が停止しても，それ以前の核分裂反応から遅れて出てくるエネルギー放出は継続することになる。これが「崩壊熱」と呼ばれるものであり，「冷やす」とは「崩壊熱」を冷やすことを意味している。

原子炉に設置されている「冷やす」ための装置は，大きく分けて，①電気（交流電源）によりポンプを回して注水する装置，②原子炉で発生する蒸気を用いてポンプを回して注水する装置，③機械的な装置を用いず自然対流などにより蒸気を冷やすことで原子炉を冷却する装置の3種類がある。このうち，②と③は交流電源（非常用ディーゼル発電機など）を必要としないが，起動や制御に直

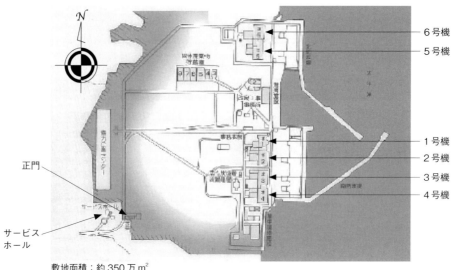

所在地	号機	運転開始	型式	出力（万kW）	主契約者	地震発生時の状況
大熊町	1号機	1971.3	BWR3	46.0	GE	定格電気出力運転中
	2号機	1974.7	BWR4	78.4	GE/東芝	定格熱出力運転中
	3号機	1976.3	BWR4	78.4	東芝	定格熱出力運転中
	4号機	1978.10	BWR4	78.4	日立	全燃料取出し，プールゲート閉（シュラウド交換作業中）
双葉町	5号機	1978.4	BWR4	78.4	東芝	原子炉圧力容器上蓋閉
	6号機	1979.10	BWR5	110	GE/東芝	原子炉圧力容器上蓋閉

注) 4〜6号機は定期検査中。
　　4号機はすべての核燃料を使用済燃料プールに保管（原子炉内に核燃料なし）。

図2.2　1Fの概要

流電源（蓄電池）を必要とする。

1F 1〜3号機のいずれも最終的には「冷やす」ことができなくなったことが，事故を深刻化させた原因である。なお，1F 1〜3号機では，上記①〜③の「冷やす」ための装置が使用できなくなったことから，消防車を使用した原子炉への注水準備を進めたが，結果的には事故の深刻化は防げなかった。

また，「冷やす」ことができなくなった原子炉は，燃料の温度が上昇することで燃料が破損し，燃料の中に蓄積されていた放射性物質が放出されることになる。すなわち，「冷やす」ができなくなった原子炉は，「閉じ込める」こともできなくなり，放射性物質を放出する大事故となった。

b．1号機の事故の推移

1F 1号機は，3月11日14時46分の東北地方太平洋沖地震発生直後，制御棒が自動的に挿入され，核分裂反応を止めることができたが，地震により発電所敷地内にあった送電鉄塔が倒壊し，発電所外部からの電源供給を受けられない状況になった。そのため非常用ディーゼル発電機を起動させ，交流電源を確保した。

しかしながら、15時30分ごろに発電所に到達した津波によりすべての電源設備が浸水し、機能を喪失した。これにより1号機に備えられていた電源（交流電源）によりポンプを回して注水する装置（①）も使えない状態となり、津波到達時までに冷却に使用していた機械的な装置を用いず自然対流などにより蒸気を冷やす装置（③：非常用復水器）も直流電源を喪失してしまったため再度起動させることができず、原子炉を「冷やす」ことができなくなった。そのため放射性物質を「閉じ込める」ことができなくなり、大量の放射性物質を放出する事故となった。また、事故時に発生した水素により水素爆発（図2.3）を起こし、原子炉建屋も損傷した。

図2.3　1号機の水素爆発後の外観

c. 2号機の事故の推移

1F 2号機は、3月11日の地震発生直後、制御棒が自動的に挿入され、核分裂反応を止めることができたが、1号機と同様に、津波により交流電源・直流電源はその機能を喪失した。ただし、原子炉で発生する蒸気を用いてポンプを回して注水する装置（②：原子炉隔離時冷却系ポンプ）は直流電源を喪失する前に起動していたため運転が継続され、原子炉を「冷やす」機能は3月14日までの約3日間維持された。

しかしながら、この間に電源設備を復旧させることができなかったため、ポンプ②の運転停止後は電気（交流電源）によりポンプを回して注水する装置（①）を使用することができず、また消防車による注水に引き継ぐこともできなかったため、原子炉を「冷やす」ことができなくなった。そのため放射性物質を「閉じ込める」こともできなくなり、大量の放射性物質を放出する事故となった。なお、2号機においては1号機の爆発時に開放されたブローアウトパネル[*2]（図2.4）の開口部から、事故時に発生した水素が放出されたため、水素爆発は発生せず、原子炉建屋は健全なまま保たれた

図2.4　2号機ブローアウトパネル開口部から放出する蒸気

が、同開口部から放射性物質も放出されたため、1号機から3号機の事故のうち最も大きな放射性物質による汚染を引き起こした。

d. 3号機の事故の推移

1F 3号機は、3月11日の地震発生直後、制御棒が自動的に挿入され、核分裂反応を止めることができたが、津波により交流電源を喪失した。ただし、3号機は1, 2号機と異なり、直流電源の喪失を免れることができた。そのため原子炉で発生する蒸気を用いてポンプを回して注水する装置（②：原子炉隔離時冷却系ポンプ）により、3月12日の夜頃まで原子炉を「冷やす」ことができた。

しかしながら、この間に交流電源を復旧させることができなかったため、電気（交流電源）によりポンプを回して注水する装置（①）を使用することができず、また原子炉圧力を下げることができなかったため、注水圧力の低い消火系および消防車を用いた注水もできず、原子炉を「冷やす」

[*2] 破裂板式安全装置。原子炉建屋やタービン建屋の壁にあらかじめ空けられた穴をふだんは塞いでいる板。建屋内の圧力が過大な増加または減少したときに建屋全体の爆発を避けるために自動的に開いて圧力を逃がす装置。

図2.5 3号機(左)と4号機(右)の事故後の写真

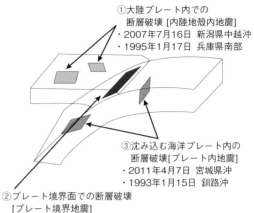

図2.6 日本列島とその周辺で発生する地震タイプ

ことができなくなった。そのため放射性物質を「閉じ込める」ことができなくなり，大量の放射性物質を放出する事故となった。

3号機の事故時に発生した水素は，3号機の原子炉建屋を水素爆発により損傷させただけでなく，隣接する4号機にも接続されていた配管を通じて水素が流れ込み，4号機の原子炉建屋をも水素爆発(図2.5)により損傷させた。

［石川 真澄］

2.3 安全上の問題

2.3.1 事故への備え

a. 地震対策

原子力発電施設の耐震安全性評価に用いる「基準地震動 S_s」は，2006年に改訂された「発電用原子炉施設に関する耐震設計審査指針」に基づき策定された。この基準地震動 S_s は文献などによる過去の地震の調査や，内陸地殻内地震，プレート間地震，海洋プレート内地震など発生様式ごとの地震の調査，活断層の調査結果を踏まえ，敷地へ影響が大きな地震を選び評価した「敷地ごとに震源を特定して策定する地震動」と，これらの調査結果を踏まえても地震のすべてを事前に評価できるとは限らないとの観点で，従来考慮していた「直下地震」よりも大きな地震動を考慮して評価した「震源を特定せず策定する地震動」を基に策定するものである。

1Fが位置する東北地方では，海洋プレートである太平洋プレートが陸側に向かって近づき，日本海溝から陸のプレートの下方へ沈み込んでいることが知られており，敷地周辺では陸域の浅いところで発生する内陸地殻内地震，太平洋沖合の日本海溝から陸側に向かって沈み込む海洋プレートと陸のプレートとの境界付近で発生するプレート間地震，沈み込む海洋プレート内部で発生する海洋プレート内地震が発生している(図2.6)。これらを踏まえ，1Fにおける基準地震動 S_s が策定された(図2.7)。

2011年東北地方太平洋沖地震では，図2.7に示す想定とは異なり，宮城県沖，福島県沖，茨城県沖といった複数の領域にまたがる非常に広い範囲を震源とした地震が発生した(図2.8)。

地震調査研究推進本部においても，海域を複数の領域に分けた地震動評価は行っていたが，今回の地震のように広い領域が連動するような地震は

第2章　東京電力福島第一原子力発電所事故の推移と発電所の現状

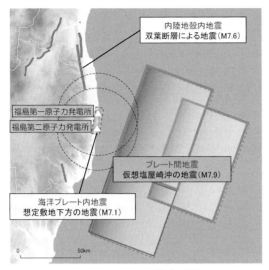

図2.7　1Fにおける検討用地震

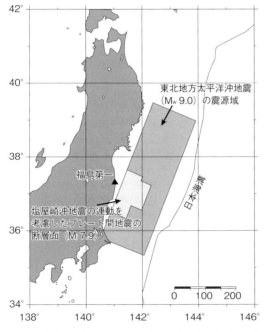

図2.8　東北地方太平洋沖地震の震源域と想定したプレート境界地震の断層面

想定されていなかった。しかしながら，基準地震動 S_s は保守性を見込んでおり，2号機，3号機および5号機の観測値の一部は基準地震動 S_s を超えていたものの，ほとんどの観測値は下回っていた。

東北地方太平洋沖地震により，1Fでは新福島変電所の設備被害，送電鉄塔の倒壊，所内受電用遮断器など，耐震重要度が低い設備の被害によって発電所外から電気を供給できない「外部電源喪失」状態となった。しかし，耐震重要度が高い非常用ディーゼル発電機が起動し，津波の浸水被害を受けるまでは，原子炉の停止（「止める」）や冷却（「冷やす」）は順調に進められていた。

〔小林　義尚〕

b．津波対策

原子力発電所の津波対策は，想定された津波高さに対して対策を講じるというのが基本的な考え方である。1Fにおいては，1号機の設置許可当時（1966年）は発電所周辺における既往の最大津波である1960年のチリ地震津波（海抜＋3.122m）を設計条件として想定し，主要な建屋の敷地高さは1〜4号機側で海抜＋10m，海側では一段低くなり海抜＋4mとされた。

1970年には「軽水炉についての安全設計に関する審査指針」が策定され，過去の記録を参照して予測される自然条件のうち，最も過酷と思われる自然力に耐えることが求められており，再評価した結果，設置許可時の想定はこの指針を満たしていた。

その後，1993年の北海道南西沖地震や1995年の兵庫県南部地震によって防災強化の気運が高まり，1999年より土木学会において津波高さの評価手法などの検討が始められ，2002年2月に「原子力発電所の津波評価技術」が策定された。

これにより，過去最大の津波を参照しつつ，波源の不確定性などを設計に反映させることが求め

られ，1Fの想定津波高さが海抜＋5.4〜5.7mに見直された。この見直しにより海側の海抜＋4mの敷地は浸水することになるため，そのエリアに設置されている海水ポンプモーターの設置位置をかさ上げするなどの対策が実施された。

2002年7月，地震調査研究推進本部から「地震発生の可能性の長期評価」が公表され，三陸沖北部から房総沖の日本海溝沿いのどこでもM8.2級の地震が発生する可能性があるとの見解が示された。これは，福島県沖の日本海溝沿いにも津波が発生する可能性を示す新しい見解であった。

2004年12月，スマトラ島沖で発生したM9.1の地震による巨大津波は，インドのマドラス発電所に海水ポンプを浸水させる被害を及ぼした。しかし，当時は土木学会の評価手法が策定されて間もない時期でもあり，その評価手法が十分な保守性を有しているとして具体的な対策の検討には至らなかった。また，スマトラ島沖津波の知見などを受け，2006年1月から7月にかけて原子力安全・保安院において勉強会が開催された。

2006年9月には，耐震指針の改訂に伴い耐震安全性評価（耐震バックチェック）が開始され，2008年3月から7月にかけて，地震調査研究推進本部の見解を踏まえた耐震バックチェックの検討の過程で，明治三陸沖地震の津波をモデルとしたシミュレーションの結果，最大で津波高さ15.7mの解析値を得たため，防潮堤の建設や周辺地域への影響が検討された。

以上のように発電所建設後も新たな知見を踏まえて一定の改善が図られてきたが，土木学会において津波評価技術が定められた2002年以降，津波対策を検討するいくつかの機会があったものの，2011年の津波の発生までには具体的な対策には

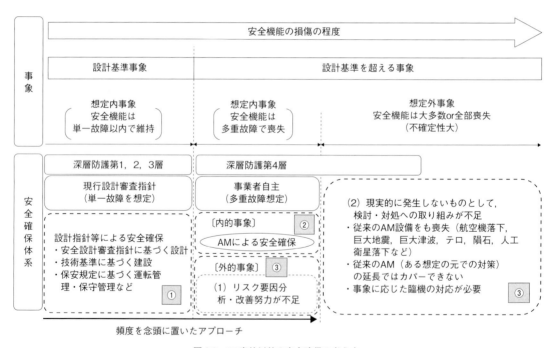

図2.9 1F事故以前の安全確保の考え方

結びつけられなかった。

[谷 智之]

c. 従来のシビアアクシデント対策と問題点

シビアアクシデントとは、従来の想定を超え、原子炉が重大な損傷を受けるような過酷な事故を指す。従来の安全設計の考え方は、異常が発生した場合に原子炉の安全を確保するため、原子炉を「止める」、停止した原子炉を「冷やす」、原子炉内の放射性物質を「閉じ込める」という、三つの機能を備えることを基本としている。1F 事故以前の安全確保の考え方を図 2.9 に示す。

これら三つの機能を高い信頼性で確保するために、同じ安全機能の設備を複数設置（多重性）することや、同じ安全機能であるが異なる動作原理の設備を設置（多様性）することで、設備が故障（単一故障）しても、その安全機能が維持できるようにしている（図 2.9 の領域①）。

また、1979 年のスリーマイル島原子力発電所 2 号機の事故においては、従来の想定（単一故障）を超える設備の故障や運転員の誤操作などが重なり（多重故障）、「冷やす」機能が失われて炉心溶融に至っている。これを契機として、日本では従来の想定を超える過酷な事故に対処するため、「シビアアクシデント対策」の整備が進められた（図 2.9 の領域②）。

1F におけるシビアアクシデント対策は、「止める」「冷やす」「閉じ込める」の三つの機能のほか、「電源供給」機能に対する整備も進め、原子炉への注水機能や格納容器からの除熱機能、電源供給機能の強化を行っていた。シビアアクシデント対策の一例である「代替注水設備」を図 2.10 に示す。

しかし従来は、津波のような多くの設備に同時に被害を及ぼす事象の検討や対策が不足していたため、1F 事故では期待されていた安全設備のほぼすべてが機能を失い、シビアアクシデント対策が十分に機能しなかった（図 2.9 の領域③）。

[水野 聡史]

2.3.2 事故時の対応の問題点と対策

a. 不十分な指揮命令系統

1F の緊急時対策本部は震災当時、本部長である発電所長の下に 12 の機能班が設置されており、発電所長にあらゆる情報が報告され、発電所長がほとんどの判断を行う体制となっていた。津波により複数号機が過酷事故に至り、発電所長にさまざまな情報がもたらされた結果、情報が輻輳し、迅速的確な意思決定が阻害され、指示命令の混乱に至った。

このため、指示命令が混乱しないよう、各指揮官を頂点に、直属の部下を最大 7 名以下に収める構造を大原則とした体制が求められる。また、体制全体の機能を、①意思決定・指揮、②対外対応、③情報収集・計画立案、④現場対応、⑤ロジスティック・リソース管理の五つに整理し、①の責任者として本部長となる発電所長が対応にあたり、②〜⑤にも責任者を配置して、機能ごとに責任者とすることも必要である。

b. 複数号機同時発災の想定不足

震災前、複数号機において同時に全交流電源が

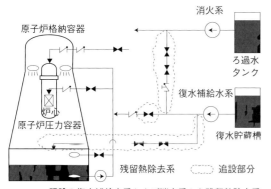

既設の復水補給水系および消火系から残留熱除去系を介して原子炉や格納容器への注水を可能にする。

図 2.10　代替注水設備

喪失するといった，過酷な事態を想定した教育・訓練を行っておらず，事故時に用いる運転手順書においても，複数号機において全交流電源が喪失しても数時間程度で復旧することを前提としており，それが何日も継続するような事態は想定していなかった。

このため，東京電力には，複数号機の同時被災を想定し，号機ごとに体制を分け，各号機の状況把握や情報共有が的確に行える体制とすることが求められる。また，全電源喪失を想定した手順書を整備し，電源が喪失した場合でも，原子炉の状態監視などに必要な特に重要な計器については，代替の計測器などにより確認できる対策を講じたり，事故などが発生した場合に，発電所外からの支援などがなくとも，7日間は事故時の対応が行えるよう，必要な燃料や資機材を準備することなどが必要である。

c．不十分な情報共有の仕組み

1F 1号機は，津波の浸水により，交流や直流のすべての電源設備が使用不能となった。この時点では，蒸気で駆動する注水ポンプも起動できない状況となり，唯一，非常用復水器（IC）[*3]が，使用が期待できる冷却設備となっていた。運転員や発電所緊急時対策本部発電班は当初，非常用復水器が作動していることを目視などにより確認したが，直流電源の喪失や復旧に際して非常用復水器の作動・停止などの状況を的確に把握できず，発電所緊急時対策本部も，非常用復水器の運転状況などを把握することができなかった。これは，通信・連絡手段が限定されているなか，複数号機の対応，地震による被害状況の把握や設備などの復旧対応，外部機関への情報提供や問い合わせ対応に追われていたことも重要な要因であった。

この反省を踏まえ，直流電源の喪失を模擬した事故対応のシミュレータ訓練や現場対応訓練を行うとともに，情報収集・計画立案機能や現場対応機能とロジスティック・リソース管理機能を分け，対外対応に関する機能を担う責任者を配置し，現場対応者が復旧作業などに専念できる環境の整備が求められる。

［卜部 宣行］

2.4 事故原因と対策

2.4.1 事故原因

1F 1～3号機が炉心損傷事故に至った直接的な原因は，津波により電源を含め，すべての安全設備の機能を失ったことである。

1号機では津波により早い段階ですべての冷却設備や監視設備の機能が失われ，あらかじめ定めていた事故時の対応を取る間もなく炉心溶融が発生，それに伴い発生した水素が建屋内に充満し，爆発したことにより，さらに被害を拡大させた。

また，2号機，3号機においては，津波襲来後も，原子炉の崩壊熱により発生する蒸気により駆動する注水ポンプ（原子炉隔離時冷却系ポンプ）などが機能したことで，炉心溶融までに2～3日間の対応時間を確保できたが，継続する余震や津波によるがれきの散乱，1号機の水素爆発による現場作業環境の悪化（放射線量の上昇）や復旧作業を進めていた設備が再び損傷するなど，効果的なシビアアクシデント対策が施されなかった。

原子力発電所は従来，津波の想定高さについて，自然現象である津波の不確かさを考慮しつつ，その時々の最新の知見などを踏まえながら，津波対策の必要性など検討してきたが，想定を超える津波が襲来した場合の対策ができておらず，事故の発生を防ぐことができなかった。

2.4.2 対策の考え方

日本の原子力発電所は，基本的には設計上の想定事故事象（例えば，配管が破断することで原子

[*3] IC：isolation condenser

炉内の冷却水を喪失する冷却材喪失事故など）に対して，安全機能に「独立性」「多重性」「多様性」を備えて対応する設備設計としている。

従前のシビアアクシデント対策としては，設計を超える事故事象の想定に対して，原子炉への注水機能の強化などを中心に対応することとし，炉心の損傷にまで進展する事故事象の発生確率を合理的に妥当な範囲に抑制してきた。しかしながら，1Fの事故以前は，全交流電源喪失が長時間継続し，ほとんどすべての安全機能が失われるという想定を上回る事態までは想定していなかった。

今回の津波のような事例に対応するためには，設備設計の前提条件を超える事故事象が発生することを考慮することを基本的な考え方として，自然災害などの，発生する可能性の高い脅威に対して設備設計で考慮することが必要である。同時に深層防護第4層（図2.9参照）である設備設計に頼らず，想定を超える事態に対応することが求められる。

すなわち，「1Fの事故原因となった津波のような自然災害を含む外的事象に対して，事象の規模を想定し，対応をすることで事故の発生を未然に防止することを基本とするが，さらに事故収束に用いる発電所の設備がほぼすべて機能を喪失するという事態までを前提とした事故収束の対応策を準備しておくこと」が原子力安全の思想面からの対策として必要不可欠である。

以上を踏まえ，設備面からの対策を実効的に機能させていくために，ハード的な整備は元より，その「具体的な実施手順の策定」「要員・体制的な裏付け」「技能や知識の付与・訓練」などのソフト的な整備を併せて進める必要がある。

［田邊 恵三］

2.5　1Fの現状

事故後年月が経過し，1～3号機の溶融した燃料については2011年（平成23）12月に安定して冷却できる状態を達成し，至近では15～35℃程度と低い温度を維持している（表2.2）。また，汚染水対策や廃棄物管理などを進めた結果，発電所敷地外への影響は1mSv/年未満を維持している。今後，廃炉の進め方の指針となる「東京電力ホールディングス（株）福島第一原子力発電所の廃止措置等に向けた中長期ロードマップ」に則り，長期にわたる廃炉作業を続けていく。

2.5.1　汚染水対策

1～3号機の溶融した燃料デブリ[*4]を冷却するため，原子炉へ約200 m³/日（2.8 m³/時×3機）の冷却水を注入している。燃料デブリを冷却する際に放射性物質を含んだ水（汚染水）は，原子炉建屋およびタービン建屋などの地下階に溜まり，これを汲み上げて浄化し，冷却水として再利用している。しかし，建屋地下階には地下水や雨水も流入し，保有する水の量は日々増えている。このため，再利用し切れない水はタンクに貯蔵しており，その総量は約100万m³に至っている。

表2.2　1～3号機の状況（2018年7月23日午前11：00の状況）

	圧力容器底部温度（℃）	格納容器内温度（℃）	使用済燃料プール温度（℃）	原子炉注水量（m³/時）
1号機	26	26	35	2.8
2号機	32	32	35	2.8
3号機	30	30	34	2.8

[*4] 核燃料とそれを覆っていた金属の被覆管や構造物などが溶解して一緒に固まったもの。

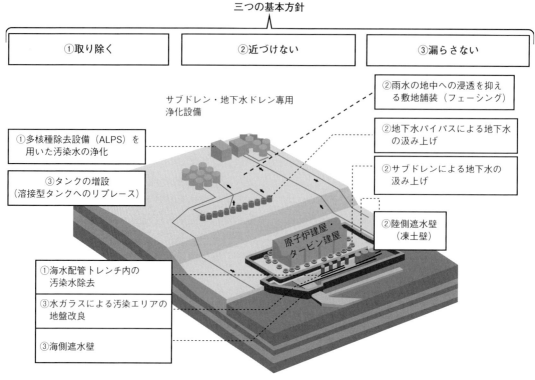

図 2.11　三つの基本方針

　汚染水については，①汚染源を「取り除く」，②汚染源に「近づけない」，③汚染水を「漏らさない」という三つの基本方針（図 2.11 参照）を定め，敷地内外へ悪影響を及ぼさないよう対策を講じている。
〈方針①〉汚染源のうち，リスクの高い箇所から優先的に処理作業を進めており，海水配管トレンチ内の汚染水は 2015 年（平成 27）12 月に処理を完了した。比較的高濃度の汚染水（RO 濃縮水）[*5]を貯蔵していたタンク内汚染水については，多核種除去設備（ALPS）[*6]などによる浄化を 2015 年 5 月までに完了した。現在は，建屋地下階にある滞留水の量を低減する作業を進めており，2020 年には原子炉建屋を除く建屋地下階の処理完了を目指している。

〈方針②〉建屋地下階への地下水や雨水の流入が汚染水を増加させる要因となるため，複数の「近づけない」対策を実施している。地下水の全体量を低減するため，地下水の上流側（敷地山側）では雨水が地中へ浸透しないように土壌の表面を舗装すること（フェーシング）や，汚染源に近づく前に地下水を汲み上げる対策を実施している。また，地下水自体の建屋地下階への流入を低減するため，汚染の高い建屋（1〜4 号機）の周囲地下に氷の壁（凍土式陸側遮水壁）を設け，地下水の接近を防ぎつつ，氷の壁の内側では建屋周辺から地下水を汲み上げている。これらの対策により，地下水流入量は当初 400 m^3/ 日であったが，100 m^3/ 日程度まで低減している。今後は，雨水などの地下水以外の流入抑制対策にも取り組んで

---

*5　RO：reverse osmosis（逆浸透）
*6　ALPS：advanced liquid processing system

いく。

〈方針③〉建屋周辺の汚染された地下水を敷地外へ漏らさない取り組みとして，敷地海側に鋼製の壁（海側遮水壁）を設置した（2015年10月に完成）。また，すべてのタンクを信頼性の高い溶接型タンクへ切り替える作業を継続している。また，タンクに貯蔵した水の取り扱いについては，風評被害対応も含め，広く議論が進められている。

2.5.2 使用済燃料プールからの取り出し

1～3号機の使用済燃料プールに保管している燃料は，プール水の循環冷却により冷温を維持しており，順次取り出し作業を実施している。

3号機は，建屋上部のがれき撤去が完了してお

図2.12 燃料取り出しカバー設置後の3号機

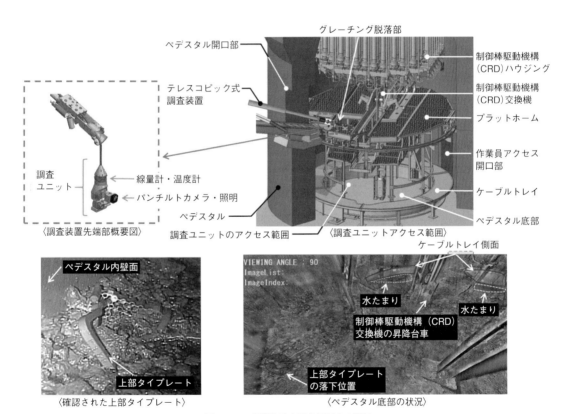

図2.13 2号機格納容器内部調査の概要

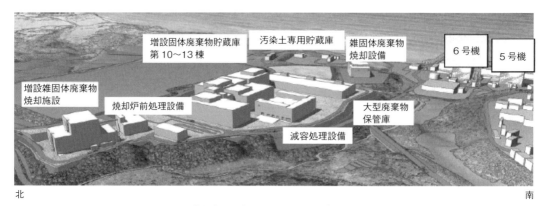
図 2.14　固体廃棄物関連施設の設置イメージ（5, 6号機北側）

り，燃料取り扱い設備などの準備が整い次第，使用済燃料の取り出し作業を開始する（図 2.12 参照）。1 号機はがれき撤去を慎重に進めており，2 号機は水素爆発を免れたものの原子炉建屋最上階の放射線環境が厳しく，建屋を解体する準備を進めている。

なお，使用済燃料を最も多く保管していた 4 号機については，2014 年 12 月に燃料取り出し作業が完了している。

2.5.3　燃料デブリ取り出し

原子炉圧力容器内の炉心にあった燃料は，宇宙線由来のミュオン（素粒子の一種）による透視や解析の結果，一部は炉心に残存しているものの，多くは溶融して燃料デブリとなり，原子炉格納容器の底部に落下したものと推定している。これら燃料デブリを取り出すため，原子炉格納容器内部の調査（図 2.13 参照）を進めている。

2.5.4　廃棄物の保管管理

廃炉作業に伴い発生する固体廃棄物のうち，がれきなどは表面の放射線量に応じて区分し保管している。汚染水処理により発生した廃棄物についても，放射線量などに応じて適切に遮蔽し保管している。また，今後 10 年間に発生する固体廃棄物について保管管理計画を策定し，減容・焼却や保管設備の設置など，必要な準備を進めている（図 2.14）。

2.5.5　労働環境改善

作業者の被ばく線量の低減や作業環境の向上のため敷地のフェーシングなどの対策を実施し，使い捨て式防塵マスクなどの簡易な装備で作業可能なエリアが敷地全体の 96％まで拡大している。また，事故当初の作業者の被ばく線量（平均）は 21.59 mSv/月であったが，2018 年 4 月には 0.03 mSv/月と大幅に低減している。

［石川　真澄］

2.6　東日本大震災に耐えた原子力発電所

2.6.1　東北電力女川原子力発電所

a. 女川原子力発電所の概要

女川原子力発電所は，宮城県仙台市の西北西約 60 km の牡鹿半島に位置し，敷地約 173 万 m^2 に 3 基の沸騰水型軽水炉（BWR）を設置している。敷地高さは海抜 14.8 m である（図 2.15）。

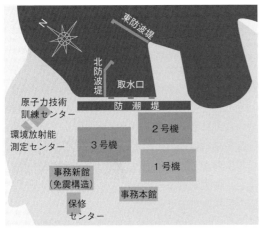

図 2.15　女川原子力発電所敷地概要図

図 2.16　避難者の体育館での様子

b. 地震・津波による被害状況

地震の震源は牡鹿半島から太平洋側に約130 kmの地点であり、地震発生時は1号機および3号機は運転中、2号機は起動操作中であったが、いずれも大きな揺れを検知して原子炉は自動停止した。また津波は、地震から約30分後には何波にもわたり、最大高さ約13 mにて発電所に到達したが、敷地へ乗り上げてくることはなかった。

地震により1号機の常用電源設備に火災が発生し、重油タンクが倒壊するとともに、2号機においては津波により原子炉建屋の一部が浸水したが、非常用ディーゼル発電機1台は健全であった。

発電所周辺地域の道路や家屋なども地震や津波により壊滅的な被害を受けたため、発電所周辺の住民らが発電所に避難を求めてきた。このため発電所構外のPR（広報）センターのほか、発電所構内の事務棟や体育館へも避難者を受け入れた。避難者は最大約360人にも及び、発電所員とともに約3か月間を過ごした（図2.16）。

c. 地震・津波襲来後の対応

各号機とも地震・津波後、非常用ディーゼル発電機や外部電源が使用可能であり、電源が確保されていたこと、また敷地高さが最大津波高さより高く、津波の被害を受けなかったことなどから、翌日3月12日には、3基とも原子炉を安定して冷却できる状態（冷温停止）となった。

特に敷地高さについては、1号機の設置許可を申請する際、津波対策が重要課題との認識から、土木工学などの大学教授を含む社内委員会を1968年（昭和43）に設置して議論を重ね、14.8 mに決定した。さらに敷地高さ決定後も適宜津波高さの予測を行い、予測値が敷地高さを超えないことを確認するとともに、敷地の法面をコンクリートで補強してきた経緯があった。

今回の震災からは、津波高さの評価にさらなる余裕をもたせること、浸水対策の重要性や火災発生時のリスク低減などの教訓を学び、現在、新規制基準への対応と合わせて各種安全対策工事や海抜約29 mの防潮堤（図2.17）の建設などを進め、さらに非常時に備えたさまざまな訓練を繰り返し行うことに努めている。

［小保内　秋芳］

2.6.2　東京電力福島第二原子力発電所

a. 東京電力福島第二原子力発電所（2F）の概要

2Fは1Fの南方約12 km、双葉郡富岡町と楢

図 2.17 防潮堤の外観（2018 年 5 月）

葉町にまたがる敷地約 150 万 m² に 4 基の沸騰水型軽水炉（BWR）を設置している（図 2.18）。

b. 地震・津波による被害状況

地震発生時は全号機が運転中であったが，いずれも大きな揺れを検知して原子炉は自動停止した。しかし，その後の津波により，1, 2, 4 号機では機器の冷却に必要な海水ポンプが損傷し，原子炉の冷却や格納容器内の除熱ができなくなった。なお，発電所外からの送電線や設備の一部は被害を免れ，また，中央制御室の計器により原子炉の状態や機器の監視が可能であった。

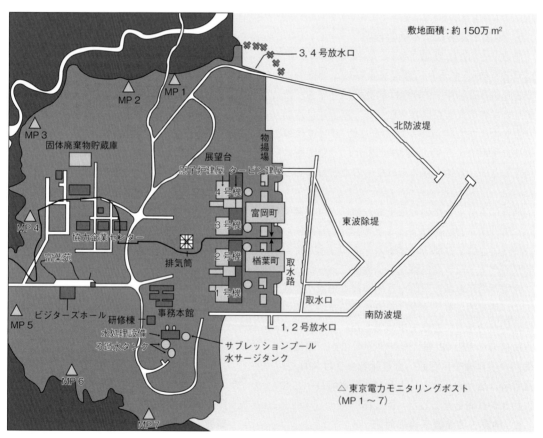

図 2.18 2F 敷地概要図

第2章 東京電力福島第一原子力発電所事故の推移と発電所の現状

c. 地震・津波襲来後の設備の復旧

原子炉自動停止直後は，全号機で冷却用の海水ポンプや交流電源が不要な「原子炉隔離時冷却系ポンプ」などにより，原子炉への注水・冷却が進められたが，除熱機能が失われた1, 2, 4号機では，注水された水が原子炉停止後も発生する崩壊熱により蒸気となって格納容器内へ蓄積されていった。

このため1, 2, 4号機では，格納容器が蒸気の圧力により破損する恐れが出てきたことから，これを防止するため，蒸気を大気中へ放出する（格納

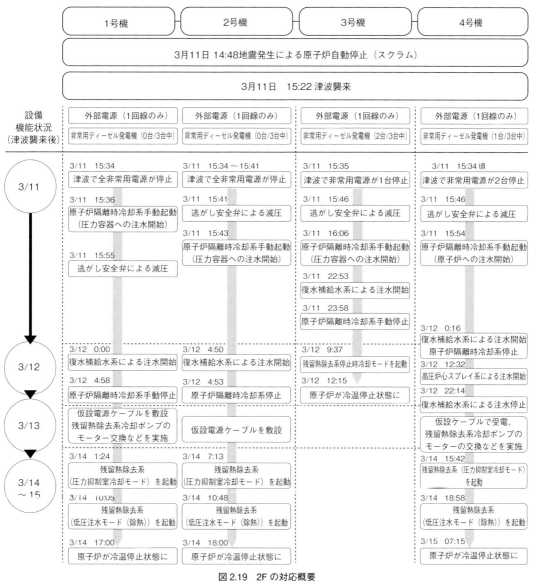

図 2.19　2F の対応概要

容器ベント）準備を進める一方，格納容器内の除熱（蒸気の凝縮）に必要となる，損傷した海水ポンプや電源設備の復旧作業を進めた。

損傷した海水ポンプは，必要な部品を自衛隊による空輸などにより早急に調達して復旧し，また電源設備についても，重さ約 5 kg/m の電源ケーブルを，人力で総延長約 9 km にわたって復旧させ，地震・津波発生から 3 日後の 3 月 14 日未明には，設備の仮復旧作業を完了させた。

この結果，格納容器ベントをすることなく，翌 3 月 15 日には全号機で格納容器が除熱され，原子炉が安定して冷却できる状態（冷温停止）となった（図2.19）。

［安達 晃栄］

2.6.3　日本原子力発電東海第二発電所

a.　日本原子力発電東海第二発電所の概要

東海第二発電所は，茨城県東海村の太平洋沿岸に位置する沸騰水型軽水炉（BWR）である（図2.20）。

b.　地震・津波による被害状況

地震発生時は運転中であったが，タービンが大きな揺れを検知して原子炉は自動停止した。しかし，地震により茨城県内にある変電所が被害を受けたため原子炉の冷却に必要なポンプなどを動かす電力を外部から受電できなくなった。このため，原子炉の自動停止と同時に自動起動した 3 台の非常用ディーゼル発電機によって必要な電力を供給し，原子炉の冷却や格納容器内の除熱を開始した。

また，2007 年（平成19）に茨城県から公表された津波浸水想定区域図に基づき，発電所の津波高さを約 5.7 m と評価し，さらに余裕を持たせて津波高さ 6.1 m とした津波対策の「堰」の工事を

図2.20　日本原子力発電東海第二発電所の外観

進めていた。津波の襲来時，堰は概ね完成していたが，堰の内外を貫通するケーブルの止水工事が完了しておらず，津波により敷地内が最大約 5.4 m で浸水した際に，貫通部から浸水した。これにより，非常用ディーゼル発電機の冷却に必要な海水ポンプ 3 台のうち 1 台が浸水，停止したことから，非常用ディーゼル発電機 1 台を手動で停止させた。

c.　地震・津波襲来後の設備の復旧

津波による浸水被害を受け，非常用ディーゼル発電機は 2 台となったが，原子炉を安全に停止，冷却するために必要な電力は確保されていた。このため，原子炉の冷却や格納容器内の除熱を中断することなく継続し，原子炉の温度と圧力を徐々に下げる操作を進めた。復旧の経緯を図2.21に示す。

震災から 2 日後の 2011（平成23）年 3 月 13 日には，外部からの電力の一部が復旧したため，原子炉の冷却などに必要な電源の供給を，非常用ディーゼル発電機から外部の電力に切り替えた。これらの復旧作業の結果，3 月 15 日には原子炉が安定して冷却できる状態（冷温停止）となった。

［近江 正］

第 2 章　東京電力福島第一原子力発電所事故の推移と発電所の現状

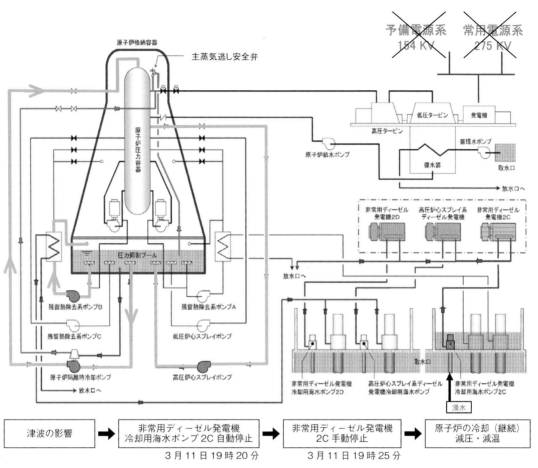

図 2.21　日本原子力発電東海第二発電所の主要設備の状況

第3章　廃炉への道のり
―東京電力福島第一原子力発電所の廃炉

編集担当：宮野　廣

はじめに……………………………………………………………（宮野　廣）	46
3.1　原子炉事故の過去の例 …………………………………………（林道　寛）	47
3.1.1　概　説	47
3.1.2　スリーマイル島原子力発電所2号炉事故の処理	48
3.1.3　チェルノブイリ原子力発電所事故後の処理と現状	49
3.2　廃炉の概要－事故炉の廃止措置 ………………………………（宮野　廣）	50
3.3　廃炉に取り組む体制・組織・役割分担 ………………………（福田俊彦）	51
3.4　廃炉の計画・手順と課題 …………………………………………………	51
3.4.1　中長期ロードマップによる管理と課題 …………………（福田俊彦）	52
3.4.2　事故炉の廃炉における安全管理と課題 …………………（山本章夫）	54
3.4.3　廃炉の手順と工法，その課題 ……………………………（鈴木俊一）	56
3.4.4　構造健全性の確保と長期の課題 …………………………（瀧口克己）	57
3.4.5　廃炉のための他の課題 ……………………………………（宮野　廣）	59
3.5　廃炉に必要な技術 …………………………………………………………	59
3.5.1　自動機・ロボット技術 ………………………（新井民夫，大隅　久）	59
3.5.2　汚染の分布推定と除染技術 ………………………………（石川真澄）	62
3.5.3　汚染水処理技術 ……………………………………………（内田俊介）	63
3.5.4　燃料デブリの取り扱い技術 ………………………………（阿部弘亨）	68
3.6　技術開発・研究の概要 …………………………………………（松本昌昭）	73
3.6.1　国による1Fの廃炉に向けた研究開発	73
3.6.2　研究開発の取り組み	73
3.7　廃棄物の処分・長期計画 ………………………………………（柳原　敏）	75
3.7.1　放射性廃棄物の分類	76
3.7.2　放射性廃棄物の取り扱い	77
参考文献………………………………………………………………………………	80

はじめに

東京電力福島第一原子力発電所（以下，1Fという）は，2011年3月11日14時46分頃，東北地方太平洋沖地震が発生し，運転中の原子炉はすべて自動停止（スクラム）した。その後，予定通りにプラントは停止モードに入った。しかし，地震発生から1時間弱経過した15時30分頃，15 mを越す大きな津波が来襲した。

1Fのその後の事故の経緯や他の東日本太平洋岸に位置する原子力発電所の詳しい状況については別章を参照いただきたい。簡単に述べると，東日本太平洋岸に位置する原子力発電所のうち，東通原子力発電所は東北電力の1号機が運転を開始していたが定検中でまったく影響を受けていない。女川原子力発電所では2号機は定検中であり停止していたが，1号機と3号機は運転中で緊急停止により一部小規模の随伴火災があったものの無事冷温停止した。1Fに近い東京電力福島第二原子力発電所では，1～4号機がすべて運転中の被災であり，すべて緊急停止されたものの津波により重大な影響を受けたがアクシデントマネジメントが功を奏して無事冷温停止にまで持ち込むことができた。日本原子力発電の東海第二発電所では1号機1基のみ運転されていたが安全策の運用により無事冷温停止となった。

1Fでは，5, 6号機には津波は来たものの安全策が効き，問題なく冷温停止された。4号機は改造のために長期停止に入ったばかりであり，炉内には1体の燃料もなかった。1～3号機は運転中であったが，緊急停止により停止モードに入った時点で津波が来襲し，全電源喪失など重大な事態に陥り，炉心溶融，水素爆発，放射性物質の外部放出と重大な事故を招いてしまった。

本章では，主にこの1～3号機の廃炉の作業について言及する。概要を以下に示す。

原子力施設の事故は主に放射性物質の放出の量による影響の度合いに対して国際原子力事象評価尺度（INES）[*1]により段階づけ（レベル）られている。1Fはそのレベル7と最も高い「重大事故」の段階と位置づけられた。同じ段階では事故当時のソビエト連邦（現ウクライナ）のチェルノブイリ原子力発電所4号炉の燃料溶融事故があるが，事故の質が異なり参考にはなり難い。一方，レベルは5とINESの評価レベルは低いものの米国のスリーマイル島原子力発電所2号炉の燃料溶融事故は経過が1Fに比較的近く，その経験やデータは1Fの廃炉の参考となっている。

1Fの事故炉の廃炉は政府主導で進められる国家プロジェクトである。首相をトップとする「廃炉・汚染水対策関係閣僚等会議」が廃炉の中長期ロードマップを策定し基本方針を示し，それに基づき東京電力が実施計画を策定してさまざまにコンセンサスを得て実施していくことが必要である。廃炉は，放射性物質によるリスクから，人と環境を守るための継続的なリスク低減活動と位置づけ，コミュニケーションをよくして地域，国民の理解を得ながら，あらかじめ定めたロードマップに従い関係機関と調整し，その目標を達成すべく着実に取り組みを進めなければならない。

廃炉作業の要点は，安全を確保するための管理目標の設定と具体策である。特に事故炉の廃炉では，放射線の高い場所で，放射能の高い対象物を扱うことを念頭に事前の検討を十分にして作業計画を策定し着実に廃炉作業を進めなければならない。他の廃止措置や原子力発電所での作業と異なり，放射能，放射線の影響を最も強く受ける作業員のリスクへの配慮が求められる。現場の状況を正確に把握しつつ，一方ではできる限り除染を進め，作業環境を改善しなければならない。

作業には自動機，ロボットの活用が必須であり，

[*1] INES：International Nuclear and Radiological Event Scale

高放射線下で長期にわたり使用できる信頼性の高い自動機，ロボットの開発が期待される。長期の課題は，構造健全性の維持であるが，建屋構造は健全ではあるが原子炉圧力容器（RPV，以下「圧力容器」ともいう）原子炉格納容器（PCV，以下「格納容器」ともいう）の構造や内蔵する燃料デブリの長期劣化対策は重要な課題である。多量に内在される破損燃料や燃料デブリの性状を正確に把握し，放射性物質を漏えいさせない安全な取り出し方法を確立しなければならない。

廃炉作業に取り掛かる前には，事故炉から取り出された放射性物質の取り扱いや，汚染された構造物，汚染水の処理では取扱い基準や廃棄基準を明確にした上で，その対応や処分の方法を検討し，どのように長期にわたり1F全体の放射性物質を管理していくかを議論しておかなければならない。まず，廃炉で目指す中間の姿（中間のエンドステート）をいくつか定めて着実に達成して行くことが大切であり，1Fサイト全体で放射性物質を管理しつつ（スチュワードシップ）順次目指す目標を定めて進め，最終の姿（エンドステート）を目指すことが適切な取り組みと考える。

[宮野 廣]

3.1 原子炉事故の過去の例

3.1.1 概　説

原子力施設の事故は図3.1に示すように，その影響度合い（重大性）に応じて，国際原子力事象評価尺度（INES）により，レベル0〜7までの8段階で評価されている[1]。レベル1〜3は異常な事象，レベル4〜7は事故に位置づけられている。日本では，レベル4以上の事故は，東海村のJCOの臨界事故（レベル4）と1F事故（レベル7）がある。ここでは，商業用原子力発電所（NPP）[*2]のうち，1F以外のINESのレベル4以上の事故が発生した三つのNPPの事故の大きさと相違点について，その概要を示す。

a. ボフニチェA1原子力発電所（スロバキア）の燃料溶融事故（INESレベル4）

ボフニチェA1発電所は，電気出力143 MWの天然ウラン燃料を使用するチャンネル型の重水減速炭酸ガス冷却炉（HWGCR）[*3]である。1977年2月22日の出力運転中に燃料交換を実施中，除湿剤を付けたまま行ったことから，一つの燃料チャンネルが閉塞し，燃料が溶融，局所的な加熱が発生し，圧力管が破損した。また，重水減速材が漏れ出し，一次系，二次系とタービンホールが汚

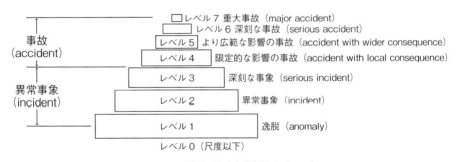

図3.1　国際原子力事象評価尺度（INES）

[出典：INES, The International Nuclear and Radiological Event Scale User's manual 2008 Edition, Co-sponsored by International Atomic Energy Agency and OECD/Nuclear Energy Agency, IAEA 2009]

---

*2　NPP：nuclear power plant
*3　HWGCR：heavy water gas cooled reactor

染した。この事故による過度な放射線被ばくはなかったが，液体廃棄物273 m³，放射性スラッジ50 m³の放射性廃棄物が発生した。廃止措置は1999年から5段階で行われており，2016～2023年まで除染が行われる予定である。

b. スリーマイル島原子力発電所2号炉（TMI-2）燃料溶融事故（INESレベル5）

TMI-2は電気出力800 MWの加圧水型原子炉（PWR）[*4]である。1979年3月28日に97%出力運転中に，二次系の軽微な故障によりポンプおよびタービンも停止し，一次系の温度と圧力が上昇した。その後の運転操作が原因となり，一次冷却材の漏出，沸騰により，炉心水位が低下，燃料溶融事故に至った。溶融燃料は原子炉圧力容器内に留まったが，放射性物質の環境放出（希ガス，ヨウ素など）により，周辺公衆の被ばくは最大約1 mSvと考えられている。TMI-2の溶融燃料は，約99%が他の構造物とともに回収されたとしている。TMI-2はTMI-1の運転終了を待って，同時に廃止措置を行う計画になっている。また，クリーンアップにより，発生した廃棄物のほとんどは処理をしてサイトに保管中であるが，これらの詳細については3.1.2項で詳述する。

c. チェルノブイリ原子力発電所4号炉の燃料溶融事故（INESレベル7）

チェルノブイリ発電所4号炉は，電気出力1,000 MWの黒鉛減速沸騰軽水圧力管型原子炉である。1986年4月26日に，外部電源喪失時の試験中に運転ミスにより炉心溶融が発生，爆発事故となった。これにより大量の放射性物質が放出され，旧ソ連国内にとどまらず，ヨーロッパ各国に放射性物質を発散させた。原子炉は，封じ込めのためにコンクリートやホウ素が大量に投入された（「石棺」状態となっている）。長期にわたりチェルノブイリ発電所から30 km圏内は立入禁止区域になっている。その状況については，放射性廃棄物への対応も含めて3.1.3項で詳述する。

［林 道寛］

3.1.2 スリーマイル島原子力発電所2号炉事故の処理[4～6]

スリーマイル島原子力発電所2号炉（TMI-2）は1979年の燃料溶融事故の後，溶融燃料（燃料デブリ）は原子炉容器内に留まったものの，燃料デブリの取り出しや放射性廃棄物の処理も含めたサイトのクリーンアップには多額の費用と期間を必要とし，また技術的にも挑戦的な取り組みであった。クリーンアップにあたり，米国エネルギー省（DOE）[*5]と米国原子力規制委員会（NRC）[*6]の間では，TMIのサイトが長期的な放射性廃棄物の処分施設とならないための覚書（MOU）[*7]に署名するとともに，作業に伴う放射性廃棄物を合理的に削減するための実践的な方策を定めた。ここでは，燃料デブリの回収や放射性廃棄物の処理処分方策など，事故後の活動について紹介する。

a. 燃料デブリの取り出しと保管

取り出された燃料デブリと使用済燃料は，341個のキャニスターに封入されて，アイダホ原子力研究所サイトに輸送され，燃料貯蔵プールに移された。その後，独立した使用済燃料貯蔵施設（ISFSI）[*8]の水平乾式貯蔵モジュールに移送された。封入された燃料デブリのキャニスターは，この貯蔵モジュールの設計に適合するため，新たなキャニスターを必要としない。図3.2に乾式貯蔵モジュールを示す。

すべての燃料デブリが取り出された訳ではなく，核燃料物質は，原子炉容器をはじめとして，冷却系や原子炉，建物内に残留しており，その量は全体で1,125 kg以下と推定されている。このため，燃料デブリを含む装荷した燃料の約99%が回収できたと考えられている。

[*4] PWR：pressurized water reactor
[*5] DOE：United States Department of Energy
[*6] NRC：Nuclear Regulatory Commission
[*7] MOU：Memorandum of Understanding
[*8] ISFSI：independent spent fuel storage installation

図3.2 アイダホ原子力研究所のTMI-2から取り出された燃料デブリと使用済燃料の乾式貯蔵施設

[出典：IAEA, Nuclear Energy Series, No. NW-T-2.7, pp.40（2014）]

b. 放射性廃棄物

1FとTMI-2も汚染水処理やサイト修復のために多量の廃棄物が発生した。その対応は、①二次廃棄物となる廃棄物の削減、②持ち込んだ工具や機器の再使用、③処理した汚染水のリサイクルという方針の下で実施された。発生した放射性廃棄物のうち汚染水処理した樹脂（EPICOR-II）やゼオライトなど、現在の米国の放射性廃棄物処分場では処分できない高線量の廃棄物などは処分のための技術的検討が進められているが、処分に適合する放射能濃度の低い廃棄物は廃棄体に処理した後に処分されている。

放射性廃棄物は、処理処分[*9]を行うにあたり、含まれている放射性核種の種類と濃度を特定（特徴づけ）する必要があるため、さまざまな廃棄物の分析を行ってきた。現在までに、処分する上で重要な放射性核種の代表的なものに対して、スケーリングファクター法（SF法）[*10]の適用が検討された。その結果、①コバルト60（^{60}Co）に対してテクネチウム99（^{99}Tc）、ニッケル63（^{63}Ni）、②アンチモン125（^{125}Sb）に対してヨウ素129（^{129}I）の相関性が評価されている。また、炭素14（^{14}C）については、基準核種との相関性を見出すことは困難であることから、処分する際の濃度上限値が特定されている。

c. 廃止措置

TMI-2の廃止措置はTMI-1の廃止措置と同時に実施する計画である。したがって、大量の廃棄物が発生する廃止措置作業は、今後30〜50年後と想定されている（遅延解体）。この間に、主要な放射線源であるセシウム137とコバルト60は大きく減衰することになり、解体や除染作業をより合理的に行うことができると考えられている。

[林 道寛]

3.1.3 チェルノブイリ原子力発電所事故後の処理と現状[1, 2, 6〜8]

チェルノブイリ原子力発電所（旧ソビエト連邦、現ウクライナ）4号炉は、1986年4月26日に炉心溶融と爆発により破壊的な事故を引き起こした。この炉は事故後に放射性物質の拡散を防ぐために、破壊した施設をすべてコンクリートで覆ったため「石棺」と称される。しかしながら石棺は既に30年が経過しており、老朽化に対処するためより安全で恒久的な構造をもつ設備（シェルター）の建設が行われた。4号炉は依然として安定化に向けた活動期の段階にあり、今後、生態学的に安全なシステムとすること、石棺内の放射線源から作業者や公衆および環境を保護し、放射性廃棄物管理すなわち処理処分を行うことを目指している。ここでは、シェルター内で実施される作業の概要と放射性廃棄物対策の現状について紹介する。

a. シェルターの設置とその後の作業予定

石棺を覆う新たなシェルターの建設作業は2010年から開始され、図3.3に示すように、2016年11月に設置が完了した。このシェルターはL 257 m × D 162 m × H 108 m、総重量36,000 tの巨大な設備であり、長期間の機能維持、シェルター外に放射性物質を拡散させない、施設内への雨の流入制限、シェルター内の放射性物質による

[*9] 放射性廃棄物の処理処分：放射性廃棄物は原子力発電所の運転などに伴い発生する放射能レベルの低い「低レベル放射性廃棄物」と、使用済燃料の再処理に伴い再利用できないものとして残る放射能レベルが高い「高レベル放射性廃棄物」とに大別されるが、それらを廃棄物の種類と放射性物質の濃度に応じて処理し、人間の生活環境に影響がないように適切に処分すること。

図3.3 シェルターで全体が覆われたチェルノブイリ原子力発電所4号炉
[出典：https://www.ebrd.com/ebrds-mission-in-chernobyl-gallery.html]

水利地質環境の保護などを目的としており，少なくとも100年間の長期間の機能維持を可能としている。シェルター内の老朽化したコンクリートの石棺をはじめとする不安定な構造物の解体・補強や放射性廃棄物の処理などの作業が行われる計画になっている。

シェルター内の廃棄物の10％以上は高レベル廃棄物であり，そのうち2,800 t以上が溶融した燃料やその化合物や付着物である。石棺内には燃料の約95％が残存していると推定されている。

b. 放射性廃棄物

チェルノブイリ4号炉の事故により発生した放射性廃棄物のうち，サイト内の未処理廃棄物を一時保管しているシェルターオブジェクト（SO）を除き，立入禁止区域内で約280万 m^3 の放射性固体廃棄物が処分場やサイト外の保管施設にあり，また立入禁止区域内の放射能汚染物の総量は1,100万 m^3 と推定されている。このうち40万 m^3 がシェルター内にある。

事故発生後の多量な放射性廃棄物には，線量率に応じて処分場で処分した廃棄物と一時保管施設で保管している廃棄物がある。当時は，放射性廃棄物に対する設備が十分ではなく，処分した廃棄物は，$α$ 核種を含む長寿命核種の廃棄物が含まれており，地層処分を必要とする。また，処分場のコンクリート基礎や構造物に亀裂が発生しており，地層処分場ができるまでの間の安定化の処置を必要としている。

一時保管中の放射性廃棄物やシェルター内の放射性廃棄物を処分可能とするために，放射性物質の測定設備や処理設備などのインフラが整備された。放射性廃棄物核種測定装置は必要とされる36核種の測定を想定しているが，運用していく中で定期的に検証を行い，絞り込みを行っていくことも考慮されている。また，固体廃棄物の分別，処理（細分化，焼却，圧縮，セメント固化）を行う設備が整備され，運用を開始している。チェルノブイリの事故廃棄物については，最終的な処分に向けて，これらの施設の活動がきわめて重要となっている。

［林道 寛］

3.2 廃炉の概要—事故炉の廃止措置

1Fでは，5, 6号機は被災しておらず廃止措置は通常炉と同じである。しかし，1F全体が「特定原子力施設」と定義され，1Fサイト全体で廃止措置の計画を立案することとなった。

被災した1～4号機については，事故炉として廃止措置を行う。事故炉の廃止措置で通常炉の廃止措置と大きく異なる点は，燃料溶融で発生した燃料由来の放射性物質による施設の汚染と溶融した燃料や溶融燃料と金属およびコンクリートとの混合溶融物（これを燃料デブリという）が多量に原子炉格納容器内，原子炉圧力容器内に残されたまま廃止措置を行うことである。

1Fの4号機は，3号機から4号機建屋上部のオペレーションフロア内に流れ込んだ水素の爆発が発生しただけであり，炉心に燃料はなく炉心溶融事故を起こしておらず，燃料集合体は全数取り出される通常の廃止措置とほぼ同等の取り扱いが

＊10 スケーリングファクター法（scaling factor method）：低レベル放射性廃棄物において測定がむずかしい核種の放射能濃度評価に用いられている方法の一つ。測定のむずかしい核種の放射能濃度が，核種の生成機構や廃棄物へ移行する仕方から，廃棄物容器の外部から測定が可能な放射性核種（コバルト60やセシウム137）の放射能濃度と相関関係が成立する場合，放射化学分析などによりあらかじめ設定した測定のむずかしい核種とコバルト60やセシウム137の放射能濃度の相関比（スケーリングファクター）に，廃棄物容器の外部から測定したコバルト60やセシウム137の放射能濃度を掛け合わせて，難測定核種の放射能濃度を評価する方法。

行え，この廃炉は比較的容易である．一方，1～3号機は，燃料の溶融事故に伴う大量の燃料由来の放射性物質が設備内に飛散し，重大な汚染をもたらしたため，線量レベルが高く復旧作業に大きく影響している．

事故炉は内部に燃料や放射性物質が残存していることから，放射線レベルがきわめて高く作業への制約が生じる．例えば，人の作業を少なくする，もしくは人は作業しない，または放射線の影響を少なくする水中作業を主体とするなどの対応が必要となる．

また，事故炉の廃炉で最も重要な事項は，放射性物質の系外への放出に対する防護である．したがって，バウンダリーの設定と放出の可能性への対応が課題となる．さらに，燃料が残存していることから，再臨界への対応や残存する崩壊熱の除去も必要となる．

[宮野 廣]

3.3 廃炉に取り組む体制・組織・役割分担

1Fの廃炉は事故炉の廃炉であることから，原子力災害対策本部（本部長：内閣総理大臣）をトップとする廃炉・汚染水対策関係閣僚等会議（議長：内閣官房長官），廃炉・汚染水対策チーム（チーム長：経済産業大臣）という政府主導の体制のもと，事業者として東京電力ホールディングス株式会社福島第一廃炉推進カンパニー（以下，「東京電力」という）が廃炉作業を実施している．政府が「東京電力ホールディングス(株)福島第一原子力発電所の廃止措置等に向けた中長期ロードマップ」（以下，「中長期ロードマップ」という）で基本方針を示し，それに基づいて東京電力が「原子炉等規制法特定原子力施設に係る実施計画」を策定し，原子力規制委員会の認可を得た後に作業を実施している．政府は原子力損害賠償・廃炉等支援機構（以下，「NDF」[*11]という）を設置し，中長期戦略の策定，研究開発の企画と進捗管理などの役割をもたせ，以下の仕組みとした．

NDFはその役割を果たす観点から，毎年「東京電力ホールディングス(株)福島第一原子力発電所の廃炉のための技術戦略プラン」（以下，「戦略プラン」という）を作成し，政府の中長期ロードマップの技術的支援をする．研究開発については，国際廃炉研究開発機構（IRID）[*12]，日本原子力研究開発機構（JAEA）[*13]などが政府の事業予算に基づき実施する．これらの廃炉関係機関は，それぞれの役割に応じて，地域住民や社会との双方向対話をしながら廃炉を円滑に進める（図3.4参照）．

廃炉の費用については，東京電力が自らまかなうこととなっているが，資金面においても廃炉をより確実に推進していくために，2017年度に廃炉等積立金制度が構築され，NDFの役割にはその管理業務が追加された．これによると毎年度，NDFが定め経済産業大臣が認可した廃炉の適正かつ着実な実施に要する金額を東京電力がNDFに積み立て，NDFと東京電力が共同で作成して経済産業大臣が承認した「廃炉等積立金の取戻しに関する計画」に基づいて，東京電力は廃炉等積立金を使い廃炉を実施していく．

[福田 俊彦]

3.4 廃炉の計画・手順と課題

1Fの廃炉は，2011年3月11日に発生した事故を起点としており，政府の原子力災害対策本部の下，緊急時対応により原子炉および使用済燃料プールの冷却を確保した．その後，事故収束に向けたステップ1，2の取り組みにより冷却のさらなる信頼性を確保し，放射性物質の放出量を大幅に抑制する"冷温停止状態"を12月16日に達成

[*11] NDF：Nuclear Damage Compensation and Decommissioning Facilitation Corporation
[*12] IRID：International Research Institute for Nuclear Decommissioning
[*13] JAEA：Japan Atomic Energy Agency

第Ⅰ部 東日本大震災と東京電力福島第一原子力発電所事故

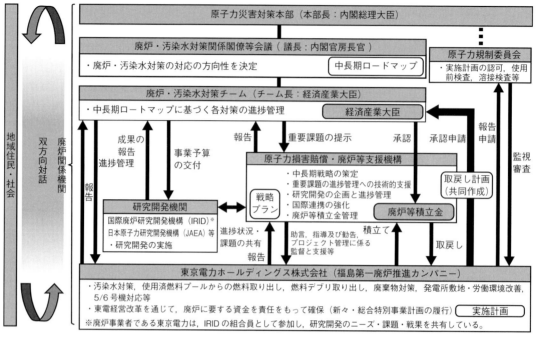

図 3.4 1F 廃炉・汚染水対策の役割分担

した。12 月末には，研究開発も含め計画的に廃炉を進めるための政府の基本方針として，中長期ロードマップが策定された。

事故炉である 1F の廃炉は，通常炉の廃止措置（法定）が使用済燃料を原子炉建屋から搬出した後に開始するのとは異なり，使用済燃料を使用済燃料プール内に残し，残存燃料や燃料の溶融物，燃料デブリを炉内，原子炉格納容器内に残した状態で作業を進めている。現場の厳しい放射線環境下で原子炉建屋最上階の使用済燃料プールから燃料を取り出すことおよび原子炉格納容器内から燃料デブリを取り出すことがきわめて困難な作業となっており，これらを含めて広義に廃炉と称している。また，建屋内に滞留している汚染水などの対策も 1F の廃炉に特有なものである。これらの作業に関連して発生する固体廃棄物の保管・管理を加えた四つの分野が主要な課題となっている。建屋解体や環境修復などのいわゆる廃止措置は，これらの課題の後に対応することになる。

3.4.1 中長期ロードマップによる管理と課題

中長期ロードマップでは，1F の廃炉を，放射性物質によるリスクから，人と環境を守るための継続的なリスク低減活動と位置づけ，以下のような原則に基づき廃炉を進める。

【原則 1】　地域の住民，周辺環境および作業員に対する安全確保を最優先に，現場状況・合理性・迅速性・確実性を考慮した計画的なリスク低減を実現していく。

【原則 2】　中長期の取り組みを実施していくに当たって，透明性を確保し，積極的かつ能動的な情報発信や丁寧な双方向のコミュニケーションをより一層行うことで，地域および国民の理解を得ながら

【原則3】 現場の状況や廃炉・汚染水対策の進捗，研究開発成果などを踏まえ，中長期ロードマップの継続的な見直しを行う。

【原則4】 中長期ロードマップに示す目標達成に向け，東京電力や原子力損害賠償・廃炉等支援機構（NDF），研究開発機関，政府をはじめとした関係機関は，各々の役割に基づきつつ，さらなる連携を図った取り組みを進めていく。政府は前面に立ち，安全かつ着実な廃止措置などに向けた中長期の取り組みを進めていく。

また，中長期ロードマップでは，期間区分の考え方を以下のように設定している。

【第1期】 ステップ2完了（2011年12月）～初号機の使用済燃料プール内の燃料取り出し開始まで（目標は，ステップ2完了から2年以内）

【第2期】 第1期終了～初号機の燃料デブリ取り出し開始まで（目標はステップ2完了から10年以内）

【第3期】 第2期終了～廃止措置終了まで（目標はステップ2完了から30～40年後）

第1期は，2013年11月18日より，4号機使用済燃料プールから燃料の取り出しを開始したことをもって終了した。

中長期ロードマップは上述の［原則3］に基づき，これまで4回の改訂がなされている。2017年9月26日付で発行された版においては，NDFが戦略プランにおいて提示した戦略的提案に基づく燃料デブリ取り出し方針および廃棄物対策の基本的考え方が示されている。

このうち，燃料デブリ取り出し方針として，
① ステップ・バイ・ステップのアプローチ
② 廃炉作業全体の最適化
③ 複数の工法の組合せ
④ 気中工法に重点を置いた取り組み
⑤ 原子炉格納容器底部に横からアクセスする燃料デブリ取り出しの先行が決定された。

これに基づき，予備エンジニアリングを実施するとともに，研究開発の加速化・重点化が行われる。第2期においては，燃料デブリ取り出しに向けた具体的検討および研究開発が本格化する。また，現場における建屋内滞留水処理や使用済燃料プールからの燃料取り出し作業および廃棄物対策の研究開発の進展が見込まれる。

当該期間中の進捗管理を明確化するという観点から，汚染水対策，使用済燃料プールからの燃料取り出し，燃料デブリ取り出し，廃棄物対策の各分野の主要な目標工程（マイルストーン）を設定している。主なマイルストーンは，以下のようになっている。

〈汚染水対策〉
・建屋内滞留水処理完了　　　2020年内

〈使用済燃料プールからの燃料取り出し〉
・1号機燃料取り出し開始　　　2023年度目処
・2号機燃料取り出し開始　　　2023年度目処
・3号機燃料取り出し開始　　　2018年度中頃

〈燃料デブリ取り出し〉
・初号機の燃料デブリ取り出し方法の確定
　　　　　　　　　　　　　　　2019年度
・初号機の燃料デブリ取り出し開始　2021年内

〈廃棄物対策〉
・処理・処分の方策とその安全性に関する技術的な見通し　2021年度頃

また，中長期ロードマップには，上記のような技術課題のほかに，体制および環境整備，研究開発および人材育成，国際社会との協力および地域との共生やコミュニケーションの一層の強化に関する進め方についても示されている。

このような中長期ロードマップに基づいて実施される1F廃炉の進捗状況については，毎月末に公表されている。

[福田 俊彦]

3.4.2 事故炉の廃炉における安全管理と課題

a. 安全管理と管理目標

1Fの廃炉のうち，最も困難な作業の一つと考えられている燃料デブリの取り出しを一例として考える。事故時に溶融した燃料デブリは，原子炉容器内あるいは格納容器内底部に固化した状態で存在すると推定されている。したがって，燃料デブリの取り出しのためには，格納容器や原子炉容器の上蓋を開放したり，あるいは開口部や貫通孔を新たに設けたりする必要がある。その上で，燃料デブリを移動させて新たな容器に収める作業を行う。これらの作業は，燃料デブリを取り出し，長期的に安定な保管状態にすることで，最終的にリスク[*14]を低減させる観点から行われるが，放射性物質閉じ込めのための壁に開口部や貫通孔を設ける，あるいは燃料デブリを移動させるなどの作業は，周辺の住民や作業員が大きな放射線を浴びるリスクを伴うことも明らかである。すなわち，廃炉作業においては，長期的なリスク低減のために，短期的なリスク上昇が発生する可能性がある。

廃炉作業実施時には，リスク低減のため，安全文化[*15]，品質マネジメントシステム，検査などの基盤的なものから，放射性物質飛散・漏えいの抑制対策，放射線量のモニター，異常状態の検知，多様性・多重性をもたせた異常時の対応など，さまざまな安全管理・安全対策が取られる。このリスク抑制活動の「広さと深さ」を示す目安の一つとして，管理目標の設定が考えられる。発電用原子炉において，類似の趣旨の安全目標があるものの，発電用原子炉の運転管理と1Fの廃炉作業はリスク抑制の側面から異なった特徴を有しており，考え方や構成などが同じにならないであろう。したがって，ここでは安全目標という言葉は使用せず，管理目標と称する。

b. 管理目標で対象とするリスク

廃炉作業では，①原子力安全[*16]に関するリスク，②一般の労働安全に関するリスク，③費用増加に関するリスク，④期間増大に関するリスク，⑤放射性廃棄物増加に関するリスク，⑥人材確保に関するリスク，⑦風評被害などの社会的要因に関するリスクなど，さまざまなリスクが想定される。

これらのリスクは，廃炉作業の推進にあたり，いずれも十分に考慮する必要があるが，原子力安全に関するリスク（①）を顕在化させないために生じるリスク（②～⑥），あるいは原子力安全に関わる事象を起因として発生するリスク（⑦）と分類することができ，②～⑦はいずれも原子力安全に間接的に関連するリスクとみることができる。そのため，管理目標の対象としては，①原子力安全に関するリスクの優先度が最も高いと考える。したがって以下，原子力安全に関する管理目標について示す。なお，廃炉作業が管理目標を目安に実施される実績を積み重ねることで，社会的リスクを低減することにも寄与できるであろう。

c. 管理目標は誰にとって必要か

管理目標を検討するにあたっては，主体と必要性を意識しておく必要がある。廃炉作業の管理目標に関しては，以下のように整理することができる。

① 周辺公衆と周辺自治体（オフサイト）：廃炉作業時の異常事態により，原子力安全に関わる影響を受ける可能性のある周辺公衆と周辺自治体にとって，廃炉作業がもたらす原子力安全のリスクがどの程度まで抑制されているかの判断の目安となる。

② 廃炉作業従事者（オンサイト）：1Fの廃炉

[*14] 不確かさの大きな事象をリスクで表す。リスクは望ましくない事象が起こる確率と，その事象が起こったときの被害の大きさの組合せで表される。確率と被害のかけ算で計算されることが多い。原子力の分野では，放射能，放射線が人や環境に及ぼす影響のことをいう。
[*15] 組織と組織を構成する個人が一体となり，安全を最優先する風土や気風，姿勢のこと。
[*16] 原子力施設に起因する放射線リスクにより，人と環境が護られている状態を示す。

作業は，通常の原子炉の廃止措置に比べてリスクが高く，また事故が発生した場合，最も大きな影響が及ぶのは距離的な観点からサイト内の従業者であることは明らかである。したがって，オンサイトの廃炉作業従事者の安全確保の視点からの管理目標も重視すべきである。従事者にとって，自らが携わる廃炉作業で自らが受ける放射線のリスクがどの程度に抑制されているのかの目安となる。

③ 事業者：廃炉作業を進める際のリスク抑制の広さと深さの目安となり，廃炉作業に必要な施設・設備の安全対策や信頼性を検討する際の入力条件の一つとなる。

④ 規制組織：廃炉作業にあたっての安全規制の参考の一つとなり得る。

上記のように，主体によってニーズは異なるものの，上記の①②を対象に検討された管理目標は，③④の観点からも活用できると考えられる。

d． どのように設定するか

1Fの廃炉作業における安全確保は，発電用原子炉の廃止措置と異なる点が多く存在する。管理目標の設定では，これらの違いを考慮する必要がある。

1Fの廃炉作業は，過酷事故を起こした状態から，長期にわたりリスクレベルを低下させていく活動である。その中で，管理目標は廃炉作業に伴い発生する追加的なリスクを抑制するための目安を与えるものである。また，廃炉作業は不確実さが大きく，リスクのばらつきは大きくなる。そこで，1Fにおけるリスクの絶対値を管理目標とするのではなく，現状からのリスクの変動量を管理目標の対象とすることが妥当である。これは，残留リスクの絶対値に対して設定される発電用原子炉の安全目標とは異なる。なお，1Fのリスクの絶対値をどこまで抑制するかについては，エンドステート（作業終了後の状態）に関する議論となる。

1Fの廃炉作業においては，被ばく管理などを含め，安全確保の枠組みが存在することから，管理目標は，廃炉作業に伴い追加的なリスクが生じ得る異常状態を対象とすることが適切である。管理目標は，異常状態において，原子力安全の観点からどの程度までリスクを抑制するのかという目安を与えるものであり，これは発電用原子炉の安全目標と同一の性格を有する。ここで目安とは，廃炉作業に伴う安全確保のマネジメントにおける目標ということであり，管理目標が何らかの制限値になることを意味するものではない。

管理目標はある決まった固定値ではなく，廃炉作業の進展，廃炉作業から得られる情報，社会情勢の変化などを反映し，継続的に見直すことが必要である。

e． 設定例

管理目標の設定にあたっては，発電用原子炉の安全目標の構成が出発点として参考になるものの，発電用原子炉の運転管理と1Fの廃炉作業の違いを念頭におく必要がある。

管理目標の最上位として，基本的な考え方を示す定性的目標が必要である。定性的目標では，廃炉作業に起因する放射線・放射性物質が周辺公衆および廃炉作業従事者に及ぼすリスク（放射線の影響）が十分に低いことを示すものとなる。

原子力安全委員会が中間とりまとめで示した発電用原子炉の安全目標では，定性的目標を受けて，健康に関するリスクを確率の形で表した定量的目標を示している。一方，1Fの廃炉作業では，詳細なリスク評価は技術的に困難な側面もあると予想されることから，定量的目標は示さずに，定性的目標の下位目標として，性能目標を直接示す形も考えられる。性能目標は，廃炉作業に起因する異常状態における原子力安全上のリスクを的確に捉える指標を選択する必要があり，例えば，放射

性物質放出量，空気中ダスト濃度，敷地境界線量，被ばく線量などが指標として考えられる。これらの性能目標は，決定論的な評価手法により目安値を示す方法，あるいは確率論的リスク評価の考え方を取り入れて，確率と目安値のペアで示す方法などが考えられる。

［山本　章夫］

3.4.3　廃炉の手順と工法，その課題

1Fの廃炉の工法の検討にあたっては，事故炉の廃炉と通常炉の廃止措置の違いを認識する必要がある。ここでは事故炉の場合を廃炉という。事故炉の廃炉の場合，数多くの廃止措置作業が相互に関連しており，作業は長期にわたるため長期の時間的要素も考慮しなければならない。その上で，放射性物質による被ばくリスクが最も重要な課題であり，このリスクをどのように制限するかが工法，手順選択の論点となる。ある個別技術の詳細議論にこだわると時間がかかり，リスクを高める結果となる。このため，さらに複雑な事象に対応するためには，個別の技術のリスクというよりも，全体を俯瞰してリスクを総合的に管理することがきわめて重要な鍵となる。ここで，事故炉の廃炉と通常炉の廃止措置には，以下のような大きな相違点がある[9]。

(1) 時間の経緯への対応

最大のリスク要因である燃料や燃料デブリを取り出すまでの間，耐震評価を含め，塩水腐食，鉄筋腐食など時間依存型の材料劣化事象を考慮する必要がある。

(2) 高放射線環境下の作業

多くの作業が遠隔操作となり，高線量，狭い空間など現場に適応する遠隔のロボット技術が必要である。ただし，ロボットの操作のためには足場作り，エリアの確保など，事前に行う作業が多数あり，アクセスルートの除染は必須となる。

(3) 利用不可の既設設備

水素爆発や炉心損傷などにより多くの機器が機能喪失しており，状態を確認せずに設備を利用することができないため，代替の設備，方法を考えなければならない。

(4) 大量の放射性廃棄物

ほぼすべてが放射性廃棄物であり，多種多様な大量の廃棄物をどのように保管，処理，処分するかなど，安全を最優先にしながらも，合理的な処理・処分を考える必要がある。

(5) リスク管理

通常の原子炉の廃止措置管理を行ってはならない。現場を中心とし，時間／空間／対象（放射性物質）を考慮した俯瞰的リスク管理を実施することが重要である。

ここで図3.5に1Fの廃炉の作業全体の俯瞰図を示す。主要工程としては，汚染水対策，使用済燃料取り出し・収納・移送・保管，放射性物質の閉じ込め，燃料デブリ取り出し・収納・移送・保管，建屋・機器の除染・解体，サイト環境修復，廃棄物処理・処分などがある。どの順で施工するかは，リスク評価を基に検討することが必要である。このうち汚染水対策，閉じ込め機能確保および廃棄物対策は，全工程で考慮すべき重要な課題である。戦略の策定にあたっては，エンドステート（最終的な目標のサイトの姿）を考え，実現可能なさまざまなオプションを検討し，その結果，第一案だけでなく必ず代替案を準備しておくことが重要である。また，関連する各プロジェクトの目的・ゴールを明確にした上で，部分最適ではなく全体最適となるように計画し，関連する組織の領域を越えて国内外の叡智を結集しつつ柔軟に技術開発を行う必要がある。

［鈴木　俊一］

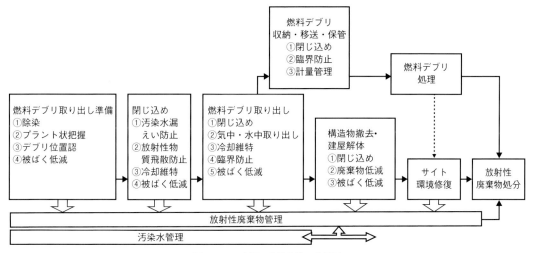

図3.5 1F廃炉の作業全体の俯瞰図

3.4.4 構造健全性の確保と長期の課題

a. 構造健全性と検討対象

構造健全性とは何であるかを，一般論として定義する。個体が所定の位置に存在し，必要とされる機能を果たすことができる状態にあることである。必要とされる機能には，他の個体の役割を損なわないことも含む。

要求される機能が変化すれば，健全性の評価も異なってくる。いったん，健全性を失った個体が別の機能を果たすことで復活してくる場合もある。個体で構成されるものはすべて構造物といえる。

原子力発電所は，地盤，基礎，水路，建屋，容器，排気塔，機械，装置，配管，配線，燃料集合体等々多くの構造物で構成される。

一つの構造物の規模は機能によって定まり，発電所全体を一つの構造物と捉えることもでき，小さく細分化して捉えることもできる。

検討対象を，作業空間を提供し，機器類を支持する機能を要求される原子炉建屋，および，圧力容器，遮蔽壁などを支持する機能を要求される格納容器内の鉄筋コンクリートペデスタルとする。これらの建築構造である。

また，地震時に稼働中であり，水素爆発を経験した3号機を代表とする。

b. 建屋およびペデスタルの状況

1Fは震源からかなり離れていたが，きわめて規模が大きい東北地方太平洋沖地震による揺れ，すなわち地震動を受け，稼働中の1, 2, 3号機は緊急停止した。その後，1時間弱で，大規模の津波に襲われ，1, 2, 3号機は原子力事故に至った。

3号機は崩壊熱冷却のために真水が注入されたが，海水も注入された。3号機では炉心溶融で発生した大量の水素が建屋内に漏えいし，水素爆発を起こした。3号機で発生した水素は4号機へも流入し，4号機の水素爆発の原因となった。1, 2, 3号機の事故炉では，新たに設けた冷却システムにより安定して低温に維持されている。建屋およびペデスタルの設計時に想定していたのは地震による揺れのみで，津波による浸水や水素爆発は想定外である。

相当に強い地震動を受けた経験がある原子炉建

屋は，今回の2011年3月発生の東北地方太平洋沖地震を受けた1F 1〜6号機，福島第二1〜4号機，女川1〜3号機，東海第二のほか2007年7月発生の新潟県中越沖地震を受けた柏崎刈羽1〜7号機である。

得られた建屋の地震による構造健全性の結論が以下である。

「地震による揺れ，すなわち地震動は相当に強いものであったが，その揺れに対する建屋の応答はほぼ想定通りであった」

したがって，「2011.3.11 東北地方太平洋沖地震に対して建屋の耐震設計は目的を果たした」といえる。

c. 溶融燃料漏えい，水素爆発などの影響

構造物は求める要求仕様に基づいて設計される。その中には事故の想定も含まれるが，1F事故は想定を超えるものであった。したがって想定を加えて評価しなければならない。

3号機では燃料が溶融して圧力容器から漏れ出し，格納容器の下部の床に落下，コンクリート床を侵食し，周辺に流れたりして，燃料デブリとなって固まっていると考えられている。

構造を支えるコンクリートおよび鉄筋は高温の溶融物で侵食されていると推察される。コンクリートの表面は1,000℃前後の高温にさらされたと考えなくてはならない。また，ペデスタルの下部の空間には水が貯っている。

ペデスタルは設計時の想定を超える事態に遭遇した。このような事態に関しては資料もほとんどなく，各分野の知見およびその応用が期待される。

水素爆発は原子炉建屋の上部で発生した。3号機建屋は基礎版を含めた地下1層，地上5層，計6層とみなせる構造であり，オペレーションフロアより上部で走行クレーンなどの設備がある第6層は，地下の第1層および地上の第2〜5層までと比較して，構造的には，はるかに脆弱である。

水素爆発によってオペレーションフロアより上部が破壊・損傷した。それより下部の損傷は，ごく限られたものであった可能性が高い。

水素爆発によって，鉄筋を覆っているかぶりコンクリートが一部剥落したが，そのことで，鉄筋が錆びやすくなるので，対処が必要である。

海水をかぶった箇所では，海水に含まれる塩分の影響を考慮しなければならない。

d. 構造物の実挙動予測の重要性

今後，長期間にわたり，放射性物質の処理の具体的な方策にかかわらず，事故炉の廃炉という未経験の領域への挑戦が続く。

建屋を含めた建築構造に要求される性能の主たるものは耐震性である。建屋は発電所の骨格であり，建屋そのものが，地震動によって大きく破損するかもしれない状況であるとすれば，その建屋の利用法を考えることは相当に難しい。

ペデスタルに関しては，要求される性能を確保するという方向ではなく，ペデスタルが発揮し得る性能をどのように利用するかという方向で検討することになる。

構造物の新設とは異なった考え方をしなければならない局面が多々生じてくる。新設構造物の設計における評価の意味を基礎までさかのぼって再考することになる。仮説を立て，解析し，結果があらかじめ定めた判定基準を満たしているかどうかで設計が適切か否かを判断するという方法の再考である。

構造物の新設の場合のあまり高精度ではわかっていないものに対して安全率を大きくして対処するといったような手法が事故炉ではとりにくく，地震時の実挙動を精度よく予測することが求められる場合が多くなる。

実験や解析によって構造物の地震時の特性を把握し，必要な技術を開発するに当たっては，経費，期間，成果の水準，などのバランスを重視しなけ

ればならない．事故炉の廃炉のような特別な事業では，目的達成のための手段を効率のよいものにするために，全体の枠組みを常に検討し続けなくてはならない．一般の商業活動に比較して，競争原理による調整を期待しにくい面がある．

e. 長期的課題

構造健全性における長期的課題の一つは，材料の変質問題である．海水，および，使用薬剤の影響を調査し，必要であれば対策を講じなければならない．1,000℃前後の高温にさらされたコンクリートおよび鉄筋が時間の経過とともに，どう変質するのかということについての十分なデータはない．

構造的な課題としては，新たな知見により想定すべき地震動をより強いものに変更しなければならなくなった場合の対策である．

廃炉過程で構造体に新たに開口を設ける必要が生じるなど，利用目的が発電から廃炉に変わることに対して，種々の事態を想定しておく必要がある．

［瀧口 克己］

3.4.5　廃炉のための他の課題

1F の廃炉では課題はいくつかある．前項までに紹介したもののほかにも以下に示す課題などがあり，継続して課題の抽出と解決への取り組みを行っていくことが大切である．

重要なことは安全の目標，管理目標を定めることである．実際に現場に適用すると，漏えいを管理しなければならない境界，すなわち「バウンダリー」の明確化が必要となる．と同時に，このバウンダリーからの漏えいを管理しなければならない．具体化する策が課題となる．

最も重要な課題は，廃炉作業の推進の基本であるリスクの低減を目指す作業実施の判断を「リスク」を指標として行うことであり，この指標とするリスクをどのように評価するのか，作業の実施に当たっては事前にコンセンサスを得た手法を確立しなければならない．

［宮野 廣］

3.5　廃炉に必要な技術

3.5.1　自動機・ロボット技術

1F 事故においては，水素爆発で飛散した原子炉建屋周辺のがれき撤去，原子炉建屋内部の調査，除染，燃料プールからの使用済核燃料棒取り出しなど，さまざまな作業に自動機などのロボット技術が利用されている．廃炉作業では，はるかに困難な数多くの作業があり，多くのロボット技術の利用が期待される．なかでもウラン燃料が格納容器の底部に溶け落ちて金属やコンクリートと混ざり固まった燃料デブリの取り出しは，放射線量がきわめて高い環境下での作業となるため，ロボットに頼らざるを得ない．数多くの多様なロボット技術の開発が必須である．

デブリの取り出し方法を決定するため，小型のロボットを格納容器のペネトレーション（貫通部）と呼ばれる小径の管から内部に送り込み，燃料棒の溶け落ちた状況を遠隔駆動のカメラで収集している（図3.6，図3.7，ピーモルフとミニマンボウは資源エネルギー炉の廃炉・汚染水対策事業費補助金にて国際廃炉研究開発の業務として開発されたものである）．すべての構造物を取り出す工法を決定していくには，溶けたデブリの正確な分布や，溶け落ちた燃料棒の上方側にある圧力容器などの構造物の破損状況など，より広範囲での詳細な状況調査が必要となる．以下では廃炉作業の特徴と，そのためにロボットに求められる技術課題を示す．

a. 廃炉作業の特徴とロボットへのニーズ

作業環境が原子力事故の現場となるため，高放射線量下での作業が前提となる．このためロボッ

図 3.6　PMORPH（ピーモルフ）
［出典：http://social-innovation.hitachi/jp/case_studies/pmorph/］

図 3.7　ミニマンボウ
［出典：https://www.toshiba-energy.com/nuclearenergy/topics/fukushima-robot.htm］

トには高い耐放射線性能が要求される。また，必然的に遠隔での操作となる。その際，稼働現場へのロボットの搬入，作業環境のモニタリング，操作インタフェース，ロボットのメンテナンス，故障時の対応など，遠隔操作に付随した多くの項目を検討しなければならない。

ロボットでの想定される作業の多くは土木，建築の領域のスケールをもち，デブリの切削や高所での構造物解体，重量物の運搬作業などのロボット化には，既存の建設機械の応用が必要となる。破損状況の調査や空間線量のモニタリングに必要な移動空間も広く，しかも構造物の入り組んだ環境となり，調査のための移動方法も課題である。さらに，作業中の放射性物質の漏れを防ぐためのバウンダリー（境界）の確保も特徴的である。燃料デブリの取り出しがすべて終了するまでは作業は密閉空間で行う必要があり，このため建屋全体の廃棄手順を含めた工法と工程管理が要求される。

最後に，不確かな環境での失敗の許されない作業である点があげられる。通常のロボット開発であれば，試作と実験を繰り返し，作業中の不具合や改善すべき点を修正する作り込みの段階がある。これによって作業性やロバスト性の向上を図ることができる。しかし，1Fの廃炉の場合，現場での失敗は許されない。しかも内部は真っ暗で，構造物の被害状況は正確には捉えられていない。このため，不確かな環境でのロボットの使用となり，ロボットの構造物への衝突や移動の際の転倒などが懸念される。いくつかのロボットが格納容器内で故障し，内部に放置されている。調査用の小型では実害は少ないが，燃料デブリ取り出しで使われるような大型ロボットでは内部で動けなくなると，その後の作業遂行が不可能となる可能性があり，この点がこの廃炉に適用するロボット開発の重要な視点である。したがって，特に格納容器内で稼働するロボットには高い信頼性が求められる。さらに加えてオペレーターの的確な判断も必須であり，そのための操作インタフェースや事前のモックアップ（実物同様につくられた模型）による操作訓練は重要である。

b. 燃料デブリ取り出しに必要なロボット技術

燃料デブリ取り出しが最も重大なリスクを伴う重要な作業であり，ロボットにも重大な課題が与えられている。ペデスタル底部にある燃料デブリ取り出しに関して具体的に検討された，気中 - 横アクセス方式で実施する案についてその内容を例示する。

これは格納容器底部の大口径のペネトレーションから大型のマニピュレーター（人間の腕や手先と同様の運動機能をもち，人間の手作業の代行を目的としたロボット）を内部に搬入し，ペデスタ

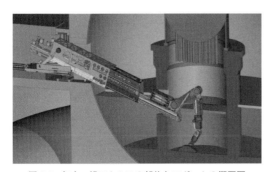

図 3.8 気中 – 横アクセスの部位とロボットの概要図
［出典：http://www.tepco.co.jp/nu/fukushima-np/roadmap/2017/images2/d170831_14-j.pdf］

ル内の底部に溶け落ちた燃料デブリを先端の工具で切削し，専用のユニット缶に入れて格納容器外に取り出すという方式である（図3.8）。油圧駆動を用いており，関節が故障しても原理的にロックが回避できるマニピュレーターを備えたロボットを用いるのが特徴である。超硬質なデブリを切削するための専用工具を取り付け，切削粉はマニピュレーターでユニット缶に収納して格納容器外に搬出する。そのために多くの要素が開発される。これらの作業で重要なのは，一つは遠隔操作を確実にするためのカメラであり，一つはロボットのメンテナンスである。カメラは耐放射線性が低く，燃料デブリの近くで使用すると寿命は短くなりすぐに使えなくなる。このため，年単位での燃料デブリ取り出し作業を想定すると，カメラ交換はかなりの回数となり，その都度ロボットを格納容器から引き出すことが必要となる。しかし，このロボットは部品点数も多く複雑であることから，それ自体も汚染されており，バウンダリーを確保しつつ作業者の被ばくを回避しながらロボットの保守・点検すなわちメンテナンスを行わなければならない。ロボットを，バウンダリーを確保してある部屋の横に設けられた密封された小部屋まで引き出し，そこに設置した双腕遠隔制御ロボットを

用いてメンテナンスを実行することも一つの方策である。

　このように廃炉作業に用いるロボットにはさまざまな要求がある。廃炉の号機により内部の状況はさまざまであり，詳細な状況は把握されていない。特に燃料デブリ取り出しの工法は，号機，炉内，格納容器底部など対象とする部位の状況により適切なものにすることが重要であり，その状況に応じたロボットの開発が求められる。

c．廃炉に向けた他のロボット技術

　汚染された炉内の水，空気をバウンダリー内に閉じ込めつつ，燃料デブリや炉内構造物を細分して取り出し用のユニット缶に収納し，そのユニット缶を複数，収納缶に入れ，建屋外に移送していく作業を進める。その後，炉を解体し，最終的には建屋を解体する。これらの作業の実現には，ロボット単体の開発ではなく，ロボット技術を活用したシステム全体を設計し，開発していくことが必要である。このようなロボットを利用して工法全体をシステム化する技術として，例えば，雲仙普賢岳の災害現場の復旧工事を機に開発された無人化施工法がある。この技術は1F事故直後，建屋周辺のがれき撤去にも利用された。また，建屋解体作業に関連した技術としては，例えばビルの全自動建設システム（ABCS）[*17] がある[10]。これは，まずビルの最上階と天井クレーンをユニットとして地上で組み上げ，その下でビル1階分を建設した後，ビルの柱をつぎ足し，ユニットを上層階に移動させながら，次々に下の階を建設するというものである。1F4号機の使用済核燃料プールからの燃料棒取り出しにおいても，建屋の外にプールに屋根を掛けるように構造物を建設し，プール真上にクレーンを設置して，燃料の取り出しを行った。廃炉作業においては，燃料デブリの取り出しと構造物の解体が主となる。燃料デブリの取り出し後は，建屋全体がロボット化された全自動

＊17　ABCS：automated building construction system

ビル解体システムの様相となることが想定される。

廃炉に向けたロボット技術導入に当たっては、まず放射性物質を作業の系外に出さないことと、作業員への影響を極力抑えることがむずかしく重要であることを認識しなければならない。その上で、ロボットは高放射線下で用いることを念頭に、遠隔操作やロボット制御に必要な各種デバイスの耐放射線性の向上、高放射線下でデブリを識別するための中性子線カメラなどの要素技術開発、回収したデブリ量の推定や管理など、工程全体を俯瞰した作業現場全体のシステム化、そしてオペレーターの訓練を含めたロボットの運用体制を構築しなければならない。

［新井 民夫, 大隅 久］

3.5.2 汚染の分布推定と除染技術

1F1～3号機原子炉建屋は事故時に炉心より放出された放射性物質により汚染され、空間線量率が非常に高い状況である。燃料デブリ取り出しなどの作業に向けて、有人作業における被ばくをできるだけ小さくするために、原子炉建屋内の線量を低減することが必要である。

まず主に原子炉建屋1階の除染作業を実施する。被ばくの低減のために遠隔装置を活用する。除染作業は基本的に以下の順に進める。

はじめに遠隔装置の移動の障害となる建屋内の大型がれきおよび干渉物の撤去を実施する（図3.9参照）。次に、除染作業前に除染を実施する場所を見極めるために、線量率測定などの現場調査を実施する。その後、遊離性汚染などの除染作業に着手し、建屋内躯体面（床面・壁面）や機器表面の除染によって十分に線量率が低減できない場所においては、線源となっている機器の撤去や仮設遮蔽の設置を実施する（図3.10参照）。

a. 原子炉建屋内の汚染状況

建屋内状況の調査の結果、1号機および3号機原子炉建屋は事故時に水素爆発が発生したことから、南西の機器ハッチ開口を中心に高線量のがれきおよび粉塵が拡散・堆積しており、汚染源となっている。2号機原子炉建屋は格納容器の損傷に

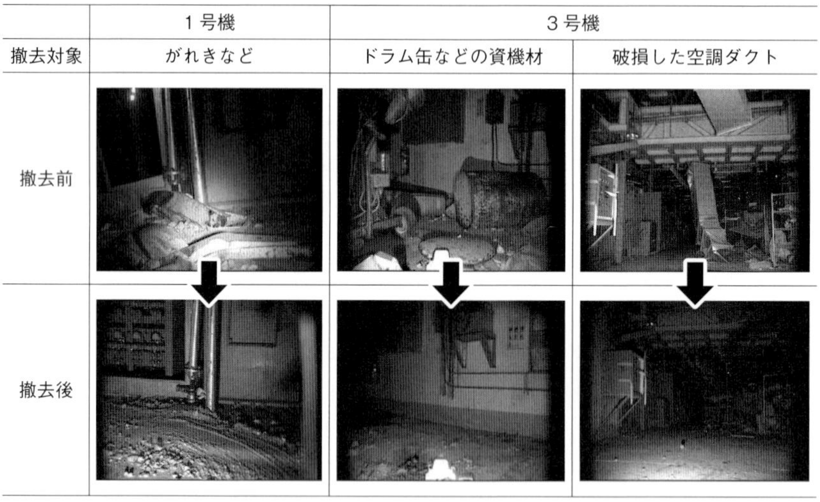

撤去対象	1号機	3号機	
	がれきなど	ドラム缶などの資機材	破損した空調ダクト
撤去前			
撤去後			

図3.9 撤去作業の状況
［撮影：日立GEニュークリア・エナジー株式会社］

第3章 廃炉への道のり—東京電力福島第一原子力発電所の廃炉

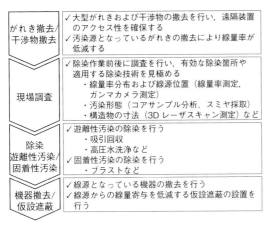

図 3.10 建屋内除染の流れ

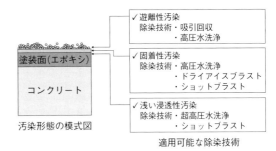

図 3.11 汚染形態と除染技術

より建屋内に放射性物質を含む蒸気が充満し、建屋内が汚染されたと推測される。他に、配管内などの機器内部の放射性物質が線源となり空間線量率へ寄与している場所が各号機において確認されている。

建屋内躯体面(床面)のコアサンプル分析の結果、ガンマ線放出核種としては、セシウム137(^{137}Cs)およびセシウム134(^{134}Cs)が支配的であった。コンクリート表面のエポキシ塗装が健全な場所における汚染形態は、遊離性汚染(容易に取れる放射性物質)および固着性汚染(固着して取れにくい放射性物質)であり、汚染は塗装面の表層にいる(図 3.11 参照)。

一方、塗装の剝離や割れによりコンクリート材が汚染に直接接触している箇所においては、上記に加え浸透汚染(対象物中を浸透、拡散した放射性物質)が確認される。

b. 原子炉建屋内除染の実施状況

遊離性汚染の除染として、中低所(床上約4m以下)を対象に粉塵吸引回収、高圧水除染(散水・ブラシ除染)(図 3.12 参照)、ふき取り除染などを実施する。また、固着性汚染などの汚染形態に応じた除染に対応可能な除染装置が開発され

ており、線源分布および汚染形態の調査がより進展し、各除染技術によって空間線量率が低減する見込みがある場合に適用を検討していく(図 3.13 参照)。

除染作業による線量低減状況を原子炉建屋1階の除染前と除染後の空間線量率の比較で評価すると、2013～2016年の期間に約75～20%低減と一定の低減効果が確認される(図 3.14 参照)。空間線量率の低減により、格納容器内部調査や格納容器漏えい箇所調査などの建屋内作業の被ばくが低減する。

一方、遠隔装置による作業が困難な狭隘部や構造物(配管・ケーブルトレイ・空調ダクト)が重層的に密集している高所(床上約5m以上)などの除染未実施箇所、機器内部に高線量の線源が残存する箇所、汚染状況が不明な箇所への対応が課題である。除染作業を通して明らかになったこれらの課題に対して、建屋内の機器撤去や遮蔽による線量低減も検討していく。引き続き、継続的な除染作業の実施により原子炉建屋内作業の長期的な被ばくの低減に取り組む。

[石川 真澄]

3.5.3 汚染水処理技術

a. 汚染水浄化処理設備

1F事故後の放射性物質の崩壊熱による原子炉

(a) 高圧水除染装置

散水ヘッド　　　　　　　　　　　ブラシヘッド

(b) 除染実施状況（3号機原子炉建屋1階）

中低所の散水除染（散水ヘッド）　　　床面除染（ブラシヘッド）

図 3.12　高圧水除染装置による除染実施状況
［出典：東芝エネルギーシステムズ株式会社］

高圧水除染装置　　　ドライアイスブラスト除染装置　　　吸引／ブラスト除染装置
（アーム展開時）　　　　　（除染台車）　　　　　　　　　（除染台車）

図 3.13　低所（床面，低所壁）用遠隔除染装置

［出典：経済産業省 HP 廃炉・汚染水対策チーム会合／事務局会議（第9回）
http://www.meti.go.jp/earthquake/nuclear/20140828_01.html
http://www.meti.go.jp/earthquake/nuclear/pdf/140828/140828_01_034.pdf
「平成 25 年度実績概要 原子炉建屋内の遠隔除染技術の開発」平成 26 年 8 月 28 日 技術研究組合 国際廃炉研究開発機構（IRID）］

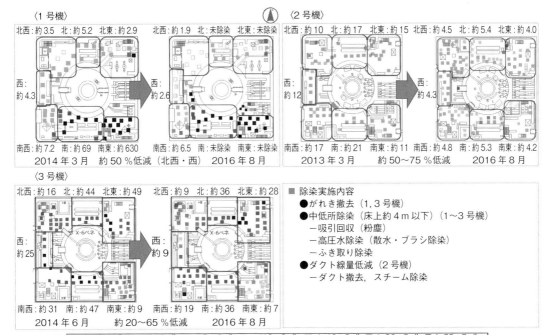

図 3.14 原子炉建屋 1 階空間線量率の推移（口絵 1 参照）
原子炉建屋 1 階各エリアの平均値（単位：mSv/h）

内の温度を所定値以下に保つため，1〜3 号機には継続的に冷却水を注入している。注入された冷却水は，図 3.15 に示すように，圧力容器，格納容器さらには原子炉建屋へと漏えいし，最終的にはタービン建屋地階まで広範にわたる領域に滞留する。溜り水（汚染水）は，放射性核分裂生成物などで汚染されており，放置すると建屋地階から外部に漏出し，海洋汚染が拡大する可能性が想定される。このため汚染水の水位を地下水の漏入は許容しても汚染水の漏出を抑制できる水位に保つように汚染水を汲み出し，浄化して，一部を冷却水として原子炉に注入する[12]。

浄化装置は，当初オイル分分離装置と脱塩装置は国内の二つのメーカー製，セシウム吸着装置は米国製，共沈法による除染装置はフランス製と国際協力でスタートしたが，その後外国製の装置は順次，国内製のものに切り替えられ運用されている[12]。

また，トリチウム（^{3}H）を除く，61 核種を法定で定められた放出許容濃度（告示濃度限界値）以下に低減する多核種除去設備が 2 基稼働している[12]。

b. 汚染水の浄化の実態

汚染水量は，原子炉への注入，地下水の漏入と浄化処理の各流量にバランスして増減する。図 3.16（a）に各流量および汚染水総量の経時変化を示す。処理後のバランスで残った累積処理水量は 2018 年 7 月で 100 万 t 強に達している[12]。処理水から注入水を差し引いた余剰水は，多核種除去設備でトリチウム以外の放射性核種を除去後，サイト内の保管施設（貯水タンク）に蓄えられる。

汚染水中のセシウム 137（^{137}Cs）の放射能濃度

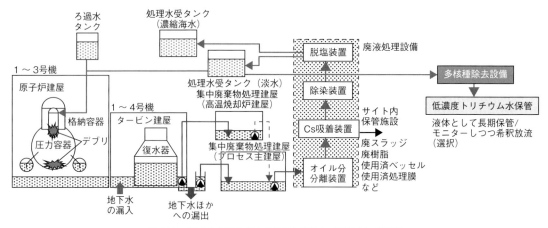

図3.15　1Fにおける冷却水の循環と汚染水（溜り水）の処理

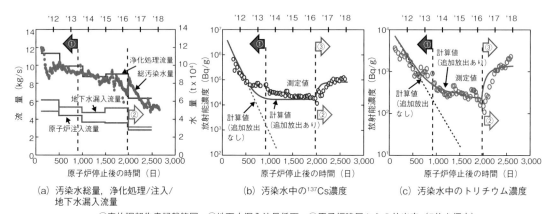

(a) 汚染水総量，浄化処理/注入/地下水漏入流量
(b) 汚染水中の¹³⁷Cs濃度
(c) 汚染水中のトリチウム濃度

①事故調報告書記載範囲　②地下水漏入流量低下　③原子炉建屋からの放出率（5倍を仮定）

図3.16　汚染水（溜り水）の処理と放射能濃度の遷移

は処理設備での除去の結果，急速に低下したが，事故後1年でほぼ一定値に落ち着いた（図3.16 (b)）[12〜15]。主として原子炉建屋内の残存水の漏出が発生源と考えられている。

トリチウムは水素の同位体で，現状の廃液処理設備では除去されないが，汚染水に混入する地下水による希釈効果により濃度低下傾向が見られた（図3.16 (c)）[12〜15]。これも事故後1年でほぼ一定値となっている[13〜15]。セシウム137およびトリチ

ウム放射能は，炉停止後2,000日付近から再上昇している。凍土壁[*18]の効果で，地下水漏入低下が顕著となり，汚染水の水位が低下した結果，原子炉建屋ほかに残存していた高濃度汚染水の漏えいが加速されたものと推定されるが，この時点で漏えい速度を約5倍に上昇すると仮定するとこの傾向はよく説明できる[14]。

c. トリチウムの取扱いと今後の対応

多核種除去設備の稼働でトリチウムを除く放射

---

*18　原子炉建屋への地下水の流入を遮断するために，凍結管と呼ばれるパイプを一定間隔で垂直に埋設し，パイプの内部に冷却材を送り込んで循環させて形成した凍土の壁。

第3章 廃炉への道のり—東京電力福島第一原子力発電所の廃炉

表 3.1 トリチウム対応策

対応策	概　要	課　題	技術的確実性	環境リスク
1. サイト内貯蔵	放出せずに保管	漏えい、地下水汚染のポテンシャル大	高	大
2. トリチウム除去と濃縮	トリチウム濃縮装置の適用	工学的には困難	—	—
2.1 除去水の放出	原理的には、放出基準濃度以下までの低減可能。現実は困難	(現実的な除染係数10) 希釈との併用が必要	低	小
2.2 高濃縮減容保管	大半のトリチウムを濃縮・減容残りを希釈放出	高濃縮トリチウム水保管による環境リスク	低	大
3. 希釈放出[※1]	トリチウム以外の核種は除去	—	—	—
3.1 海洋放出	トリチウムは海水中に希釈放出	旧保安規定の総量規制に抵触[※2]	高	小
3.2 気化放出	蒸発させ、気中放出（TMI方式）	雨水に含まれて、放出点近傍で検出される可能性	高	中

※1　1,100 MWeBWR の復水器海水ポンプ（2.8×10^5 t/h）を用いた希釈放出例
　　除去系1系統の処理量（250 t/d）を希釈すると、トリチウム濃度 2,000 Bq/g → 0.02 Bq/g 以下（自然界 BG レベル）
※2　保安規定との整合性（旧1F保安規定）：放出基準濃度 20 Bq/g（法規制は 60 Bq/g），年間総放出量 22 TBq/年
　　ただし、全トリチウム量（2 PBq）は、地球上での生成量（1 EBq/年）の 2/1,000 に過ぎない．

性核種については法律で許される濃度限度以下までの除去が実現されている。トリチウムは半減期が 12.3 年であるが、生体に取り込まれても代謝により容易に体外に排出され、生物学的半減期は 12 日と短い。宇宙線で生成されるため環境中のバックグラウンド（BG）レベルも 0.01 Bq/g と比較的高い[12]。

トリチウムの除去は工学的には現実的ではない[12]。汚染水あるいは保管水のトリチウム対応として検討した結果を表 3.1 にまとめる[12]。再処理工場でも、実績のある処理方法は基本的には希釈、海中放出である。いずれも放出濃度は、環境限界濃度（日本では 60 Bq/g）以下としている。放出に当たっては、環境モニタリングを実施し、観測された最大濃度は放出口の直上で 1 Bq/g レベルであり、法律で定める放出限度を大きく下回る。

保管水中の濃度は、告示濃度限界（60 Bq/g）よりは高いが、この限界値以下に希釈し、放流することは必須である。既設の復水器冷却ポンプ（2.8×10^5 t/h）を用いて希釈すれば、放出直前濃度を環境濃度限度以下で放出することは容易である。

放射性核種の放出には年間に放出できる量を規制する総量規制の適用は避けられない。1F では地元と協定した放出総量規制は 22 TBq/年 であり、これが濃度限度よりも厳しく放出を制約している。フランス・ラアーグ再処理工場での放出実績は 14 PBq/年 と 1,000 倍近い量である[*19]。例えば、1F でのトリチウム含有水の放出にこれと同等の規制を適用すれば、汚染水をほぼ1年で放出できる。トリチウム含有水の大量の保管を継続することでのリスクと放出によるリスクとのバランスで放出量の在り方を見直す必要がある。

トリチウム含有水の希釈・放流にあたっては、「BG レベルの放出であれば、生物などによる濃縮はなく、しかも速やかな希釈効果が期待できる」ことなどの十分な理解を得ることが必須である。一方で、環境放射能の測定技術の向上により、BG レベルでも十分検出可能となっている。放射線被ばくや健康影響で問題視されるよりも何桁も低濃度でも起こる可能性のある社会的影響や風評被害に対しては、環境中で顕著なトリチウム濃度上昇が検出されないレベルに放出を抑制するなど

---

*19　TBq（テラベクレル）= 10^{12} Bq，PBq（ペタベクレル）= 10^{15} Bq

の対策が必要となる。

トリチウムのすべてをプラントサイト内に抱え込むという対応は，適切ではない。貯水タンクの長期健全性確保の難しさ，漏出による地下水の汚染などのリスクを考慮すれば，適切な制御，監視のもと，世界の放出基準濃度以下に希釈して海洋に放出するという選択が最も現実的で適切であると考えられる。

［内田 俊介］

3.5.4 燃料デブリの取り扱い技術[16]

a. 燃料デブリの性状推定

シビアアクシデント条件において発生する燃料の溶融では，さまざまな反応（図3.17[17]）が生じる。炉内構造材料であるステンレス鋼の融点（約1,450℃）および燃料被覆管材料であるジルコニウム合金の融点（約1,760℃）だけでなく，より低温においても溶融反応が生じる。例えば1,200℃超ではステンレス鋼（制御棒被覆材）と炭化ホウ素（B_4C，制御材）の共晶反応が生じ[*20]，1,300℃超ではステンレス鋼（制御棒被覆材および構造材）とジルコニウム合金（燃料被覆管材）の共晶反応も生じる。また，ジルコニウム合金やステンレス鋼はともに高温で酸化するが，酸化物の融点は一般に高い。約2,600℃を超えると，燃料ペレット（二酸化ウランUO_2）と二酸化ジルコニウム（ZrO_2）の混合物，二酸化ジルコニウムさらには二酸化ウランが溶融する。なお，これらの反応温度は溶質元素や不純物，核反応生成物の濃度に依存して変化する。

事故時の炉心内の状況の特徴として，上記の反応は一律に進行するものではなくさまざまな因子に影響され，炉内は均一ではない。これらの反応は，炉内の位置（炉心中心か周辺部，または炉心上部か下部など），燃料棒の燃焼の進行の度合い（核反応生成物の濃度），炉心内に残った水または水蒸気の量，それぞれの現象の継続時間，注水の条件などに左右され，さまざまな現象が想定される。1F事故では炉心に注水して冷却を図り，これによってジルコニウム合金の大規模な酸化，水素発生，または酸化して脆くなった物質の急冷による崩壊などが誘発された。溶融した炉心の一部や構造的な支持を失った燃料ペレットなどは落下し，比較的温度が低く構造物が多い炉心下部で固化堆積し，崩壊熱やジルコニウムの酸化反応熱が十分に除去されない状態で，堆積した物質の一部が再び溶融し圧力容器底部に移動したと考えられる。

圧力容器が破損すると，図3.18[16]に示すように溶融物質は格納容器底部のコンクリート構造物と相互作用し，酸化カルシウムと二酸化ケイ素を主成分とするコンクリートを侵食する。この相互作用は炉心溶融物質-コンクリート相互作用（MCCI）[*21]と呼ばれる。MCCIでは，コンクリ

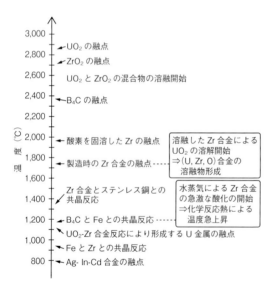

図3.17 軽水炉のSAにおいて溶融が生じる化学反応の開始温度と原子炉を構成するおもな物質の融点

［出典：P. Hofmann, *J. Nucl. Mater.*, 270, 194 (1999) を参考に作成］

[*20] 共晶反応：材料学用語であり，複数の物質が混合することによって融解が純物質のそれよりも低温で生じるという特徴を有する。身近なところではハンダがこの反応を上手に利用した例である。

[*21] MCCI：molten core-concrete interaction. コアコンクリート反応のことをいう。原子炉で炉心溶融が発生した際に，溶融した炉心が原子炉圧力容器を貫通して，原子炉格納容器に放出され，コンクリートを熱分解する反応である。

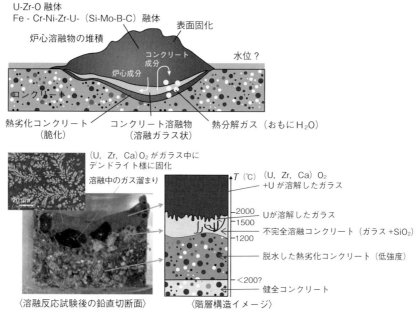

図 3.18 MCCI 現象および生成物の階層構造
[出典：日本原子力学会「燃料デブリ研究専門委員会報告書」(2018 年発刊予定)]

トの分解と溶融，コンクリート分解生成物の炉心溶融物質への溶解，炉心溶融物質に含まれる金属成分によるコンクリート成分の還元とこれに伴う水素や一酸化炭素などのガスの発生など，さまざまな化学反応や物理的変化が起きる。MCCI によって生成する物質も「燃料デブリ」に含められ，組成や性状はコンクリートの種類，炉心溶融物質との混合量，水の有無などによって大きく変化する。

さらに，時間の経過により崩壊熱が低下して冷却効果が大きくなると，溶融物は凝固する。溶融状態に保持された時間および冷却速度の大小によりその性状は異なる。

b. 燃料デブリの取り出しと課題

燃料デブリ取り出し作業においては，いくつかの課題がある。大別すれば掘削などの機械加工作業に携わる作業員の被ばくに関わる放射線強度の評価，デブリ取り出し作業中の臨界の有無，機械加工法の選択である。

(1) 放射線強度の評価

作業員の被ばくについては，原子炉建屋内に存在する放射性物質量と建屋内の分布，および放射性物質の移行挙動を知ることが必要である。

原子炉建屋内に残存する放射線源は，アクチノイドに代表されるアルファ崩壊（α 崩壊）核種と，ベータ線（β 線），ガンマ線（γ 線）を放出する核種に大別される。アルファ崩壊核種の自発核分裂はその発生率が小さく，中性子や 10 MeV 近くに至るガンマ線を放出するものの線量全体への寄与は小さい。またアルファ線は固体内の飛程は数 μm 程度，空気中でもたかだか数 cm であり，外部被ばく線量にはほとんど影響はない。しかしながら燃料デブリの切削作業などでは粉塵が出ることが考えられ，吸入などによる内部被ばくが懸念される。このため，気中取り出しを行う場合は，

アルファ崩壊核種の飛散の予測と閉じ込め機能の確保が肝要である。燃料取り出しに用いる工具やユニット缶表面への燃料デブリの付着，付着した燃料デブリの安定性および除染方法の検討も必要となる。また，水中取り出しの場合も，前提となる冠水達成のために，止水の完了，すなわち閉じ込め機能の確保が必要となる。

原子炉内で比較的安定な状況においては，事故後5年以上経過したウラン燃料の核分裂生成物（FP）[*22]の中では，セシウム137（^{137}Cs），ストロンチウム90（^{90}Sr），プロメチウム147（^{147}Pm），セシウム134（^{134}Cs）などの放射能が大きく[18]，ベータ線を放出する。1Fの条件では放射線は大半が燃料デブリ内部で発生する。しかし重金属を含む燃料デブリはそれ自体が良い遮蔽材料であるため，線量への影響は小さいと考えられる。またガンマ線の線量に影響が大きい主要な核種はクリプトン85（^{85}Kr），アンチモン（^{125}Sb），セシウム137（^{137}Cs），セシウム134（^{134}Cs），セリウム144（^{144}Ce）などである。事故後5～30年の時間スケールでみると，主要なガンマ線源となる核種はセシウム137である。

燃料デブリはむき出しになっているため，放射性核種がデブリ外部へ移動する。希ガス（クリプトンKrやキセノンXe），高揮発性FP（セシウムCs，ヨウ素I，テルルTe，アンチモンSbなど），中揮発性FP（ルテニウムRu，ストロンチウムSr，ロジウムRhなど）がその代表である。移行した放射性核種の付着先は，構造物や内在する水であり，一部は外部へ拡散する。また，燃料デブリに帯同すると考えられる主要なガンマ線源はユウロピウム154（^{154}Eu）とセリウム144（^{144}Ce）であるが，セシウム同位体と比べると放射線強度は1桁以上小さい。このため高揮発性のセシウム同位体は主要な放射線源の一つである。揮発性物質の放出率は事故進展過程によって大幅に変化することから，原子炉格納容器内の放射線源分布には大きな不確定性がある。放射性核種の放出率と安全解析の進展をもとに揮発性の放射性核種の放出，漏えい，付着を評価し，場所ごとに線源強度が評価される。

燃料デブリ取り出し作業が進展すると，燃料デブリの掘削作業や作業箇所への注水が考えられる。これらの作業に伴う切削粉の飛散，局所的な温度上昇に伴う物質の蒸発，切断時の冷却水への溶解など新たな移行挙動が顕在化することから，この放射線強度の評価は重要な評価となる。これは空間線量に影響するベータ，ガンマ崩壊核種，内部被ばくの影響が大きいアルファ崩壊核種に共通する。

(2) デブリ取り出し作業時の臨界の評価

通常の原子炉や核燃料施設においては，核燃料の形状，濃縮度などを定め，その範囲において決定論的に臨界に至らないような形状管理および質量管理を行い，さらに中性子束モニタリングにより臨界安全を達成している。

1Fでは最小臨界体積，質量を大幅に超える燃料が炉内構造物などとともに溶融崩落して，鉄，ジルコニウムやコンクリートとの混合物質となっており，その形状や体積も明らかではない。そこで臨界になり得るシナリオに対し，臨界の可能性を合理的に減らす取り出し工程を策定し，作業中に臨界を検知した場合には作業を停止することにより，放射性物質を外部に放出しないようにしなければならない。同時に作業員を過大な被ばくから守らなければならない[19]。燃料デブリ取り出しの作業中には，水位の変化，切削粉の発生量などが要因となって臨界に至る可能性がある。水中に燃料デブリの切削粉が数十kg程度分散した状態に達すると条件によっては臨界の危険性が高まる[20]。そのため掘削量の制限，中性子吸収材の追加投与などを検討しておかなければならない。また，臨界を監視する手段としてガンマ線計測，ク

[*22] FP : fission products

リプトン88/キセノン135（^{88}Kr/^{135}Xe）比などから未臨界増倍率 k_{sub} を求める検討[21]や，炉雑音法など，臨界検出確度を高めることが検討される。ただし，燃料デブリの割れや隙間などに短時間で水が浸入し急激に臨界または臨界近接に至るという制御できない反応度事故[*23]が発生する可能性もある。さらに臨界継続時間および臨界時出力についてはデブリの性状や環境因子に強く依存することから取り出し作業においては，慎重な取り扱いが求められる。

このほか，燃料デブリの取り出し後の回収容器，保管容器についても臨界安全の確保に向けた検討が必要である。

(3) 燃料デブリ取り出し法の選択

燃料デブリの取り出しには，確立された技術はない。掘削による切出し法やレーザーによる粉砕法があるが，いずれの方法も大量の燃料デブリを取り出さなければならない実機に，十分に適用できるものが得られていない。また，いずれの方法にも粉砕粉の回収が重要な技術となる。回収技術は，粉砕粉を散逸させないことと発生する気体を拡散させずに回収することが求められる。掘削工具の選択は重要な因子となる。掘削をしようとする箇所の燃料デブリの機械強度（硬さ，破壊靱性など）は燃料デブリの性状に強く依存することから工具やバイトも慎重に選択されなければならない。

燃料デブリの性状把握（組成，組織の分布，強度）に向けて，炉心構成材料のモル比を整理すると，1Fではウラン含有量が約3割，金属成分（Zr，Fe，Cr，Ni）が約6割，これにホウ素（B）などが燃料デブリに不均一に取り込まれていると予測される[22]。またスリーマイル島原子力発電所2号炉（TMI-2）と比べて平均燃焼度[*24]が高く，ウラン235（^{235}U）濃縮率が約5%，可燃性毒物（ガドリニウム Gd）の含有などの特徴がある。この材料は，炉心およびPCV内各位置に凝固して

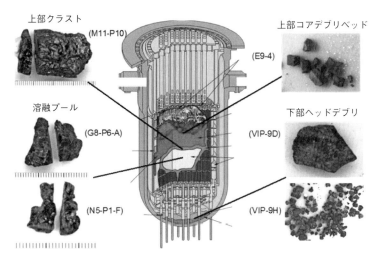

図3.19 TMI-2事故炉心の最終形態と1F事故後に観察・分析したデブリ試料外観

［出典：（最終形態）西原健司，岩元大樹，須山賢也，「福島第一原子力発電所の燃料組成評価」JAEA-Data/Code2012-018；（試料外観）M. Takano, T. Onozawa, et al., Revisiting the TMI-2 core melt specimens to verify the simulated corium for Fukushima Daiichi NPS, 54th Annual Meeting on Hot Laboratories and Remote Handling (HOTLAB 2017), Sept.17-22, Mito, Japan (2017), URL http://hotlab.sckcen.be/en/Proceedings］

＊23 反応度事故：原子炉において大きな反応度が印加され，出力が異常に増加することによって起こる事故をいう。
＊24 燃焼度：原子炉に装荷される燃料が炉内に滞在している期間中に核分裂反応で発生した熱エネルギーを単位燃料重量当たりで表したもの。

おり，その性状把握はデブリ取り出し工法の決定にあたり重要である。溶融した炉心についてTMI-2のデブリ分析[23, 24]（図3.19）を参考にすると，比較的急冷条件にあったと推測される上部クラスト，徐冷条件にあった溶融プール，炉心上部の細かいかけらが堆積した上部コアデブリベッド，下部ヘッドの水中に流下して固まった下部ヘッドルースデブリなど，炉内構造物との混合状態や冷却条件によってさまざまな形態のデブリが形成されており，1Fについても同様であると想定されている。

1F圧力容器下のペデスタルではMCCI[*21]が進行したと推定され，表層から下の層にわたりさまざまな形態や組織の物質が存在していると推定される。MCCI現象に関しては，1980年代頃から現在に至るまで欧米で大小さまざまな規模での実験が行われてきたが，それらの主眼はシビアアクシデント解析コードへの反映にあり，燃料デブリ取り出しの観点での知見は十分ではなかった。現在では組織形成に着目した研究が進んでいる[25]。MCCI現象のイメージ（図3.18）によると炉心下部から流下してきた酸化物および金属の融体はコンクリート上に堆積し，その熱によってコンクリートを溶かす。コンクリートのセメント部分は1,200℃強から溶融してガラス状になり，骨材の溶融は主成分（二酸化ケイ素 SiO_2）の融点1,650℃に近い。二酸化ウラン－二酸化ケイ素（UO_2-SiO_2）系および二酸化ジルコニウム－二酸化ケイ素（ZrO_2-SiO_2）系の状態図[26, 27]によると，SiO_2との共存により液相線が2,000℃程度まで大幅に低下するという特徴がある。炉心溶融物とコンクリートの溶融物が液相で混合するか，炉心溶融物が速やかに固化してコンクリートのみが溶融するかは，コンクリート上の水層の厚さや，流下した堆積物の量と粘性などに依存すると考えられる。複数の酸化物が混合した際の酸化還元反応について調査した結果[28, 29]，炉心溶融物に含まれる物質のうち，最も還元要因として働く物質は金属ジルコニウムであり，コンクリートを構成する二酸化ケイ素と酸化アルミニウム（Al_2O_3）はジルコニウムにより還元されるが，一方，酸化カルシウム（CaO）は安定であった。ステンレス鋼の構成元素はFe，Cr，Niでコンクリート中の酸化物の還元には影響しないなどの点が明らかになっている。このような成果並びに微細組織観察によって，酸化－還元環境下におけるコンクリートとコリウム[*25]の相互作用生成物がまとめられている[30, 31]。

d. 燃料デブリ取り出しの技術課題

燃料デブリに関する知見は，まだ多くが未解明であり，その大半は手つかずで徐々に研究が進展しつつある段階にある。燃料デブリの性状把握は最も重要な課題である。燃料デブリの生成に強く関連する事故進展に関しては東京電力による「福島原子力事故調査報告書」[32]に詳細な記述がある。種々の事故解析コードによる評価結果の誤差は大きく，燃料デブリ形成の理解に資する知見は少ない。

燃料デブリ性状の推定における根本的な課題は，燃料デブリの分布が非常に広範囲に渡ることである。炉心からPCV底部にかけて数十mの高さの幅があり，分布するそれぞれの位置において溶融物が接触する構造材料，温度履歴，酸素分圧，水蒸気分圧，水の有無など，燃料デブリ性状に影響するパラメーターは多岐にわたり，その性状は十分には把握されていない。

核分裂生成物（FP）の移行や放出に関しては，研究例は多いが実機のデータが不十分であり精度の良い評価はできない。予測精度の一層の向上を図る取り組みが期待される。これに資する大規模実験および基礎研究も重要であり，国際プロジェクトを含め進行中の研究への期待は大きい。

炉内の放射線計測は燃料デブリの評価にとって

---

*25 コリウム：炉心溶融物をいう。原子炉の炉心にある核燃料が過熱し，核燃料集合体または炉心構造物が融解，破損する炉心溶融によりつくられる生成物をいう。

重要である。計測技術としてはダイナミックレンジが広くかつ防水性のあるファイバー型のシンチレーター開発が国際プロジェクトで進んでおり，広範な線源分布の特定が期待される。燃料デブリの取り出し作業開始後はガンマ線発生源の分布の変化，掘削によるデブリ切削粉の巻き上がり，再付着または浮遊などの情報取得，除染効果の計測などの作業への貢献が期待される。

燃料デブリの臨界管理の課題は，核燃料，減速材および中性子吸収材の三次元配置が把握できていないこと，またこの三次元配置が制御できない短時間で変化する状況の有無が不明な点にある。臨界に至った場合の事態収束の観点では放射性分解と熱による水の分解によるボイド発生，吸収材料の投入の容易さ，水位変化の容易さが重要となる。臨界防止の観点からは，燃料デブリの組成の違いによる影響も重要であるが，内部に空隙がある場合，取り出し作業中に空隙への浸水により反応度 k_{eff} の有意な変化が生じれば，作業の円滑な遂行を妨げる懸念がある。このため燃料デブリ内の空孔の有無，サイズなどをあらかじめ予測することは重要である。一方，燃料デブリ取り出しなどの外力が作用しない場合でも，燃料デブリのき裂進展，崩壊などで空隙が浸水する可能性がある。また，機械特性の変化は地震による空孔の浸水で生じる可能性も伴う。このため，PCV 内で長期間置かれた燃料デブリの経年劣化に関する知見を拡充することは重要である。

燃料デブリの時間経過での変化の把握も重要である。燃料デブリは格納容器内や専用の保管キャスクのいずれかで長期に保管されるが，その間に燃料デブリの性状は変化する。1F の燃料デブリでは，金属キャスクによる乾式保管など，比較的長期にわたると予想される最終処分前の保管中に性状変化や化学変化が生じ，これに伴い核分裂生成物やその他の化合物などが放出される可能性がある。さらに，PCV 内の有機物やコンクリートとの反応生成物を含んでおり，保管中に熱や放射線による分解などで化合物や水素などを放出することも考えられる。燃料デブリの形状によっては含水状態にあることも想定され，保管中に放出される物質によっては収納缶の腐食など，保管中およびその後の取扱いにおける安全性に影響を与える可能性も否定できない。燃料デブリの経年変化についての知見蓄積と，燃料デブリ保管への影響を想定し対策しておくことが重要である。

［阿部　弘亨］

3.6　技術開発・研究の概要

3.6.1　国による 1F の廃炉に向けた研究開発

1F の廃炉は過去に前例がなく，新たな技術の開発が必要であるため，大学・研究機関や JAEA による基礎・基盤研究に加えて，技術的に難易度が高い課題に対して，国が前面に立って現場への適用を目指した研究開発と実用化を担う「廃炉・汚染水対策事業」が実施されている。基礎・基盤研究は「英知を結集した原子力科学技術・人材育成推進事業」として実施されてきたが，JAEA の CLADS[*26] 主体の「廃炉研究等推進事業費補助金事業」として発展的に改組されている。

3.6.2　研究開発の取り組み

廃炉・汚染水対策事業は，経済産業省によって平成 25 年度補正予算から継続して予算化されており，研究開発対象は，①内部調査，②取り出し工法の開発，③作業環境の向上，④廃棄物処理，⑤使用済燃料保管，⑥汚染水対策に及ぶ。以下にそれぞれの取り組み状況を述べる。

a.　内部調査

1F の廃炉を安全に実施するために，2015 年度版の中長期ロードマップにおいては 2021 年内に

[*26] 日本原子力研究開発機構廃炉国際共同研究センター：中核となる国際的な研究開発拠点「国際共同研究棟」を 1F 近傍に整備し，国内外の大学，研究機関，産業界などの人材が交流できるネットワークを形成しつつ，産学官による研究開発と人材育成を一体的に進める体制を構築して，廃止措置を推進する組織。

初号機の燃料デブリ取り出しを開始することが示された。この燃料デブリ取り出しを行うにあたり，原子炉格納容器（PCV）および原子炉圧力容器（RPV）内部の燃料デブリや堆積物，炉内構造物などの状況をあらかじめ調査する必要がある。内部調査の対象は，事故時に燃料が装荷されていた1～3号機である。事故以来，この3基に対して複数回の内部調査が実施されてきたが，高線量環境下のため小型の遠隔装置に頼らざるを得ず，調査時間や調査箇所にも限りがある。PCV内部へのアクセス・調査装置を大型化して調査することにより，PCV内部の燃料デブリの分布・形態，そして炉内構造物に関する状況を確度高く把握することができる。そのための研究開発を行い，2019年度内に1号機および2号機に対する内部調査が実施される。また，RPVの調査に向けた技術開発も進められ，上部から炉心にアクセスする工法や側面から炉心にアクセスする工法が検討され，各工法に適応したアクセス・調査装置の開発が行われている。

b. 取り出し工法の開発

燃料デブリ・炉内構造物の取り出し工法の開発は，スリーマイル島原子力発電所2号炉事故（TMI-2）対応における経験に基づき，PCVを冠水させて水による遮蔽効果を利用する冠水工法に必要な技術の開発が進められている。一方で，1～3号機のいずれも過酷な事故の影響を受け，PCVの上部あるいは燃料デブリ堆積部を十分に覆うに必要なレベルまで冠水できない場合に対応して，冠水せずに燃料デブリを取り出す代替工法に関する国内外の技術・アイデアなどを把握するための情報提供依頼（RFI）[27]が実施され，気中工法の概念検討と，これをサポートする要素技術の実現可能性が検討されている。これらの結果に基づき，冠水工法，気中－上アクセス工法，気中－横アクセス工法の3工法を対象として，各工法の要素技術（拡散防止技術，取り出し装置，遠隔保守技術，監視技術など）の開発・評価，安全確保上の課題解決に必要な技術開発および工法・システムの最適化検討が実施されている。

c. 作業環境の向上

原子炉建屋内の空間放射線量率を低減するために，遠隔で除染などを行う技術開発が行われ，その成果は実際に現場の除染に用いられている。

事故時の熱影響やその収束のために用いられた海水による腐食などを考慮して，冠水工法を想定した場合でも，燃料デブリ取り出し完了までの長期にわたり，建屋の健全性が維持されるかを確認する評価研究が行われた。この評価に基づき，安全性の向上のために耐震性を補強する技術が開発された。

燃料デブリ取り出し時にも臨界になることがないよう，評価手法や監視・検知技術が開発された。

燃料デブリの取り出しに先立ってサンプリングの技術，燃料デブリ取り出し作業中も冷却を継続するための技術および取り出した後の燃料デブリを安全に保管するための技術が開発された。

d. 廃棄物処理・処分

2021年度までを目処に，処理・処分方策とその安全性に関する技術的見通しを得るため，固体廃棄物のリスク低減に必要な技術開発が行われた。具体的には，多種多様な固体廃棄物の特徴を踏まえた性状把握，廃棄物量の低減も含む処分前管理に関わる検討，技術的視点に加えて制度面も考慮した上で固体廃棄物の特徴に適した処分概念および安全評価シナリオなどの安全評価手法の検討，廃棄物ストリームと称される廃棄物の発生・保管から処理・処分までの一連の廃棄物管理・取り扱い方法を統合的に評価する研究が実施された。

e. 使用済燃料保管

使用済燃料プール内の燃料は，海水注入やがれき落下の履歴があるため，長期保管過程での健全

---

* 27 RFI：request for information．必要な技術開発に参画する提案公募．

性の評価と処理方法の検討が重要とされた。

長期健全性の評価においては，湿式保管と乾式保管が検討された。湿式保管では隙間腐食性を評価し，共用プールにおいて長期保管するための管理手法案が提示された。湿式保管では，水素化物析出挙動および損傷のクリープ特性影響を評価するとともに，健全性確認に必要な検査手法や技術が提示された。

処理方法の検討においては，不純物による再処理機器への腐食影響評価，工程内挙動評価，廃棄体への影響評価を試験に基づき行い，不純物が大きく影響しないことが確認された。

f．汚染水対策

1Fでは事故直後から汚染水への対応が大きな課題となっている。経済産業省は2013年秋にRFIを実施し，国内外から計780件の提案を得た。これらのうち，効果が期待されるが活用するにあたって確認・検証が必要な技術として，水を使わないタンク除染技術，トリチウム水の貯蔵・分離技術，港湾内の海水の浄化技術，土壌中のストロンチウムの捕集技術，無人ボーリング技術などを選定し，国内外の研究開発者によって技術検証が行われた。

開発されたタンク除染技術，海水浄化技術，ストロンチウム捕集技術，ボーリング技術については，1Fの現場における必要性に応じて検討・活用が進められる。一方，トリチウム分離技術については，現場への適用に課題があり，ただちに実用化できる段階にはないとされた。

〔松本　昌昭〕

3.7　廃棄物の処分・長期計画

原子力施設の廃止措置（廃炉）に係る活動では必ず放射性廃棄物が発生する。そのため放射性廃棄物の処理・処分を適切に実施することが，廃止措置（廃炉）を完了させる上での必須の要件である。特に1Fのサイト（敷地）やそこにある施設は事故で環境に放出された放射性核種（おもにセシウム137（^{137}Cs）など）で汚染されており，これらの汚染を除去する過程でさまざまな形態をもつ多量の放射性廃棄物が発生することが予想される。放射性廃棄物の発生量をいかにして低減するのか，また発生する放射性廃棄物をどのように処理・処分するのかについての検討は，1Fの廃炉を完了させるための重要な課題である。通常の原子力発電所では「廃止措置」というが，1Fのような事故炉では「廃炉」という。大きな違いは，通常炉の廃止措置では通常燃料をすべて炉心から取り出した後からの作業を「廃止措置」として定義している。1Fの事故炉では炉心および周辺からの燃料や燃料溶融物質（燃料デブリ）のみの除去がむずかしく，燃料や燃料溶融物質が炉心および周辺に取り残されたままの除染・解体作業となり，通常炉の「廃止措置」とは異なる作業手順をとることからこれを区別し「廃炉」という。

1Fの廃炉は，世界で行われている通常の廃止措置とは全く異なるプロジェクトである。プロジェクトの最終目標は同サイトを原子力以外の活動にも利用できるようにサイト内の放射能量を十分に低減することにある。これをエンドステートという。この最終目標であるエンドステートに向けた活動は，燃料デブリ取り出し，施設の除染および解体，サイトに存在する各種施設の除染などで構成されるが，汚染した土壌の撤去などを考慮するとかなり多量の放射性廃棄物が発生することになる。発生する放射性廃棄物をどのように処分するのかをあらかじめ想定して，上述した活動を展開しないと，最終的に大量の放射性廃棄物がサイトに残存することになり，目標とするエンドステート，サイトの有効利用が実現できないことになる。エンドステートの実現までにはきわめて長い

時間が必要となることから，中間エンドステートをいくつか定めて，活動を計画的に組み立てなければならない。当面の活動目標は，残存燃料と燃料デブリの取り出し，原子炉建屋およびタービン建屋に存在する機器の解体などであるが，長期的な展望の下にこれらの活動を計画し，発生する大量の放射性廃棄物の行先を考慮した上で作業計画を立案することが求められる。

日本には青森県に六ヶ所低レベル放射性廃棄物埋設センターがあり，日本原燃が放射性廃棄物（低レベル）の処分を進めている。ただし，現在は原子力発電所の運転で発生した放射性廃棄物を対象とし，将来的には原子力発電所の廃止措置で発生する解体廃棄物を処分することが想定されている。1Fの廃炉で発生する放射性廃棄物の組成は廃止措置の場合と異なり想定外であるため，同埋設センターで処分できるか否かは検討が必要である。

1Fの廃炉で発生する放射性廃棄物は最終的には処分することが必要であるが，処分場の立地は困難をきわめることが予想される。このため，長期保管が必要となる状況では，中間のエンドステートを設定し，1Fサイト内での保管方法，また，原子炉建屋およびタービン建屋以外の領域の有効活用の検討，放射性廃棄物の最終状態を予想した廃炉計画の検討が重要になる。

3.7.1 放射性廃棄物の分類

日本では原子力発電を含む核燃料サイクル，原子力に係る研究活動などから発生する放射性廃棄物はその特性に応じた処分形態の分類がなされている。すなわち，放射性廃棄物はその放射能レベルの高低に応じて「高レベル放射性廃棄物」と「低レベル放射性廃棄物」に区分されており，各々「第一種廃棄物埋設施設」と「第二種廃棄物埋設施設」に処分される。高レベル放射性廃棄物は，原子力発電所で使用した使用済燃料を再処理することによりつくられるガラス固化体であり，これらは地下の深い部分（300 m以深）に地層処分される。原子炉施設の廃止措置で発生する放射性廃棄物はすべて低レベル放射性廃棄物に分類される。このうち，比較的放射能レベルが高い廃棄物は70 m以深の地下に処分（中深度処分）される。また，放射能レベルが低い廃棄物は浅地中処分（コンクリートピット処分およびトレンチ処分）される。これらを区分するため，埋設濃度上限値の推奨値が示されており，例えば，トレンチ処分ではコバルト60（^{60}Co）で10^{10} Bq/t，コンクリートピット処分ではコバルト60で10^{15} Bq/tである[33]。原子力利用で発生する低レベル放射性廃棄物の分類とその処分方法は以下の通りである（図3.20参照）。

① 放射能レベルが比較的高い廃棄物（中深度処分）：燃料集合体近傍の炉内構造物などが中性子の照射を受けて放射化したものや，それらの表面の腐食などにより放射性核種が冷却系に移行することにより汚染された機器などが対象である。地下70 m以深の空洞（トンネルまたはサイロ）に搬送して定置され，処分坑道は最終的に埋め戻される。

② 放射能レベルが比較的低い廃棄物（コンクリートピット処分）：原子力発電所の運転や廃止措置で発生する放射能濃度の低い廃棄物が対象である。浅地中のコンクリートピット（コンクリート構造物で囲われた掘削溝）に処分され，掘削溝は埋め戻される。

③ 放射能レベルがきわめて低い廃棄物（トレンチ処分）：放射能濃度がきわめて低く，コンクリートピットのような人工構造物への埋設を必要としない放射性廃棄物が対象である。素掘りトレンチ（掘削溝），すなわち，コンクリートピットなどの人工構造物により周辺土壌から仕切られたものではなく，土地を掘削した溝に処分される。掘

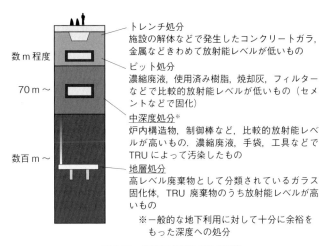

図 3.20　放射性廃棄物の処分形態

削溝は埋め戻される。

　以上は原子力発電所の運転や廃止措置で発生する放射性廃棄物（発電所廃棄物）を対象に処分形態に係る分類を示したものであるが，放射性廃棄物の発生源で区分すると，この他，核燃料サイクルの活動で発生する放射性廃棄物として，ウラン廃棄物，超ウラン核種を含む放射性廃棄物（TRU 廃棄物）[*28] が分類されている。TRU 廃棄物は再処理施設や燃料加工施設の運転から発生するものであり，燃料棒の部品，廃液，フィルターなどがある。このうち放射能レベルの高いものは地層処分されるが，上述した高レベル放射性廃棄物の処分場に隣接する場所が処分場になる（併置処分）。また，ウラン廃棄物はウラン濃縮施設や燃料加工施設から発生するものであり，ウラン核種で汚染された各種部材が相当する。比較的放射能レベルの高いものは中深度処分の対象となるが，その他はピット処分またはトレンチ処分の対象である（図 3.20）。

　原子力発電所以外に医療機関や研究機関（研究炉を含む）などから発生する放射性廃棄物（RI 廃棄物，研究所等廃棄物）があるが，これらは放射能濃度に応じて上述した処分方法がとられることになる。

3.7.2　放射性廃棄物の取り扱い

　1F の事故発生以降，サイト（敷地）の汚染除去，炉心燃料の冷却，汚染水処理などの活動をはじめさまざまな取り組みがなされたが，これらの活動からは，がれき，伐採木，汚染水，汚染土壌，トリチウム水などの固体状および液体状の放射性廃棄物が発生した。今後，実施される格納容器内に残存する燃料および燃料デブリ取り出しに係る活動からは高度に放射能汚染した設備機器の解体物，燃料および燃料デブリなどの核燃料物質，また施設の除染・解体作業からは解体廃棄物が発生することになる。さらに，原子炉建屋およびタービン建屋以外の領域における敷地や施設も放射性核種で汚染している可能性があることから，これらの除染や修復に係る活動でも大量の放射性廃棄物が発生する。廃炉作業は長期にわたることから，当面の課題（汚染水処理など）に加えて，燃料デブリ保管施設の確保，解体廃棄物対策など，廃炉の終了（エンドステート）までを視野に入れた長

[*28]　TRU：trans-uranium，原子番号 92 のウランよりも重い元素の総称。

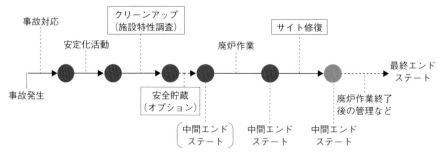

図 3.21　事故発生から最終状態に至るまでの主要なタイムライン
[IAEA, Nuclear Energy Series, No.NW-T-2.7, 2014]

期的な展望をもった廃棄物対策が必要である。

事故で運転を停止した原子炉施設の廃炉は幾つかの異なる性質の作業から構成され，事故発生からサイト修復の最終状態に至る取り組みは図 3.21 に示すような行程が考えられている[33]）。すなわち，事故対応，安定化活動，クリーンアップ，廃炉作業（除染・解体），サイト修復などが必要であり，これらの各段階における作業では発生する放射性廃棄物の特性が異なる。ここで，事故対応とは，放射性物質の環境への漏えいの防止，また原子炉の冷却を可能にするための活動などである。安定化活動とは，事故で生じたレベルの高い放射能汚染の除去，放射性物質の環境への放出の抑制など，次に実施される事故サイトでの取り組みを容易にするための活動である。クリーンアップとは，事故サイトの放射能汚染を除去し，放射性物質の環境への漏えいが制御できる状態にする活動である。特に，最終エンドステートに至る取り組みの過程では，廃炉作業（除染・解体）とサイト修復を区分して考えることが重要である。1F の廃炉においても，施設の廃炉作業とサイト修復は不可欠であり，このため，残存燃料および燃料デブリ取り出しおよび施設の廃炉作業（除染・解体）における最終状態（中間のエンドステート）とサイト修復における最終状態（エンドステート）について議論することが大切である。

廃炉作業およびサイト修復のエンドステートを想定した取り組みの計画検討においては，発生する放射性廃棄物の特性に基づいて処理・処分に係る対策を立てることになる。最終状態（エンドステート）に至るまでの期間を，「事故対応・安定化活動」，「残存燃料および燃料デブリ取り出し・除染・解体」，「サイト修復」に分類すると，以下のような特性をもつ放射性廃棄物が発生することが予想される。

① 事故対応・安定化活動により発生：がれきなど（がれき類，伐採木，使用済保護衣など），水処理二次廃棄物（吸着塔類，廃スラッジ，濃縮廃液スラリー），冷却水を処理して残された微量トリチウムを含有する水。

② 残存燃料と燃料デブリ取り出しおよび廃炉作業により発生（除染・解体）：残存燃料および燃料デブリ，溶融燃料とコンクリート構造物が反応したコリウム，核燃料物質で汚染された機器，セシウム 137 などの放射性核種で汚染された機器および構造物の撤去片。

③ サイト修復により発生：原子炉建屋およびタービン建屋以外の施設や敷地の汚染土壌および構造物など（比較的放射濃レベルは低いが大量の放射性廃棄物が発生）。

表 3.2　燃料デブリ取り出しが本格化するまでの期間に発生する放射性廃棄物対策

- 遮蔽・飛散抑制機能を備えた施設の導入と継続的なモニタリングにより保管
- 「がれきなど」は可能な限り減容した上で建屋内保管へ集約し，一時保管エリアを解消
- 水処理二次廃棄物は建屋内への保管に移行し，一時保管エリアを解消。安定保管の処理策を検討
- 固体廃棄物貯蔵庫外の一時保管を当面継続
- 「汚染土」と「表面線量率が極めて低い金属・コンクリートやフランジタンクの解体タンクなど」については，固体廃棄物貯蔵庫外の一時保管を当面継続
- 「汚染土」については処理方策，「表線量率がきわめて低いもの」については再利用・再使用についての検討を行った上で，一時保管エリアを解消

残存燃料や燃料デブリの取り出しおよび廃炉作業（除染・解体）に係る活動では核燃料に加えてTRU核種で汚染された解体片などの放射性廃棄物が発生する。また，これらの活動で発生するものに加えて，事故以前に発生した放射性廃棄物が施設に保管されているため，これらを含めた放射性廃棄物の処理・処分が必要になる。

残存燃料や燃料デブリの取り出しが本格化するまでの期間に発生する放射性廃棄物に関しては表3.2に示すような対策が考えられている[34]。ただし，「残存燃料の取り出し」「燃料デブリ取り出し」「廃炉作業（除染と解体）」「サイト修復」における放射性廃棄物の対策は今後の課題として残されている。残存燃料や燃料デブリのような放射能レベルが高い廃棄物の処分に関しては廃棄物の安定化処理が必要であるが，処分場の確保およびその施設建設までにはかなりの時間を要することが予想され，処分に至るまでの中間貯蔵を考慮する必要がある。

他方，1Fのサイトは約 3.5 km^2 の敷地を有しており，原子炉建屋，緑地帯，事務建屋などさまざまな役割を有する施設や土地が存在する。そこで，サイトの領域を区分した上でその活動内容および発生する放射性廃棄物の管理について検討することが必要になる。残存燃料と燃料デブリの取り出し，また施設の除染・解体撤去は原子炉建屋およびタービン建屋が存在する領域が対象となる。

このほか解体作業などで発生する放射性廃棄物を保管する領域，港湾施設，汚染水タンクの設置区域などの領域を考慮することになる。例えば，サイト修復は港湾施設，緑地帯，道路などの除染が対象になるが，この場合，汚染物の除去の程度を決めることが必要である。放射性廃棄物の最終処分の場所の決定はかなり困難なことが考えられることも考慮して，放射性廃棄物の発生を極力低減する方策も重要となる。放射性核種でわずかに汚染している土壌などは，安全性を十分に評価した上でそのまま管理することも選択肢としてはあり得る。

これらの活動計画はシナリオとしてさまざまな選択肢を考慮することになるが，サイト修復のシナリオは，「すべての汚染を撤去して自由な活動を可能とする」，「汚染をすべて撤去することはないが，制限を付けてサイトを活用できるようにする」，「安全性を評価した上でサイトの一部をそのままにして管理を続ける（スチュワードシップ）」など，さまざまなケースが考えられる。1Fサイトの汚染状況，サイト外の状況，ステークホルダー（関係者）の意見などを十分に勘案して，サイト修復の方法を策定することが必要である。

中長期計画では，燃料デブリの取り出しの第3期計画は2021年から開始され，事故発生から30年から40年で廃炉を終了するとしている。ここでは廃炉終了の姿（エンドステート）は明確には

示されていない。どこまで除染して作業を終了するのか，放射性廃棄物をどうするのかは今後の課題として残されている。エンドステートの姿によっては発生する放射性廃棄物の量が異なるため，廃棄物対策も異なる。エンドステートや中間的なエンドステートを定めて，廃炉作業に取り組むことが必要である。

［柳原 敏］

参考文献

1) IAEA, Nuclear Energy Series, No. NW-T-2.7 (2014).
2) OECD/NEA, No.7503 (2016).
3) Javys Web. http://www.javys.sk/en/activities-of-the-company/a1- npp-decommissioning
4) Backgrounder on the Three Mile Island Accident, June, 2018. NRC Web.
https://www.nrc.gov/reading-rm/doc-collections/fact-sheets/3mile-isle.html
5) IAEA, Nuclear Energy Series, No. NW-T-2.7 (2014).
6) The Chernobyl Forum: 2003-2005,
IAEA Web. https://www.iaea.org/sites/default/files/chernobyl.pdf
7) European Bank Webサイト． https://www.ebrd.com/what-we-do/sectors/nuclear-safety/chernobyl-overview.html
8) Backgrounder on the Three Mile Island Accident, June, 2018.
NRC Web. https://www.nrc.gov/reading-rm/doc-collections/fact-sheets/3mile-isle.html
9) 岡本孝司，「原子力学会廃炉検討委員会資料」(2016).
10) 汐川孝，大川輝夫，森哲郎，「大林組技術研究所報」No.49, pp.11-16 (1994).
11) 前田宏治，佐々木新治，熊井美咲，佐藤勇，須藤光雄，逢坂正彦，JAEA-Research, 2013-025 (2014).
12) 日本原子力学会東京電力福島第一原子力発電所事故に関する調査委員会『福島第一原子力発電所事故 その全貌と明日に向けた提言－学会事故調 最終報告書』pp.98-105, 丸善出版 (2014).
13) 東京電力HP「プレスリリース福島第一原子力発電所における高濃度の放射性物質を含むたまり水の貯蔵及び処理の状況について（第1報～第362報）．
http://www.tepco.co.jp/press/release/2018/1501709_8707.html ほか
14) 東京電力HP「福島第一原子力発電所周辺の放射性物質の分析結果（水処理設備の放射能濃度測定結果）(2011/11/18～2018/7/19).
http://www.tepco.co.jp/decommision/planaction/monitoring/index-j.html ほか
15) S. Uchida, et al., Int. Conf. Water Chemistry of Nuclear Power Systems, NPC2016, Oct. 2-7, 2016, Brighton, UK, Nuclear Institute (2016). (CD)
16) 日本原子力学会「燃料デブリ研究専門委員会報告書」(2018年発刊予定).
17) P. Hofmann, J. Nucl. Mater., 270, 194 (1999).
18) 西原健司ほか，JAEA-Data/Code2012-018.
19) 中野誠ほか，日本原子力学会2017年秋の大会，講演番号2G16.
20) H. Takezawa, et al., J. Nucl. Sci. Technol., 53, 1960 (2016).
21) 内藤俶孝，日本原子力学会2016年秋の大会，講演番号3L12.
22) F. Tanabe, J. Nucl. Sci. Technol., 48, 1135 (2011).
23) 例として J.M. Broughton, et al., Nucl. Technol., 87, 34-53 (1989).
24) M. Takano, et al., 54th Annual Meeting on Hot Laboratories and Remote Handling (HOTLAB 2017), http://hotlab.sckcen.be/en/Proceedings.
25) 須藤彩子ほか，日本原子力学会2015年春の年会，講演番号B37.
26) R.G.J. Ball, et al., J. Nucl. Mater., 201, 238 (1993).
27) M. Suzuki, et al., Mater. Trans., 46, 669 (2005).
28) I. Barin, "Thermochemical Data of Pure Substances", VCH (1995).
29) T.B. Lindemer, et al., J. Nucl. Mater., 130, 473 (1985).
30) 高野公秀ほか，日本原子力学会2015年春の年会，講演番号B36.
31) M. Takano, et al., Nuclear Materials Conference (NuMat 2016).
32) 東京電力「福島第一原子力発電所1～3号機の炉心・格納容器の状態の推定と未解明問題に関する検討」(2017).
http://www.tepco.co.jp/press/release/2017/pdf2/171225j0102.pdf
33) IAEA, Nuclear Energy Series, No.NW-T-2.7, 2014.
34) 廃炉・汚染水対策関係閣僚等会議「東京電力ホールディングス（株）1F原子力発電所の廃止措置等に向けた中長期ロードマップ」平成29年9月26日．

第4章　事故の教訓を踏まえた安全性向上への取り組み

編集担当：石崎泰央

4.1 新規制基準の制定 ……………………………………………（田邊恵三）82
 4.1.1 事故の教訓 ………………………………………………………………82
 4.1.2 新規制基準の内容 ………………………………………………………83

4.2 設備（ハード面）の対策 ……………………………（田邊恵三，谷川純也）85
 4.2.1 共通要因故障を防止する対策 …………………………………………85
 4.2.2 シビアアクシデント対策 ………………………………………………90

4.3 体制・手順など（ソフト面）の対策 …………………（田邊恵三，谷川純也）98
 4.3.1 緊急時体制 ………………………………………………………………98
 4.3.2 緊急時訓練 ……………………………………………………………100
 4.3.3 シビアアクシデント発生後の事業者間の協力体制 …………………100

4.1 新規制基準の制定

4.1.1 事故の教訓

東京電力福島第一原子力発電所（以下，1F と略記する）事故では，地震に対して原子炉は正常に自動停止し，非常用ディーゼル発電機も正常に起動した。しかし，その後に襲来した津波により非常用ディーゼル発電機，配電盤，蓄電池などの重要設備が被害を受け，非常用を含めたほとんどの電源が使用できなくなり，原子炉を冷却する機能を喪失した。この結果，炉心損傷とそれに続く水素爆発による原子炉建屋の破損などにつながり，環境への重大な放射性物質の放出に至った（図4.1）。

原子力発電所の安全確保には，深層防護という守りや備えを何層にもするという考え方がある。深層防護とは一般に，安全に対する脅威から人を守ることを目的として，ある目標をもった幾つかの層（防護レベル）を用意して，各々の層が独立して有効に機能することを求めるものである。原子力発電所は炉心に大量の放射性物質を内蔵しており，人と環境に対する大きなリスク源が存在し，かつ，どのようなリスクが顕在化するかの不確かさも大きい。不確実さに対処しつつリスクの顕在化を防ぐため，国際原子力機関（IAEA）[*1]においても採用されている深層防護の考え方を従来から適用している。IAEA の最上位の安全基準である「基本安全原則」（SF-1）においては，原子力発電所において事故を防止し，かつ，発生時の事故の影響を緩和する主要な手段は，深層防護の考え方を適用することであるとされている。この深層防護は，おもに複数の連続かつ独立したレベルの防護の組み合わせによって実現されるとし，一つの防護レベルまたは層が万一機能しなくても，次の防護レベルまたは層が機能するとされている。そして，各防護レベルが独立して有効に機能することが，深層防護の不可欠な要素であるとされている。

この深層防護の考え方と事故から得た教訓と対

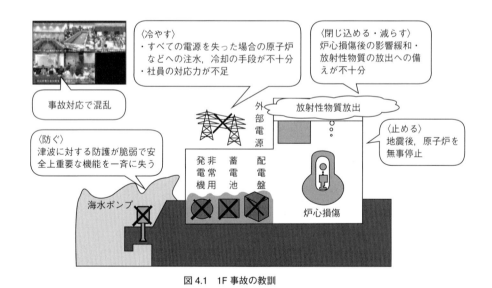

図 4.1　1F 事故の教訓

[*1] IAEA：International Atomic Energy Agency

第4章 事故の教訓を踏まえた安全性向上への取り組み

表4.1 深層防護の考え方を踏まえた1F事故の教訓と対策

深層防護	教　訓	対　策
第1層 トラブル発生防止	・共通要因で，安全機能が広範囲に喪失した。 ・津波に対して防護が脆弱であった。 ・外的事象に対して，発電所の防護手段が不十分だった。	・共通要因，故障を防止する対策 　地震に対する防護 　津波に対する防護 　その他の外的事象に対する防護（竜巻，森林火災他） 　内部溢水対策 　火災防護対策
第2層 事故への進展防止	・地震時でも制御棒により原子炉を停止する緊急停止機能は正常に働き，問題なし。	―
第3層 事故後の炉心損傷防止	・すべての交流電源を失い，長時間回復できない事態を設計上想定していなかった。 ・設計を超える事態において，事故進展を防止する備えが不十分だった。	・全交流電源喪失対策，電源の多様化 ・設計を超過する重大事故への対処 ・重大事故に対応する設備 ・確率論的リスク評価※などを活用した重大事故対策の有効性評価
第4層 事故後の影響緩和	・炉心損傷後の影響を緩和するための手段が十分に整備されていなかった。 ・放射性物質の地表沈着により，長期の住民避難や経済活動の停止など，甚大な社会的影響をもたらした。 ・複数プラントの事故が同時進行することに，緊急時対応組織が十分に対応できなかった。 ・照明，通信手段の制限や，監視・計測手段の喪失，作業環境悪化などへの対応手段が十分に整備されていなかった。	・格納容器除熱機能強化 ・格納容器フィルターベント設備の導入（4.2.2 c.項参照） ・事故への対応力の改善 ・訓練による対応力強化

※　確率論的リスク評価（PRA：probabilistic risk assessment）：原子力施設などで発生するあらゆる事故を対象として，その発生頻度と発生時の影響を定量評価し，その積である「リスク」がどれほど小さいかで安全性の度合を表現する方法[*2]。

策を整理した例が表4.1であり，こうした事故の検証を通じて得られた教訓が，新たな規制基準に反映されている（図4.2）。

4.1.2　新規制基準の内容

2013年7月8日，1F事故の教訓や世界の知見を踏まえ，原子力規制委員会が策定した新しい規制基準が施行された。新たな規制基準は，従来の安全基準を強化するとともに，新たにシビアアクシデント対策が盛り込まれた。すなわち，設計基準の強化と，そうした設計の想定を超える事象にも対応するシビアアクシデント対策の二本柱で構成されている（図4.3）。

設計基準の強化では深層防護の考え方を基本に，共通要因による安全機能の一斉喪失を防ぐ観点から，自然現象の想定と対策が強化された。また，自然現象以外の共通要因を引き起こす事象（火災など）への対策が強化された。シビアアクシデント対策では，放射性物質の放出につながるような重大事故の防止および影響緩和に関する基準が新設された。地震や津波への対策が強化され，炉心損傷や格納容器破損の防止，放射性物質の拡散抑制などの対策が求められている。また，海外の知見をもとに，テロ対策なども求められている。

例えば，地震に対する基準については，1F事故の直接原因は地震ではないため，地震対策の基

[*2]　原子力委員会「確率論的リスク評価手法（PRA）について」第16回原子力委員会資料第1-1号

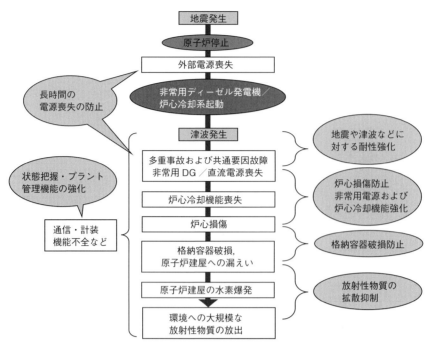

図 4.2　1F 事故を踏まえた新規制基準の対策

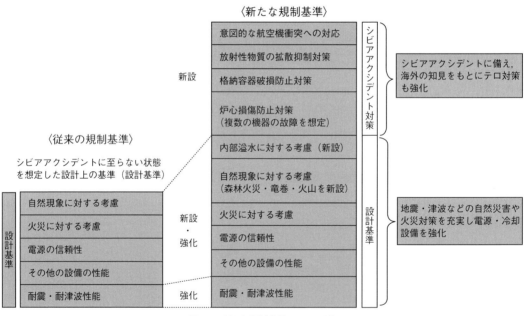

図 4.3　新たな規制基準のイメージ

第4章　事故の教訓を踏まえた安全性向上への取り組み

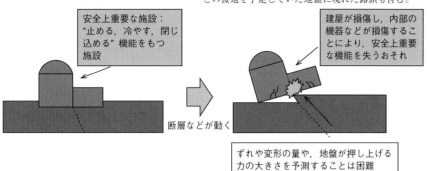

図 4.4　地震に対する基準の強化の例
（地震による揺れに加え地盤の「ずれや変化」に対する基準を明確化）
[出典：原子力規制委員会資料「実用発電用原子炉に係る新規制基準について」p.10（2013年7月）]

本的枠組みの変更はない（図4.4）。また，東北地方太平洋沖地震の知見である活断層の連動を考慮するなど，より厳しい評価が求められるようになった。

津波に対する基準については，東北地方太平洋沖地震の教訓を踏まえ，断層の連動を保守的に考慮するとともに，海底地すべりなども考慮して施設に最も大きな影響を与える「基準津波」を策定することなどを求めている。このほか，自然現象・火災などへの対応の充実，多重性・多様性・独立性を備えた信頼性のある設計や電源・冷却設備の機能強化などを求めている。

また，新規制基準において，最新の知見を反映した規制基準を既存の原子力発電所などへの遡及を求める，いわゆるバックフィットが適用されることとなった。このため，新規制基準への適合性が確認されなければ，再稼働はできない。これと併せて運転期間延長認可制度が導入された。原子力発電所の運転期間は運転開始から40年とし，その満了までに「最新の技術基準」に適合していることを要件に，1回に限り延長することを認める制度であり，延長期間の上限を20年とし，具体的な延長期間は審査において個別に判断される。

加えて，原子力事業者が自主的・継続的に原子炉施設の安全性や信頼性を向上させるため，施設定期検査の終了時点で原子炉施設の安全性を評価し，更なる安全性向上対策の抽出や今後の計画を策定することを目的に安全性向上評価制度が導入された。

[田邊　恵三]

4.2　設備（ハード面）の対策

4.2.1　共通要因故障を防止する対策

想定を大きく超える地震に伴う津波によって引き起こされた1F事故を教訓に，原子力発電事業者は従来の想定を厳しく見直し，耐震性を高める補強工事や浸水防止対策など，原子力発電所の安

a. 地震対策

大地震に対して安全を確保するため，より詳細な地質調査や耐震工事を実施している。例えば，発電所の地下構造をより詳細に把握するため，深度1,000 m超のボーリング調査の実施や，敷地内の断層の活動性などを調べるため，巨大な溝を掘り地層を露出させて観察するトレンチ調査などを実施している。また，最新の知見をもとに，大きな地震動の起こる可能性を見直し，耐震安全性を評価し，必要に応じ耐震性を高める追加工事も実施している。

b. 津波対策

科学的な知見に基づいて基準津波の想定高さを割り出し，津波による衝撃や浸水から発電所敷地内の設備を守るため，堅固で巨大な防波壁・防潮堤を設置している。このほか，敷地内に海水が浸入しても建屋内が浸水しないよう，建屋開口部に防潮壁などを設けるなどの措置を講じている（図4.5）。

また，仮に津波が発電所を襲っても，緊急時に炉心を冷やす装置や非常用電源などの重要な機器があるエリアを浸水から守るため，重要な設備のある建屋あるいは区画の入口には水密扉を設置している。水密扉は押し寄せる津波の水圧などで壊れない強さとともに，隙間から海水が入り込まない密閉性を備える（図4.6）。

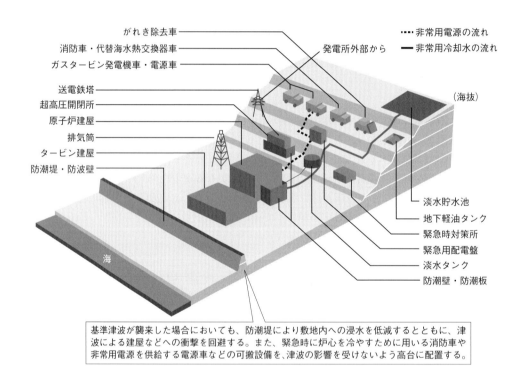

図4.5 防潮堤と安全対策の配置高さのイメージ（柏崎刈羽発電所の例）

第4章　事故の教訓を踏まえた安全性向上への取り組み

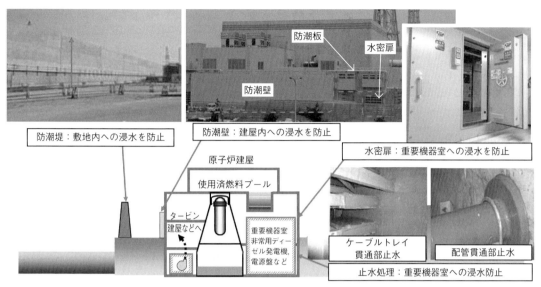

図4.6　津波防護対策（例）

c. その他自然現象対策（竜巻，森林火災などへの対策）

1F事故の教訓は「外的事象に対して発電所の防護手段が不十分だった」ことであり，地震や津波に限らず，自然現象などの外的事象に対し安全設備の機能が喪失しないよう防護する必要がある。そのため発電所敷地で想定する自然現象について網羅的に抽出するために，発電所敷地およびその周辺での発生実績の有無にかかわらず，国内外の基準や文献などに基づき事象を収集し，洪水，風

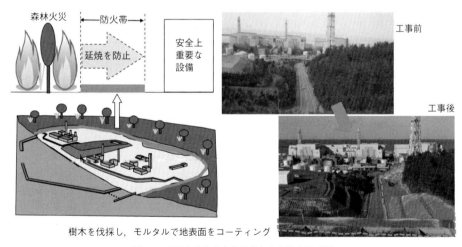

図4.7　森林火災から安全設備を守る防火帯（例）

(台風),竜巻,凍結,降水,積雪,落雷,地滑り,火山の影響,生物学的事象,森林火災などの事象を抽出し,影響を評価した上で必要な防護対策を講じている。

対策の例として,猛烈な強風を伴う竜巻については,飛来物が設備に損傷を与えないよう鋼板や強靱なネットによる防護対策を講じている。さらに原子炉建屋の近くの資機材などが飛来物とならないよう固縛などの管理を実施する。また,森林火災への対応として,敷地内の樹林を伐採して防火帯を設けている。防火帯の幅は,発電所周辺の植生を調査し,森林火災の燃え広がりやすさを考慮して設計している(図4.7)。

d. プラント内部の火災,溢水の対策

1F事故の教訓の一つは「共通要因で安全機能が広範囲に喪失した」ことであり,これを踏まえ,

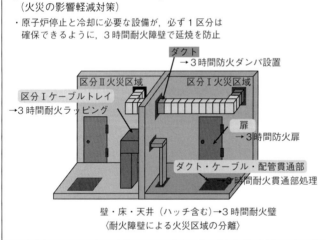

図4.8 プラント内部の火災防護対策(例)

【コラム】 ブラウンズフェリー1号機の火災

共通要因故障を誘因した事象としては，1975年3月22日に発生した米国ブラウンズフェリー1号機の火災がある。当該事象は，ケーブル敷設室から原子炉建屋への壁貫通部シールの空気漏れの確認を行っていた際，確認に用いていたろうそくの火が貫通部のシール材（ポリエチレンフォーム）とそれを通る電気ケーブルに着火した。結果的にケーブル敷設室と原子炉建屋の2か所での火災となり，消火には7時間以上を要した。数多くのケーブルが焼損し安全設備や機能が影響を受けた。特に電気／制御機器が利用できなくなったため，一時は炉心冷却が不十分な状態となるなどきわめて深刻な事態となったが，運転員らの適切な対応措置により大事には至らなかった。多重の炉心冷却系の機器が同時に利用不能となったことで，機器の物理的分離および隔離に関する設計基準を再検討する必要性などが認識された。これを踏まえ，これ以降に設計・建設されたプラントでは，多重化もしくは多様化された安全設備がそれぞれに独立して機能し，障壁によって防護されている。

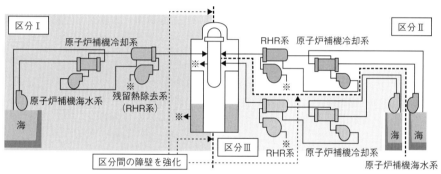

「冷やす」設備の区分分離の例（ABWRプラントの残留熱除去系統（RHR））
ABWR：advanced boiling water reactor，RHR：residual heat removal system

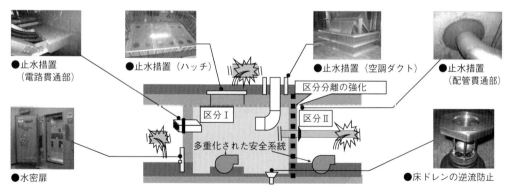

図4.9 プラント内部の溢水防護対策（例）

プラント内部の火災，溢水に対する要件を強化している。原子炉建屋などのプラント内部での火災により原子炉の安全確保に必要な設備が同時かつ広範囲に喪失しないように，①火災の発生防止，②火災感知設備・消火設備の設置，③火災の影響軽減対策の三つの対策を実施している（図4.8）。

① 火災の発生防止：燃えにくい材質のケーブルを用いる。検知器で蓄電池から発生する水素の漏えいを監視するなどにより火災の発生を防止する。
② 火災感知設備・消火設備の設置：煙感知と熱感知などの異なる2種類の感知器を設置することで火災を早期に感知し，固定式消火設備などの作動により速やかに消火する。
③ 火災の影響軽減対策：原子炉の停止・冷却に必要な設備を必ず1区分は確保できるように，3時間耐火障壁や1時間耐火障壁＋火災感知設備および自動消火設備により延焼を防止する。

また，同様にプラント内部での機器の破損などによる漏水や，消火活動による溢水が発生した場合においても，原子炉の安全確保に必要な機能（多重性，独立性，多様性で信頼性を確保）が損なわれないように，水密扉の設置および区画を跨ぐ貫通口の止水処理などの浸水経路の止水対策，並びに漏えい検知器の設置などの溢水を早期に検知するための対策などを実施している（図4.9）。

4.2.2 シビアアクシデント対策

a. シビアアクシデントへの対処

1F事故の教訓の一つは「設計を超える事態において，事故進展を防止する備えが不十分であった」ことである。設計を超過するシビアアクシデントでの進展防止における対策の考え方を以下に示す。

① リスク論を踏まえ，例えば確率論的リスク評価（PRA）の手法を用いて，さまざまな組み合わせでの安全機能の喪失や想定を超える地震・津波などで起こり得る事故シーケンスについて，引き起こされる事故の状態（炉心損傷の有無など）を評価する（図4.10）。
② 抽出された事故シーケンスを事象進展の特徴に応じて分類し，同時に機能喪失する設備の数，余裕時間の長短，炉心損傷防止に必要な設備容量の程度などを着眼点として，その分類を代表する厳しい事故シーケンスを選定する。

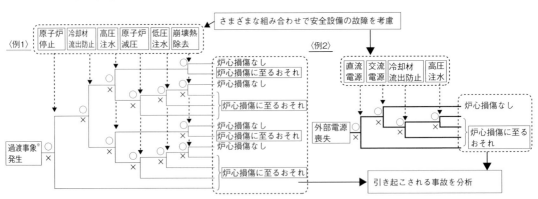

※原子炉施設の寿命期間に予想される機器の単一故障や誤操作などによって生ずる異常な状態に至る事象

図4.10 確率論的リスク評価（PRA）による分析例

第4章　事故の教訓を踏まえた安全性向上への取り組み

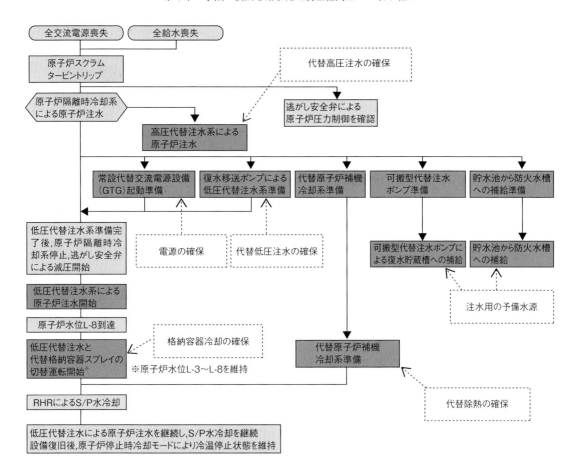

図 4.11　シビアアクシデント時の対応の検討例（ABWR プラントの崩壊熱除去機能喪失）

③ 代表的な事故シーケンスに対して，既存の安全設備とは独立で可能な限り多様な対策を検討し，事故収束における人的活動の成立性（必要人員，作業時間，環境条件など）を考慮し，対策の有効性を解析（決定論的評価手法など）により評価する（図4.11）。

b. 非常用電源の強化

自然災害によって外部からの電源が途絶しないよう，送電ルートの多重化や電気設備の浸水対策を施している。発電所内の常設の非常用電源が機能しなくなる事態も想定し，例えば大容量の空冷式ガスタービン発電機およびこれに燃料を補給するための地下軽油タンクを設置し，さらにそのバックアップとして機動性のある電源車を高台などに複数台分散配備している。さらに重要な設備の制御に使う直流電源も，容量の増強と可搬型として使用可能なものを配備するなどの強化をしている（図4.12）。

c. 沸騰水型軽水炉（BWR）[*3] におけるシビアアクシデント時の注水・除熱の強化

地震などにより原子炉を緊急停止した後も原子炉内の燃料から発生する崩壊熱を冷却するために，

---

*3　BWR：boiling water reactor. BWR の仕組みについては 1.1.2 項参照。

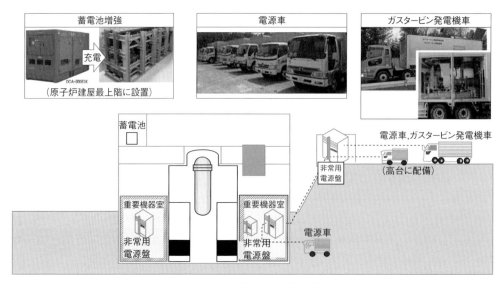

図 4.12 電源確保のための対策（例）
ガスタービン発電機車の設置，電源車の配備，蓄電池の設置により，安全施設やその制御，プラント監視に必要な電力を確保

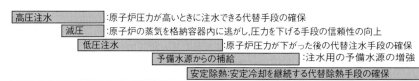

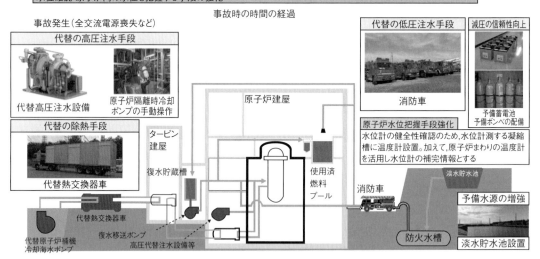

図 4.13 BWR の代替注水・除熱手段（例）

原子炉への注水および格納容器からの除熱による冷却が必要である。BWRでは停止直後の原子炉内は約290℃，約7 MPa（約70気圧）の高温・高圧状態のため，最初に高圧で使用可能な注水システムで注水を行い，その後，減圧装置で原子炉の蒸気を格納容器に逃がして原子炉内を減圧し，低圧で使用可能な注水システムでの注水に切り替える。この注水を継続するために，別途水源が必要となる。時間の経過とともに，格納容器に蓄えられる熱量や保有水量の制限値に近づくため，熱交換器や格納容器フィルターベントを用いて格納容器を除熱冷却する。1F事故のように原子炉の崩壊熱の冷却が停止すると，原子炉内の燃料の温度が上昇し，一定時間が経過すると炉心損傷や炉心溶融に至る。

そこでBWRでは，「高圧注水」，「減圧」，「低圧注水」，「予備水源からの補給」，「格納容器からの除熱」について，多種・多様な代替手段を整備している（図4.13）。

(1) 高圧注水

代替高圧注水系を新たに設置し，事故後直ちに必要となる高圧注水機能を強化している。1F事故時のような全交流電源喪失の長期化を想定し，圧力が高い原子炉からの蒸気を利用した蒸気駆動ポンプであり，運転・停止は駆動源となる蒸気の入口弁の開閉のみで操作可能な設計としている（図4.14）。

(2) 減 圧

原子炉の減圧操作は格納容器内に設置している主蒸気逃がし安全弁（SRV）[*4]にて行う。原子炉の運転中や緊急停止後，格納容器内の雰囲気は窒素に置換されており人は立ち入ることはできず，SRVは作動ガス（窒素）の出口にある電磁弁を遠隔で操作することになるが，制御電源が喪失すると操作ができなくなる。制御電源を喪失した場合に備え，あらかじめ可搬型の蓄電池を資機材として確保し，同様の操作を可能とする。電磁弁や作動ガスの系統が故障しても，格納容器外から人

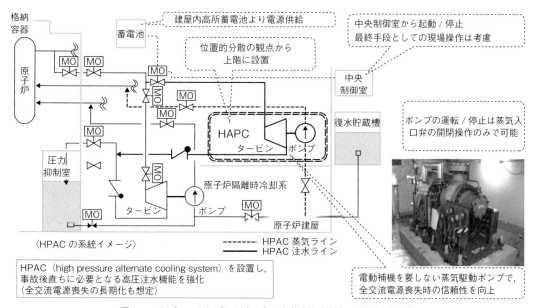

図4.14 シビアアクシデント時の高圧注水手段（代替高圧注水系）（例）

*4　SRV：safety relief valve

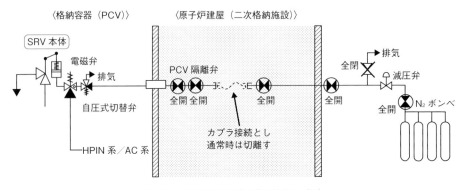

図 4.15 原子炉減圧設備の信頼性向上（例）

主蒸気逃がし安全弁（SRV）を動作させる窒素ガス系（HPIN 系：high-pressure instrument nitrogen）や電磁弁が故障しても，格納容器外から人力操作で動作させるバックアップ設備を設置
PCV：primary containment vessel，AC 系：atmospheric control（不活性ガス系）

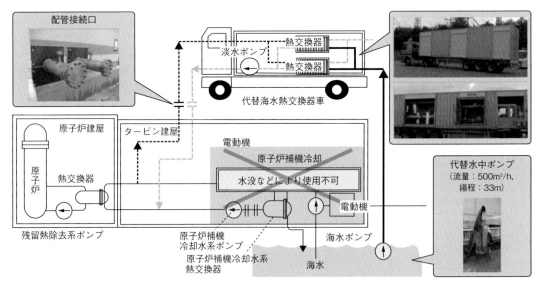

図 4.16 シビアアクシデント時の除熱冷却手段（代替海水熱交換器車）（例）

力で動作させるバックアップ手段を構築し，減圧設備の信頼性向上を図っている（図 4.15）。

(3) 低圧注水

原子炉の低圧注水および使用済燃料プールの注水は，ともに電源車などの代替電源からの給電により使用可能な復水移送ポンプ（MUWC ポンプ）[*5]による低圧注水手段に加え，建屋近傍の連結送水口に消防車を接続し低圧注水する手段を構築している。原子炉の注水を格納容器の冷却のための格納容器スプレイに切り替え可能。消防車の駐車場所は位置的分散を図り，また接続口も複数箇所設けている。

(4) 除 熱

崩壊熱を取り除く手段として代替海水熱交換器

---

*5　MUWC：make-up water condensate

車を配備し，浸水などで海水ポンプが使用不能となった場合に高台から代替海水熱交換器車を移動させて，建屋外部から接続し，原子炉，格納容器および使用済燃料プールの崩壊熱を除熱する（図4.16）。また，崩壊熱を海水により除熱できない場合は，格納容器フィルターベントにて大気に熱を逃がす。格納容器フィルターベントについては，本項 d. で詳細を説明する。

(5) 予備水源からの補給

原子炉などを冷やす機能の更なる強化として，大量の淡水を確保するため高台に貯水池を設置している。淡水貯水池が枯渇した場合は，海水を取水し水源とする。

d. BWR における格納容器の破損防止・水素爆発防止

シビアアクシデントでは格納容器減圧に失敗して格納容器が破損し，多量の放射性物質の放出に至ることが考えられる（図4.17）。

大規模な放射性物質の放出を防ぐために，例え

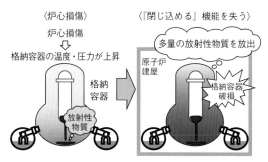

図 4.17 1F 事故（2号機）の炉心損傷後の事故進展のイメージ
1F 事故のセシウム放出量の大半は，格納容器が破損し直接漏えいしたもの（格納容器フィルターベント，水素爆発による放出量はともに1％未満（〔注〕 1F の格納容器からのベント装置にはフィルターは付いていなかった））

ば図 4.18 に示す対策が有効である。

(1) 格納容器フィルターベント

BWR では炉心損傷などにより原子炉格納容器の圧力が異常に上昇した場合に備え，放射性物質の外部への放出を極力抑えつつ，その圧力を下げる手段として，「格納容器フィルターベント」設

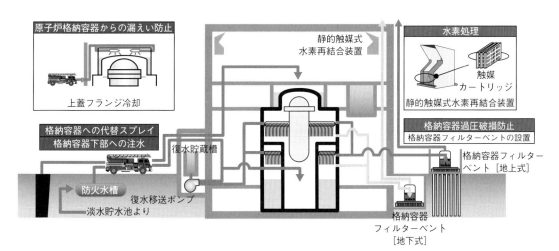

図 4.18 BWR の格納容器破損防止および放射性物質の影響緩和のための対策（例）
格納容器漏えい防止 ：代替スプレイ，格納容器下部への注水，シール材の変更（蒸気環境耐性向上），上蓋フランジの冷却，格納容器フィルターベント
放射性物質の放出抑制：格納容器フィルターベント
水素爆発防止 ：格納容器フィルターベント，静的触媒式水素再結合装置

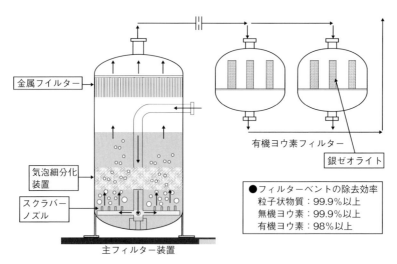

図 4.19 格納容器フィルターベントのフィルター部分の概要図（例）

備を設置している（図 4.19）。

格納容器フィルターベントは耐圧強化ベント系から排気ラインを引き出し格納容器フィルターベント設備につなぎ込み，フィルターで放射性物質を低減後，原子炉建屋屋上より排気する。操作が必要な弁は，中央制御室からの操作に加え，現場でも確実に操作できるように，放射線影響の少ない場所から手動で遠隔操作可能な構造としている。主フィルター装置は，水スクラバー（ガスが水中を通過する過程での捕集）と金属フィルターの組み合わせでセシウム137（^{137}Cs）などの粒子状放射性物質の 99.9 % 以上を，スクラバー水の水質をアルカリ性とすることで無機ヨウ素の 99.9 % 以上を除去する。有機ヨウ素フィルターは吸着塔に銀ゼオライト（多数の細孔をもつゼオライトに銀イオンを保持させたもの）を用い，ヨウ化銀として捕捉することで，有機ヨウ素の 98 % 以上を除去する。

(2) 代替循環冷却系による除熱システム

格納容器フィルターベントを用いずに原子炉（圧力容器）と格納容器に注水・除熱可能な代替

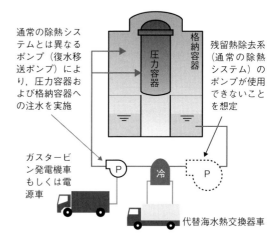

図 4.20 代替循環冷却系による除熱システムの概要図（例）

循環冷却系による除熱システムを用いる場合もある。通常の除熱システムである残留熱除去系のポンプが使用できないことを想定し，ガスタービン発電機車もしくは電源車からの給電により作動する異なるポンプ（復水移送ポンプ）および代替海水熱交換器車によって，原子炉および格納容器を循環冷却して，格納容器の圧力上昇を抑制する

（図 4.20）。

(3) 水素濃度制御設備

原子炉への注水が停止し，冷却水から燃料が露出して，燃料が高温（900 ℃以上）になり，燃料被覆管の材料のジルコニウムと水蒸気が接触すると化学反応により大量の水素が発生する。発生した水素が爆発しないよう，水素を酸素と結合させて水蒸気にする静的触媒式水素再結合装置（PAR）[*6]を原子炉建屋内に設置する。なお，BWRでは従来より格納容器内に窒素を充填し，格納容器内での水素爆発を防止する設計となっている。

e. 加圧水型軽水炉（PWR）[*7]におけるシビアアクシデント時の注水・除熱および格納容器の破損防止・水素爆発防止の強化

（図 4.21）

PWRでは全交流電源喪失を想定しても，復水タンクを水源として蒸気駆動のタービン動補助給水ポンプで蒸気発生器の二次側に給水し，放射性物質を含まない蒸気を大気放出させることにより間接的に炉心を冷却することが可能である。しかし，復水タンクの保有水量に制限があることから，別のタンクからの補給を可能とするとともに，利用可能なタンク水源がすべて枯渇することも想定し，電源が不要な可搬式ポンプにより海水を補給する手段も構築している。さらに，常設の直流電源が喪失し，中央制御室から弁の開放などの操作ができない場合も想定し，タービン動補助給水ポンプの起動用の弁を現場で手動操作もできるような措置などを講じ，蒸気発生器二次側からの冷却手段に更なる多様性をもたせている。

また，BWRと同様に炉心を直接冷却する手段について多種・多様な代替手段を構築し，一次冷却材喪失事故などが発生した場合には，非常用炉心冷却設備により燃料取替用水タンクのホウ酸水を炉心に注水し冷却する。何らかの原因で非常用炉心冷却設備が使用できない場合に備え，代替低圧注水設備により炉心注水する手段を構築している。代替低圧注水設備としては，例えば燃料取替用水タンクなどを水源とした常設の設備と，海水を水源とした可搬式の設備を設置している。

格納容器の圧力，温度，放射物質濃度を低減させ，格納容器の破損を防止するため，格納容器への注水設備および格納容器内の冷却手段についても整備している。一次冷却材喪失事故などが発生した場合は，通常は格納容器スプレイ設備により格納容器内の圧力，温度，放射性物質濃度を低下・低減させるが，何らかの原因で格納容器スプレイ設備が使用できない場合に備え，代替スプレイ設備を使用する手段を構築している。代替スプレイ設備は，代替低圧注水設備と同様に常設の設備と可搬式の設備を設置している。また，格納容器を長期的に冷却する手段として，格納容器内の熱交換器（格納容器再循環ユニット）に冷却水を通水して格納容器の気相部を冷却する手段を整備している。通常の冷却水系統が使用できない場合に備え，大容量の可搬式ポンプによって海水を通水する手段も整備している。

PWRは格納容器が比較的大きいため，炉心損傷が発生したとしても，水素爆発に至る可能性はきわめて低いが，炉心損傷時に格納容器内に発生する水素の濃度を低減させる装置として，格納容器内に静的触媒式水素再結合装置（PAR）[*6]および原子炉格納容器水素燃焼装置（イグナイター）を新たに設置している。

使用済燃料ピットへの注水手段についても，BWRと同様に多種・多様な代替手段を新たに構築し，何らかの原因で通常の冷却・注水設備が使用できない場合に備え，可搬式の設備（ポンプ，ホースなど）を用いて海水を注水する手段などを整備している。

＊6 PAR：passive autocatalytic recombiner
＊7 PWR：pressurized water reactor．PWRの仕組みは1.1.3項参照。

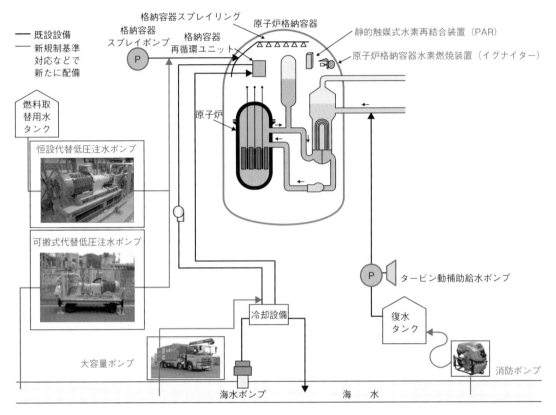

図 4.21　PWR におけるシビアアクシデント対策強化の例

f. さらなる信頼性確保のためのシビアアクシデントに対応した新たな施設の設置（特定重大事故等対処施設）

米国の対策を参考に，新たな規制基準では故意の航空機衝突などのテロを想定し，大規模な損壊で広範囲に設備が使えない事態でも格納容器などを冷却できる対策が求められている。このため，既存の中央制御室を代替する緊急時対策所や原子炉・格納容器への注水機能，電源設備・通信設備などのサポート機能を備えた特定重大事故等対処施設を整備している。

［田邊　恵三，谷川　純也］

4.3　体制・手順など（ソフト面）の対策

複数プラントの事故が同時に進行しても緊急時対応組織が十分に対応できるように，所員の緊急時の対応力などソフト面の対策を講じている。

4.3.1　緊急時体制

緊急事態発生時に迅速・的確な意思決定をすべく，緊急時体制を整備している。例えば，弾力性をもった組織的対応を行うために，米国で標準化された緊急時対応体制である ICS[8]（災害時現場

---

[8]　ICS：incident command system

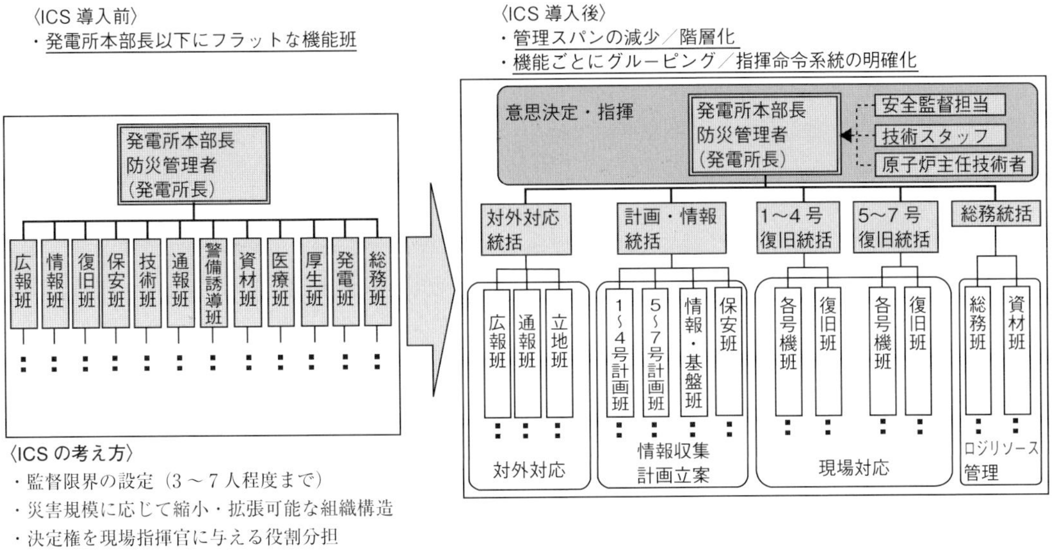

第 4 章　事故の教訓を踏まえた安全性向上への取り組み

図 4.22　ICS（Incident Command System）のイメージ

図 4.23　緊急時訓練の様子

指揮システム）の考え方は参考になる（図 4.22）。発電所本部長が直接管理する人数を減らし，確実な意思決定を行うとともに，号機単位で統括者を配置するなどにより，厳しい事故対応を可能な組織としている。

4.3.2 緊急時訓練

電源や冷却機能を確保する現場の初動対応では，考えられる事故進展のシナリオについて設備や運用の対応を確認することはもちろん，国，自治体など関係機関との連携を図る手順など，さまざまな事態を想定した訓練を繰り返し行っている。例えば，「シナリオを伏せた訓練」，「復旧準備を進めている機器に意図しない故障を想定するなど使用可能な機器が刻々と変化」，「火災や復旧要員の負傷など事故対応以外の外乱発生」など，判断の難易度を上げ，リアリティのある訓練に取り組んでいる。

また，過酷な事態を想定し，非常用設備などを有効に活用できるようマニュアルを整備している。

4.3.3 シビアアクシデント発生後の事業者間の協力体制

国内の原子力発電所の事故に備え，日本原子力発電 敦賀総合研修センター内に「原子力緊急事態支援センター」を設け，作業員の被ばくを可能な限り低減するため，遠隔操作できるロボットなどの資機材を集中的に管理・運用し，確実に操作ができるよう現場を模擬した状況で訓練を行い，全国の原子力発電所において事故が発生した場合にはこれらの資機材を事業者に届け，事業者の緊急対応活動を支援する体制を構築している。

［田邊 恵三，谷川 純也］

参考資料

電気事業連合会の資料
　http://www.fepc.or.jp/library/pamphlet/pdf/14_genshiryokuanzenseikojo.pdf
広報誌　Enelog 特別号の Vol.3, Vol.4
原子力規制庁の資料
　http://www.nsr.go.jp/data/000070101.pdf
　http://www.nsr.go.jp/data/000155788.pdf
各種安全対策の例示：東京電力ホールディングス（株）の HP
　http://www.tepco.co.jp/kk-np/safety/index-j.html

第Ⅱ部

東京電力福島第一原子力発電所事故の影響

第5章　放射線の基礎知識と人体への影響 …………… 103
第6章　事故による放射線の健康影響と放射線の防護・
　　　　管理 ………………………………………………… 125
第7章　事故による環境の汚染と修復，住民生活への
　　　　影響 ………………………………………………… 147
第8章　事故による産業・経済への影響，風評被害 … 199

第 5 章　放射線の基礎知識と人体への影響

編集担当：高橋千太郎

5.1　放射線・放射能の基礎知識 ………………………………………………………… 104	
5.1.1　放射線，放射能とは　………………………………………（飯本武志）104	
5.1.2　放射線の性質と特徴　………………………………………（高橋史明）106	
5.1.3　放射線(能)の単位　…………………………………………（高橋史明）109	
5.1.4　身のまわりの放射線　………………………………………（飯本武志）111	
5.2　放射線の人体への影響 ……………………………………………………………… 115	
5.2.1　放射線の生物学的効果　……………………………………（飯塚裕幸）115	
5.2.2　放射線障害の種類と発生メカニズム　……………………（飯塚裕幸）118	
5.2.3　確定的影響と確率的影響　…………………………………（角山雄一）120	
5.2.4　低線量をめぐる問題　………………………………………（角山雄一）121	
参考文献………………………………………………………………………………………… 123	

5.1 放射線,放射能の基礎知識

5.1.1 放射線,放射能とは

a. 用語の整理

放射線と放射能は用語として混同されがちだが両者の意味は明確に異なる。放射線は原子核が余分なエネルギーを発散するときなどに放出する高速粒子や高エネルギーの電磁波(波長が10^{-10} m程度以下)である。放射能は放射線を放出する性質(能力)を指し,ときに放射性物質(放射能をもっている物質)の量や放射能の強さを表す場合もある。放射線と放射能の関係をホタルにたとえると,ホタルが放射性物質に,ホタルから放出される光線が放射線に,そしてホタルのもつ光を出す性質(能力)とその強さが放射能に,それぞれ対応する(図5.1)。

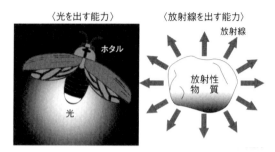

図5.1 放射線と放射能の関係

b. 放射線の種類

放射線には多くの種類がある(図5.2)。それらを大別すると粒子と電磁波に分類することができ,前者の粒子はさらに荷電粒子(正(+)または負(−)の電荷をもったもの)と中性子(電荷をもたない中性のもの)に分類できる。また,後者の電磁波のうち電離作用をもつ電磁波が放射線とし

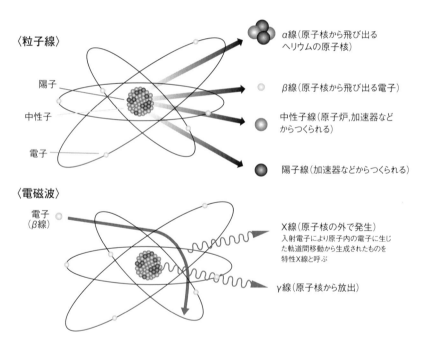

図5.2 電離放射線の種類

[出典:環境省「放射線による健康影響等に関する統一的な基礎資料(平成29年度版)」]

て扱われる．図5.2に示された放射線のうち，放射線施設などで被ばく管理上重要になるのは，一般にアルファ線（α線），ベータ線（β線），ガンマ線（γ線），エックス線（X線）および中性子線である．

アルファ線は原子核から放出される陽子2個と中性子2個から構成された高速粒子である．この粒子はヘリウムの原子核と同じで正（＋）の電荷をもっている．ベータ線は原子核から放出される高速電子で，正（＋）の電荷をもつ陽電子（ベータプラス線）と負（−）の電荷をもつ電子（ベータマイナス線$β^-$線（または一般的にベータ線と呼ぶ））がある．可視光よりも波長の短い高エネルギーの電磁波であるガンマ線はアルファ線やベータ線が放出された直後に原子核がもつ余分なエネルギーを放出したもので，可視光よりも波長の短い高エネルギーの電磁波である．エックス線もガンマ線と同様に電磁波ではあるが，原子核内から放出されるものではなく，原子や分子が励起されたときや，高速電子が原子核の影響を受けて減速されるときなどに原子核外で発生し，原子外へ放出されるものである（5.1.2項参照）．

c. 原子の構成

原子は正（＋）の電荷をもつ原子核と負（−）の電荷をもつ電子とで構成されている．この電子は原子核と電気的な力（クーロン力）で結合された状態のまま，原子核の周囲を運動しているので軌道電子とも呼ばれる．原子核は陽子と中性子とから構成されている．陽子の個数をZで表し（これは原子番号に等しい），中性子の個数をNで表したときに，$Z+N$を質量数という．陽子と中性子の質量はほとんど等しいが，陽子は（＋1）の電荷（電子の電荷を（−1）とし，電荷の単位とする）をもち，中性子は電荷をもたない．したがって，Z個の陽子を含む原子核のもつ電荷は（＋Z）である．軌道電子がZ個より多いかまたは少ないために，全体として（−）または（＋）の電荷をもった状態にある原子をイオンと呼ぶ．ZとNで決まる原子核の特定の種類を核種と呼ぶ．つまり，Z（原子番号）と$Z+N$（質量数）で核種を特定することができる．元素の種類はZのみで決まるので，同じ元素にも異なった核種が存在する場合があり，これらを互いに同位体と呼ぶ．核種の表現には，一般には元素名称が示されれば原子番号は自明なので省略し，例えば^{60}Co，Co-60，またはコバルト60のように記す．

d. 原子核の壊変

原子核の一部にはエネルギーが過剰になっていて，時間の経過とともにより安定な他の原子核に変化していくものがある．原子核が余分なエネルギーを何らかのかたちで自然に放出し，安定になる一連の事象を放射性壊変（または簡単に壊変，崩壊）と呼ぶ．このときに原子核から放出されるものこそが放射線である．壊変の形式の主なものを次に示す．

1. 原子核中の中性子数が過剰な場合：原子核が電子（ベータ線）を放出することによって中性子が陽子に変換され，より安定な原子核になる（ベータ壊変）．

2. 原子核中の中性子数が不足な場合：原子核が陽電子（ベータプラス線$β^+$）を放出することによって陽子が中性子に変換され，より安定な原子核になる（ベータプラス壊変）．

3. 原子核が大きすぎる場合：原子核がヘリウムの原子核（アルファ線）を放出して，より安定な原子核になる（アルファ壊変）．あるいは，原子核が自然に分裂し，より安定な二つの原子核になる（自発核分裂）．

4. 原子核が不安定な状態（励起状態）にある場合：ベータ壊変またはアルファ壊変で生じた直後の原子核は依然としてエネルギー的に少々不安定なことが多く，より安定な

状態に移行するために余分なエネルギーを電磁波（ガンマ線）として原子外に放出する（ガンマ線放出）。または，そのエネルギーが軌道電子に直接付与され，軌道電子と原子核の結合が切り離され，自由電子（内部転換電子）となって原子外に放出されることもある（内部転換）。

放射性壊変に伴う原子番号 Z と質量数（$Z+N$）の変化は次のとおりである。アルファ壊変では，原子核の原子番号が二つ減り質量数が四つ減る。ベータ壊変では，原子核の中性子数が一つ減り陽子数が一つ増える。つまり，質量数は変わらず原子番号は一つ増える。一方，ベータプラス壊変では，原子核の陽子が一つ減り中性子が一つ増えるので，原子番号は一つ減ることになる。ガンマ線放出では原子核の原子番号や質量数は変わらない。これらの典型的な放射性壊変のほかに，原子核は他の粒子との衝突などによって変化することがある。これを核反応と呼ぶ。

e. 放射能の半減期

放射性物質中の原子核は自然に壊変していき，その絶対数は時間とともに減っていく。外部環境によることなく，放射性核種の種類に特有な一定の割合で放射能は必ず減衰し，単位時間内に放出される放射線の数も減少する。この点が化学物質のもつ化学的性質とは異なる，放射性物質の大きな特徴である。放射能がもとの強さの半分になるまでの時間を半減期と呼ぶ。例えば自然界に広く存在しているウラン238（^{238}U）やカリウム40（^{40}K）の半減期はそれぞれ約45億年と約13億年，人工の放射性物質のセシウム137（^{137}Cs）では約30年，ヨウ素131（^{131}I）では約8日である（表5.1）。放射性ヨウ素131を例にとると，その放射能の強さは約8日で半減し，約16日で4分の1に，約24日で8分の1に，約80日では当初の約1,000分の1にまで減衰することになる。

表5.1 自然由来・人工由来の放射性物質

放射性物質	放出される放射線	半減期
トリウム232（^{232}Th）	α線，γ線	141億年
ウラン238（^{238}U）	α線，γ線	45億年
カリウム40（^{40}K）	β線，γ線	13億年
プルトニウム239（^{239}Pu）*	α線，γ線	24,000年
炭素14（^{14}C）	β線	5,730年
セシウム137（^{137}Cs）*	β線，γ線	30年
ストロンチウム90（^{90}Sr）*	β線	29年
トリチウム（^{3}H）	β線	12.3年
セシウム134（^{134}Cs）*	β線，γ線	2.1年
ヨウ素131（^{131}I）*	β線，γ線	8日
ラドン222（^{222}Rn）	α線，γ線	3.8日

＊ 人工放射性物質
［出典：環境省「放射線による健康影響等に関する統一的な基礎資料（平成29年度版）」］

［飯本 武志］

5.1.2 放射線の性質と特徴

放射線が物質中に衝突した場合はその中の原子と相互作用を起こして，徐々にエネルギーを失う。その失われたエネルギーの全部もしくは一部は物質へ与えられ，これが人体などの生体も含めて物質で放射線が引き起こすさまざまな影響の原因となる。このエネルギー付与によって引き起こされる反応として「電離」および「励起」がある。このうち電離は原子にエネルギーが与えられた際に電子がはじき出される現象をいい，原子自体は全体として正（＋）の電荷を帯びることになる（「イオン化」ともいう）。また，飛び出た電子は，さらに別の電離を起こすこともある。励起は原子の中の軌道電子がエネルギーを受けて，エネルギー準位[*1]の高い軌道へ移り，原子のエネルギーが不安定になることをいい，最終的にはエックス線などを放出して原子が安定な状態に戻る（図5.3）。

放射線の種類により，電離や励起の起こり方は

＊1　エネルギー準位：原子，電子もしくは原子核がとびとびに得るエネルギーの値，またはその状態のことをいう。

異なる。電荷をもつアルファ線やベータ線は，自身が相互作用を起こす原子中の軌道電子と衝突し，方向を変えたり（これを「散乱」という），運動エネルギーを失ったりする。一方，軌道電子はエネルギーを受け，電離や励起を起こす。以上のように，電荷をもつアルファ線やベータ線は自身で直接電離を起こすことができるため，直接電離放射線と呼ばれる。

　これに対し，電荷をもたないガンマ線や中性子は間接的に電離を引き起こすので，間接電離放射線という。放射性崩壊を起こしてエネルギー的に不安定になった原子から放出されるガンマ線は，物質と「光電効果」，「コンプトン効果」および「電子対生成」という過程を起こす。このうち光電効果はガンマ線が原子と衝突した際に軌道電子にエネルギーを与えて，これを原子の外に飛び出させる現象をいい，この飛び出した電子を光電子という。コンプトン効果では，ガンマ線は物質中で原子に束縛されていない電子（自由電子）にエネルギーの一部を与え，自身はエネルギーを失って方向を変える。コンプトン効果を起こす前のガンマ線の運動エネルギー，反応を起こした後のガンマ線と電子の運動エネルギーの和は変わらない。このような運動エネルギーが保存される過程を弾性衝突[*2]という。電子対生成は，ガンマ線が物質中の原子核による電場の影響で，電子-陽電子の対を生成し，自身は消滅する現象である。以上の三つの過程の発生確率は，ガンマ線のエネルギーにより変化し，光電効果は数十 keV[*3]程度のエネルギーで多く発生し，それ以上高いエネルギーではコンプトン効果が支配的となり，電子対生成は 1.02 MeV 以上のエネルギーでのみ起こる。いずれの過程でも電子や陽電子が発生するが，これらは二次電子と呼ばれ，電離などを起こして物質へエネルギーを付与する。同じく間接電離放射線の中性子は物質中の原子核に近づくことができるので，原子核と弾性衝突を起こし，自身のエネルギーの一部を与える。ここで，中性子と質量の近い原子核との弾性衝突で，より多くのエネルギーを与えるため，陽子1個で構成される水素との反応で最も多くのエネルギーを失う。また，弾性衝突でエネルギーを受けた陽子が電離を起こし，

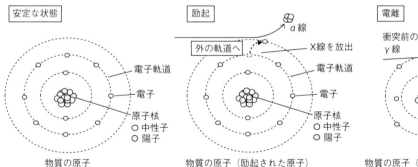

図 5.3　安定な状態にある原子と励起や電離を起こした原子

---

*2　弾性衝突：同様に散乱の前後で運動エネルギーが保存される場合は弾性散乱と呼ぶ。
*3　eV：eV（電子ボルト）の詳細は 5.1.3 項参照。

物質へエネルギーを与える。

　人体や空気を含めて物質中を放射線が透過できる距離は，放射線の種類によって大きく異なる。このうちアルファ線やベータ線などが物質中を透過する距離は飛程と呼ばれている。ヘリウム核でもあるアルファ線の飛程は短く，空気中で数 cm，水中では数十 µm で止まる。電子であるベータ線はアルファ線よりも質量が小さく，物質中をより長く透過することができるが，空気中で数 m，水中では数 mm で止まる。ガンマ線は，アルファ線やベータ線よりも物質をより透過しやすく，東京電力福島第一原子力発電所（以下，1F と略称する）事故後に環境中でも検出された放射性セシウム（セシウム 134，セシウム 137）から放出されるガンマ線は空気中で 100 m 以上の距離を透過することができる。エネルギーの高い中性子もガンマ線と同様に物質中の透過力が強い。

　放射線防護では，それぞれの放射線の物質中の透過力を考慮して，被ばくへの対策を行うことが重要となる。被ばくは，体外に存在する放射性核種からの放出放射線による「外部被ばく」，体内に取り込んだ放射性核種による「内部被ばく」に大きく分類される。外部被ばくで，アルファ線はほとんど問題とならず，ベータ線は皮膚で止まるため皮膚被ばくに注意する必要があるが，より深い位置にある他の臓器や組織への影響はほとんど問題とならない。ただし，内部被ばくでアルファ線やベータ線を放出する放射性核種を取り込んだ場合，沈着した場所の周囲にある臓器や組織に大きなエネルギーを与えることになる。そのため，放射性物質を摂取する可能性のある作業を行う場合，放射性物質を除去するフィルターを装備したマスク[*4]を使用するなどの対策が必要となる。また，その生物作用は粒子の質量に応じて変化し，質量の大きなアルファ線はベータ線よりも生物作用は大きくなる。物質中での透過力が高いガンマ線や中性子では，外部被ばくに対する防護が重要となる。放射線施設や原子力施設はガンマ線を遮蔽するために厚いコンクリートで構成され，実験などでは鉛を遮蔽材として用いることも多い。中性子は水素を多く含むパラフィン材などにより，効率的に遮蔽することができる。ただし，周りの物質中の原子と熱平衡になる約 0.025 eV までエネルギーを失った中性子（このような中性子を「熱中性子」という）は，水素核に捕獲されて，その反応により 2.2 MeV のガンマ線が放出されるので，中性子に対する遮蔽材の選択や配置は注意が必要である。

　1F 事故後に発電所サイト外で検出されたヨウ素 131 やセシウム 137 は，ともにベータ崩壊を起こして子孫核種に壊変するため，内部被ばくに注意する必要がある。このうちヨウ素 131 を万一摂取した場合は甲状腺に集積しやすいため，他の臓器や組織と比較して甲状腺が受けるエネルギー（線量）が高くなる。一方，セシウム 137 を摂取した場合は全身に均一に分布するため，特定の臓器や組織で受けるエネルギー（線量）が顕著に高くなることはない。体内の放射性核種が放射能をもち放射線を放出する間は，内部被ばくを受けるが，放射性核種の崩壊に伴う減衰で放射能が半分になるまでの時間（物理学的半減期 T_p）は，ヨウ素 131 で約 8 日，セシウム 137 で約 30 年である。これに加えて，排泄物や汗とともに体外へ排出されることで，体内中の放射性核種の残留量は減少する。このような生物学的な作用で，放射性核種の残留量が摂取時の半分になるまでの期間を生物学的半減期という。例えば，セシウム 137 の生物学的半減期 T_b[*5]は，成人で約 90 日とされており，物理的な減衰よりも短い時間で体内のセシウム 137 の量は減少していく。物理学的な減衰と生物学的な作用により，体内の放射性核種の残留量が摂取時の半分までになる時間を実効半減期

[*4] マスク：放射線作業に伴うリスクに応じて，口と鼻のみを覆う半面マスク，顔全体を覆う全面マスクを使用する。
[*5] 生物学的半減期：同じ元素を取り込んだ場合でも，年齢やその化学形により，体外へ排出されるまでの時間は異なる。

$T_\mathrm{e}{}^{*6}$という。

1F事故後は内部被ばくに対する防護対策として，飲料水や農作物，食料品などに含まれるヨウ素131やセシウム137の放射能が測定され，基準を超える放射能が検出された場合，これらを摂取することは制限された。また，体内にある放射性核種の放射能の全身計測装置（ホールボディカウンター）による測定も進められた。他に，ヨウ素131とセシウム137はともにガンマ線を放出するため，外部被ばくへの対応も必要となる。物理学的半減期の長いセシウム137については，環境中のガンマ線による空間線量を監視するためのモニタリングが継続して行われている。また，住民などの被ばく線量を低減させるため，放射性セシウムを住宅地周辺から取り除く除染などの対策も進められている。

［高橋 史明］

5.1.3 放射線（能）の単位

放射性物質から放出される放射線，加速器で発生させた放射線のエネルギーは，電子が1Vの電位差を移動するために必要なエネルギーである電子ボルト（eV）という単位を用いて表される。電子ボルトは一般的にエネルギーの単位として用いられるジュール（J）に対し，$1\,\mathrm{eV}=1.602\times10^{-19}\,\mathrm{J}$という関係がある。また，放射線の物質へのエネルギー付与などの効果を表現するため，いくつかの線量が定義されている。このうち光子（エックス線，ガンマ線）が空気と相互作用を起こして発生した電子および陽電子のうち，一方の電荷を空気の質量で除した量として，クーロン/kg（C/kg）という単位をもつ照射線量Xが定義されている。照射線量が光子と空気の相互作用以外に適用できない一方，すべての放射線と物質の相互作用の効果を表現する量として，放射線が付与したエネルギーを物質の質量で除した量で定義される吸収線量Dが定義されている。その定義から，吸収線量はJ/kgという単位をもつが，特別単位であるグレイ（Gy）^{*7}で与えられることが多く，$1\,\mathrm{Gy}=1\,\mathrm{J/kg}$の関係がある。照射線量や吸収線量は，エネルギーと質量などを組み合わせた単位で表現できるという点で共通しており，放射線防護では「物理量」と呼ばれている。

放射線防護においては，被ばくによる人体の影響を考慮することも重要となる。国際放射線防護委員会（ICRP）^{*8}は，放射線防護の目的に用いる量として，低線量被ばくにより生じる発がんや遺伝的影響などの確率的影響の発生を定量化した「防護量」を定義している。

ICRPは放射線防護における最も基本的な線量として，臓器や組織Tで平均化された吸収線量D_T（単位はGy）を定義している。一方，放射線の種類やエネルギー（線質）によって，同じ吸収線量でも人体への確率的影響に違いはある。そこで，各放射線Rによる臓器や組織Tの平均吸収線量$D_\mathrm{T,R}$へ確率的影響の違いを補正する放射線加重係数W_Rを乗じて，被ばくに関係した全放射線の総和を取った量となる等価線量H_Tを以下の式（1）で定義している。

$$H_\mathrm{T}=\sum_R W_\mathrm{R}\times D_\mathrm{T,R} \qquad(1)$$

さらに，人体の各臓器や組織間で放射線による感受性が異なるため，各臓器や組織の感受性を補正する組織加重係数W_Tを各臓器や組織Tの等価線量H_Tに乗じて，全身で総和を取った実効線量Eが以下の式（2）で定義されている。

$$E=\sum_T W_\mathrm{T}\cdot H_\mathrm{T}=\sum_T W_\mathrm{T}\cdot\sum_R W_\mathrm{R}\cdot D_\mathrm{T,R} \qquad(2)$$

また，内部被ばくでは体内に放射性核種が存在する間に被ばくを受けるため，ICRPは等価線量や実効線量を一定期間τ（成人は50年，それ以外の年齢は70歳になるまでの時間）で積分した

---

*6 実効半減期：放射性核種の物理的な減衰，体外への排出により，核種の量（放射能）が摂取時の半分になるまでの時間をいい，物理学的半減期T_pおよび生物学的半減期T_bとは，$1/T_\mathrm{e}=1/T_\mathrm{p}+1/T_\mathrm{b}$の関係がある。
*7 グレイ：放射線測定の研究で活躍した英国の学者の名前に由来。
*8 ICRP：International Commission on Radiological Protection

預託等価線量 $H_T(\tau)$，預託実効線量 $E(\tau)$ を定義している。以上に説明した防護量については，いずれもシーベルト（Sv）[*9]という単位をもつ。

「ICRP2007 年勧告」では，放射線加重係数 W_R として，光子や電子などは1，陽子などは2，アルファ粒子などは20という数値を，中性子はエネルギーに対する関数（数値として2.5から約20）を与えている。組織加重係数 W_T は全身の総和を 1.0 として，各臓器や組織における確率的影響の発生を考慮した数値が与えられており，性や年齢によらず一つの数値のセットが実効線量の導出に用いられる。これら二つの加重係数は確率的影響の発生を考慮して決定されたため，防護量は一度の被ばくで皮膚障害のような影響を発現させる高線量被ばくには適用できない。さらに，ICRP は「2007 年勧告」の中で，放射線作業の計画立案や最適化，線量限度の遵守の実証などを実効線量のおもな用法として明記し，作業者や公衆の確率的影響のリスクを管理するために用いられるとしている。また，国内の放射線規制においては，作業者や公衆の線量限度は実効線量などで与えられている。

防護量は人体の被ばくに基づく量であり，計器で直接測定できない。そのため，国際放射線単位測定委員会（ICRU）[*10]は，外部被ばく防護のための測定（「モニタリング」と呼ばれる）に用いる量として「実用量」を定義している。実用量はある点での吸収線量 D に放射線の線質による低線量被ばくの影響を補正する線質係数 Q を乗じて得られる線量当量 H（$H=DQ$）で定義され，単位として防護量と同じシーベルト（Sv）が与えられている。なお，線質係数と放射線加重係数は低線量被ばくの影響を補正するという目的は共通しているが，厳密な定義は異なる点は注意が必要である。

空間中の線量のモニタリング（エリアモニタリング）に用いる実用量は，人体組織等価材からなる直径 30 cm の球（ICRU 球[*11]）の一定深さにおける線量として定義される。外部被ばくで問題となるガンマ線などの透過性の強い放射線に対しては，点の深さとして 1 cm（10 mm）が推奨され，その位置における実用量は周辺線量当量 $H^*(10)$ と定義される。線量計によるモニタリング（個人モニタリング）に用いる実用量は，線量計を装着した場所での人体中の一定深さの点における線量として定義されている。強い透過性をもつ放射線に対しては，深さ 1 cm（10 mm）の個人線量当量 $H_p(10)$ の測定が推奨されている。なお，日本国内では，周辺線量当量 $H^*(10)$ と個人線量当量 $H_p(10)$ はともに 1 cm 線量当量と表されることもあるので，注意が必要である。以上の実用量は，実効線量などの防護量を保守的かつ合理的に評価できるとされている。そのため，放射線管理の現場では実用量を正しく示すことを確認した測定器や線量計による測定値を参照して実効線量を評価し，線量限度の遵守などを確認している。なお，2018 年 8 月現在において，ICRU は実用量の見直しを示唆しているが，実効線量などの防護量を保守的に評価できるように実用量を定義する点は保持される見通しである。

放射能の強度を示す量としては，1秒間に原子核が崩壊する数として定義されるベクレル（Bq）[*12]という単位がある。放射線防護の現場では，単位体積や質量などに含まれる放射能を測定することも多く，その結果は放射能濃度として Bq/cm^3 や Bq/kg などの単位で与えられる。また，内部被ばく線量評価では，全身計測や生体試料測定（バイオアッセイ）による測定結果に基づいて，被ばく者が摂取した放射性核種の放射能（Bq）を推定し，この放射能値（摂取量）に ICRP が各放射性核種（元素や化学形の種類ごと）に応じて定めた線量係数（単位は Sv/Bq）を乗じて預託

[*9] シーベルト：放射線防護の研究に貢献のあったスウェーデンの学者の名前に由来。
[*10] ICRU：International Commission on Radiation Units and Measurements
[*11] ICRU 球：ICRU が定める直径 30 cm の球で，元素組成は質量比で酸素 76.2 %，炭素 11.1 %，水素 10.1 % および窒素 2.6 % とされる。
[*12] ベクレル：ウランの放射能を発見したフランスの学者の名前に由来。

線量当量(Sv)などを導出する。

これまでに説明した線量や放射能については,他の長さ(m)や重さ(g)を表す単位と同様に1000分の1を示すミリ(m),100万分の1を示すマイクロ(μ),1,000倍を示すキロ(k),100万倍を示すメガ(M)などを単位の前に付けて与えられることが多くある。また,放射能は時間の逆数(s^{-1})の単位をもつが,放射線管理では線量(物理量,防護量および実用量)についても単位時間当たりの値が測定や評価されることが多くあり,(Gy/h)や(Sv/h)などの単位を用いて,各線量に"率"を付して吸収線量率,周辺線量当量率のように報告される。さらに,代表的な放射性核種に対しては,放射能から線量率を導出できる線量率定数が整備されており,実効線量率定数(単位は$\mu Sv \cdot m^2 \cdot MBq^{-1} \cdot h^{-1}$)を用いた場合,放射性核種の放射能に基づいて核種からの距離に応じた実効線量率を推定できる。

[髙橋 史明]

5.1.4 身のまわりの放射線

a. 自然放射線と人工放射線

私たちの活動環境には常に放射線が存在している。人類やその他の生物種は,地球誕生以来,地球上に存在する放射性物質が発する放射線や宇宙から地球上に降り注ぐ宇宙線を絶えず受けながら進化してきた。これら自然界に存在する放射線を自然放射線と呼ぶ。また,1895年のエックス線の発見以来,人工的に発生させた放射線や人工的につくられた放射性物質からの放射線を,その便利さゆえに人類は積極的に利用してきた歴史がある。これを人工放射線と呼ぶ。起源が自然であろうと人工であろうと放射線の物理的な性質には変わりはなく,被ばくをしたときの放射線影響にも差はない。一方,これらの被ばくは異なる被ばく状況として整理され,放射線防護のための基準値の設定範囲に相違がある点に注意が必要である。自然放射線による被ばくは原則「現存被ばく状況」に区分され,人工放射線の利用に伴う平常時の被ばくは「計画被ばく状況」に区分される。被ばくのリスクレベルの大小のみならず,放射線源や被ばく線量の制御の難易度やその社会的位置づけなども考慮して,個別の案件について適切な防護の方策や基準値が選択されることになる(表5.2)。

b. 日常における被ばくの線量

日常生活において自然放射線および人工放射線のおもな線源から受ける1人当たりの被ばく線量の代表的な値を図5.4に示す。この図では年間に受ける線量または1回に受ける線量のいずれかが

表5.2 被ばく状況と防護対策

	計画被ばく状況	現存被ばく状況	緊急時被ばく状況
概 要	被ばくが生じる前に防護対策を計画でき,被ばくの大きさと範囲を合理的に予測できる状況	管理についての決定がなされる時点で既に被ばくが発生している状況	急を要するかつ,長期的な防護対策も要求されるかもしれない不測の状況
線量限度参考レベル	〈線量限度〉 　一般公衆:1 mSv/年 　職 業 人:100 mSv/5年かつ50 mSv/年	〈参考レベル〉 1~20 mSv/年のうち低線量域,長期目標は1 mSv/年	〈参考レベル〉 20~100 mSv/年の範囲
対 策	放射性廃棄物処分,長寿命放射性廃棄物処分の管理など	自助努力による放射線防護や放射線防護の文化の形成など	避難,屋外退避,放射線状況の分析・把握,モニタリングの整備,健康調査,食品管理など

[出典:「ICRP Publication 103 2007年勧告」;環境省「放射線による健康影響等に関する統一的な基礎資料(平成29年度版)」]

第Ⅱ部　東京電力福島第一原子力発電所事故の影響

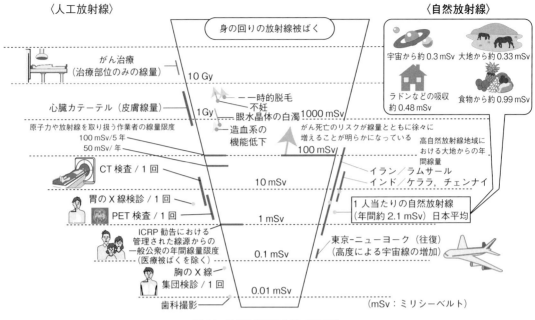

図 5.4　被ばく線量の比較（早見図）
［出典：環境省「放射線による健康影響等に関する統一的な基礎資料（平成 29 年度版）」］

［根拠文献］
国連科学委員会（UNSCEAR）2008 年報告書／国際放射線防護委員会（ICRP）2007 年勧告／日本放射線技師会医療被ばくガイドライン／新版 生活環境放射線（国民線量の算定）などにより放射線医学総合研究所が作成（2013 年 5 月）

示されている．またこれらのおもな線源による 1 人当たりの年間被ばく線量の日本および世界の代表値を図 5.5 に示す．この図から公衆 1 人当たりが受ける放射線量は，国際的なデータでは自然放射線が人工放射線（医療）による被ばく線量を上回っている一方，日本では放射線診断などによる医療放射線による被ばく線量が大きくなっている特徴が読み取れる．

c．公衆被ばくのおもな要因

(1) 自然放射線

自然放射線の受け方は以下の四つで整理できる．①宇宙線（外部被ばく），②天然に大地に存在する放射性物質からの放射線（外部被ばく），③食物摂取により体内に取り入れられた天然の放射性物質（主にカリウム 40（^{40}K），鉛 210（^{210}Pb），ポロニウム 210（^{210}Po））から受ける放射線（内部被ばく），④ラドンとその子孫核種の体内への吸入により受ける放射線（内部被ばく）である．図 5.5 のとおり，これらの自然放射線から受けている被ばく線量は合計して年間約 2.4 mSv（世界平均）と評価されている．

銀河系や太陽で発生し宇宙空間に存在する高エネルギーの放射線を一次宇宙線，それが地球の大気に入射してつくられる放射線を二次宇宙線と呼ぶ．一次宇宙線の大部分は高エネルギーの陽子，またおもな二次宇宙線は一次宇宙線と大気中の窒素，酸素などと衝突してできるミューオン，電子，中性子，ガンマ線などである．一般に宇宙線によ

第5章　放射線の基礎知識と人体への影響

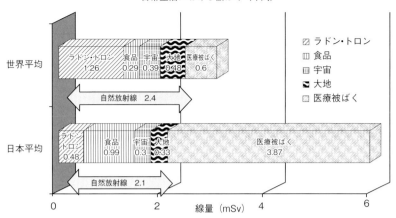

図 5.5　年間当たりの被ばく線量の比較
［出典：環境省「放射線による健康影響等に関する統一的な基礎資料（平成 29 年度版）」］
［根拠文献］国連科学委員会（UNSCEAR）2008 年報告／（公財）原子力安全研究協会「生活環境放射線」（平成 23 年）

る被ばく線量は地上高度が高いほど大きくなる。国際便運航で東京～ニューヨーク間の往復では約 0.19 mSV，国際宇宙ステーション（ISS）のモジュール内で 1 日当たり 0.05～2 mSv と見積もられている。

　大地や海水中に含まれるカリウム 40，ポロニウム 210 などの放射性物質は，野菜や魚などに吸収されているので食物を通じて体内に摂り込まれる。食物や人体（日本人）に含まれる放射性物質の代表例を図 5.6 に示す。体内に存在する自然の放射性核種のうち最も放射能が強いのはカリウム 40 である。人体内のカリウムの量はほぼ一定（0.2 %）に保たれ，筋肉中などほぼ全身に分布している。カリウム 40 の量はおよそ体重と正相関になることが知られており，その量は体重 60 kg の日本人の成人男子で約 4,000 Bq（原子数は約 2×10^{20} 個）である。

　地質を構成する岩石中に含まれる天然の放射性物質のおもなものはカリウム 40，ウラン系列，トリウム系列の核種で，その含有率は地質などによって大きく変動する。したがって大地中のこれらの核種から放出されるガンマ線による被ばく線量は地域により大きく変動する。図 5.7 に世界各地で 1 時間および 1 年間に受ける大地からの被ばく線量を示す。

　ラドン 222（^{222}Rn，ラドン）やラドン 220（^{220}Rn，トロン）は，大地や建材に含まれている微量のウランおよびトリウムが壊変するときに発生する化学的に不活性な気体である。常温常圧環境で気体なので，いったん発生すると大地や建材の間隙をぬって空気中にしみ出てくることになる。またその壊変によってできる子孫核種（ポロニウム，鉛，ビスマスなど）は，微粒子として空気中に浮遊する。これらの核種を呼吸により吸入すると子孫核種が肺内に沈着し，内部被ばくの要因となる。これらの吸入によって受ける被ばく線量は，地域，季節，気象，家屋の種類や構造，生活の様式などによって大きく変動することが知られている。

（2）人工放射線
　私たちが日常的に被ばくする可能性のある人工

〈体内の放射性物質〉（単位：Bq）　　　〈食品中の放射性物質（カリウム40）の濃度〉
　　　　　　　　　　　　　　　　　　　　　　　（単位：Bq/kg）

体重60kgの場合
カリウム40[※1]　　4,000
炭素14[※2]　　　　2,500
ルビジウム87[※1]　　500
トリチウム[※2]　　　100
鉛・ポロニウム[※3]　　20

米 30
牛乳 50
牛肉 100
魚 100
ドライミルク 200
ほうれん草 200
ポテトチップス 400
お茶 600
干ししいたけ 700
干し昆布 2,000

※1　地球起源の核種
※2　宇宙線起源のN-14などに由来する核種
※3　地球起源ウラン系列の核種

図5.6　体内および食品中の自然放射性物質濃度
［出典：環境省「放射線による健康影響等に関する統一的な基礎資料（平成29年度版）」］
［根拠文献］
（公財）原子力安全研究協会「生活環境放射線データに関する研究」（昭和58年）

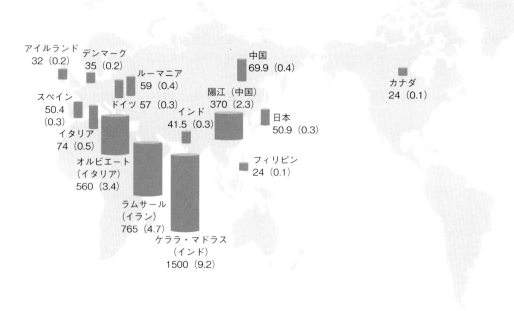

図5.7　大地の放射線からの被ばく線量（世界）
図中数字：nGy/時（mSv/年），実効線量への換算には0.7 Sv/Gyを使用
［出典：環境省「放射線による健康影響等に関する統一的な基礎資料（平成29年度版）」］
［根拠文献］
国連科学委員会（UNSCEAR）2008年報告書，（公財）原子力安全研究協会「生活環境放射線」（平成23年）

表 5.3　診断で受ける被ばく線量

検査の種類	診断参考レベル[※1]	実際の被ばく線量[※2]	
		線　量	線量の種類
一般撮影：胸部正面	0.3 mGy	0.06 mSv	実効線量
マンモグラフィ（平均乳腺線量）	2.4 mGy	2 mGy 程度	等価線量（乳腺線量）
透　視	IVR：透視線量率 20 mGy/分	胃の透視 4.2～32 mSv 程度[※3]（術者や被検者により差がある）	実効線量
歯科撮影	下顎 前歯部 1.1 mGy から 上顎 大臼歯部 2.3 mGy まで	2～10 μSv 程度	実効線量
X 線 CT 検査	成人頭部単純ルーチン 85 mGy 小児（6～10 歳）頭部 60 mGy	5～30 mSv 程度	実効線量
核医学検査	放射性医薬品ごとの値	0.5～15 mSv 程度	実効線量
PET 検査	放射性医薬品ごとの値	2～20 mSv 程度	実効線量

※1　医療被ばく研究情報ネットワーク他「最新の国内実態調査結果に基づく診断参考レベル」平成 27 年 6 月 7 日（平成 27 年 8 月 11 日一部修正）（http://www.radher.jp/J-RIME/）
※2　量子科学技術研究開発機構「CT 検査等医療被ばくの疑問に答える医療被ばくリスクとその防護についての考え方 Q&A」（http://www.nirs.qst.go.jp/rd/faq/medical.html）
※3　「医療の中の放射線基礎知識（http://www.khp.kitasato-u.ac.jp/hoshasen/iryo/）の X 線検査」の「胃（透視）」のデータより作成
[出典：環境省「放射線による健康影響等に関する統一的な基礎資料（平成 29 年度版）」]

放射線のおもなものは以下の 3 種類である。すなわち，①医療放射線，②核実験に伴う放射性降下物からの放射線，③原子力の利用および放射性物質の利用に伴う放射線である。このうち医療放射線は，個人によって大きく線量が異なる点が特徴的である。日本人の医療放射線の被ばく線量が大きい傾向は図 5.5 で示されたが，これは 1 回の検査当たりの被ばく量が大きいコンピューター断層撮影（CT 検査）[*13]が広く普及していることや胃がん検診で上部消化管検査が行われているためと考えられている（表 5.3）。①に比較すると現在の②，③の放射線量はきわめて小さく，図示できない（無視できる）レベルにある。

［飯本　武志］

5.2　放射線の人体への影響

5.2.1　放射線の生物学的効果

　放射線障害とは，電離放射線の生物学的作用により生体の細胞や組織が変化し，細胞の分裂阻害，変異，死滅，組織の破壊などの現象が生じ，これらが直接あるいは間接の原因となって生じる障害である。電離放射線の被ばくは，医療診断や治療，核兵器実験，自然バックグラウンド放射線，原子力発電，チェルノブイリや福島のような原子力発電所事故，および人工または自然の放射線源からの被ばくを受けやすい職業などにより生じる。

　公衆被ばく，職業被ばく，診断に関わる医療被ばくについて，原子放射線の影響に関する国連科学委員会（UNSCEAR）[*14]による評価は，大部分

---
*13　CT：computed tomography
*14　UNSCEAR：United Nations Scientific Committee on the Effects of Atomic Radiation

が早期の急性影響（確定的影響）のしきい線量をはるかに下回るレベルのさまざまな集団の慢性被ばくに関連する。それとは対照的に，事故はしきい線量を超えた比較的高線量の被ばくをもたらし，基本的には事故時のみに起こり明らかに放射線被ばくに関連して起こる早期の急性健康影響は別に考慮する必要がある。また，少数の事故では，放射性物質が環境中へ放出され，大規模な集団の被ばくがもたらされ，集団全体への寄与の評価を試みることが必要である。

　放射線の人体への影響を知るには，分子レベルから個体レベルまで放射線によって引き起こされる生体内での反応を総合的に理解する必要がある。図5.8に生体が放射線被ばくをした後，物理的過程，化学的過程などを経て放射線影響が現れるまでの過程を示す。

物理的過程　物質中には放射線照射によって電離と励起が生じる。これは照射後生じる非常に早い反応であり $10^{-18} \sim 10^{-15}$ 秒で起こる。エックス線（X線）やガンマ線（γ線）の場合は光電効果，コンプトン散乱または電子対生成に基づく二次電子によってもたらされる過程である。この相互作用により生体高分子の構造が部分的に破壊されることがあり，放射線による直接作用という。人の細胞内では通常DNAは二本鎖である。アルファ線（α線）や重粒子線などの高LET[*15]放射線の場合，二本鎖DNAの両方の鎖が一度に切断される二本鎖切断も引き起こされる。

化学的過程　水分子の電離で生じた一次的な電子やイオンが他の分子と反応してさまざまなフリーラジカルが生じ，さらに生じたフリーラジカルが拡散してデオキシリボ核酸（DNA）などの生体高分子と反応する。これを放射線による間接作用といい，一本鎖切断や塩基の損傷などをもたらす（図5.9）。なお，ラジカルの寿命は 10^{-10} 秒程度であり，10^{-12} 秒から1秒にかけて起こる過程である。

初期障害　これらの化学反応が核酸やタンパク

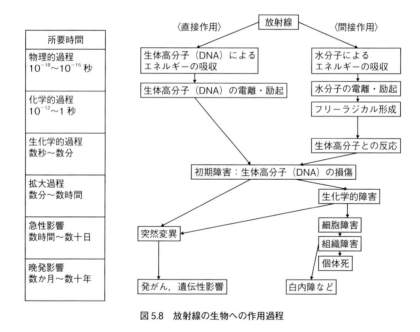

図5.8　放射線の生物への作用過程

[*15] LET：linear energy transfer。物質中を通過する際に単位長さ当たりに放射線が失うエネルギー。

質（酵素）などの生体高分子にも及び，それらに損傷を起こす過程がある。最も重大な初期障害はDNAの損傷である。照射後，数分ぐらいの間に生じるこのような損傷を初期障害という。

拡大過程　初期障害は細胞内の物質代謝によって次第に増幅・拡大される。生化学的に検出可能な障害を数分〜数時間後には生じる。

最終効果　生化学的障害が生じた結果，被ばくした組織と損傷の修復状況により異なるが，さまざまな急性影響さらには晩発影響が出現することがある。これらには細胞障害，組織障害，個体死や，突然変異，発がんや遺伝的影響などが含まれる。急性影響は被ばく後数時間から数十日以内に現れる。晩発影響は数ヵ月から数十年の潜伏期を経てから出現する。

　一般に吸収エネルギーはわずかであっても，それによって引き起こされる生物学的効果は大きく増幅され障害に至る。一方で生体は放射線障害を修復する機能をもっており，これら障害と修復の相関として放射線の生物学的影響が確認される。

　放射線の生物学的効果で問題となるのは放射線が生体構成物質に吸収されたエネルギーの量（吸収線量）と単位時間当たりの吸収線量（線量率）であるが，同一の吸収線量であってもその生物学的影響は線量率により大きく異なってくる。例えば，高線量率で短時間に照射することにより得られる生物効果と比較して，同じ種類の放射線であっても，線量率を下げて時間をかけて照射した場合には効果が減弱するため，より多くの線量を照射しないと同じ効果を得ることができない。このように同じ種類の同じ線量の放射線でも線量率により効果の異なることを線量率効果という。線量率効果は対象となる生物効果の指標によっても，線量率の範囲によっても，また放射線の種類によっても異なる。また稀ではあるが，高線量率より低線量率の方が効果の大きくなる場合があり，これを逆線量率効果という。一般に線量率効果が最も顕著にみられるのは低LET放射線であるエックス線やガンマ線による生物効果であるが，これ

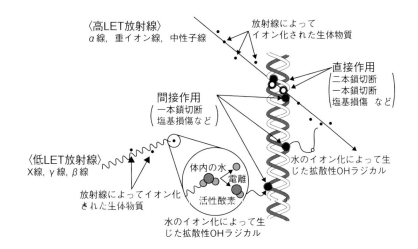

図5.9　放射線によるDNAの損傷
［出典：放射線安全取扱部会教育訓練テキスト改訂ワーキンググループ『よくわかる放射線・アイソトープの安全取扱い』p.69，日本アイソトープ協会（2018）］

は低線量率にすると放射線により生じた細胞の障害が照射中に回復するためと考えられている。一方、高 LET 放射線では回復は起こりづらく、このような線量率効果はほとんど認められない。

ヒトは自然放射線を低線量率で被ばくしているが、自然放射線による被ばくでは障害の発生は実証できていない。そこで低線量・低線量率での晩発影響を高線量率で被ばくしたヒトのデータをもとにしたリスク推定、特に発がんのリスク推定のために動物を用いた発がん実験による線量・線量率効果係数（DDREF）[*16]を求める努力が続けられている。

線量率効果とは異なるが、分割照射による回復という現象がある。線量率が同じ放射線でも一度に照射したときと 2 回以上に分けて照射したときでは、同じ吸収線量の放射線でも生物学的効果が異なってくる。小量の線量に分けて時間をおいて照射するとその間に回復が起こり、放射線の生物学的効果は一度に照射したときより減弱する。しかしこの効果も放射線の種類、線量、照射間隔の長さ、細胞の種類などによって変化する。

〔飯塚 裕幸〕

5.2.2 放射線障害の種類と発生メカニズム

放射線の人体影響は、影響が誰に現れるかに着目して身体的影響と遺伝性影響に、放射線を受けてから影響が現れるまでの期間に基づいて急性影響と晩発影響に、影響の現れ方や発現メカニズムなどに着目して確定的影響と確率的影響に分類することができる。また被ばくの仕方によって内部被ばくと外部被ばく、局所被ばくと全身被ばくとに分けられる。

放射線による人体影響は、まず分子レベルで起こるデオキシリボ核酸（DNA）の損傷から始まり、細胞レベルでの影響、そして臓器・組織レベルの影響へと進展していく。図 5.10 に放射線による細胞レベルの変化から人体での障害として現れる過程の概要を示す。

DNA はそれ自体が遺伝物質であるとともに、生存に必要なタンパク質の直接的な設計図となり、タンパク質（酵素）を媒体として産生される他の生体高分子の間接的な設計図であるともいえる。したがって生体にとって重要な DNA の損傷が起こると、その影響は分子や細胞にとどまらずに、

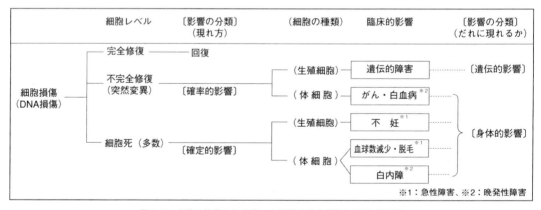

図 5.10 細胞の損傷から人体への影響の発生過程と分類（概略）
〔出典：日本原子力学会編『原子力がひらく世紀 第 3 版』p.98、日本原子力学会（2011）〕

---

*16 DDREF：dose and dose rate effectiveness factor

最終的に個体のレベルで現れる可能性がある。DNA の損傷の大部分は，損傷修復機構により短時間のうちに元通りに修復される。しかし，一部の修復されなかった DNA 損傷，あるいは間違って修復された DNA 損傷が細胞の損傷の原因となる。DNA の損傷が，細胞にとって致命的である場合には細胞は死亡する。一方，DNA の修復が不完全で，間違った形で修復された場合には突然変異をもった細胞となる。受けた線量が小さい場合は，まわりの正常な細胞の分裂によって，死亡した細胞が置き換わるので臓器・組織に障害は現れない。しかし，受けた線量が大きく，損傷が臓器・組織を構成するかなりの数の細胞に起こった場合には，臓器・組織に障害が現れる。このように大量の放射線を受けたことが原因で発生する影響を確定的影響（または組織損傷）という。

一方，線量が小さくても DNA 損傷などにより遺伝情報が変化する突然変異が起こり，それをもった細胞が生き続けることがあり，それが体細胞の場合にはいくつかの段階を経てがんに進展する可能性がある。放射線の影響は，このように被ばくした人に起こる身体的影響と生殖細胞の場合には遺伝情報に変異を起こし，その影響が子や孫の代に受け継がれていく遺伝的影響がある。このように受ける放射線の量が少なくて一つまたは少数の細胞に起こる突然変異が原因で発生すると考えられている影響を確率的影響という。確定的影響と確率的影響については，次項でさらに詳しく述べることとする。

身体的影響は，被ばく後数週間以内に現れる急性影響と数か月から数年以上経過して現れる晩発影響とに分けられる。急性影響には，全身被ばくの場合 0.5 Gy 程度で発現する造血機能低下，一般的に数から数十 Gy 以上の全身被ばくで生じる骨髄障害，消化管障害，中枢神経障害などがあり，重篤な場合は死に至る。急性障害では，被ばく線量に応じて出現する症状と時期が大きく異なることが特徴的である。身体的影響のうち，晩発障害には 0.5Gy 以上で起きる白内障のほか，低線量でも起こると考えられる放射線発がん（白血病および固形がん）がある。なお，身体的影響には出生前の胎児被ばくに伴い約 0.12〜0.2 Gy 以上で起きる精神発達遅滞も含まれる。がんは，放射線を受けてから長い潜伏期間（白血病は 2 年以上，その他のがんは 10 年以上）を経てから現れる。身体的影響のうち，急性影響と白内障は確定的影響であり，白血病・その他のがん，遺伝的影響は確率的影響である（図 5.11）。

外部被ばくと内部被ばくの違いは，放射線を発するものが体外にあるか体内にあるかの違いである。外部被ばくには全身に放射線を受ける全身被ばく，部分的に受ける局所被ばくがある。全身被ばくではすべての臓器・組織で放射線の影響が現れる可能性があるが，局所被ばくでは原則として被ばくした臓器・組織のみに影響が現れる。被ばくした部位に内分泌系や免疫系の器官が含まれる場合には，離れた臓器・組織に間接的に影響が現れることがあり得るが，基本的には被ばくした臓器・組織への影響が問題となる。また，臓器によって放射線への感受性が異なる。このため局所被ばくでは，被ばくした箇所に放射線感受性の高い臓器が含まれているかどうかで，影響の発生の仕方が異なってくる。内部被ばくの場合は放射性物質ごとに体内での分布が異なり，また年齢，粒子

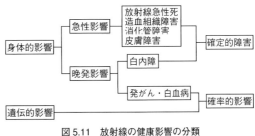

図 5.11　放射線の健康影響の分類

径・化学形によって体の中の動きや変化（挙動）が異なるので，生じる放射線障害の種類や程度を一概に知ることが難しい。いったん，放射性物質が体内に入ると，排泄物と一緒に体外に排泄されたり，時間の経過と共に放射能が弱まるまで，人体は放射線を受けることになる。放射性物質が蓄積しやすい臓器・組織では被ばく線量が高くなり，この蓄積しやすい臓器・組織の放射線感受性が高い場合，放射線による影響が出る可能性が高くなる。ただし身体が放射線を受けるという点では外部被ばくも内部被ばくも同じであり，外部被ばくであれ内部被ばくであれ，最終的に組織の等価線量として評価をするとシーベルト当たりのがんリスクは同じである。

その他，被ばくが原因となる精神的な問題の発生がある。専門的な対応が必要となる場合もあるが，多いのは漠然とした健康に対する不安感である。このような場合，個々の状況に応じて適切に対応することが重要である。

［飯塚 裕幸］

5.2.3 確定的影響と確率的影響

a. 確定的影響と確率的影響

前項で述べたように，放射線影響はその現れ方や発症のメカニズムから，確定的影響と確率的影響に分類できる（図5.10）。確定的影響は組織損傷とも呼ばれ，比較的高線量の被ばくの後に一定の線量（しきい値，しきい線量）を超えた線量の被ばくをすると必ず症状が現れる。一方，図5.10に示したように，体細胞が被ばくして細胞核内でDNA損傷が生じたものの，その損傷が不完全に修復されることによって遺伝子の変異が発生し，さらにこの遺伝子の変異が細胞増殖の際に受け継がれてしまうと，一定の潜伏期を経てがんや白血病の発生につながる場合がある。また，生殖細胞においてこのような変異細胞が生じ，それが受精につながると次世代以降における変異個体の発生要因となる。これらの場合は明確なしきい値が存在しないため，「確率的影響」と呼ばれる。ただし，ヒトでは広島・長崎の被ばく者の疫学調査の結果を含め，遺伝的影響が認められたとする報告は存在しない（e項参照）。

b. 確定的影響

ICRP2007年勧告[1]などによれば，0.5 Gyのしきい線量を超える被ばくにより白血球の減少や水晶体の白濁が始まり，2〜6 Gyで赤血球・血小板の減少や不妊が，3 Gy以上で脱毛や皮膚紅斑が発生するとされている。また，人の半致死線量（被ばく後60日以内に被ばく者の半数が死亡する線量）は4 Gyであり，7 Gyの被ばくで被ばく者全員が数週間以内に死亡することも広島・長崎の原爆被爆者の調査などからわかっている。不妊は，男性の場合3.5〜6 Gy，女性の場合は2.5〜6 Gyで生じる。また，晩発性障害である白内障は5 Gyがしきい線量とされている[*17]。

妊婦が被ばくした場合は，胎児への確定的影響が発生する。その症状およびしきい線量は胎児の発達段階により異なっており，着床前期（受精直後〜受精後7日）では0.1 Gyを超える被ばくにより胚死亡による流産が，器官形成期（受精後4〜8週）では0.1〜0.2 Gyで奇形が，胎児期（受精後8〜25週）では0.12 Gyを超えると精神発達遅滞や小頭症が発生する。

c. 広島・長崎原爆被爆者の疫学調査

確率的影響に関するリスク評価は過去のさまざまな被ばく事例を解析して行われているが，中でも広島・長崎の原爆被爆者を対象とした疫学調査の結果は重要なものである。1948年，米国原爆傷害調査委員会（ABCC）[*18]は寿命調査（LSS）[*19]と呼ばれる大規模な疫学調査を実施した[*20]。後に，被爆二世や胎内被爆者，成人健康調査の集団なども調査対象集団として設定され，さらに広範囲な

---

*17 白内障のしきい線量値5 GyはICRP Pub.103（2007）に示されているもので，ICRP Pub.118（2012）では0.5 Gyが提唱されている。
*18 ABCC：Atomic Bomb Casuality Commission
*19 LSS：life span study
*20 1950年の国勢調査で広島または長崎に住んでいることが確認された者のうち，約94,000名の被爆者と約27,000名の非被爆者，計約12万人を対象とし，対象者の健康状況を生涯にわたり追跡調査することとした。1975年4月にABCCが解

被ばく影響調査が展開されることとなった。

　被爆者の被ばく線量の評価については，線量推定体系（DS）[*21]が導入されている。原爆投下直後の状況下では被ばく線量の計測が不可能であったため，1956年に米国はICHIBANプロジェクトを開始した。ネバダの核実験場に日本家屋を建設し，実測に基づく暫定線量を求めた。その後，大気圏内核実験が禁止されたため1960年に地上500mのタワーを建設，その上に裸の原子炉や1,200Ciのコバルト60（^{60}Co）を設置して周囲の中性子線やガンマ線の量を測定した。日本では，被爆地の鉄筋などに含まれる放射性同位体の測定や，熱ルミネセンス（TL）[*22]によるセラミックスに残る被ばくの痕跡の測定などにより，当時の中性子線線量やガンマ線量の推定が行われた。これらの日米の調査結果は1965年にT65D[*23]としてまとめられた。その後も見直しが継続され，1986年にはDS86[2, 3), *24]，2003年にDS02[4), *25]が発表されている。

d. 被爆者を対象とした全寿命調査（LSS）の結果に見るがんの発生リスク

　図5.12はLSS集団中105,427名のデータから明らかにされた全固形がん発生リスク[*26]についての調査結果である[5)]。縦軸は30歳に被ばくした者が70歳になったときの過剰相対リスクで性別による違いは平均化されている。横軸はDS02に基づく結腸における被ばく線量[*27]である。200mGy以上では直線比例的にリスクの上昇が認められる。この調査結果は，ヒトの発がんが被ばく線量に応じて上昇し，またしきい値は存在しないとする直線しきい値なしモデル（LNT[*28]モデル）の根拠の一つとなっている。なお，この調査対象者の約8割が100mGy以下であるが，データのばらつきが非常に大きいため，この線量の領域で直線比例の関係を読み取ることは不可能である。

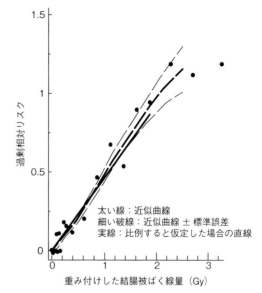

図5.12　原爆被爆者の調査（1958〜1998年）における固形がん発生リスク
〔出典：D.L. Preston, et al., Radiat. Res., **168**, 1-64（2007）〕

e. ヒトにおける遺伝的影響

　1946〜1954年，広島と長崎で生まれた生後2週間以内の新生児約77,000人を対象として，奇形[*29]・死産・新生児死亡の発生数が調査された（表5.4）[6, 7)]。この表ではDS86を用いて父と母の被ばく線量が四つの線量域に区分されている。奇形などの発生頻度と親の被ばく線量の間で，統計的に有意な相関は見出されず，被爆二世における影響は検知されていない。

〔角山　雄一〕

5.2.4　低線量をめぐる問題

　LSSにより，固形がんの発生リスクと被ばく線量との間に直線比例的な相関関係が認められたが（5.2.3項参照），これは一瞬の高線量被ばくの場合の調査結果である。恒常的な自然放射線の被ばくなど，長期間にわたる低線量被ばくでもLNT

　　　体されると，この調査は放射線影響研究所に引き継がれた。
* 21　DS：Dosimetry System
* 22　TL：thermoluminescence
* 23　T65D：Tentative 1965 Radiation Dose Estimation for Atomic Bomb Survivors, Hiroshima and Nagasaki, 1965年暫定被ばく推定線量
* 24　DS86：Dosimetry System 1986

表 5.4 原爆被爆二世の奇形などに関する調査結果[8]

母親の被ばく状況 (Gy)	父親の被ばく状況 (Gy)			
	<0.01	0.01〜0.49	0.50〜0.99	≧1.0
<0.01	2,257/45,234 (5.0%)	81/1614 (5.0%)	12/238 (5.0%)	17/268 (6.3%)
0.01〜0.49	260/5445 (4.8%)	54/1171 (5.0%)	4/68 (6.0%)	2/65 (3.0%)
0.50〜0.99	44/651 (6.8%)	1/43 (2.3%)	4/47 (9.0%)	1/17 (6.0%)
≧1.0	19/388 (4.9%)	2/30 (6.7%)	1/9 (6.0%)	1/15 (7.0%)

[出典:参考文献6, 7)のデータを基に作成された.田中司朗,角山雄一,中島裕夫,坂東昌子 編著『放射線必須データ32 被ばく影響の根拠』p.190,創元社(2016)]

モデルが成立するかどうかについては科学的結論に至っていない.しかしながら,安全防護上は妥当だという理由から,法令等においては低線量域であってもLNTモデルが成り立ち,高線量・高線量率の場合と同じ割合でがんのリスクが増えるものと仮定し,合理的に可能な限り被ばくの低減に努める[*30]こととなっている[9].例えば,世界各地に高自然放射線地域[*31]があるが,それらの地域における疫学調査において,がん発生リスクの上昇や寿命短縮などは見られない.また実生活においては,低線量被ばくよりも喫煙や肥満,高齢化などの要因の方が発がんリスクははるかに高い.

1980年代,W. L. Russellらはさまざまな線量率でガンマ線あるいはエックス線を照射した雄のマウスを用意し,それらと交尾させた雌(非照射)より生まれた仔のマウス約150万匹のマウスについて,子孫に変異個体が発生する頻度を調べた[10, 11].これにより急照射(約630〜780 mGy/min)よりも緩照射(<約7 mGy/min)の方が変異の発生頻度が低いことが明らかとなった.損傷した生体分子や細胞,変異細胞などを排除または修復する機能が体内に備わっているため,低線量率の被ばくではその影響が低減される[*32]と考えられている.しかし,統計的に十分な規模の母集団を用意し低線量率被ばく影響を検証することはきわめて困難であるため,現在は線量率効果を考慮に入れたモデルや数式を用いることで低線量率の場合の被ばく影響を推定する試みも行われている[12].

［角山 雄一］

[*25] DS02:Dosimetry System 2002
[*26] 造血細胞における悪性腫(白血病,リンパ腫,骨髄腫など)は除かれている.
[*27] がんの発生が最も多い結腸での被ばく線量を,全臓器を代表とする値として採用している.
[*28] LNT:linear non-threshold
[*29] 無脳症,口蓋裂,口唇裂,多指症,合指症など
[*30] ICRP1977年勧告[1]で提言されたALARA(as low as reasonably achievable)の原則に基づくもの.

参考文献

1) ICRP "The 2007 Recommendations of the International Commission on Radiological Protection, ICRP Publication 103", Ann. ICRP 37 (2007).
2) http://www.rerf.jp/shared/ds86/ds86a.html
3) http://www.rerf.jp/shared/ds86/ds86b.html
4) https://www.rerf.or.jp/shared/ds02/index.html
5) D. L. Preston, E. Ron, S. Tokuoka, S. Funamoto, N. Nishi, M. Soda, K. Mabuchi, K. Kodama, *Radiat. Res.*, **168**, 1-64 (2007).
6) 放射線被曝者医療国際協力推進協議会編,『原爆放射線の人体影響』, 文光堂 (2012).
7) M. Ohtake, W. J. Schull, J. V. Neel, *Radiat. Res.*, **122**, 1-11 (1990).
8) 田中司朗, 角山雄一, 中島裕夫, 坂東昌子編著,『放射線必須データ32 被ばく影響の根拠』, 創元社 (2016).
9) ICRP, "ICRP Publication 26", Ann. ICRP 1 (1977).
10) W. L. Russell, E. M. Kelly, *Proc. Natl. Acad. Sci. USA.*, **79**, 542-544 (1982).
11) L. B. Russell, *Mutat. Res.*, **753**, 69-90 (2013).
12) T. Wada, Y. Manabe, I. Nakamura, Y. Tsunoyama, H. Nakajima, M. Bando, *J. Nucl. Sci. Technol.*, **53**, 1824-1830 (2016).

---

* 31 これらの地域の住民は,日本人と比べて日常における被ばく線量が数倍以上となる環境下で生活をしている場合がある。
* 32 線量率効果という (5.2.1 項参照)。

第6章　事故による放射線の健康影響と放射線の防護・管理

編集担当：高橋千太郎

6.1	事故による放射線の健康影響 ……………………………………（鈴木　元）	126
	6.1.1　原因となる放射性核種と被ばく経路 ……………………………………	126
	6.1.2　環境モニタリングにみる汚染の広がりとそのレベル …………………	128
	6.1.3　飲料水・食品の汚染レベルと流通規制 …………………………………	129
	6.1.4　一般公衆が受けた被ばく線量 ……………………………………………	131
	6.1.5　今後の留意すべきこと，行うべきこと …………………………………	136
6.2	放射線防護と管理 ……………………………………………（高橋千太郎）	137
	6.2.1　放射線防護と管理の歴史的な流れ ………………………………………	137
	6.2.2　放射線防護の原則と具体的な規制値・基準値 …………………………	138
	6.2.3　原子力施設周辺における公衆の放射線防護 ……………………………	139
	6.2.4　事故時における公衆の放射線防護の状況と問題点 ……………………	141
	6.2.5　原子力施設の事故時における公衆の放射線防護 ………………………	142
	6.2.6　原子力利用における放射線防護と管理のあり方，将来に向けて ………	143
参考文献	……………………………………………………………………………………	145

6.1 事故による放射線の健康影響

6.1.1 原因となる放射性核種と被ばく経路

2011年3月11日に発生したマグニチュード9.0の巨大地震と、それに伴って発生した巨大津波は、東京電力福島第一原子力発電所（以下、1Fと称する）の営業運転中であった1号炉、2号炉、3号炉を襲い、送電網の破壊や津波による非常用ディーゼル発電機や配電盤の浸水を引き起こし、原子炉を冷却させる能力を奪った。この結果、炉心がメルトダウンし、さらに原子炉・格納容器の劣化が進行し、3月12日以降、原子炉内に封じ込められていた核分裂生成物や核反応によりつくられた核種のうち、おもに揮発性の高い核種がベント操作や劣化した圧力容器の隙間から環境中に漏えいし出すこととなった。「原子放射線の影響に関する国連科学委員会 2013年報告書」（以下「UNSCEAR 2013報告書」と略す）[*1]によれば、代表的な核種およびその総放出量はキセノン133（^{133}Xe）7,300 PBq[*2]、ヨウ素131（^{131}I）120 PBq、テルル132（^{132}Te）/ヨウ素132（^{132}I）29 PBq、ヨウ素133（^{133}I）9.6 PBq、セシウム134（^{134}Cs）9.0 PBq、セシウム137（^{137}Cs）8.8 PBq、セシウム136（^{136}Cs）1.8 PBqとされる[1]。このほか、揮発性の低い核分裂生成物や核燃料物質も環境汚染を引き起こしたが、飛散範囲は限られ汚染レベルは低かった。

これらの揮発性放射性核種は、放射性プルーム（放射雲）の流れにのって、東北から関東甲信越地方まで運ばれ、埃として地表に沈着したり、折からの雨や雪により地表に落下したりした。幸いであったことは、放射性プルームの大部分は、季節風の影響で太平洋に向かって流れており、居住人口の多い内陸部に向かったプルームは限られていたことである。内陸に向かったプルームのうち主要なものをあげると、3月12日の午後に北〜北西方向に向かったプルーム、3月15日朝から時計回りに移動し、午後3時過ぎに北西方向に向かったプルーム、3月16日午前1時頃から南方向に向かったプルーム、3月18日に北方向に向かったプルーム、3月21日〜23日に南〜西方向に向かったプルームなどである。チェルノブイリ原発事故の経験から、住民の健康影響を起こす可能性の高い核種は、甲状腺に取り込まれ、臓器の線量が高くなるヨウ素131、132、133である。とりわけ3月12日のプルームばく露では、総甲状腺被ばく線量に占めるヨウ素132、133による線量の寄与が30〜40％と高い[2, 3]。半減期の長いセシウム134、137は、長期的に外部被ばくや内部被ばくを起こすものの、後述するホールボディカウンター（WBC）[*3]による検査結果から判断すると、被ばく線量自体は小さかった。

1F事故後の住民の被ばく経路を図6.1に示す。プルーム通過時には、大気中の放射性核種からのベータ線（β線）、ガンマ線（γ線）により外部被ばく（クラウド・シャインと呼ばれる）を受けると同時に、放射性核種の吸入による内部被ばく（吸入被ばく）を受ける。この経路からの被ばくは、事故早期で実測値が乏しいこと、放出源に近い予防的避難地域の住民ほど線量が高くなること、しかし被ばくレベルは避難時期や避難ルートにより変わることなどにより、事故が終息してから対象の集団を一律に線量評価することがむずかしい。特に、3月12日のプルームばく露に関しては、避難住民の行動調査票と大気輸送・拡散・沈着モデル（ATDM）[*4]によるシミュレーションに頼る評価となり、不確実性が高い。一方、プルーム通過後の被ばく経路は、地表面に沈着した核種からの外部被ばく（前述のクラウド・シャインに対してグラウンド・シャインと呼ばれる）に加えて、

[*1] UNSCEAR：United Nations Scientific Committee on the Effects of Atomic Radiation
[*2] PBq：ペタベクレル（千兆ベクレル）。ベクレルは1秒間に原子核が崩壊する数。放射能。
[*3] WBC：whole body counter
[*4] ATDM：atmospheric transport diffusion and deposition model

第6章　事故による放射線の健康影響と放射線の防護・管理

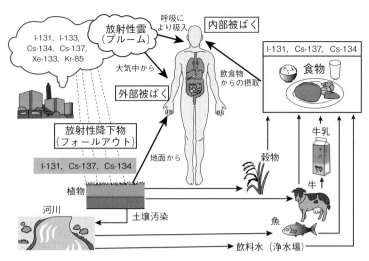

図6.1　ばく露経路
注：一般的に原子力発電所事故が起こったさいに想定される影響を表したものであり，
1F事故の影響を表したものではない。
［出典：環境省・放射線医学総合研究所『放射線による健康影響等に関する統一的な
基礎資料（平成29年度版）上巻　放射線の基礎知識と健康影響』p.29（2017）］

レベルは低いが地表面などに沈着した放射性物質が再度舞い上がり，これを吸入することによる内部被ばくがあるほか，野菜などの表面に付着した核種の摂取や，汚染した飼料や飲み水を消費した乳牛のミルク摂取，水源に沈着した核種が水道水に移行して起きる汚染水道水摂取など，さまざまなルートでの経口摂取による内部被ばく（経口被ばく）が起き得る。UNSCEARは，いったん沈着した核種の舞い上がりの吸入被ばくは無視できるほど小さいとして，線量評価から外している。

チェルノブイリ原発事故では，汚染された牛乳を小児が大量に消費しつづけたことが，高い内部被ばく線量の原因となった。しかし，これらの経口的な被ばく経路は，行政的な対策で低減が可能であり，実際，1F事故後，3月17日頃から環境試料の測定結果が出始め，汚染食品の流通規制などの対策がとられ始めている。事故発生数週間以降になると，内部被ばくで問題になる放射性核種がテルル132/ヨウ素132やヨウ素131，133などの半減期の短い核種から半減期の長いセシウム134，137に置き換わる。また，内部被ばくを起こす農産物の汚染経路が植物表面の汚染から，葉や幹に付着したものが植物体内に移動するいわゆる転流や根からの吸収により可食部位に放射性核種が移動する経根吸収が主要な汚染経路となってくる。

実際，2011年5月以降になると野菜などの表面に放射性核種が付着した汚染は少なくなり，代わりに土壌中の放射性セシウムが根から吸収されて汚染した山菜やキノコ，葉や幹に付着していた放射性セシウムが転流機序により可食部へ移行したお茶，果物などに変わる。同年7月には，汚染した稲わらで飼育された肉牛の放射性セシウム汚染が問題となった。生産者段階で土壌中の放射性セシウムが根から吸収されにくくする対策（カリ肥料や有機肥料の施肥，セシウム吸着物質の土壌

混入,牧草地の天地返しなど)が実施され,また転流に対して剪定や幹の高圧洗浄などの対策がなされ,加えて規制レベル以上の汚染食品の流通制限などの対策がとられたため,後述するように住民の内部被ばく線量は十分低く抑えられた。

6.1.2 環境モニタリングにみる汚染の広がりとそのレベル

1F事故後の環境モニタリングの一端を紹介する。図6.2は福島市,飯舘村,田村市,川内村,いわき市,南相馬市のモニタリングステーションで計測された空間線量率の推移である。原発からの距離と方向により,同じ福島県内でも空間線量率は2桁違う。したがって,後に述べるように,避難のタイミングと避難方向により被ばく線量は大きく異なることになる。図は,プルーム通過後にも空間線量率の上昇がつづくことを示しているが,これは地表面に放射性核種が沈着し,グラウンド・シャインによる上昇である。場所によっては,3月15~16日にもたらされたグラウンド・シャインに隠れて,その後プルームが到達していたのかどうか確認がむずかしい。この問題を一部解決したのは,大気中の浮遊粒子状物質(SPM)[*5]の連続モニタリングのデータであった。鶴田らによりSPM捕捉フィルターに残っていた放射性セシウムの解析結果が報告され,さらにヨウ素129に関しても引きつづき解析が進められている[4]。

広域の放射性核種の沈着密度や空間線量率の推移に関しては,航空機による上空からのモニタリングや自動車に設置した測定器による走行サーベイが繰り返し実施されてきた。

図6.3は,原子力規制庁が発表した1F 80 km圏の航空機モニタリングによる空間線量率の推移である。1Fから北西方向に空間線量率の高い地域が出現し,中通りに沿って高空間線量率の地域が栃木県の方向に広がっている。これは,おもに

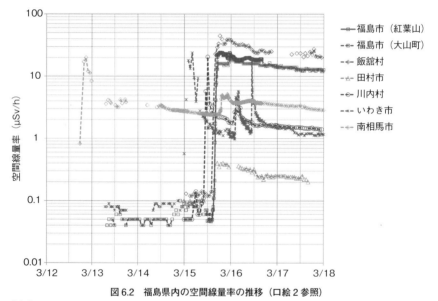

図6.2 福島県内の空間線量率の推移(口絵2参照)

[出典:K. Akahane, S. Yonai, S. Fukuda, N. Miyahara, H. Yasuda, K. Iwaoka, M. Matsumoto, A. Fukumura, M. Akashi, *Sci. Rep.*, **3**, 1670 (2013)]

[*5] SPM:suspended particulate matter

第6章 事故による放射線の健康影響と放射線の防護・管理

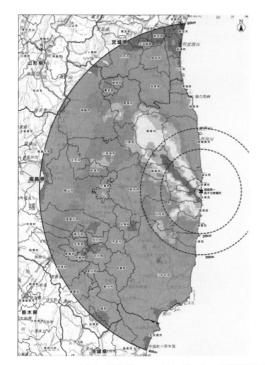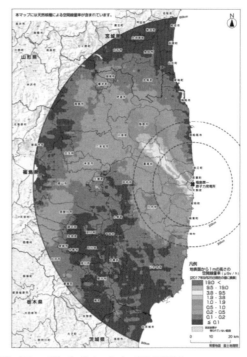

図 6.3 航空機モニタリングによる空間線量率の推移（80 km 圏）（口絵 3，カバー裏の図参照）
[出典：（左図）文部科学省「文部科学省による第 4 次航空機モニタリングの測定結果」（平成 23 年 12 月 6 日）
（右図）原子力規制委員会「福島県及びその近隣県における航空機モニタリングの測定結果について」（平成 30 年 2 月 20 日）]

3月15日および3月20日〜22日のプルームが上空を通過したタイミングで降雨/降雪があった影響である。甲状腺被ばくが問題となるヨウ素131の広がりに関しては，半減期が8日と短いこともあり，実測値が少ない。日本学術会議の緊急提言を受け，2011年6月に福島県内外の2,200か所から土壌採取が行われ，ヨウ素131のガンマスペクトロメーターによる測定およびヨウ素129の質量分析による測定が実施された。その結果は，村松ら，および松崎らにより論文として発表されている[5, 6]。実測値が少ない時期の吸入や経口摂取による内部被ばく線量を評価するさいには，経時的な放射性核種の放出量情報（ソースターム）とATDMを組み合わせて住民の居住地区の大気中

放射性物質濃度や飲料水中の放射性物質濃度を推計するが，ヨウ素131の汚染マッピングおよび空間線量率やSPMの連続したモニタリングデータは，ATDMシミュレーションの精度を高めるために役に立っている。

6.1.3 飲料水・食品の汚染レベルと流通規制

政府は，2011年3月17日には原子力安全委員会が示した指標値を暫定規制レベルとし，17都県を中心に水道水や原乳，野菜などのモニタリングを開始した。そして，食品衛生法に基づき暫定規制値を超す食品の回収/廃棄を実施するとともに，「原子力災害対策特別措置法」に基づき基準を超す作物の生産地域の広がりを考慮して，県域

あるいは県内の一部区域単位で出荷制限などを実施した。2011年3月17日から2012年3月31日までに137,037サンプルが検査され、そのうち1,204サンプル（0.88％）が暫定規制値を超過し、廃棄された[7]。

平川らの調査によると、福島県では3月は元々地元産の野菜の出荷量の低い時期にあたる。事故1年前の2010年の実績で福島中央市場、いわき中央市場、郡山中央市場での地元産野菜の取扱い割合は、全野菜取扱いの15～24％であった[8]。震災の2011年3月は、流通網の破綻により、その割合はさらに低下し、福島・いわきで13％、郡山で17％であった。さらに被災地域では配送業者が業務を停止し、多くの小売店が閉店していた。地元産の牛乳に関しても、牛乳集荷システムが崩壊しただけでなく、牛乳クーリング施設やミルクプラントが破損したため、大量の原乳が廃棄され、流通に乗らなかった。避難所で提供された食品は、震災以前に保管されていた食材で調理された食品や災害支援の非常用食品が主であった。このため、福島県内においても地元産の野菜の消費は少なかったと考えられる。一方、飲料水として避難住民にはペットボトル水が供給されたが、調理用の水は現地の水道水や井戸水を使っていた。このため、平川らは、調理水・飲料水が内部被ばくに寄与していると推測している。

図6.4は、周辺県の上水の放射性ヨウ素のモニタリング結果を示す。栃木県宇都宮市の上水で、一時的に乳児のヨウ素131の暫定規制レベル100Bq/kgを超過したが、他の地域は暫定規制レベル以下であった。ちなみにヨウ素131暫定規制レベル300Bq/kg（乳児用に粉ミルクを調製する

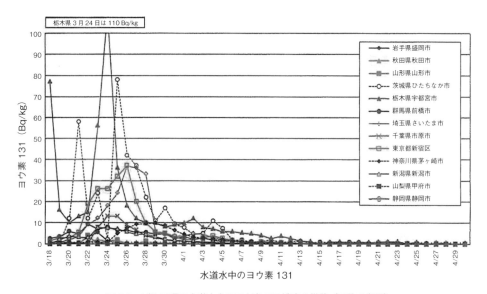

図6.4　1都12県の水道水中のヨウ素131濃度の推移（口絵4参照）
注1：グラフ中において、検出下限値未満の場合は、図作成のため便宜的にゼロとしている。
注2：測定を実施している都道府県のうち放射性ヨウ素の検出があった都県のみ示した。
［出典：環境省・放射線医学総合研究所『放射線による健康影響等に関する統一的な基礎資料（平成29年度版）下巻　東京電力福島第一原子力発電所事故とその後の推移（省庁等の取組）』p.25 (2017) 原典：厚生労働省，水道水における放射性物質対策検討会資料（平成23年6月）］

場合は 100Bq/kg）は，1 回だけ環境中にヨウ素 131 が放出され，環境汚染したと仮定した場合に 1 歳児が年間 50 mSv[*6] の甲状腺等価線量を受けるレベルとして決められていた。実際には，周辺県では上水汚染を起こすイベントが 3 月 15 日のプルームと 3 月 21～23 日のプルームと最低 2 回あったわけだが，汚染レベルは低かった。

福島県内では，震災によるライフラインの破損により多くの水道が断水し，自衛隊による給水が実施された。水道は 3 月 16～17 日より回復し始めている。3 月 17 日からは，厚労省の指示により上水のモニタリングが始まり，暫定規制レベルを超す場合には摂取制限がかけられた。しかし，福島県内の水道モニタリングが開始された時期は地域により異なり，飯舘村では 3 月 20 日以降になる。地下水・井戸水を水源とする場合は問題がなかったが，表流水を水源とする水道の場合には，とりわけ 3 月 15 日や 3 月 20 日～22 日のプルームにより影響を受け，田村市や川俣町，飯舘村の水道水で暫定基準値を超す値が記録されている[9]。水道水からの内部被ばく線量評価については後述する。

6.1.4 一般公衆が受けた被ばく線量

a. 外部被ばく

石川らは，福島県県民健康調査で実施した行動調査票よるアンケート調査に基づいて個々の福島県民が事故後 4 か月で受けた外部被ばく線量を評価し，地域別に線量の分布を報告した（表 6.1)[10]。それによると，警戒区域・計画的避難地域を含む相双地区で実効線量が平均 0.8 mSv，最大 25 mSv で，避難の遅れていた飯舘村で高く平均 4 mSv であった。一方，周辺県の住民が受けた外部被ばく線量に関しては，日本原子力研究開発機構（JAEA)[*7] が繰り返し実施した走行サーベイ結果を用いて宮武らが放出核種の物理学的半減期とウェザリング効果をモデル化し，評価している[11]。それによれば，福島周辺県の一般公衆のうち，最も外部被ばく線量が高かった栃木県でも事故後 1 年間の実効線量は平均 0.64 mSv と小さかった。

b. 内部被ばく線量

事故初期にはヨウ素 133，ヨウ素 132/テルル 132，ヨウ素 131 などの短半減期核種の吸入被ばく，およびこれらの核種に汚染された飲料水や食品の経口被ばくによる内部被ばくを受ける。このうち，健康影響が懸念されるのは短半減期核種による甲状腺内部被ばくである。しかしながら，甲状腺に蓄積した放射性ヨウ素を実際に測定したケースは少なく，その場合には，放射性セシウムの体内存在量のような甲状腺実測値以外の個人の測定値を用いて甲状腺等価線量の推計が試行されて

表 6.1 福島県民の外部被ばく線量：事故後 4 か月間の累積実効線量 (mSv)

実効線量（mSv）	県北	県中	県南	会津	南会津	相双	いわき
<1	23,669	53,547	21,892	37,114	3,775	54,509	66,634
1～2	77,265	41,613	2,826	254	29	12,266	595
2～3	13,811	7,115	12	16	0	1,621	25
3～4	433	369	0	1	0	576	3
4～5	39	5	0	0	0	449	1
>5	29	2	0	0	0	898	1
計	115,246	102,651	24,730	37,385	3,804	70,319	67,259
最大（mSv）	11.0	5.9	2.6	3.6	1.9	25.0	5.9
平均（mSv）	1.4	1.0	0.6	0.2	0.1	0.8	0.3

[*6] mSv：ミリシーベルト。シーベルトは放射線の被ばくによってどれだけの人体影響があるかを表す指標で，実効線量や線量当量の単位。

[*7] JAEA：Japan Atomic Energy Agency

いる。さらに，そのような個人計測の手がかりもない集団に関しては，ATDMを用いたシミュレーションによって大気中の放射性ヨウ素の濃度などを求め，それに基づいて内部被ばく線量の推計が行われる。ただし，SPMの連続データが利用できるようになってきたものの，実測値がない地域の線量推計には，ATDMのモデル自体のもつ不確実性と気象場の不確実性が影響する。さらにプルームが到達した時間帯の住民の状況（屋内か否か，建造物の換気度，呼吸による換気率）により，吸入線量は10倍以上変動することを理解しておく必要がある。

c. 内部被ばくの実測値

1F事故では，事故初期に内部被ばく線量とりわけ甲状腺線量の実測がなされた住民は少ない。その数は1,500人にも届かない。チェルノブイリ事故後2～3週以内にベラルーシで約13万人，事故後2か月以内にウクライナで15万人以上，事故後3か月以内にロシアで45,000人が甲状腺の直接測定を受けたのとは対照的である[12]。

原子力安全委員会は，2011年3月23日にWSPEEDI（世界版緊急時環境線量情報予測システム）[*8]による小児甲状腺等価線量の分布の試算結果を公開し，20～30km圏の屋内退避区域あるいはWSPEEDIで甲状腺等価線量が高くなると予測された地域の小児甲状腺検査を要請した。これを受けて，現地対策本部は川俣町，飯舘村，いわき市の15歳以下の小児を対象として，3月26日～30日の間にNaI（Tl）シンチレーションサーベイメーターを用いて甲状腺簡易測定を実施した。測定されたのは，川俣町から631人（対象小児全数の32.9%），飯舘村から315人（（対象小児全数の36.4%），いわき市から134人（（対象小児全数の0.27%）の合計1,080人である。その結果は，約半数の小児が検出限界値以下の測定値であった。金らは，その結果から3月15日の急性吸入被ばくと仮定した場合のヨウ素131による小児甲状腺等価線量の95パーセンタイル値を川俣11.8 mSv，いわき20.9 mSv，飯舘20.4 mSvと評価した[13]。3月15日以降に吸入被ばくや経口摂取による被ばくがある場合には，この評価値は過大評価になる。栗原らによれば，測定日まで毎日少しずつ摂取したとする慢性被ばくシナリオでの評価値は急性摂取の47%となるため，急性摂取シナリオでの評価値は真の等価線量の2倍を超すことはない[14]。

床次らは，4月12日から4月16日にかけて，現地にNaI（Tl）シンチレーションスペクトルメーターを持ち込み，住民の甲状腺内のヨウ素131活性を測定した。対象者は，福島飯坂温泉に避難していた南相馬市からの避難住民45人と，浪江町津島地区に避難せず残っていた住民17人である。62人中46人でヨウ素131活性が検出され，3月15日の急性ばく露として推計すると，甲状腺等価線量の最大値は小児で23 mSv，成人で33 mSv，中央値は小児で4.2 mSv，成人で3.5 mSvであった[15]。床次らの推計は，測定精度は高いが，ばく露時期の仮定に不確実性が大きい。地区によって12日のプルームにばく露されたか，15日のプルームによるばく露なのかが異なり，さらに避難する方角によってもばく露状態が異なる。また，避難の時期も異なっており，それによって急性の吸入摂取以外に経口摂取も含めた慢性摂取があったと思われる。

松田ら，および森田らは，福島県内から長崎に避難してきた住民や帰還してきた三菱重工関係者および短期間現地に滞在した県や長崎大からの災害派遣要員合計173人のWBC調査結果を報告している[16, 17]。現地の平均滞在期間は4.8日で，3月11日から3月18日に福島県に滞在していた45人のグループがヨウ素131および放射性セシウムの検出率が46.7%と高く，このグループのヨウ素

---

*8 WSPEEDI：Worldwide version of System for Prediction of Environmental Emergency Dose Information

131 による内部汚染レベルは平均 0.57 kBq/body，最大 3.9 kBq/body であり，甲状腺等価線量の最大値は 18.5 mSv であった。森田らは，同じグループの中でヨウ素 131 と放射性セシウムが同時に計測できた 49 人の亜集団に関して報告しており，彼らの甲状腺等価線量の幾何平均は 0.685 mSv であった。すべて吸入被ばくであったとすると，同じ行動をとった 1 歳児の甲状腺等価線量は約 1.4 mSv になる。

d. 甲状腺以外の個人測定値から間接的に甲状腺等価線量を評価

甲状腺実測値が少なかったため，避難住民のホールボディカウンター（WBC）の放射性セシウム実測値や，避難住民の体表面汚染測定値の確率密度分布を利用して甲状腺等価線量を推計する手法が提案されている。それぞれさまざまな仮定の下に推計するため不確実性がある。

第一は，放射線医学総合研究所の金らの報告で，WBC によるセシウム 137 実測値とヨウ素 131/セシウム 137 摂取比を仮定してヨウ素 131 の甲状腺等価線量を推計するものである[13, 18]。金らは，甲状腺簡易測定を行った 1,080 人のうち，川俣町と飯舘村の小児甲状腺等価線量の分布と JAEA が実施した川俣町と飯舘村の成人の WBC 測定結果のセシウム 137 分布を比較し，ヨウ素 131 の化学型が 60％蒸気，40％が溶解性の高い（国際放射線防護委員会の呼吸器モデルで type F とされている）1 μm 径の粒子を仮定した場合にその比が 2.0～3.3 であることを報告している[18]。

一方，金らは，床次らが報告した南相馬市と浪江町津島地区の成人の甲状腺測定値の分布と JAEA が実施した浪江町住民の WBC によるセシウム 134 分布の比較より，ヨウ素 131 の化学型が 100％蒸気の場合にヨウ素 131/セシウム 134 摂取比は 2.9～4.65（平均 3.8）であるとした[19]。これらの比は，同一人のヨウ素 131 と放射性セシウムの測定値をベースにしていないため不確実性がある。ちなみに，森田らは 49 人の同一人の WBC 測定結果を基に，ヨウ素 131 の化学型を type F の 1 μm 粒子と仮定した場合にヨウ素 131/セシウム 134 比の幾何平均値は 6.1 と報告しているが[17]，これを 100％蒸気の吸入とすると約 2.3 に相当するので，金らの評価値は安全側の評価になっている。

金らの報告で使用した WBC の測定は，2011 年 6 月から 2012 年 1 月までに JAEA が実施し，百瀬らが報告したデータである[20]。このうち，8 月までに実施した飯舘，浪江，川俣の測定値は信頼性が高いが，9 月以降に実施されたその他の地域は不確実性が高い。第一に，ばく露から測定までの期間が長くなると放射性セシウムが体からなくなっていくので実効半減期の不確実性が大きく影響する。第二に，9 月以降は一時帰宅が可能になった時期に当たり，汚染衣服を持ち帰った住民が多かったこと，WBC 測定時に着替えを行っていなかったことより，百瀬らは時に汚染衣服による過大評価があったと報告している[21]。金らは，この JAEA の WBC 結果とヨウ素 131/セシウム 134 比＝3 を用いて，3 月 15 日の急性吸入被ばくと仮定して自治体別の甲状腺等価線量を報告している[13]。金らの評価値を，表 6.2 に他の報告値と併せて紹介する。

筆者らは，避難住民の体表面汚染スクリーニングを使って，ヨウ素 131 だけでなくヨウ素 132/テルル 132，ヨウ素 133 などの短半減期放射性核種からの甲状腺等価線量を推計する方法論を確立し報告した[22]。避難途上の大気中の放射性核種が一定の沈着速度で体表面に沈着すると仮定すると，体表面の放射性核種濃度は避難途上の大気中の放射性核種の平均濃度に比例し，避難途上の吸入被ばく線量と比例する。さらに，避難住民の体表面汚染分布が個々の住民のプルームばく露状況の多

様性を反映していると仮定すると，地区ごとの体表面汚染分布は避難住民の吸入被ばく線量の分布を反映する。そこで，放射性核種の沈着速度を文献値の1～5 cm/sの一様分布とし，地区ごとの体表面汚染分布を対数正規分布などにフィットさせ，モンテカルロシミュレーションを実施した。特に3月12日のプルームに20 km圏でばく露した浪江町や南相馬市小高地区住民の線量評価に関して，吸入被ばく線量を個々人の避難行動に即して評価することになるため，ATDMと代表的避難シナリオによる評価より現実的な線量分布の評価が可能である。

一方，体表面汚染分布がそれぞれの自治体避難民の分布を代表しているのかに関しては不確実性がある。この手法による吸入被ばく評価では，3月12日のプルームばく露により最も汚染が高かった浪江町の1歳児の甲状腺等価線量が，中央値で2 mSv，平均値で17 mSv，90パーセンタイル値で29 mSv，南相馬市の1歳児で中央値が3 mSv，平均値で5 mSv，90パーセンタイル値で10 mSvと評価された。3月15日のプルームばく露では，避難地区およびその周辺地区の1歳児で平均2～5 mSvの吸入被ばくがあったと評価している。

e．飲料水・食品から受けた内部被ばく線量の評価

（1）食品からの内部被ばく

流通食品からの内部被ばく線量の評価法には，マーケットバスケット（MB）法と陰膳法がある。前者は国民栄養調査の分類に従い14群99食品分類の食品群について，米と水以外に関して対象地域の実情に合わせて10種類以上のサンプルをマーケットから購入し，調理後にそれらの放射能を測定する。そして，測定値と上記14群に分類されている食品の年齢別喫食量を乗じて内部被ばく線量を評価する方法である。一方，陰膳法は，家庭で調理した朝／昼／晩の食事を一人分余計につくってもらい，1日量としてミキサーにかけ放射能測定する。これを複数の家庭で実施してもらい，内部被ばく線量の分布を評価する。滝澤らが，MB法や陰膳法で評価された実効線量をレビューしている。それによれば，2011年の調査では，放射性セシウム内部被ばくによる実効線量が0.02 mSvを超すことはなかった[23]。残念なことに，1F事故後にこれらの調査が実施され始めたのは，事故後3か月以降のため，短半減期核種による甲状腺等価線量の評価はできていない。

山口らは，厚労省の2011年3月15日から2012年12月の期間中に計測された出荷前検査の食品放射能データベースを使い，マーケットバスケット方式に準じて食品を14群99食品群に分け，それぞれ99食品群の放射能確率密度分布を設定した。そして，個人の食品群ごとの摂取量パターンからランダムにパターンを選択し，各食品群からランダムサンプリングを行い，100,000人分を積算するモンテカルロシミュレーションを行った。この結果，暫定規制値による流通制限が実施されなかった食品を摂取し続けた場合の1～6歳の甲状腺等価線量は，中央値が6 mSv，95パーセンタイル値が21 mSv，暫定規制値による流通規制がなされた食品を摂取し続けた場合の1～6歳の甲状腺等価線量は，中央値が1.7 mSv，95パーセンタイル値が4.6 mSvであると報告した[24]。

（2）水道水からの内部被ばく

福島県内の水道水の汚染事情に関しては，6.1.3項で述べた。実測値が出始めたのが早い地区でも3月16日，飯舘村では3月20日と遅かったため，実測値のない時期の水道水の汚染濃度はシミュレーションにより補う必要がある。河合らは，WSPEEDIによる水源当たりのヨウ素131沈着量と水道水の実測値の関係を実効減衰係数で表す1コンパートメントモデルを作成し，実測値のない時期に関しても水道水のヨウ素131汚染濃度を

推計した[25]。避難住民に関しては，典型的避難パターンによりそれぞれの避難場所での飲水による線量を積算して内部被ばく線量を評価した。水道水からの線量が最も高かったのは飯舘村で，WBC測定者の行動調査から得られた段階的避難シナリオで推計すると，1歳児の甲状腺等価線量の平均値は32 mSv，途中からペットボトルが供給された場合は，22 mSvと評価された（表6.2）。

f．UNSCEARおよび内外の研究者による甲状腺等価線量評価

表6.2にUNSCEARおよび他の研究者の甲状腺等価線量推計値をまとめておく。国内の研究者による報告は，経口摂取，吸入摂取を加えてもUNSCEAR評価値の半分以下となっている。「UNSCEAR 2013年報告書」の評価値は，吸入被ばくに関しては屋内退避の防御効果を算定しておらず，また飲食からの線量評価においては地元産品の市場占有率を過大評価しているなどの不確実性がある。屋内退避の防御効果に関しては，チェルノブイリ原発事故後に原発近傍のプリピアットから避難してきた住民の実測値を下に，Balonovらは屋内による吸入被ばくの防護係数を2.0±0.6と報告している[26]。また，石川らは，放射線医学総合研究所での粒子状ヨウ素の実測値を報告し，プルーム来襲時の建造物による除染係数（DF）[*9]が0.5以下（Balonovらの防護係数に直すと2）であることを報告するとともに，プルームが去って再浮遊による空気汚染が主体になる時期はDFが1を超す場合があることを紹介している[27]。「UNSCEAR 2013年報告書」では，福島県の1歳

表6.2 UNSCEARおよび国内研究グループによる1歳児の甲状腺線量評価

市町村	「UNSCEAR 2013報告書」自治体平均 外部被ばく・吸入被ばく・経口被ばくの合計（mGy[*1]）			金ら 90パーセンタイル （mSv[*2]） おもにWBCより評価	山口ら 流通食品からの甲状腺被ばく（1～6歳児） （mSv[*2]） MB法シミュレーション	河合ら 水道水による内部被ばく平均値 （mSv[*2]） 2011年3月中の線量	大場ら 避難途上の吸入被ばく平均値 （mSv[*3]）	
	避難途上	避難先	合計				3月12日プルーム	3月15日プルーム
大熊	0	36	36	20	暫定規制値による流通制限を反映した場合 中央値：1.7 mSv，95パーセンタイル：4.6 mSv	5.6	0.2	2.1
双葉	12，16	3	15，19	30		3.5		
楢葉	35，46	34，36	69，82	10		4.3		
富岡	5.2	42	47	10		10		
浪江	37，46	44，24	81 or 83	20		6.3	17	4.5
南相馬	6.4，45	47，2.3	53，47	20		2.1，6.1（避難経路により）	4.6	2.6
飯舘	52，53	3.8，2.3	56	30		32（22[*4]）	0.4	3.1
葛尾	0，46	49，27	49，73	20		0.3		
川内	5	42	47	<10		10		
川俣	63	1.9	65	10		4.9		
広野	0	34	34	20		2		
田村	1.9	42	44	<10		5.6		

※1 ^{131}Iおよびその他の短半減期核種による甲状腺吸収線量
※2 ^{131}Iによる甲状腺等価線量
※3 ^{131}I，^{132}I/^{132}Te，^{133}Iによる甲状腺等価線量
※4 途中からペットボトルが供給された場合の値

＊9 DF：decontamination factor。建造物の内と外との大気中の単位体積当たりの放射能の比（無次元数）。

児は一律 32.79 mGy[*10] の経口摂取による甲状腺線量があったと仮定されている。「報告書」のC123節に「食物全体の25％のみが地元産であると仮定すると，推定線量は今回の調査で示した線量の約3分の1まで小さくなる可能性がある」と書かれている。6.1.3項で述べたように，2011年3月の地元産野菜の市場占有率は13〜17％であったので，経口摂取による甲状腺線量は10 mGy 以下であってもおかしくない。ちなみに，英国のBedwell らは，彼らの開発した ATDM と UNSCEAR と共通の FARMLAND モデルを使い，地元産品の市場占有率25％を仮定して事故後1年間の経口摂取による甲状腺等価線量を評価している。その値は，福島県の幼児の甲状腺等価線量で2 mSv と評価しており，ATDM のモデルが違うと評価値が数倍変わることを示唆している[28]。

g. 放射線を原因とする健康被害が発生する可能性

「UNSCEAR 2013年報告書」で述べられているように（171〜178節），放射線による小児白血病や乳がんの発生率の上昇が識別可能なレベルになるとは予想されていない。また，出生前被ばくが原因で，自然流産や流産，周産期死亡，先天的な影響または認知障害の発生率が上昇するとは予測されていない。一方，UNSCEAR は，小児甲状腺がんに関して「甲状腺吸収線量のほとんどは，疫学的な研究で甲状腺がんの過剰な発生率が観察されていない範囲内だった。しかしながら，線量が範囲上限に近い場合は，十分な大きさの集団では…放射線被ばくによる甲状腺がんの発生率が識別できるほど上昇する可能性があることが示唆された」としている。一般に小児甲状腺がんは100 mSv 以上の線量でリスクが上昇するとされているが，低線量被ばくに特化して小児の原爆被ばくや医療被ばく9集団をプール解析した Lubin らの報告[29]によると 100 mSv 以下でも有意な線量効果関係が示されている[30]。Lubin らは，仮にそれ以下ではリスクがなくなるしきい線量があるとすると，しきい線量は30〜40 mSv であろうと報告している[29]。また，ベラルーシとロシアのデータを統合して解析した Jacob らの報告では，50 mSv でも有意なリスク上昇が観察され報告されている[30]。しかし，上述してきたように何らかの実測値をベースに評価された小児甲状腺等価線量は，ATDM に頼った UNSCEAR の評価値より低くなっており，甲状腺等価線量が最も高くなる地域の1歳児でも平均値は 50 mSv を下回っている。

6.1.5 今後の留意すべきこと，行うべきこと

福島県では，事故当時19歳以下の約30万人の集団に対して，歴史上前例のない高解像度の超音波機器を使った甲状腺検査を2011年10月から実施している。この結果，福島ではチェブイリ事故後に捕捉された小児甲状腺がんよりがんの進展ステージの早い甲状腺がんを捕捉している。チェルノブイリ事故後の小児甲状腺がんの疫学情報と比較するに当たっては，彼我の違いを考慮する必要がある。福島では集団の線量が低いこともあり，放射線の影響があるのかないのかの結論を出すためには，放射線感受性が高く，甲状腺がんリスクが最も高い1〜5歳の集団が20歳になるころまで追跡する必要があると思われる。現在の福島県県民健康調査では，避難地区，浜通り，中通り，会津など大まかな地域間で甲状腺罹患率を比較しているが，このような地域相関解析はバイアスや交絡因子の影響を受けやすいため，放射線の影響を解析するのに適していない。今後，福島県民の行動調査票の解析から代表的な避難行動パターンが細分化され，かつ細分化された避難行動パターンごとの甲状腺線量評価が精緻化されていく。これらの情報が交絡因子を調整した疫学解析に利用されることが期待される。

[*10] mGy：ミリグレイ。ミリグレイは放射線のエネルギーがどれだけ物質（人体を含む）に吸収されるかを表す単位。

線量評価という観点からは，近々，SPMの連続測定データを使ってソースタームの精緻化，ATDMのパラメーター変更と気象場の再現性向上によって，ATDMによる大気中の放射能濃度データベースがより一層精緻化されると期待される。また，全国アンケート調査により得られた小児の飲水量の統計値が水道水からの内部被ばく線量評価に利用されるようになる。上述した避難行動パターンの細分化作業により，放射線医学総合研究所が報告した代表的18避難シナリオには含まれていなかった線量が高くなるあるいは低くなる住民の割合が明らかになると思われる。このような国内の研究成果が，将来のUNSCEAR福島報告書の改訂に反映されることが期待される。

［鈴木 元］

6.2 放射線防護と管理

6.2.1 放射線防護と管理の歴史的な流れ

地球誕生以来，人類を含む地球上の生物は永年にわたって自然放射線や放射性物質と共存してきたが，1895年にレントゲン（Wilhelm Conrad Röntgen，1845-1923）がX線を発見して以来，人工的につくられた放射線や放射性物質が私たちの生活環境に入ってきた。そして，5.2節で述べてきたように放射線に被ばくすると健康を害する可能性があることから，人の健康が害されることのないように放射線から防護すること，つまり放射線防護が必要となってきた。放射線防護というと，単に放射線から身を守るだけという印象を受けるので，放射線の管理という用語も用いられているが，いずれにしろ人や環境が放射線の利用によって悪い影響を受けないような措置が必要となってきたのである。

放射線が引き起こす健康障害については，1895年のレントゲンによるX線発見からわずか3か月後に，X線によって人の皮膚に紅斑が生じることが米国で報告されている。1902年にはX線照射により皮膚がんが生じることが初めて報告され，放射線防護（管理）の必要性が認識されてきた。1925年に第1回国際放射線学会議（ICR）[11]がロンドンで開催され放射線の防護に関する必要性が議論され，1928年の第2回会議でX線ラジウム国際防護委員会（IXRPC）[12]が設立された。このIXRPCは1950年に国際放射線防護委員会（ICRP）[13]に改組され，現在に至るまで，その時々の最新の科学的知見や社会動向の変化を取り入れて放射線防護に関する勧告を行い，放射線防護の理念と原則について国際社会に助言してきた。ICRPが防護体系全般に関して行った勧告は「主勧告」と呼ばれ，1958年の出版物（Publication 1）以来，2007年の出版物（Publication 103）まで6回の主勧告がなされている。これ以外の勧告は，主勧告を補足する，あるいは特定の放射線利用に関して詳細に解説することを目的としている。

IXRPCは設立時の1928年に遮蔽，作業時間，作業環境の重要性について言及し，現在の外部被ばくにおける放射線防護の基本である「距離，時間，遮蔽」を明確に示している。ICRPの初期の勧告は，職業被ばくから作業者の健康障害を防護することが目的であったが，1950年から1960年代には核兵器の大気圏内実験が行われ，放射性降下物による環境の汚染が広がった結果，一般公衆も放射線防護の対象となり，被ばく形態に内部被ばくが新たに加わってきた。このため1950～1960年のICRPの勧告は，内部被ばくへの対応と一般公衆も視野に入れた放射線防護体系の確立といえる。1977年に出版物（Publication 28）として出された勧告は，日本をはじめ多くの国が法令などの基本としてきた勧告である。使われる単位が国際単位（SI）に統一され，放射線の健康影響を確率的影響と確定的影響に分けることとし，

---

* 11 ICR : International Radiology Congress
* 12 IXRP : International X-ray and Radium Protection Committee
* 13 ICRP : International Commission on Radiological Protection

現在，日本の放射線障害を防止するための法体系やその基本的な考え方である「確定的影響の発生を防ぎ，確率的影響をリスクの観点から合理的なレベルに抑える」という考え方がこの時期に確立されたのである。その後の1990年勧告では，放射線利用により被ばくを増加させる行動「行為：practice」と，被ばくを軽減する行動「介入：intervention」の考え方が取り入られた。また，初めてヒト以外の環境生物への影響について言及されたのはこの勧告である。

2007年勧告では，多方面へ放射線利用が進展し，原子力利用（原子力発電）が増大する一方，チェルノブイリ原発事故をはじめとする緊急事態の経験を踏まえ「平常時（計画被ばく）」「緊急時（緊急時被ばく）」「平常時よりは高い被ばく（現存被ばく）」の三つの被ばく状況に対する防護体系が提唱された。

6.2.2 放射線防護の原則と具体的な規制値・基準値

放射線防護に関してはALARAと呼ばれる基本的な考え方と，三つの原則がICRPによって提唱されている。これらを順に説明していく。

ALARA　放射線の確率的影響（5.2.3項参照）の観点に立てば，実際にそうであるかは分からないが，計算上は線量が低くなっても被ばく線量に比例してわずかでも影響は生じるということになる。そのことから，放射線被ばくは合理的に達成可能な範囲でできるだけ低く抑えようという考え方が提唱され，As Low As Reasonably Achievable（合理的に達成できる範囲でできるだけ低く）の頭文字をとってALARAと略称され，以下に述べる「最適化の原則」と関連した放射線被ばく管理の基本的な考え方となっている。

正当化の原則　放射線を被ばくする場合，それによって生じる損害よりも受ける便益が大きくなければ，その被ばくは正当化されないという考え方である。放射線や放射性物質を使用することが，他のもっと安全で経済的な方法で代替できないか，放射線被ばくで受ける損害を考慮しても使用することで利益が得られるか，慎重に検討しなさいということである。

最適化の原則　被ばくする可能性，人数，被ばく線量の大きさは，経済的・社会的な要因を考慮して合理的に達成できる限り低くなるように防護措置を最適化しなければならないという考え方で，上記のALARAの考え方を基本としている。放射線を使用することが正当化されるとしても，さらに被ばく線量を下げるような方策はないか，十分に検討をしなさいということである。

個人の線量限度　医療での被ばくや自然放射線による被ばくを除き，一般公衆や職業的に放射線作業を行う作業者の受ける被ばく線量は限度値を超えてはいけないというものである。

以上のような放射線防護の基本的な考え方や原則に従い，放射線に被ばくする状況では，利害得失を考え，できるだけ被ばく線量を小さくする方策をとり，線量限度を超えないようにするのが，放射線管理の原則になる。具体的には，一般の生活において，あるいはさまざまな職業で事故などにより偶発的に死亡する確率（危険度あるいはリスクと呼ばれる）と比較し，十分に安全なレベルであることを保証する値として線量限度が決められ，その範囲内で合理的に達成できる範囲で被ばく線量を低減するのが防護の原則である。なお，ここで注意を要するのは，線量限度とは，安全を保証する限界ではなく，この線量限度レベルの放射線を被ばくした場合，一般の生活環境や職業環境で生じるリスクと同程度のリスクが想定される数値であることに留意すべきである。つまり線量限度は安全と危険の境界線ではない。また，線量限度はこれから放射線に被ばくする可能性がある

という平常状態の「計画被ばく状況」に適用され，事故などでやむなく被ばくが生じている「緊急被ばく状況」，ならびに事故は終息したが被ばくが継続している，あるいは，もともと自然放射線のレベルが高いような「現存被ばく状況」では許容されるリスクも異なってくるため，ICRPは参考レベルを勧告している。

では，どの程度の被ばく線量が線量限度や参考レベルとしてICRPが勧告しているのであろうか。これらを表6.3にまとめた。計画被ばくの状況では一般公衆は年間1 mSv，職業人では年間50 mSv（ただし5年間で100 mSvを超えない）が線量限度である。一方，原子力災害が進展しているような緊急被ばく状況では，一般公衆には20〜100 mSvの範囲で規制当局が適切な参考レベルを設定して，防護方策を立てていくべきとしている。また，もともと自然放射線の線量が高い，いわゆる高レベルバックグラウンド地域での居住や，事故後の復旧期で平常時よりは高い被ばくがすでに生じている状況（現存被ばく状況）では，年間1〜20 mSvの範囲で参考レベルを設定するべきとした。しかしながら，この2007年勧告の考え方が十分に浸透しない2011年に1F事故が起こり，平常時（計画被ばく）の線量限度である年間1 mSvに多くの施策や世論が引きずられ，緊急時には計画被ばくを対象とする線量限度ではなく，その状況に応じた参考レベルを設定して放射線管理をすべきであるというICRP2007年の勧告の趣旨が活かされなかった。

6.2.3 原子力施設周辺における公衆の放射線防護

原子力施設周辺に居住する一般公衆では，通常運転時は施設から直接出てくる放射線の外部被ばくによって生じる線量はごく小さいものであり，放射線防護の措置が必要な被ばく様式は，施設の運転により生成または使用された放射性物質が環境中に放出され，それによって受ける外部被ばくや内部被ばくが問題となる。原子力施設内で生成した放射性物質の大部分は施設内で処理され環境中に出てくることはないが，そのごく一部は気体として，あるいは液体として環境中に出てくる。

気体廃棄物として環境中に放出された放射性物質が，最終的に一般公衆に放射線被ばくをもたらす経路を図6.5に，液体廃棄物の場合を図6.6に示した。発電用軽水炉を例にとると，スタックと呼ばれる煙突から大気中に放出されるおもな核種はクリプトン，キセノンなどの希ガスとヨウ素であり，図6.5に示したような経路を介して人での被ばくをもたらしている。特に線量の点から重要な経路は図中に太線で示した経路であり，放射性希ガスに関しては直接に大気中を拡散し外部被ばくを生じる図中①の経路，放射性ヨウ素に関しては農産物などに付着し食品として経口摂取される図中②の経路と，ミルクなどの畜産物を介して経口摂取される図中③の経路である。

液体の放射性廃棄物については，大部分のものは濃縮処理され，ドラム缶にコンクリートあるいはアスファルトと混ぜて固化され，処理済の水は再利用される。放射能濃度の低いものについては原子炉の復水器で使った大量の冷却水を海に戻すときに混ぜて基準以下に十分薄めて放流している。環境中に放出された放射性核種は海水に移行する。

表6.3 ICRP勧告の被ばく線量限度，参考レベル

被ばく状況	職業人	一般公衆
計画被ばく	線量限度 50 mSv/年，5年100 mSv	線量限度 1 mSv/年
緊急時被ばく	参考レベル 作業の内容により異なるが，救命活動では制限なし	参考レベル 20〜100 mSv
現存被ばく	参考レベル：職業人の計画被ばくに準じる	参考レベル 1〜20 mSv/年

第Ⅱ部　東京電力福島第一原子力発電所事故の影響

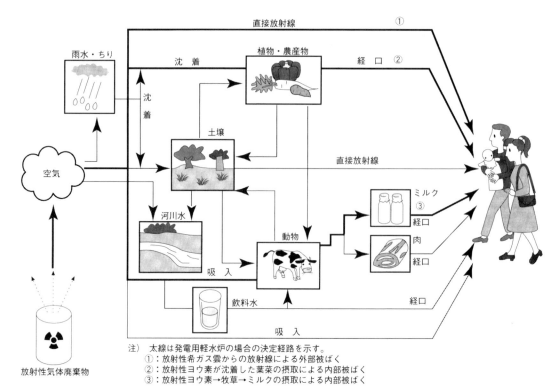

注）太線は発電用軽水炉の場合の決定経路を示す。
①：放射性希ガス雲からの放射線による外部被ばく
②：放射性ヨウ素が沈着した葉菜の摂取による内部被ばく
③：放射性ヨウ素→牧草→ミルクの摂取による内部被ばく

図 6.5　大気放出気体廃棄物による被ばく経路

日本では発電用軽水炉はすべて海岸線に立地しており液体廃棄物は直接海洋に廃棄されるので，河川水を経由した移動経路は主要な経路とならない。海に出た放射性物質は海岸や漁具などに付着して外部被ばくをもたらすが，主要な被ばく経路は，海藻類や魚介類などの海産物を食べること（経口摂取）による内部被ばく経路である。おもな核種は，原子炉構成材の腐食生成物が放射線を受けて生成されるコバルト 60（^{60}Co），マンガン 54（^{54}Mn），鉄 59（^{59}Fe）であり，そのほかに核分裂生成物のヨウ素 131（^{131}I），セシウム 137（^{137}Cs）なども含まれている。

このように，原子力施設や放射性物質取扱い施設の運転により生成または使用された放射性物質のごく一部分は気体・液体廃棄物として環境に放出され，人に放射線被ばくをもたらす可能性がある。そこで，環境に放出された放射性物質から周辺住民が受ける放射線量は，公衆に対する線量限度（つまり年間 1 mSv）以下に規制されている。さらに実際には，線量限度より低い線量目標値（原子力発電所の場合は年間 0.05 mSv）を超えないように施設は設計され，管理されている。そのため，放出される放射性物質の量が線量目標値を超えないように放出管理目標値を定めて管理するとともに，気体および液体状の放射性物質が放出される放出場所において，放出放射能の測定監視がなされ，線量目標値を超えないような濃度・量の放出であることが常時監視されている。また，

第6章 事故による放射線の健康影響と放射線の防護・管理

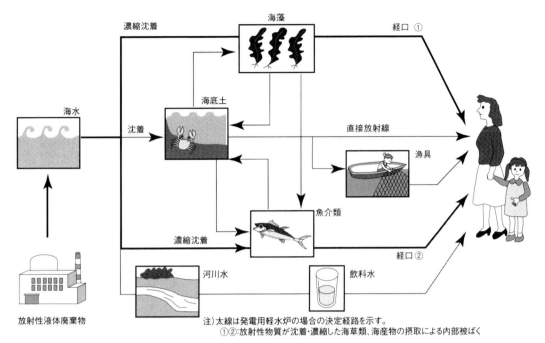

注）太線は発電用軽水炉の場合の決定経路を示す。
①②：放射性物質が沈着・濃縮した海草類，海産物の摂取による内部被ばく

図 6.6　海洋・河川放出液体廃棄物による被ばく経路

周辺環境における放射線，放射能の測定監視（環境放射線モニタリング）も行われ，一般公衆の受ける線量が線量限度より十分低いことが確認されている。

6.2.4　事故時における公衆の放射線防護の状況と問題点

1F事故により，多くの方が放射線に被ばくされた。6.1節で述べたように，被ばく線量は健康への深刻な影響が懸念されるほどのものではなく，チェルノブイリ原発事故において問題となった甲状腺被ばく線量も，被災者の適切な判断や迅速な情報伝達，汚染食品の摂取制限などにより低く抑えられている。しかしながら，事故時の公衆の放射線防護や管理については，さまざまな問題点が露呈している。事故の原因やその後の対応に関しては，さまざまな機関や組織が検証し，政府事故調査委員会報告書をはじめとして，報告書や学術論文，記事などの形で公表されているので，ここでは公衆の放射線防護と管理という点から特に重要と思われる問題点について述べる。

第一の問題点は，原子力施設の事故に対する対応策は策定されていたが，1F事故のような大規模な自然災害によって誘起された事故を想定していなかったことである。電気や水道，道路網，情報通信網などの社会的なインフラがすべて機能しない状況下で原子力発電所の事故へ対応するための備えが不十分であったといえる。例えば，6.2.3項で述べたように，原子力施設の周辺住民が受ける放射線量は，平常時から環境モニタリングによって監視され，いったん事故が起こったさいはモニタリングデータによって避難などの適切な行動がとれるはずであった。しかしながら，実際には1F周辺に福島県が設置していた24基のモニタリ

ングポストのうち23基が津波や地震による被害，電源の喪失，通信回線の途絶などにより機能しなかった。また，移動して放射線量の測定が可能なモニタリングカーも，地震による道路の不通やガソリンの不足などで役に立たず，住民の放射線防護の措置を考えるうえで基礎データともいうべき放射線の線量に関する情報が不足したのである。

事故による環境汚染に広がりや事故の急速な進展に順応できなかったことも公衆の放射線防護という点での重要な反省点である。事故が起こる前から，原子力防災指針などでEPZ[*14]と呼ばれる区域が設定され，その区域内では事故が起こったさいの対応が決められていた。しかし，EPZを越えた区域では，自治体や住民に事故の状況や進展によってはEPZを越えて自分たちの地域にも汚染が生じる可能性があることは周知されておらず，このような地域では突然の事態に多くの混乱が生じた。また，事故前の対策指針では，環境モニタリングによって測定された環境汚染レベルに応じて必要な対応をとることになっていたため，1F事故のように急速に発電所の事故が進展し，環境モニタリングが地震や津波の影響で十分に機能しなかった状況では，どうしても避難指示などの対応が遅れがちになったのである。別のいい方をすれば，放射性物質が実際に放出される前に，施設の状態を踏まえて周辺の人々に予防的な防護措置を講ずるという慎重な計画が立案されていなかったのである。このため，防護措置の計画や実施にプラントの事故進展の状況を迅速に取り込むことができなかったことが問題点であった。

また，一般に放射能汚染や放射線障害に対する知識や理解が不足していたことは，1F事故後の公衆の放射線防護において最も重要な問題点であったかもしれない。これは過去の日本の教育で放射線や放射能に関する十分な教育がなされてこなかったこととも関係している。その一例をあげれば，線量限度に関する理解の不足がある。前述のように一般公衆に対する線量限度の年間1 mSvは，日常生活で通常生じる他のリスク，例えば階段から落ちるとか，交通事故に遭うなどのリスク（確率）と同程度のリスクとみなすことのできる被ばく線量として設定されている。しかしながら，十分な情報提供や事前の教育の不足から，線量限度を超えると直ちに障害が生じるような誤解が蔓延した。さらに，年間1 mSvは平常時（計画被ばく）における線量限度であり，ICRPは緊急時には参考レベルとして一般公衆に対して20〜100 mSvを勧告しているにもかかわらず，一部の知識人でさえ線量限度を超えると危険であるかのごとき発言をした。

知識の不足により公衆の放射線防護上生じた問題点の別の例としては，被ばく形態と有効な防護手段に対する知識不足をあげることができる。被ばく低減の原則は，外部被ばくでは距離をとり，時間を短くし，遮蔽を行うことである。また，内部被ばくでは体内への摂取を制限することである。したがって，屋外に沈着した放射性セシウムによる外部被ばくを避けるため，また屋外に飛沫した放射性物質を吸入摂取しないようにコンクリートの建物に一時的に避難しておくこと（屋内退避）は非常に効果的である。しかしながら，そのような屋内退避の可能性が検討されないまま，全員一律で遠隔地への避難を実施した自治体もあった。関係者の放射線（能）に対する理解や知識の不足が問題となった一例といえる。

6.2.5 原子力施設の事故時における公衆の放射線防護

1F事故の検証と反省から，原子力災害の発生時におけるさまざまな対応や措置は，事故前に比べ大きく改善されてきている。前述の1F事故時の問題点との関連も含めて，現在のシステムにつ

[*14] EPZ：emergency planning zone（原子力防災対策の重点実施区域，1F事故後，PAZなどに変更）

いて紹介する。

原子力施設で事故が発生したときに備え，あらかじめ対応策を検討しておくべき区域として，1F事故前はEPZ（原子力発電所については8～10 kmの範囲内）が設定されていたが，実際にはEPZを越えて汚染が広がり，EPZの設定が適切でないことが問題となった。そのため，現行の原子力災害対策指針では，表6.4に示すように施設から5 km以内をPAZ[*15]，30 km以内をUPZ[*16]と称して必要な対策を計画するとともに，UPZを越える地域についても事故の進展状況によっては影響を受け，UPZに準じた対応が必要であることを明示している。

1F事故のときには，施設からの事故の報告を受けて環境モニタリングを実施し，汚染状況などを把握したうえで公衆の放射線防護に必要な対応をとることとしていた。しかし，環境モニタリングポストが津波や地震でほとんど機能せず，このような形での防護措置の実施がむずかしかったとの反省から，現行の原子力防災指針では施設で起こった事故的な緊急事態（EAL[*17]と呼ばれている）をあらかじめ設定し，そのような事態が生じたときは環境への放射性物質の放出の有無にかかわらず，公衆の放射線防護のための措置をとることとしている。

避難に代えて，UPZにおいては屋内退避が求められていることも1F事故の反省から出てきたものである。屋内退避は，高濃度の放射性物質が飛来してきている事故後の短期間においては，避難よりも被ばく線量の低減に有効なことが多く，かつ避難行動による混乱や幼児・高齢者などの弱者の健康維持にも適している。表6.4に示したように，UPZ区域内においては事故の当初は屋内退避が求められており，その後事故の進展と状況を勘案しつつ避難をすることになっている。

6.2.6 原子力利用における放射線防護と管理のあり方，将来に向けて

私たち人類が放射線という未知の光を手に入れてからわずか120余年，原子力という新たな技術を見出してからわずか70年ほどしかたっていない。レントゲン博士が発表した彼の妻の手掌のX線写真を目にしたこの分野の研究者たちは，その後の100年間で人体の頭から足先までの断層写真をわずか数秒で得ることを可能にし，人の病気の診断に大きく貢献してきた。原子力・放射線が人類にもたらした利益や利便は枚挙にいとまがない。一方，1F事故は，ひとたび原子力や放射線の利

表6.4 緊急時活動レベル（EAL）の一例

圏域	警戒事態	施設敷地緊急事態	全面緊急事態
EALの一例	大地震（立地道府県で震度6弱以上）など	施設に供給されている全交流電源の喪失	原子炉の冷却機能の喪失
PAZ圏内 施設から5 km以内	・施設敷地緊急事態要避難者の避難 ・屋内退避の準備開始	・施設敷地緊急事態要避難者の避難開始 屋内退避 ・住民の避難準備開始 ・安定ヨウ素剤の服用準備	・住民の避難開始 ・安定ヨウ素剤の服用
UPZ圏内 施設から5～30 km		・屋内退避の準備	・屋内退避
	（事態の規模，時間的な推移に応じてUPZ圏内においても段階的に予防的防護措置を実施）		
UPZ圏外 施設から30 km以遠	（事態の進展などに応じて屋内退避を行う必要がある。全面緊急事態では必要に応じて屋内退避を実施する可能性がある旨周知しておく）		

[*15] PAZ：precautionary action zone（予防的防護措置を準備する区域）
[*16] UPZ：urgent protective action planning zone（緊急防護措置を準備する区域）
[*17] EAL：emergency action level（緊急時活動レベル）

用において事故が発生すれば，取り返しのつかない大きな損害と人々に不安をもたらすことを如実に示した．放射線や原子力の利用は多方面にさまざまな形でこれからも発展していくことが予測され，その中で放射線の防護と管理はつねに優先されるべき実務であり，研究対象であろう．

今後，放射線管理の実務的な面では何が求められるのであろうか．それは，より実情や要請に応じて放射線を管理し，過不足のない合理的な防護を実現することである．ICRP は 1996 年の勧告において，線量限度を補足するものとして，線量拘束値を提案している．被ばくする状況ごとに，線量限度の数分の 1 の線量拘束値を定めて，その範囲内に被ばく線量が収まるように管理しようというものである．放射線への感受性が異なる 100 歳の高齢者から 0 歳の乳児までを一括して年間 1 mSv の線量限度で管理してよいのか，甲状腺がんの発症のリスクが非常に高い若齢者と，ほとんどリスクのない高齢者の食品が同じ放射性ヨウ素の基準値なのは合理的か，そのような意見は 1F 事故時も多く聞かれた．今後の放射線管理は，そのような年齢，性別，職業，居住地域などの個々の要因を考慮した合理的・効率的な管理に進化していくものと思われる．

放射線管理の基本的な面では，損害の指標の見直しがある．放射線管理の分野で使われている Sv という単位は，人ががんや遺伝病で死ぬという危険度（リスク）の大きさを表す単位である．しかし，1F 事故が明らかにしたように，がんや遺伝病による致死だけでなく，精神的なストレス，社会的な混乱などで多くの方が影響を受けたのである．がんや遺伝病による致死効果は，統計上もデータを取りやすく損害の指標として適切な指標の一つであることは間違いないが，このような放射線によるリスク研究をさらに進展させ，致死以外の指標による放射線の損害の推定を可能にし，放射線管理に活かしていくことが必要である．

放射線が広く活用され，多くの一般の方が被ばくする機会が増大していることは，特に低線量の放射線被ばくが多数の人に生じる可能性を示唆している．これまでも，低線量放射線の人の健康に及ぼす影響については多くの研究が行われているが，一般公衆の線量限度である年間 1 mSv（生涯の総線量で 100 mSv）程度の低線量の放射線被ばくが人の健康に何らかの影響を及ぼすのか否かはわかっていない．5.2 節で述べたように，現在ではこれより高い線量で得られたリスクを計算上で低い線量にまで広げているのである（しきい値なしの直線仮説）．この分野の研究をさらに進め，その成果を管理に活かしていく必要がある．

植物や野生生物，昆虫や微生物など，環境生態系を形づくるヒト以外の生物の放射線防護も今後の重要な研究課題である．環境生態系に対する放射線影響については，これまで十分な研究が行われてこなかった．それはヒトを防護すれば環境生態系もおのずと防護されるという考えに基づくものであった．しかしながら，原子力を利用し，今後もチェルノブイリ原発事故や 1F 事故のような状況が発生する可能性を考えると，環境生態系への放射線影響の研究は重要な課題である．例えば，現在は原子力施設から環境中に放出される放射性物質の濃度や量は，周辺の住民に影響を与えないように規制されているが，ゆくゆくは周辺の動植物すべてが影響を受けることなく持続して生存し，生態系を維持できることが保証されるような管理が求められるようになるであろう．

［髙橋　千太郎］

参考文献

1) UNSCEAR. Levels and effects of radiation exposure due to the nuclear accident after the 2011 great east-Japan earthquake and tsunami. UNSCEAR 2013 Report 1 (Annex A) (2014).
2) S.M. Shinkarev, K.V. Kotenko, E.O. Granovskaya, V.N. Yatsenko, T. Imanaka, M. *Rad. Prot. Dosimetry*, **164** (1-2), 51-56 (2015).
3) T. Ohba, A.Hasegawa, Y. Kohayagawa, H. Kondo, G. Suzuki, *Health Phys.*, **113**(3), 175-182 (2017).
4) H. Tsuruta, Y. Oura, M. Ebihara, T. Ohara, T. Nakajima, *Sci. Rep.*, **4**, 6717 (2014).
5) Y. Muramatsu, H. Matsuzaki, C. Toyama, T. Ohno, *J. Eenviron. Radioact.*, **139**, 344-350 (2015).
6) H. Matsuzaki, Y. Muramatsu, T. Ohno, W. Mao, *EPJ Web Conf.*, **153**, 08014 (2017).
7) 環境省・放射線医学総合研究所『放射線による健康影響等に関する統一的な基礎資料（平成28年度版）下巻 東京電力福島第一原発事故とその後の推移（省庁等の取組）』p. 66.
8) S. Hirakawa, N. Yoshizawa, K. Murakami, M. Takizawa, M. Kawai, O. Sato, *et al., J. Food Hygienic Soc. Jpn.*, **58**(1), 36-42 (2017).
9) http://www.mhlw.go.jp/topics/bukyoku/kenkou/suido/kentoukai/dl/houshasei_110719_m1.pdf.
10) T. Ishikawa, S. Yasumura, K.Ozasa, G. Kobashi, H. Yasuda, M. Miyazaki, *et al., Sci. Rep.*, **5**, 12712 (2015).
11) H. Miyatake, N. Yoshizawa, G. Suzuki, *Radiat. Prot. Dos.* (2018); doi: 10.1093/rpd/ncy075.
12) UNSCEAR, Exposures and effects of the Chernobyl accident, UNSCEAR 2000 Report (Annex J) (2000).
13) E. Kim, O. Kurihara, N. Kunishima, T. Momose, T. Ishikawa, M.Akashi, *J. Radiat. Res.*, **57** (Suppl 1), i118-i126 (2016).
14) O. Kurihara, E. Kim, S. Suh, K. Fukusu, M. Matsumoto, Y. Rintsu, Y. Uchiyama, I. Kawaguchi, Proc. 2nd NIRS Symp. Reconstruction of early internal dose in the TEPCO Fukushima Daiichi Nuclear Power Station Accident., p.140-162 (2013).
15) S. Tokonami, M. Hosoda, S. Akiba, A. Sorimachi, I. Kashiwakura, M. Balonov, *Sci. Rep.*, **2**, 507 (2012).
16) N. Matsuda, A. Kumagai, A. Ohtsuru, N. Morita, M. Miura, M. Yoshida, *et al., Rad. Res.*, **179**(6), 663-668 (2013).
17) N. Morita, M. Miura, M. Yoshida, A. Kumagai, A. Ohtsuru, T. Usa, *et al., Rad. Res.*, **180**(3), 299-306 (2013).
18) E. Kim, O. Kurihara, K. Tani, Y. Ohmachi, K. Fukutsu, K. Sakai, *et al., Rad. Prot. Dosimetry*, **168**(3), 408-418 (2016).
19) E. Kim, O. Kurihara, N. Kunishima, T. Nakano, K. Tani, M. Hachiya, *et al., Health Phys.*, **111**(5), 451-464 (2016).
20) T. Momose, C. Takada, T. Nakagawa, T. Murayama, Y. Uezu, O. Kurihara, Proc. 2nd NIRS Symp. Reconstruction of Early Internal Dose in the TEPCO Fukushima Daiichi Nuclear Power Station Accident, pp.90-102 (2013).
21) T. Momose, C. Takada, T. Nakagawa, K. Kanai, O. Kurihara, N. Tsujimura, Y. Ohi, T. Murayama, T. Suzuki, Y. Uezu, S. Furuta, Proc. 1st NIRS Symp. Reconstruction of early internal dose in the TEPCO Fukushima Daiichi Nuclear Power Station Accident. pp.67-82 (2012).
22) T. Ohba, A. Hasegawa, G. Suzuki, *Health Phys.*, **117**(1), 1-12 (2019).
23) 滝澤真理, 義澤宣明, 河合理城, 他, 安全工学, **5**(1), 26-33 (2016).
24) 山口一郎, 寺田宙, 欅田尚樹, 高橋邦彦, 保健医療科学, **62**(2), 138-143 (2013).
25) M. Kawai, N. Yoshizawa, G. Suzuki, *Rad. Prot. Dosimetry*, **179**(1), 43-48 (2018).
26) M. Balonov, G. Kaidanovsky, I. Zvonova, A. Kovtun, A. Bouville, N. Luckyanov, *et al., Rad. Prot. Dosimetry*, **105** (1-4), 593-599 (2003).
27) T. Ishikawa, A. Sorimachi, H. Arae, S.K. Sahoo, M. Janik, M. Hosoda, *et al., Environ. Sci. Technol.*, **48**(4), 2430-2435 (2014).
28) P. Bedwell, K. Mortimer, J. Wellings, J. Sherwood, S.J. Leadbetter, S.M. Haywood, *et al., J. Soc. Radiol. Prot.*, **35** (4), 869-890 (2015).
29) J.H. Lubin, M.J. Adams, R. Shore, E. Holmberg, A.B. Schneider, M.M. Hawkins, *et al., J. Clin. Endocr. Metab.*, **102**(7), 2575-2583 (2017).
30) P. Jacob, Y. Kenigsberg, I. Zvonova, G. Goulko, E. Buglova, W.F. Heidenreich, *et al., Brit. J. Cancer*, **80**(9), 1461-1469 (1999).

第7章　事故による環境の汚染と修復，住民生活への影響

編集担当：井上 正

7.1	放射性物質による環境汚染 ……………………………………………（斎藤公明）	148
7.2	汚染後の修復に向けた取り組み …………………………………………………	151
	7.2.1　汚染直後の取り組み ……………………………………（三倉通孝）	151
	7.2.2　環境修復のための法整備 ………………………………（池田孝夫）	155
	7.2.3　環境修復実施に向けての準備 ………………（宮原 要，川瀬啓一）	159
	7.2.4　環境修復の実施 …………………………………………………………	167
	a.　国直轄除染と市町村除染 ……………………………（八塩晶子）	167
	b.　適用された除染技術 …………………………………（八塩晶子）	170
	c.　除染の効果とフォローアップ除染 …………………（八塩晶子）	174
	d.　除染で発生した汚染土壌，廃棄物 …………………（井上 正）	177
	e.　残された課題 …………………………………………（井上 正）	180
7.3	避難生活と避難解除・帰還 ……………………………………（平岡英治）	182
	7.3.1　避難指示区域の変遷と住民避難 ………………………………………	182
	7.3.2　避難生活の課題 …………………………………………………………	184
	7.3.3　避難解除・帰還 …………………………………………………………	186
7.4	住民との対話 ……………………………………………（服部隆利，飯本武志）	190
	7.4.1　日本原子力学会の取り組み ……………………………………………	190
	7.4.2　その他の取り組み ………………………………………………………	192
7.5	事故により汚染された環境修復の海外事例と動向 ……………（井上 正）	193
	7.5.1　海外事例 …………………………………………………………………	193
	7.5.2　国際的な動向 ……………………………………………………………	195
参考文献 ……………………………………………………………………………………		196

7.1 放射性物質による環境汚染

東京電力福島第一原子力発電所（以下，1Fと称する）事故では大量の放射性物質が環境中に放出された。大気中へ放出された放射性物質は大気の流れに乗って広がり，東日本の広い地域に沈着した。事故直後の被ばくにおいては，時間とともに放射能が急激に減少する性質がある短半減期のヨウ素131（^{131}I，半減期約8日）などによるものも含め，内部被ばくと外部被ばく両方の経路での被ばくがもたらされたと考えられる。半減期は放射能の量が半分に減少するのに要する時間を指す。これまでの研究では，事故直後に住民に対して重大な被ばくがあった事例は報告されていないが，事故直後の状況に関してはまだ不明な点も多く，被ばく線量をより正確に評価する研究を継続することが必要である。一方，長期的な被ばくの観点からは，環境中に長い期間存在しかつ多量に地表へ沈着した放射性セシウムからの外部被ばくが，他の放射性核種からの被ばくに比べて格段に重要であることが確認されている[*1]。本節では，事故後実施された大規模環境測定の結果に基づき，長期被ばくに関係の深い空間線量率を中心に，福島地域の汚染の特徴についてまとめて説明する。

a. 大規模環境測定

環境中に沈着した放射性核種の種類と量，それによる空間線量率の分布を明らかにするために，国主導の複数のプロジェクトにより事故直後から大規模な環境測定が行われ，環境汚染の地域的な分布の特徴やその経時変化の様子が明らかにされた。この中で，最近の測定技術の進歩を活用した自動車サーベイや航空機によるモニタリング，また平坦地上でのサーベイメーターを用いた測定が繰り返し行われ，蓄積された環境測定データの解析が行われた。

それぞれの測定手法は異なる特徴を有している。定点測定や歩行サーベイは測定結果の精度および位置分解能が高く，人間の生活に直接に関係のある空間線量率データが得られるが，測定でカバーできる範囲には限界がある。一方，航空機モニタリングは広い範囲を短時間で測定できるという特徴を有するが，測定結果の精度や位置分解能は地上の測定に比べて劣る。走行サーベイはこれらの中間に位置する特徴をもつ。

b. 空間線量率の経時変化傾向

図7.1（巻頭の口絵も参照）は事故直後から2016年までの空間線量率の変化を地図上に示したものである。環境中での空間線量率は一般に周辺線量当量率（単位はμSv/h）という量を用いて表される。この量は人間の被ばく線量を過小評価することがないようにすることを目的に用いられる量であり，被ばく線量を表す実効線量率（単位は同じくμSv/h）よりも高めに出ることに注意する必要がある。地上でのサーベイメーターによる測定結果と航空機モニタリングの結果を合成して図を作成したが，暖色系の地域が時間とともに狭まってきており，空間線量率が減少してきたことがわかる。

空間線量率の減少傾向は状況により異なる。図7.2は，異なる測定手法を用いて行われた空間線量率の平均値が1Fから80 km半径内の地域においてどのように減少してきたかをまとめたものである。事故直後の2011年6月における空間線量率を1としてその後の空間線量率の減少を比率で示している。

自動車により測定した道路上での空間線量率が最も速い減少傾向を示した。自動車による道路上の測定では，道路に沈着した放射性セシウムに加え道路周辺100 m程度の範囲からやってくるガンマ線（γ線）を検出する。したがって道路やその周辺の空間線量率の変化全体を反映した測定結

[*1] K. Saito, I. Tanihata, M. Fujiwara, T. Saito, S. Shimoura, T. Otsuka, Y. Onda, M. Hoshi, Y. Ikeuchi, F. Takahashi, N. Kinouchi, J. Saegusa, A. Seki, H. Takemiya, T. Shibata, Detailed deposition density maps constructed by large-scale soil sampling for gamma-ray emitting radioactive nuclides from the Fukushima Dai-ichi Nuclear Power Plant accident. *J. Environ. Radioactiv.*, **139**, 308-319（2015）.

第7章　事故による環境の汚染と修復，住民生活への影響

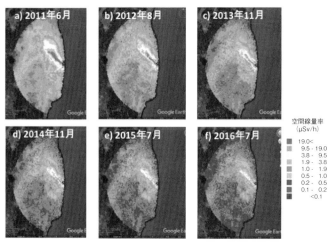

図7.1　80 km 圏内の平均空間線量率の経時変化（口絵5参照）
［出典：斎藤公明，*FB News*, 476, 1-5（2016）］

果が得られる。道路周辺の人工建造物に沈着した放射性セシウムは全体に除去され移動しやすいため道路上の空間線量率は速く減少すると考えられる。

　人の活動や大きな出水などで状況が変わる可能性が小さい平坦な土地を選んで行われたサーベイメーターによる測定（定点測定）の結果は，半減期による減衰（物理減衰）よりは速い減少傾向を示すものの，自動車サーベイの結果に比べては遅い減少傾向を示す。

　さまざまな環境中を人間が歩いて行う歩行サーベイによる空間線量率の測定は事故の数年後に開始されたため，事故直後からの変化傾向を示す線を引くことはできないが，平坦地における測定と自動車サーベイの結果の間に空間線量率のデータが入ることがわかっている（図7.2）。自動車サーベイの結果と歩行サーベイの結果を比べると，10～20%程度歩行サーベイの方が高めの空間線量率を示すものの，双方の結果にはよい相関がある。すなわち自動車サーベイの結果は道路上の測定結果ではあるが，人間が生活するさまざまな環境の

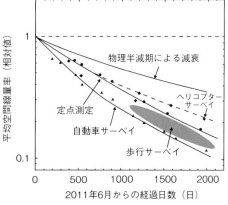

図7.2　80 km 圏内の空間線量率分布の経時変化
［出典：斎藤公明，*FB News*, 476, 1-5（2016）］

空間線量率の目安になることがわかった。

　一方，森林内の多数の地点において行われた測定結果からは，森林内の空間線量率は物理減衰に近い傾向で減少してきたことが示された。航空機モニタリングでは，森林を含むさまざまな地域からやってくるガンマ線を測定することになるため，空間線量率測定結果の減少は走行サーベイや定点測定に比べて遅い傾向がある。

c. 空間線量率減少の原因

福島地区における空間線量率の減少のおもな原因として、①物理減衰、②放射性セシウムの環境中での移行、③除染の三つが挙げられる。

1F事故では2.06年という比較的短い半減期をもつセシウム134（^{134}Cs）が放出された放射性セシウムの約半分を占めていたため、事故直後から物理減衰による顕著な減少があった。事故後の5年間の物理減衰により、大規模環境測定が開始された2011年6月に比べ空間線量率は40％以下に減少したと見積もられる。現在は、半減期が30.4年と長いセシウム137（^{137}Cs）が空間線量率におもに寄与するようになってきているため、今後物理減衰による空間線量率の減少は遅くなっていくことになる。すなわち図7.2の物理半減期による減衰曲線の減少傾向は緩やかになっていく。

放射性セシウムの環境中における動きは地中への浸透と横方向への移動に分けられる。放射性セシウムが地中に浸透していく速度は決して速くない。事故後5年においても、地表面から5cm以内に90％以上の放射性セシウムが存在しているケースが半分以上を占めた。このように深さ方向への浸透の平均的な速度は年間に1cmにも満たないが、このわずかな浸透が空間線量率を減少させる重要な要因になることがシミュレーションにより確認されている。放射性セシウムの地中深度分布の変化の実測値を基にした評価では、放射性セシウムの地中浸透により5年間で空間線量率が30％程度減少したと見積もられた。図7.2において定点測定が物理半減期による減衰に比べて低くなるおもな原因は地中への浸透である。

放射性セシウムの横方向の動きは土地利用状況によりその傾向が異なる。森林内では樹冠に付着した放射性セシウムが徐々に地上に落ちてきているが、森林外への移動は非常に小さい。道路や家屋などの人工建造物に沈着した放射性セシウムは沈着後の早い時期に洗い流される性質があること、耕作された田畑の放射性セシウムは相対的に流出しやすいことがわかっており、これらは人間が生活する環境の空間線量率の減少に寄与している。この結果、都市域や水域に分類される地域では空間線量率の減少が速いのに対し、森林では減少が遅く、田畑はこれらの中間に位置する。図7.2において定点測定の線で示された平坦地測定と自動車サーベイの違いは、おもに横方向の放射性セシウムの動きによるものと考えられる。

事故後、大規模な除染が国や地方自治体により行われてきた。汚染された地表面の5〜10cm程度を剥ぎ取り汚染されていない土で覆土する方法や、放射性セシウムを土壌中の深い位置に移動させる方法などを用いて除染が行われた。表土を剥ぎ取った場所では一般的に空間線量率が半分以下に減少することがわかっている。また、平坦地で行われた大規模測定でも除染の影響が確認されており、除染が行われていない平坦地の平均空間線量率に比べて、除染が行われた場所を含むすべての場所の平均空間線量率は10％以上低いという結果が得られた。人間生活に関連した家屋近辺では除染が高い頻度で行われるため、生活環境の空間線量率はさらに大きく減少したことが予想される。除染全体が与えた影響の定量的な評価は今後しっかりと進める必要がある。

さらに、空間線量率の減少を加速する要因として人間活動がある。人間活動が活発な避難指示区域外に比べて区域内の空間線量率の減少は明らかに遅いことが自動車サーベイの結果などで明らかになっている。このことは、除染も含めた人間活動全般が空間線量率の減少を加速する方向に働いていることを示唆するものである。

d. 空間線量率の将来予測

事故後に大量に取得された自動車サーベイによる空間線量率の減衰傾向を分析してみると、減衰

が速い成分と遅い成分の2成分を組み合わせた経験式でその傾向を表現できることが確認された[*2]。そこで，自動車サーベイデータを土地利用状況と避難指示状況に応じて分類して統計解析，2成分経験式の最適パラメーターを状況別に求め将来予測に用いる試みが行われた。30年後までの将来予測結果は，空間線量率が物理減衰に比べて明らかに速く減少することを示した。減衰が速い成分の半減期は1年以内と短いのに対して，遅い成分の半減期は数十年のオーダーと当初想定されていたが，最近の測定結果によれば10年以内のより短い半減期をもつ成分を示唆するデータも得られており，環境中における放射性セシウムの移行が単純ではないことを示唆している。今後の検討が必要である。

e. まとめ

繰り返し行われた事故後の大規模調査結果の解析により，空間線量率の減少傾向と放射性セシウムの動きの特徴が明らかになりつつある。しかし，環境中での放射性セシウムの複雑な動きを基に定量的に空間線量率の変化を説明することはまだできておらず今後の重要な課題となっている。また，これら環境中で測定された空間線量率の変化と人間の被ばく線量の関係，被ばく線量の減少に対する除染の効果などについて詳細に解析し，得られた知見を後世に継承することが必要である。

本節で紹介した環境測定データを始め，各省庁や地方自治体で取得された環境データはデータベースとして公開されている[*3]。

本節で紹介した環境測定の結果は，原子力規制庁および文部科学省からの委託で実施された調査で取得されたものを含む。

[斎藤 公明]

7.2 汚染後の修復に向けた取り組み

7.2.1 汚染直後の取り組み

a. NPOなどによる除染活動

東日本大震災発生後に引き続いて起こった1F事故により，多量の放射性物質が環境中に放出された。被災地では多数のNPOによる活動が行われ，そのミッションは緊急時の救援活動や避難生活，外部支援に触発された活動，情報共有やネットワーク，相談対応であることに加え，特に福島県では放射能・風評被害対応が特徴的であった。震災直後には，これら活動の中で，放射線量の測定や放射線影響の理解，除染活動が多く見受けられた。また，NPOには多分野（原子力工学をはじめ農学，理学，医学やその他の工学など）の関連する研究者や技術者が参加し，これらの活動を支援，所有する測定器を用いて放射線量の評価を行う活動も数多く行われた。さらに，放射線影響の正しい理解を目的とし，さまざまな階層を対象に勉強会やシンポジウムが各地で開催された。除染活動は福島県内に限らず広範囲に行われた。伊達市では2012年に多くの自治体で開始された除染作業に先立ち，NPO法人「放射線安全フォーラム」と協力し，2011年10月には第1版の除染基本計画を策定した（図7.3）[4]。

多くの団体は当初から終了を見込んで活動しているわけではなく，仮設住宅の解除や自治体の復興計画が完了するまでを活動終了と考えてはいないようである。特に農業に関しては風評被害がなくなるまでと考えているケースが見られ，活動の取り組みの長期化を想定するケースがある。ただし，一部には支援に何が最も求められているのかが変化してきているため，活動の縮小や終了予定の団体もある[5]。

[*2] 減衰の速い成分と遅い成分は，環境中での移行が速いセシウムと遅いセシウムに起因する空間線量率の変化を反映していると考えられる。ただし，現在までのところあくまでも推測であり，実態についてはこれから検証していく必要がある。

[*3] http://emdb.jaea.go.jp/emdb/

第Ⅱ部　東京電力福島第一原子力発電所事故の影響

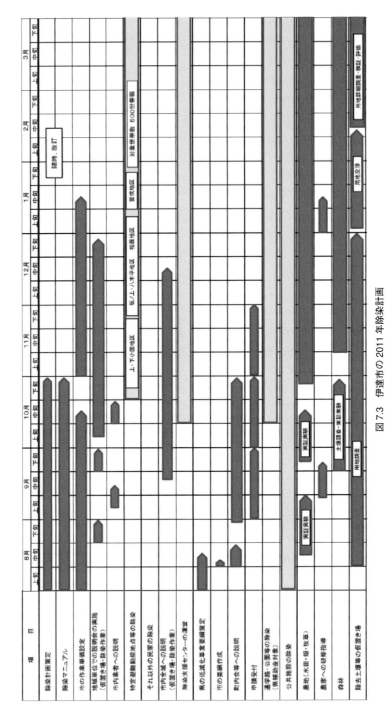

図 7.3　伊達市の 2011 年除染計画

[出典：伊達市除染基本計画（第 1 版平成 23 年 10 月）http://www.city.fukushima-date.lg.jp/soshiki/12/192.html］
（伊達市ホームページで公開されている）

b. 福島特別プロジェクトの活動，日本原子力学会からの提言

1F事故後の福島復興にあたっては，環境へ放出された放射性物質による汚染対策や影響評価が不可欠である。日本原子力学会では，放射性物質の除去や環境修復について分析し，課題の検討と解決に向けた提言を行うことを目的として，2011年4月に「原子力安全」調査専門委員会の下にクリーンアップ分科会や放射線影響分科会を立ち上げた。クリーンアップ分科会では，放射性物質による汚染状況の評価や除染技術対策を中心に取り組み，また保健物理・環境科学部会では放射性物質による人体への影響や，住民への被ばく評価など日々の生活や帰還にあたって重要な課題に取り組んできた。2012年には日本原子力学会理事会直結の組織として「福島特別プロジェクト」を創設し各分科会の活動を引き継ぎ，これまでに提言や情報提供，放射線モニタリング，水耕栽培試験，地域との対話，リスクコミュニケーションなどの活動を行っている（図7.4）[6]。

今回のような原発事故においては，適切な情報開示が必要とされる。特に事故の状況や放射性物質による環境汚染の状況に関する情報については，不適切な情報であったり，開示が不十分である場合，国民の不安の拡大，事故の発生した1F周辺の一般住民の被ばく被害の拡大を招く可能性がある。モニタリングに関する情報は，事故直後に多数の機関で測定が行われデータが収集されたが，データの集約や正確さの評価に課題が生じる。このため，日本原子力学会では各機関で取得されたデータを集約し，測定地点での比較や時間的な変化など，総合的な解析を行う機関として「環境放射線モニタリングセンター」を設置する必要性があることを提言した[7]。この中では，モニタリング実施自治体との連携，きめ細かなデータ取得，収集データおよび解析結果の早期開示を提案。その後，文科省により上記機能を具備したモニタリングセンターが設置された。

発電所敷地内外の環境回復に関しては，環境修復センターの設置と除染モデル事業による速やかなる検証を提言した。そこでは敷地外の環境回復に関わることに注力することとし，敷地内については状況の進展に応じ提言活動を行う方針とした。先を見通した一元的修復戦略，修復計画策定とそ

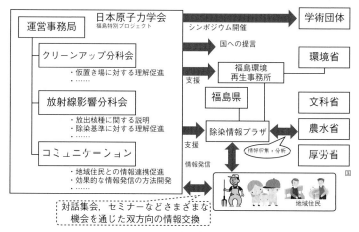

図7.4　福島特別プロジェクトの機能
［出典：田中 知，藤田玲子，日本原子力学会誌，**54**（10），640（2012）］

第Ⅱ部　東京電力福島第一原子力発電所事故の影響

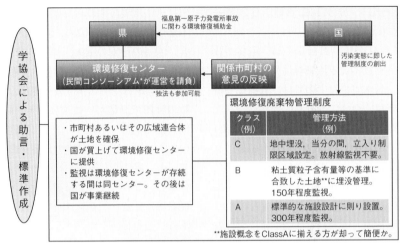

図 7.5　環境修復センター－環境修復廃棄物管理制度のイメージ例
［出典：日本原子力学会クリーンアップ分科会，「提言："環境修復センター"の設置と除染モデル事業による速やかなる検証」（平成 23 年 7 月 29 日）］

れに基づく実証，実践も機能に含めることとした。具体的には，①既存技術の適用による放射性物質の除去方策の検討，②新技術の開発，③除去技術の実証，④放射性物質の除去作業によって生じる汚染廃棄物の処理方策を検討することを提案している（図7.5）[8]。ここで記述した機能の一部をもつ組織として，環境省が 2012 年 1 月 1 日より福島市内に福島環境再生事務所を開設し，除染情報プラザ（2017 年 7 月 14 日より環境再生プラザと名称を変更）を設置した。また，除染技術に関しては，内閣府などをはじめとし，その他省庁や福島県においても除染モデル事業が実施された。

c. 日本原子力学会福島特別プロジェクトの除染技術および仮置き場に関する情報提供

発電所敷地外を対象とした汚染地域の環境修復に関する技術を検討し，環境修復戦略，シナリオ並びに修復技術の分析を行った。具体的にはチェルノブイリ原子力発電所事故後に欧州連合（EU）がまとめた EURANOS プロジェクト[*4] の環境修復技術の分析と修復技術内容を調査した。修復対象として建物（屋外，屋内），公共施設（公園・運動場，道路），田畑，果樹園，牧草地・牧畜，森林，水域，生活用品，ガレキなどを対象物として取り上げ，日本への適用性や学会の見解を含めた 64 項目の修復技術をカタログ[9]としてまとめた。また除染を実施する関係者を対象とした除染計画作成のための説明用資料[10]を作成した。

除染技術カタログの作成においてさまざまな除染技術を対象に調査を行ったが，水田の除染については海外の知見が乏しいことが明らかとなった。正しい判断を行う上で必要な現場の知見や机上では気づかない評価のポイントを得るため，JA そうま（現 JA ふくしま未来）営農経済部および農地所有者の協力の下に水田の除染技術実証のための現地試験，代掻き除染効果と玄米への放射性セシウム移行評価を行った。玄米への移行に関しては 2012 年より開始し，6 年経過後もほとんど放射性セシウムは玄米に移行していないことを確認している（図7.6）[11]。

一方，汚染区域の除染に伴って発生する除去土

＊4　EURANOS：European approach to nuclear and radiological emergency management and rehabilitation strategies

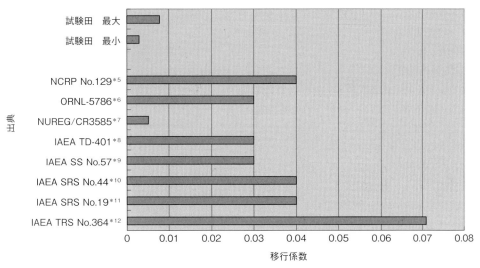

図7.6 試験田（南相馬市）での玄米へのセシウム移行係数と処分評価で参照されている移行係数

壌を，一時的に仮置き場に保管する方針となった。仮置き場は汚染区域の各自治体に設置されるため，福島特別プロジェクトでは設置や運営に従事する市町村の担当者およびその周辺の地域住民の疑問や不安を解消するための課題を検討した。仮置き場の立地条件や安全確保のための施設要件と管理要件について，環境省の「除去土壌の保管に関するガイドライン（平成23年12月 第1版）」をベースとし，必要に応じて参照できるように課題の検討に基づいて推奨事項を付加した仮置き場に関する解説資料「仮置き場Q&A」[12]を作成した。また，これまでの研究成果を参考に，コスト評価の対象となる全体シナリオを除染・処理・貯蔵処分に分類し，それぞれに必要なコストを単位工事コスト係数法により算定した[13]。そこでは環境修復に必要となるコストの適正な配分などを行うための材料を提供した。

［三倉 通孝］

7.2.2 環境修復のための法整備

a. 背 景

1F事故により大量の放射性物質（事故由来放射性物質）が放出され環境汚染が生じた。環境汚染による住民の健康影響や生活環境への影響を速やかに低減する必要があったが，事故に至るまで日本では放射性物質による環境汚染に対処する法令が整備されていなかった。環境の除染，放射性物質により汚染された物質の除染や処置方法，さらには各機関の役割を直ちに定める必要があり，2011（平成23）年8月に「平成二十三年三月十一日に発生した東北地方太平洋沖地震に伴う原子力発電所の事故により放出された放射性物質による環境の汚染への対処に関する特別措置法」（以下，特措法と呼ぶ）が制定された（平成24年1月1日より施行）[14]。さらに，2011年12月には環境の除染の方法，および汚染された物質の取扱いに係る「除染関係ガイドライン」並びに「廃棄物関係ガイドライン」が策定され，環境回復のため

---

* 5　NCRP No.129：National Council on Radiation Protection and Measurement, Recommended Screening Limits for Contaminated Surface Soil and Review of Factors Relevant to Site-specific Studies, NCRP Report No.129 (1999).
* 6　ORNL-5786：C. F. Baes III, R. D. Sharp, A. L. Sjoreen and R. W. Shor, A Review and Analysis of Parameters for Assessing Transport of Environmentally Released Radionuclides through Agriculture, ORNL-5786 (1984).

の枠組みが整備された。以下に特措法並びに各ガイドラインの概要を記す。

b. 特措法
(1) 対象物の特定

特措法では対象物を「事故由来放射性物質により汚染された廃棄物」（以下，汚染された廃棄物と呼ぶ）と，同様に汚染された「土壌等（草木，工作物等を含む）」に大別した。

汚染された廃棄物は発生場所と放射能レベルなどにより分類される。廃棄物区分を図7.7に示す。このうち特定廃棄物は環境省令で定める基準に従って処理されるが，それ以外の汚染された廃棄物は「廃棄物の処理及び清掃に関する法律」（以下，廃棄物処理法と呼ぶ）を適用する。特定廃棄物は2種類の廃棄物から構成される。「汚染対策地域」内で発生した「対策地域内廃棄物」と，汚染された廃棄物のうち放射性セシウムの含有量が 8,000 Bq/kg を超える「指定廃棄物」である。「警戒区域」または「計画的避難区域」などは，廃棄物が汚染されているおそれがあることから，それらの区域が「汚染廃棄物対策地域」とされている。特定廃棄物の処理は国が実施する。なお，「核原料物質，核燃料物質及び原子炉の規制に関する法律」および「放射性同位元素等による放射線障害防止に関する法律」において管理区域として規制を受けている場所から発生する，当該施設起源の放射性物質によって汚染された廃棄物は特措法が適用されない。

「汚染された土壌等」とは，国あるいは地方公共団体が実施する除染により発生する土壌，草木，工作物などである。

(2) 除染に係る区域

特措法では汚染の程度に応じて「除染特別地域」と「汚染状況重点調査地域」の2種類の除染区域区分を設けている。

「除染特別地域」は放射性物質による汚染レベ

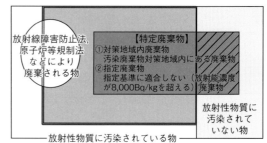

図 7.7 放射性物質汚染対処特措法に基づく適用関係

[出典：塩見拓正「放射性物質汚染対処特措法の概要について」第28回「バックエンド」夏期セミナー資料（https://nuce.aesj.or.jp/ss:ss28）]

ルが高いと想定されるエリアで，国が除染措置を実施する。基本的に事故後1年間の積算線量が 20 mSv を超えるおそれがあるとされた「計画的避難区域」と，1Fから半径20 km圏内の「警戒区域」に指定された区域である。除染の計画策定にあたっては避難指示解除準備区域および居住制限区域となる地域を優先し，帰還困難区域となる地域については高線量の地域で除染モデル実証事業を実施し，その結果などを踏まえて対応を検討することになっている。

「汚染状況重点調査地域」は年間追加被ばく線量が1 mSv（1時間当たり 0.23 μSv 相当）以上を指定の要件として，当該地域の市町村が除染計画を定め，除染などの措置を行う。

国際放射線防護委員会（ICRP）[*13] によれば緊急事態後の現存被ばく状況において年間線量は1〜20 mSvであるから，除染の長期的目標を1 mSvと設定し，除染の考え方が定められた。

c. 除染関係ガイドライン

特措法では長期的な目標として追加被ばく線量が年間1 mSv以下となることを目指して除染を進めることになっているが，除染の過程を具体的

[*7] NUREG/CR3585：O. I. Oztunali, G. W. Roles, "De Minimis Waste Impacts Analysis Methodology", NUREG/CR-3585, Dames & Moore（1984）.

[*8] IAEA TD-401：International Atomic Energy Agency, Exemption of Radiation Sources and Practices from Regulatory Control INTERIM REPORT, IAEA-TECDOC-401（1987）.

にわかりやすく説明するため，2011（平成23）年12月に除染関係ガイドラインが策定された。本ガイドラインは以下の4編に分かれている。除染作業が進むに従い得られた知見や新たな技術を取り入れるとともに，不適正な除染への対応を踏まえ，第2版が2013（平成25）年5月に策定され，さらに2018（平成30）年3月に追補が行われた[15]。なお，本ガイドラインの補足資料として「除染関係Q&A」が策定・公表されている[16, 17]。

・第1編　汚染状況重点調査地域内における環境の汚染状況の調査測定方法に係るガイドライン

　汚染状況重点調査地域（1時間当たり0.23μSv相当以上）の指定，除染実施区域の設定，除染などの措置および除染効果の評価，除去土壌の保管のそれぞれの事項で必要となる測定方法が紹介され，推奨される測定方法が説明されている。

・第2編　除染等の措置に係るガイドライン

　各市町村は，地域ごとの実情を踏まえ，優先順位や実現可能性を踏まえた除染実施計画を策定し，本ガイドラインに示された方法で除染することが妥当とされている。具体的には建物などの工作物，道路，土壌，草木・森林，河川・湖沼などに対する除染などの措置の方法が記載されている。

・第3編　除去土壌の収集・運搬に係るガイドライン

　除染によって発生した除去土壌は，運搬車などによって仮置き場などに運搬されるが，その際には除去土壌に含まれる放射性物質が人の健康や生活環境に被害を及ぼすことを防ぐ必要があるため，本ガイドラインでは除去土壌の収集・運搬のための要件を整理するとともに，具体的に行うべき内容が示されている。

・第4編　除去土壌の保管に係るガイドライン

　除染によって発生した除去土壌は最終処分までの間，現場などで保管，仮置き場で保管，中間貯蔵施設（大量の除去土壌などが発生すると見込まれる福島県にのみ設置）で保管することが考えられ，本ガイドラインでは現場などでの保管および仮置き場での保管について必要な施設要件や管理要件が示されている。

d. 廃棄物関係ガイドライン

　上述の特措法により事故由来放射性物質により汚染された廃棄物は放射能濃度などにより分類されたが，汚染された廃棄物の調査，保管，収集・運搬，処分について，関係者に具体的にわかりやすく説明するため，2011（平成23）年12月に廃棄物ガイドラインが策定された。さらに，第1版発刊後廃棄物の処理が進み新たな知見が得られたことから，第2版が2013（平成25）年3月に刊行された[18]。第2版のガイドラインは次の通り6部構成となっているが，第六部「特定廃棄物関係ガイドライン」は第2版において追加されたもので，特定廃棄物の保管・運搬・中間処理・埋立処分の基準が解説されている。なお，特定廃棄物のうちセシウム放射能濃度が10万Bq/kg以下の廃棄物は既存の管理型処分場で処分し，10万Bq/kgを超える廃棄物は中間貯蔵施設に貯蔵される。

・第一部　汚染状況調査方法ガイドライン

　特定の地域に所在する水道施設などの施設で発生する廃棄物は事故由来放射性物質による汚染の状況を報告しなければならない。また，指定廃棄物の申請に際しては汚染状況を調査して申請書を提出しなければならない。本ガイドラインではこれらの調査，報告，申請などの方法が解説されている。

・第二部　特定一般廃棄物・特定産業廃棄物関係ガイドライン

　特定廃棄物には該当しないが除染特別地域内または除染実施区域内の土壌などの除染などに伴い発生した廃棄物，特定の地域内に所在する水道施設などの施設で発生した廃棄物は，特定一般廃棄

---

* 9　IAEA SS No.57：International Atomic Energy Agency, Generic Models and from Routine Releases, Exposure of Critical Groups, IAEA Safety Series No.57（1982）．

* 10　IAEA SRS No.44：International Atomic Energy Agency, Derivation of Activity Concentration Values for Exclusion, Exemption and Clearance, IAEA Safety Report Series No.44（2005）．

物・特定産業廃棄物と呼ばれる。本ガイドラインはこれらの廃棄物の処理基準および処理施設の維持管理基準が解説されている。

・第三部　指定廃棄物関係ガイドライン

本ガイドラインでは指定廃棄物の保管，収集，運搬の基準を解説し，運用にあたっての留意事項が示されている。

・第四部　除染廃棄物関係ガイドライン

除染特別地域内または除染実施区域内の土壌などの除染などに伴い発生した廃棄物の保管基準を解説し，運用にあたっての留意事項が示されている。

・第五部　放射能濃度等測定方法ガイドライン

本ガイドラインでは「福島第一原子力発電所の事故により放出された放射性物質による環境への汚染への対処に関する規則」に規定されている空間線量率および放射能濃度の測定について，具体的な方法などが説明されている。

・第六部　特定廃棄物関係ガイドライン

本ガイドラインでは特定廃棄物の収集，運搬，処理，埋立処分に係る基準を解説し，運用にあたっての留意事項が示されている。

e. 除染に伴う土壌および廃棄物の処理フロー

環境の除染，汚染された廃棄物の処理に伴い発生した廃棄物は，上述の基準，ガイドラインなどに従って収集，運搬，処理，埋立処分される。

図7.8は福島県内の除染に伴い発生した土壌・廃棄物，並びに特定廃棄物の処理フローである。除染に伴い発生した土壌・廃棄物は除染現場での一時的保管の後，可燃物は焼却処理し，それ以外

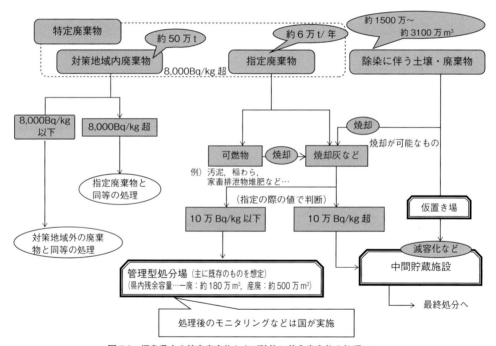

図7.8　福島県内の特定廃棄物および除染に伴う廃棄物の処理フロー

[出典：環境省「東京電力福島第一原子力発電所事故に伴う放射性物質による環境汚染の対処において必要な中間貯蔵施設等の基本的考え方について」（平成23年10月29日）]

＊11　IAEASRS No.19：International Atomic Energy Agency, Generic Models for Use in Assessing the Impact of Discharges of Radioactive Substances to the Environment, IAEA Safety Report Series No.19（2001）.
＊12　IAEA TRS No.364：International Atomic Energy Agency, Handbook of Parameter Values for the Prediction of Radionuclide Transfer in Temperate Environments, IAEA Technical Report Series No.364（1994）.

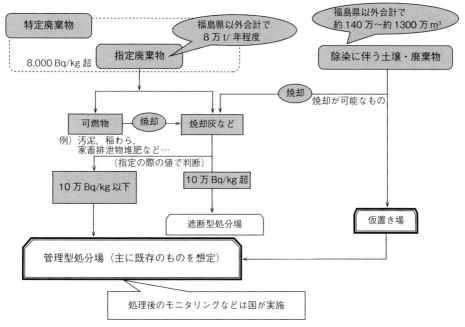

図 7.9 福島県以外の特定廃棄物および除染に伴う廃棄物の処理フロー
[出典：環境省「東京電力福島第一原子力発電所事故に伴う放射性物質による環境汚染の対処において必要な中間貯蔵施設等の基本的考え方について」(平成 23 年 10 月 29 日)]

の土壌や廃棄物は 3 年程度仮置き場で保管して，福島県内の中間貯蔵施設に貯蔵される[19]。さらに，貯蔵開始後 30 年以内に福島県外の最終処分施設に搬出し，最終処分する計画である。

特定廃棄物については，指定廃棄物のうち可燃物は焼却し，10 万 Bq/kg 超の廃棄物は中間貯蔵施設にて貯蔵され，同様に最終処分される。10 万 Bq/kg 以下の廃棄物は管理型処分場において処分される。対策地域内廃棄物のうち 8,000 Bq/kg 超の廃棄物は指定廃棄物と同等の処理が行われ，8,000 Bq/kg 以下の廃棄物は対策地域外の廃棄物と同等の処理が行われる。

他の都道府県における処理フローを図 7.9 に示す。福島県以外は，除去土壌などおよび指定廃棄物の発生量が比較的少なく，また汚染度も比較的低いと見込まれるため，各都道府県の区域内において既存の管理型処分場の活用などにより処分を進めることとし，中間貯蔵施設の設置は考えられていない。

[池田 孝夫]

7.2.3 環境修復実施に向けての準備

東日本大震災に伴う 1F 事故により放出された放射性物質の地表への沈着状況などを踏まえ，除染により人々の健康や生活環境に及ぼす影響を速やかに軽減することが喫緊の課題となった。このため，2011 年 8 月 26 日に国は「除染に関する緊急実施基本方針」を決定し，モデル事業を通じて効果的な除染方法，費用など，除染に必要となる技術情報などを継続的に提供することとした。長

＊13 ICRP：International Commission on Radiological Protection

期的な目標として，追加被ばく線量が年間20 mSv未満の地域においては追加被ばく線量が年間1 mSv以下となることを目標とした。この方針を踏まえ，国の委託事業によりおもに避難区域を対象とした「除染モデル実証事業」を日本原子力研究開発機構が多くの建設事業会社などの協力を得て実施した。

地表に沈着した放射性物質のうちヨウ素131（^{131}I，半減期約8日）などの比較的寿命の短いものは速やかに減衰しており，汚染の要因となる放射性物質のほとんどである放射性セシウム134（^{134}Cs，半減期約2年）とセシウム137（^{137}Cs，半減期約30年）が除染対象の放射性物質となった。セシウムは，屋根やコンクリート面，枝葉，落葉などの表面に付着しやすく，特に粘土に吸着されやすい特性を有しており，その多くは土壌の表層に留まっていた。放射性セシウムによる人体への実効線量は主としてガンマ線（γ線）による外部被ばくによるものであり，その物理的減衰並びに風雨などの自然要因による減衰（ウェザリング効果）によって時間とともに減少していた。

一般的に除染とは放射性物質を除去することを指すが，1F事故によって汚染された地域の住民が受ける追加被ばく線量を低減させるために，当該地域の汚染物から1F事故由来の放射性物質を取り除く，または耕起などによりかくはんして薄める技術，天地返しなどの遮蔽する技術の適用を図ることとした。

除染の実施にあたっては，計画を立案し，除染を適切に実施し，除染の結果などを住民や自治体関係者に正しく説明することが求められた。しかし，広域的な除染を本格的に実施するにあたって，比較的人口の多い地域を対象とするなど，日本の条件を考慮した除染の計画立案や実施の経験がないことがおもな課題となった。そこで，除染モデル実証事業を実施することにより，国，地方自治体が除染を実施する際に用いるガイドラインの作成を支援するための知見・知識を整理しておくことが重要となった。

a．除染モデル実証事業の実施

避難区域は，東北地方太平洋側の狭い海岸平野と樹木が密生する山脈へと続く谷で構成される。海岸沿いおよび平野部では人口密度が比較的高く，農業が重要な産業となっていた。山間部では人の居住はおもに狭い谷間に限定されるものの，ここでも農業が観光業と共に重要な産業となっていた。

避難区域など11市町村16地区（全209 ha）を対象とした除染モデル実証事業（2011年9月～2012年6月）[20]を，特定避難勧奨地点[*14]など2市2地区を対象とした除染実証試験（ガイドライン作成調査業務；2011年8月～2012年3月）[21]に引き続き実施した。1地区当たりの面積は3～37 haという広い面積を対象としており，宅地，グラウンド，農地，公園，森林，道路などさまざまな土地利用状況に応じた除染対象を扱った。

ここでの除染のターゲットは地表などに沈着した放射性セシウムを除去する，あるいは濃度を下げることであることから，「除染技術カタログ」[*15]などに記載されている除染技術など，既にある程度の除染効果が確認されている除染技術を参考に，除染モデル実証事業後の本格除染につながるよう民間の土木技術などで培った方法を適用し，必要に応じて改良することで技術情報などを得るように留意した。

除染計画では，除染対象地区ごとに以下の手順で除染を実施することとした。

① 除染前の放射線サーベイ（放射性核種の分布図の作成。深度方向の分布も調査）
② 放射線サーベイデータの評価に基づいた除染実施計画の策定
③ 除染方法の適用
④ 除染方法の効果の評価

---

*14 特定避難勧奨地点：避難指示区域外で，「避難区域とするほどの地域的な広がりはないものの，1F事故発生後1年間の積算放射線量が20 mSvを超えると推定される地点」として原子力災害対策本部が指定した地点で，南相馬市・伊達市・川内村のそれぞれ一部の地域が指定されたが，除染などで放射線量が低下したとして2014年12月までに順次解除された。

*15 http://c-navi.jaea.go.jp/ja/remediation-work/decontamination-technology-catalog/catalog.html

第 7 章　事故による環境の汚染と修復，住民生活への影響

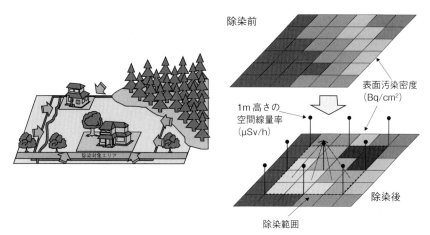

図7.10　除染前後における空間線量率分布の評価

⑤ 適切な除染方法の選定および除染ガイドラインへの入力情報の評価

除染前の放射線サーベイでは，航空機モニタリング，走行サーベイ，歩行サーベイなどの測定技術で得られたデータを適宜組み合わせ，線量率，表面汚染密度，放射性セシウム濃度を評価した（図7.10）。測定箇所の位置情報と合わせることにより，除染計画の立案にとって有用な放射性セシウムの分布図（マップ）が得られた。

線量率は，地表面から一定の高さ（通常は1m）において付近のすべての線源から発せられるガンマ線の線量率を足し合わせたものとなる。一方，放射性セシウム（セシウム134，セシウム137）はガンマ線とベータ線（β線）を放出することから，対象地点の除染前後の表面汚染密度に関する情報を得るために，おもにベータ線を検出するGM検出器[*16]を用いて地表近く（1cm）で測定した。適切な遮蔽／コリメーションを使用していれば，測定値は計測されるベータ線の飛距離が短いため表面汚染の程度に比例し，放射性セシウムがかなりの深さまで到達していない場合，除染前後の計数率の比率が除染係数の直接的な測定値となる。

除染方法の適用にあたっては，除染により生じる除去土壌などの除去物の発生をできるだけ抑制することを念頭に，放射性セシウムの土壌など深度方向の分布を測定した。地表に沈着した放射性セシウムの80%以上は，深さ約5cm以内の表土に存在していた。密粒アスファルト舗装では，放射性セシウムの大部分が表面から2〜3mm以内に存在していた。

農地などでは，放射性セシウム濃度が高い場合は，表層土壌をできるだけ薄く除去する方法を導入し，低い場合は土壌の上下入れ替えにより，汚染されていない土壌で遮蔽することによって，除去土壌を発生させずに線量低減を図った（農林水産省の農地土壌除染技術の適用の考え方では，10,000 Bq/kg 未満の放射性セシウム濃度の土壌について，反転耕による土壌の上下入れ替えの手法の適用が可能とされている）。

また，除染計画の立案には，除染効果を予測する解析評価を有効に活用した。ガンマ線は空気中の飛程が長いので（セシウム137のガンマ線0.66 MeV の空気中での半価層は約70 m），ガンマ線の飛程を考慮して除染が局所的な線量率に与える正味の影響を評価することが求められる。し

---

*16　GM検出器：Geiger-Müller counter

たがって，日本原子力研究開発機構が開発した計算ツール（除染効果評価システム：CDE）[*17]を用いて除染前後の空間線量率の変化を予測した。このツールでは，除染地区のさまざまな土地利用形態ごとに設定される除染係数（除染前後の表面汚染密度の比）を用いることにより，除染後における表面汚染密度の分布を計算し，線量率分布図の変化を予測することができる（図7.11）。得られた定量的な結果は，さまざまな除染方法の組み合わせが線量分布に及ぼす影響を評価し，個々の対象地区の状況を踏まえた除染計画を策定するための参考情報となった。

除染モデル実証事業では，それぞれの土地利用状況ごとに複数の除染方法を適用し（図7.12），除染効果，施工速さ，歩掛，コスト，施工適用条件，施工上の留意点などを整理した。特に除去物発生量は仮置き場などの確保と密接に関わるため，除染効果を確保しつつ除去物の発生量を抑えることに着目してデータを取得した。このため試験施工を行い，予め剥ぎ取り深さなどと除染効果の関係を把握し，剥ぎ取り深さなどを決定して本施工を行った。

除染作業の監理においては，現場で得られた良好事例や留意事項について日々の現場会議などで情報共有を図ることが有効であった。例えば，放射線量などの測定は，除染前後だけではなく除染中にも実施することにより，期待した除染効果が得られているかどうかの確認や評価に活用した。

除染作業全体の面的な効果は，設定した複数の同じ地点における除染前後の線量率を比較することによって低減率として評価することができた。ここで，低減率を以下の式で算出し評価した。

低減率 = {1 − (除染前線量率 − 除染後線量率) / 除染前線量率} × 100

選定された各除染対象地区で，森林，宅地，大型建造物，農地，道路などの除染対象要素を特定して，個々の除染対象要素に対して効果の期待できる複数の除染方法を適用し，低減率などを指標として比較評価を行った（表7.1）。

除染作業の大部分は人力による洗浄と従来技術を用いた汚染箇所の除去であった。二次汚染の発生を防止するために，除染作業は地形的に高い場所から低い場所へと進め，道路の除染は最後に行う手順とした。

除染作業員の放射線被ばくは，全作業員に積算線量計とポケット線量計を確実に装着させて，継続的に外部被ばく線量を管理した。除染モデル実証事業期間中，作業員の被ばく線量は十分に線量限度を下回った。除染作業区域での大気中のダスト濃度を測定するとともに，作業員は保護具を着用して作業を行った。全作業員のWBC（ホールボディカウンター）による内部被ばく測定結果は，記録レベル（1 mSv）未満であり，有意な内部被ばくは確認されなかった。

除去物を運搬する際の除去物の飛散を防止するために，密閉容器である大型土のうやフレキシブルコンテナ（容量1 m^{3}で，耐候性，耐放射線性を考慮しポリプロピレン製あるいはポリエチレン製のもの）を用いた。除去物の発生量の見積り結果に加え，地元自治体からの要望や地形の状況，土地利用状態などに基づき，仮置場／現場保管場の形式を選択した。多くの地区は地上保管型を選択し，一部の地区で自治体の要望などを踏まえ地下保管型や半地下保管を選択した。

仮置場／現場保管場では，除去物を保管するヤードを設定し，遮水シートや浸出水の集排水管，保護土を敷設後，除去物を定置し，上部の遮水シートの敷設や覆土を実施した。また，集水桝やガス抜き管などの設備を設置した。

敷地境界の空間線量率のモニタリングを定期的に（週に一度程度）実施するとともに，施設からの放射性物質の流出を監視するため，施設周辺に

[*17] CDE : calculation system for decontamination effect (http://nsed.jaea.go.jp/josen/)

第 7 章　事故による環境の汚染と修復，住民生活への影響

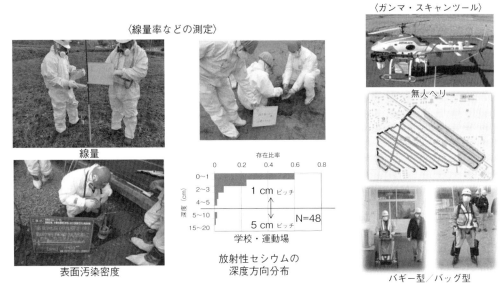

図 7.11　除染対象地区の放射線量率などの測定

図 7.12　適用した除染方法の例

表 7.1 土地利用区分ごとの除染方法の評価結果のまとめ

土地利用区分			総合評価
森 林			◎落葉・腐植土層除去（平地および傾斜地），○落葉・腐植土層・表土の除去（平地），▲樹幹洗浄，○枝打ち（常緑樹）
農 地			◎薄層土壌剥ぎ取り機，○バックホウ（5 cm 剥ぎ取り），○反転耕（トラクター＋プラウ），○天地返し（バックホウ）
宅地	屋根		▲高圧水洗浄，○ブラシ掛け，○拭き取り，▲剥離剤塗布
	雨樋		△高圧水洗浄，○拭き取り
	壁		○ブラシ掛け
	庭土		○表土剥ぎ取り
	砕石部		○砕石洗浄，○砕石除去
	芝生		○芝生除去
	庭木		▲剪定
	インターロッキング		△高圧水洗浄
大型構造物	コンクリート・モルタル面		△集塵サンダー（コンクリートカンナ），○超高圧水洗浄（150 MPa 以上），○高圧水洗浄（10～20 MPa），○ショットブラスト
	屋上	コンクリート仕上げ	○高圧水洗浄（ブラッシングなどを含む）
		防水シート仕上げ	○高圧水洗浄（ブラッシングなどを含む）
		縦樋	○高圧水洗浄（最大 50 MPa）
	グラウンド		○薄層土壌剥ぎ取り（ハンマーナイフモア＋スイーパー），○薄層土壌剥ぎ取り（路面切削機），○薄層土壌剥ぎ取り（モーターグレーダー），○天地返し
	プール		○高圧水洗浄
	芝池		○ターフストリッパー
	舗装道路		▲路面清掃車＋搭乗式ロードスイーパー，△高圧水洗浄機（15 MPa 程度）＋ブラッシング，△排水性舗装機能回復車，○超高圧水洗浄機（120～240 MPa），○ショットブラスト，○TS 切削機

注）◎：効果が非常に高かったもの，○：効果が高かったもの，△：効果が中程度であったもの，▲：効果は限定的であったもの

設置した井戸を用いて地下水のモニタリングを適切な頻度で（月に一度程度）実施し，それらの結果を記録した．

b. 除染効果の評価と留意すべき点

各土地利用区画における除染前後の平均線量率に基づいた低減率は 40～80％ の間となった．除染前の空間線量率が年間積算線量で 20 mSv 程度以上，30 mSv 程度未満の区域内で実施したケースでは，年間積算線量 20 mSv を下回る水準まで空間線量率を下げることができた．この年間積算線量は，1 日の滞在時間を屋内 16 時間，屋外 8 時間と想定し，屋内における木造家屋の低減効果を考慮して，空間線量率から推計したものである．

他方，除染前の空間線量率が年間積算線量で 40 mSv 超の区域内で実施したケースでは 40～60％ 程度の低減率となったが，年間積算線量 20 mSv を下回る水準まで空間線量率を下げることはできなかった．大熊町夫沢地区（除染前の年間積算線量が 300 mSv 以上）において実施したケースでは，農地，宅地において 70％ 以上の低減率とすることができた（図 7.13）．しかし，年間 50 mSv を下回る水準まで空間線量率を下げることはできなかった．

除染前の空間線量率が低いところでは，一部，可能な限り除去物量が発生しない除染方法を試行し，除去物量は比較的抑制できたが，低減率は高い空間線量率の場所に比べると低くなった．

表土の剥ぎ取りにおいては，剥ぎ残しや取りこぼしの有無の判断が目視だけでは困難であったため，除染作業中に測定要員を現場に配置し，適時除染効果を確認することにより除染作業のやり直し防止に努めた．

除染作業は従来の土木工事とは異なり，作業の進捗が把握しにくい側面があるため，除染範囲が広くなればなるほど除染中のモニタリング抜けによる手戻りのないよう綿密なモニタリング計画を

第7章 事故による環境の汚染と修復，住民生活への影響

土地利用区分	事前モニタリング （平均値 [μSv/h]）	事後モニタリング （平均値 [μSv/h]）	平均空間線量率 低減率（％）
森林	137	63	50
農地	62	12	80
宅地	55	15	70
道路	55	17	70
道路（未舗装）	113	76	30
エリア範囲外	65	52	20

注）モニタリングで得られた測定値をそのまま平均化した数値

図7.13 除染前後の線量率分布測定結果の例

立案した上で進めることが重要であった。

除染の実施においては地権者などの関係者の同意を得て行う必要があり，自治体の求める同意取得の方法に沿って住民説明会，地権者への訪問，資料送付などによる同意取得を行った。

特に避難されている方々との同意取得には自治体と十分にコミュニケーションをとることが不可欠であった。わかりやすい資料を用いて計画を説明し文書で同意を得るとともに，さらに除染の経過や除染実施後の除染効果などについて情報提供することが重要であった。

以上の除染モデル実証事業により以下の知見が得られた。

① 効果的，安全，かつ効率的な除染計画を策定し，調整し，実施するための一連の除染作業の経験と留意すべき点
② さまざまな除染方法の適用性の比較評価
③ さまざまな対象地域の条件に適用するための除染の手引き

最も重要なことは，自治体や住民の方々などの関係者の理解を得て進めることが鍵になるということである。除染活動への住民や自治体関係者の同意を得るため，除染活動の計画や除染の効果について，情報を提供するために有効な資料を用いてよく説明することがきわめて重要であった。

c. 国と自治体による本格除染に向けて

（1） 除染計画の策定

上記の除染モデル実証事業で得られた知見を基礎として除染関係ガイドラインが策定され，国と自治体（市町村）による本格除染が進められた。除染の実施にあたっては，特措法に基づき除染計画を策定することとされたが，除染特別地域においては，国が市町村などの関係者と協議・調整を行い，除染の実施に関する方針，目標，目標達成

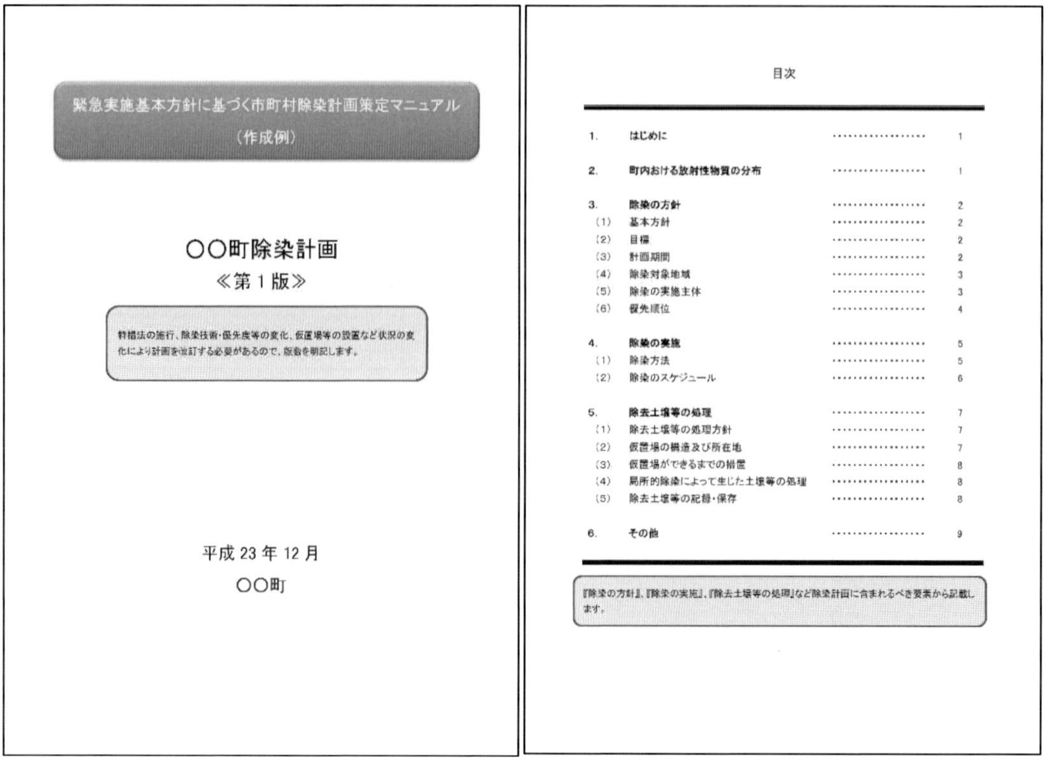
緊急実施基本方針に基づく市町村除染計画策定マニュアル
（作成例）

○○町除染計画
≪第１版≫

特措法の施行、除染技術・優先度等の変化、仮置場等の設置など状況の変化により計画を改訂する必要があるので、版数を明記します。

平成 23 年 12 月
○○町

目次

『除染の方針』、『除染の実施』、『除去土壌等の処理』など除染計画に含まれるべき要素から記載します。

図 7.14　福島県作成の市町村除染計画マニュアル
［出典：https://www.pref.fukushima.lg.jp/uploaded/attachment/44249.pdf］

に必要な措置に関する基本的事項などを定めた除染計画が策定された。一方，汚染状況重点調査地域として指定された市町村では，各市町村が放射性物質による汚染の状況を調査し，除染の必要性を判断することとされた。除染を実施する場合には，市町村長が除染の方針，除染を実施する区域，除染の実施者や手法，優先順位，実施時期などを定めた除染計画書を作成し，環境大臣との協議を経て除染が実施された。汚染状況重点地域内においては，施設などの管理者である国，県，独立行政法人，国立大学法人などが行う除染についても，当該施設の所在する市町村の除染計画に位置づける必要があった。

福島県内においては，福島県が「緊急実施基本方針に基づく市町村除染計画策定マニュアル（作成例）」[22]（図 7.14）を 2011 年 12 月に整備し，市町村の除染計画策定を支援した。

策定された除染計画については，計画策定後に特措法に関連して示された環境省令に合わせた見直しや新たな除染手法の導入による見直しなど，適宜改訂を行いながら除染が進められた。

(2)　除染実施の枠組み

除染については，1F 事故直後から通学路や学校などの緊急的な除染がいくつかの自治体において実施された。その後，「除染に関する緊急実施基本方針」（2011（平成 23）年 8 月原子力災害対

策本部決定）や「放射性物質汚染対処特別措置法」（2011（平成 23）年 8 月公布，一部施行）に基づき，住民の 1F 事故による放射線の健康または生活環境への影響を速やかに低減するとの観点で面的な除染が実施されることとなり，国が直接除染事業を実施する除染特別地域（直轄地域）と，市町村が中心となって除染事業を実施する汚染状況重点調査地域（非直轄地域）に分けて取り組むという枠組みで進められた。

除染の実施にあたっては，年間の追加被ばく線量が 20 mSv 以下の地域における追加被ばく線量を年間 1 mSv 以下にすることを長期的な目標として，生活環境をできるだけ保全しつつ線量低減を図るとの基本方針に沿って進められた。また国は，福島県での除染推進のために政府職員と日本原子力研究開発機構の専門家による「福島除染推進チーム」を 2011 年 8 月に設置するなどの体制の整備を行うとともに，2012 年 1 月に本格施行された「放射性物質汚染対処特別措置法」による法律面の整備も併せて行い，市町村との連携[23]や国のモデル除染事業の推進など，地域住民の協力を得ながら自治体・研究機関などと連携して除染の推進に取り組んだ。

直轄地域には，1F 事故直後に警戒区域または計画的避難区域であったことのある福島県内の 11 市町村が該当し，国が市町村の意向を踏まえつつ対象となる地域ごとの除染計画を定め，その計画に沿って除染が実施され，2017 年 3 月に面的な除染を完了した。

非直轄地域には，2011 年 8 月時点での航空機サーベイによる調査結果で空間線量率が一定の値（0.23 μSv/時）以上の地域が該当し，当初福島県を含む 8 県 104 市町村が該当した。しかし，市町村の判断で除染計画を策定しなかった市町村もあり，最終的には 8 県 92 市町村で除染計画を策定して除染が実施され，2018 年 3 月までに除染計画に基づく除染などの措置が完了している。非直轄地域での除染については，国が財政的措置や技術的措置を講じて市町村が実施する除染を推進した。

除染によって発生した土壌などの除去物については，福島県内においては国が一括して保管管理し，県外最終処分に向けて減容化などの処理を行うこととされている。一方，福島県外においては，各県において処分を行うこととされており，調整が進められている。

［宮原 要，川瀬 啓一］

7.2.4　環境修復の実施

a. 国直轄除染と市町村除染

(1) 除染特別地域と汚染状況重点調査地域の指定

特措法では，国が除染の計画を策定し実施する地域として，「除染特別地域」を指定している。除染特別地域は，事故後の 2011（平成 23）年 4 月 22 日に設定された「警戒区域」（1F から半径 20 km 圏内の地域）と「計画的避難区域」（半径 20 km 以遠で，居住し続けた場合に年間積算線量が 20 mSv に達するおそれがある地域）の 11 市町村が該当する（楢葉町，富岡町，大熊町，双葉町，浪江町，葛尾村，飯舘村の全域と，田村市，南相馬市，川俣町，川内村のうち警戒区域または計画的避難区域であった地域。図 7.15 参照）。

一方，除染特別地域よりも放射線量が低いものの，その地域の平均的な放射線量が 1 時間当たり 0.23 μSv 以上の地域を含む市町村については，汚染の状況について重点的に調査測定をすることが必要な地域として，市町村単位で「汚染状況重点調査地域」に指定した。指定を受けた市町村は，汚染の状況を調査し，0.23 μSv 以上の区域について除染実施計画を定める区域とするかどうかの判断を下した。

図 7.15 除染特別地域
［出典：http://josen.env.go.jp/archive/］

市町村の一部に 0.23 μSv 以上の区域があるものの，汚染状況重点調査地域の指定を受けないケースもあった。理由として，除染作業に着手するまでには自然に放射線量が下がると見込まれること，指定を受けることで新たな不安や風評被害が再発するのではないかという懸念などをもとに総合的に判断された。

(2) 除染特別地域での国直轄除染の進め方

2012 年 1 月，環境省は除染特別地域における除染ロードマップ（図 7.16）を公表し，国直轄除染の進め方に関する基本的な考え方を示した。日本では，それまで原子力発電所の維持管理などにおいて除染作業の経験はあったものの，広域にわたる放射能汚染に対処するための面的除染（一定の範囲内の全体をくまなく除染する作業）の経験

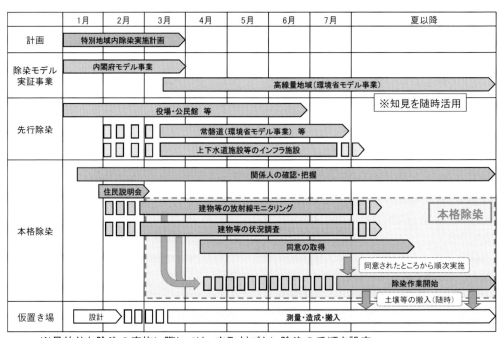

※具体的な除染の実施に際しては、市町村ごとに除染の手順を設定

図 7.16 除染ロードマップで示された除染特別地域の除染工程表
［出典：http://www.env.go.jp/press/files/jp/19092.pdf］

はなかった。そこで，本格的な除染に着手する前に，国は個々の除染技術の効果や適用可能性などの基礎データを取得するため，内閣府が主体となって除染モデル実証事業を実施した（7.2.3項参照）。また，常磐自動車道などのインフラの除染を本格除染に先行して実施し，知見を得た。それらの知見をもとに，特別除染地域の市町村ごとに，本格除染に向けた計画である「特別地域内除染実施計画」が策定された。計画には，除染の実施に関する方針，目標，目標達成に必要な措置に関する基本的事項などが定められた。また，環境省は本格除染の工事発注に向けて「除染等工事共通仕様書」を整備し，作業の順序，使用材料の品質，数量，仕上げの程度，施工方法など，工事を施工する上で必要な技術的要求や工事内容を規定した。

除染特別地域は，線量によって区域分けが行われ，年間積算線量が20 mSv以下の地域を「避難指示解除準備区域」，20～50 mSvの範囲の地域を「居住制限区域」，50 mSv以上を「帰還困難区域」と設定した（表7.2，図7.17）。

住民の1日も早い帰還を目指すため，国による本格除染は，避難指示解除準備区域および居住制限区域から着手された。一方，帰還困難区域では避難が長期化すると見込まれることから，今後の復興の取り組みを検討するため，避難指示解除準備区域などで実施される標準的な除染工法によってどの程度の線量低減が見込まれるのかについて検証することを目的に，除染モデル実証事業が実施された。

除染では，放射能で汚染された土壌や草木などを除去する。発生したこれらの除去土壌などは，大型土のう袋に収納して市町村内に設置された仮置き場に集約し，中間貯蔵施設に移送するまでの期間，一時的に保管することになった。仮置き場は公園や農地などのさまざまな場所に設置されたが，土地の権利者や周辺の住民の同意を得るまで

表7.2　避難指示区域の区分

区　域	放射線量から見た各区域の考え方
帰還困難区域	・5年間を超過してもなお年間積算線量が20 mSvを下回らないおそれがあり，年間積算線量が50 mSv超の区域。 ・将来にわたって居住を制限することを原則とし，同区域の設定は5年間固定する。
居住制限区域	・2011年12月26日時点で年間積算線量20 mSvを超えるおそれがあり，住民の被ばく線量を低減する観点から引き続き避難を継続することが求められる区域。 ・将来的に住民が帰還し，コミュニティを再建することを目指し，除染やインフラ復旧などを計画的に実施する。
避難指示解除準備区域	・年間積算線量20 mSv以下の区域。

図7.17　避難指示区域（2013年8月7日時点）

［出典：http://www.meti.go.jp/earthquake/nuclear/pdf/131009/131009_02a.pdf］

に時間を要することもあった。本格除染は，原則として仮置き場が確保できた地域から開始され，2013年6月に田村市の除染特別地域内において初めて面的除染が完了し，2014年4月1日に当該地域の避難指示が解除された。避難指示解除の要件としては，年間積算線量が20 mSv以下になることが確実であること，インフラ復旧，生活関連サービスが概ね復旧し，子どもの生活環境を中心とする除染作業が十分に進捗したこと，県，市町村，住民と十分な協議を行うことが設定された。2017年3月には，帰還困難区域を除く区域で面的除染が完了した。

各市町村の仮置き場に集約された除去土壌などは，大熊町や双葉町の中間貯蔵施設用地内に準備された保管場に順次移送されており，除去土壌などの搬出を終了した仮置き場では，元の状態に戻すための復旧が進められている。

(3) 汚染状況重点調査地域での市町村除染の進め方

汚染状況重点調査地域として指定を受けた市町村は，汚染状況について調査測定を実施し，除染を実施する区域や除染の方法などを定めた除染実施計画を策定し，住民説明会の開催，除染や仮置き場などの同意の取得，除染作業の発注や工程管理を行いながら除染を進めた。空間線量率の詳細測定の結果が毎時0.23 μSvを下回っている地点は，基本的には除染の対象から除外され，汚染状況重点調査地域に指定された104市町村のうち，除染実施計画を策定し特措法に基づく除染を実施した市町村は93市町村であった。

環境省は「除染関係ガイドライン」を策定し，汚染状況重点調査地域での除染の進め方として，汚染状況の調査測定方法，除染などの措置，除去土壌の収集および運搬，保管の方法をわかりやすく示した。市町村はガイドラインに従い，地域の放射線量，除染対象物の特性や状況に応じて最適な方法を選択して実施した。

汚染状況重点調査地域では住民が生活していることから，生活環境に配慮して除染が実施された。また福島市や郡山市などの都市部では仮置き場を確保することが難しく，除去土壌などを各住宅の庭などに一時保管したケースも多かった。

〔八塩 晶子〕

b. 適用された除染技術

環境省は，除染方法の一覧を国直轄除染については「除染等工事共通仕様書」，市町村除染については「除染関係ガイドライン」に示している。それらの方法は，除染モデル実証事業などで得られた知見に基づいて決定されたが，きわめて広大な面積の対象地域の除染に速やかに着手するため，特別な機械や技術を必要としない汎用性のある方法が選択された。これは，事故を契機に仕事を失った住民への雇用機会の提供に繋がった。

適用する除染方法は，除染の実施に先立ち，空間線量の測定や建物などの状況の調査を行った上で，最適な方法が選択された。よって選択された除染方法は，地域の空間線量，除染対象物（住宅地，農地，道路，森林など）の特性や状況などに応じて異なり，例えば道路の除染で一般的に実施された方法は高圧水洗浄であるが，線量の高い帰還困難区域では，道路の表面を薄く削り取るブラスト工法が選択される場合があった。また国直轄除染においては，環境省から指定された除染方法について事前に試験施工を実施し拭き取りの回数や土壌の削り取り厚さ，農地の深耕作業における深さなど，最も効果的な除染手順が決定された。

以下に除染対象ごとの汚染の特徴や具体的な除染の方法などについて述べる。また，表7.3に除染対象ごとに適用されたおもな除染方法を示す。

(1) 住宅や大型施設

放射性セシウムは降下したため，屋根や屋上には多くの放射性セシウムが付着するが，壁への付

表7.3 除染対象ごとの代表的な除染の方法

区分	除染対象		主な除染方法（適切な方法を選択）
住宅地など	屋根・屋上		堆積物の除去／拭き取り／ブラシ洗浄／高圧水洗浄
学校	外壁・堀		拭き取り／ブラシ洗浄／高圧水洗浄
公園	雨樋		堆積物の除去／拭き取り／高圧水洗浄
大型施設	庭・グラウンド	未舗装面	堆積物の除去／除草・芝刈り／芝の深刈り／草・芝の剥ぎ取り／芝張り／砂利・砕石の高圧水洗浄／砂利・砕石の除去・被覆／排水口・軒下付近などの表土の除去／樹木の根元付近の表土の除去／表土削り取り・被覆／天地返し／庭木・植栽の剪定／支障木の伐採／支障木の伐根／庭土の復元
		舗装面	堆積物の除去／ブラシ洗浄／高圧水洗浄／削り取り／ブラスト／超高圧水洗浄
	遊具など		拭き取り／洗浄／削り取り
道路・法面	舗装道路		堆積物の除去／高圧水洗浄／削り取り／ブラスト／超高圧水洗浄／路面清掃車による清掃
	未舗装道路		除草／堆積物の除去／表土の削り取り・被覆／天地返し／砂利・砕石の高圧水洗浄／砂利・砕石の除去・被覆
	ガードレール		ブラシ洗浄／高圧水洗浄／拭き取り
	側溝など		底質の除去
	歩道橋		堆積物の除去／高圧水洗浄／拭き取り／ブラシ洗浄
	街路樹		堆積物の除去／除草／根元付近の表土の除去／枝払い
	法面		草・落葉・堆積物の除去
農地	水田・畑		除草／表土の削り取り／水による土壌撹拌・除去／反転耕／深耕／天地返し／柳の刈倒し・破砕・伐根／除根・引抜き／竹類の全伐／支障木の伐採・伐根／客土／灌木の伐採・除根／地力回復・施肥
	牧草地		除草／表土の削り取り／反転耕／深耕
	水路		水路の底質除去など
	畦畔		堆積物の除去／除草／表土の削り取り
草地・芝地			灌木の刈払／竹類の間伐
果樹園			堆積物の除去／除草／粗皮の剥ぎ取り／樹皮の高圧水洗浄／果樹の剪定／伐採・伐根／表土の削り取り・客土
森林			堆積有機物の除去／切り捨て材整理／針葉樹の枝打ち／下草・灌木刈払い／堆積有機物残渣の除去

［出典：環境省除染事業誌編集委員会「東京電力福島第一原子力発電所事故により放出された放射性物質汚染の除染事業誌」平成30年3月］

着は少なく，その後，雨により洗い流されて，雨樋や側溝などに移動した。このように建物の場合，構造的に放射線量が高くなっている場所があり，そのような場所を中心に除染を実施することが空間線量を下げる上で効果的である。また除染の順序としては，高所から開始し，庭木，屋根，雨樋，庭地などの順に行う。

　放射性セシウムは，落葉，苔，泥などの堆積物に付着していることから，これらの堆積物を除去する方法がとられた。屋根瓦については，震災などにより損傷を受けている宅地が多いことも考慮され，水などで湿らせたウエスなどによる拭き取りや苔の除去が一般的に行われた。十分な除染の効果が見られず，かつ屋根が健全である場合，水を用いたブラシ洗浄もとられた。その際，適切な排水対策や飛散防止対策が講じられた。また公共施設などの大型施設の屋上では高圧水洗浄が行われた。

　未舗装面の庭については，庭木の枝払い，落葉などの堆積物除去，肩掛け式草刈り機などを用いた除草，芝刈りなどを行った後，鋤簾などを用いて表土の削り取りが行われた。放射性セシウムは土壌の表面から数cmの深さに留まっていることから，表土の削り取りは，表層の5 cm程度を対象に実施された（砂利，砕石についても同様に除去）。農村部など，庭が広い場合は小型のバックホウを用いて削り取りが行われた。舗装面ではおもに高圧水洗浄（15 MPa程度）が実施された。排水は放射性セシウムを含むため，水勾配の上流から下流に向かって洗浄し，確実に回収することが重要である。排水処理や飛散防止への対策として，後に洗浄と同時に排水を吸引する吸引式高圧洗浄機（20 MPa程度，20 L/m^{2}程度）が主流となった。住宅などにおけるおもな除染の方法の状況写真を図7.18に示す。

屋根：拭き取り　　屋根：ブラシ洗浄
庭：表土の剝ぎ取り　コンクリート土間：高圧水洗浄

図7.18　除染方法の例（宅地）

［出典：http://josen.env.go.jp/about/method_necessity/method_area.html］

側溝：堆積物除去　　回収型高圧水洗浄
ショットブラスト　　道路高圧除染車

図7.19　除染方法の例（道路）

［出典：http://josen.env.go.jp/about/method_necessity/method_area.html
http://www.pref.fukushima.lg.jp/site/portal/kunimi.html
http://josen.env.go.jp/archive/detail/?TM-01-P0008&category］

(2)　道　路（図7.19）

　アスファルトやコンクリートの舗装は，通常ほとんど水を通さない構造となっているが，表面の数mm～数cm深さの微細な空隙に砂や泥などが溜まっている。また，舗装に空隙を設けて水を浸透しやすくした透水性舗装では，空隙内に砂，泥が深部まで入り込み詰まっている。放射性セシウムはこれらの砂や泥に付着していることから，空隙に溜まった砂，泥を除去する方法がとられた。

　当初，おもに実施された方法は高圧水洗浄である。高圧水を舗装面に噴射し，舗装の空隙に存在する砂や泥を側溝などに移動させた後，ポンプにより汚染水を回収した。この方法は，いったん除去された砂や泥が移動中に再び空隙に入り込むため，除染の効果が限定的であった。そこで洗浄と同時に排水を回収するバキューム装置を備えた方法が主流となり，さらに水温や水圧を上げることで砂や泥の除去効果を高める工夫も行われた。また除染作業は道路を占有し，交通の障害となることから，道路の占有面積を小さくできる路面洗浄車も導入された。ガードレールについては拭き取りを実施した。

　回収した排水は，水槽に溜めて凝集剤（PAC：ポリ塩化アルミニウムなど）で沈殿処理し，上澄み水は放射能濃度を測定・記録して，管理値を満たしていることを確認した上で，側溝などに排水したり，洗浄水として再利用した。沈殿物である泥は放射性セシウムを吸着していることから，乾燥や水切りを施して大型土のう袋などに収納した。

　高圧水洗浄では空隙内部に入り込んだ砂，泥を完全に除去することは困難であるため，線量が高い帰還困難区域では，おもにショットブラスト工法が実施された。舗装の表面処理で用いられることの多い工法であり，研削材を道路に打ち付けて，舗装面を均質に削り取る方法である。舗装の空隙に付着して除去しづらい砂，泥を舗装とともに取り除くことから，線量の低減効果が高い。

図7.20　除染方法の例（農地）

［出典：http://www.pref.fukushima.lg.jp/site/portal/01josen.html
http://josen.env.go.jp/archive/detail/?FB-01-P0028&category］

(3)　農　地（図7.20）

　農地の除染では空間線量率を低減することに加えて，農業生産を再開できる条件を回復し，再び安全な農作物を栽培できるように，土壌中の放射性セシウム濃度を低減することが重要である。そのため農地では，空間線量率や土壌中の放射性セシウム濃度に応じた方法で除染が実施された後，必要に応じて客土，肥料，土壌改良資材の施用などが行われた。農地除染の詳細な方法は農林水産省が実証試験を実施し，技術書で示している[24]。

　降下した放射性セシウムはおもに農地の土壌に吸着し，表層部分の5cm程度に留まっている。帰還困難区域や居住制限区域の農地では除草の後，表層部の土壌5cm程度をバックホウなどを用いて削り取る方法がとられた。削り取り後，非汚染土を用いて，削り取った量に見合う客土が行われ，現況高まで復旧された。

　反転耕，深耕は土壌を除去せずに空間線量を低減する除染方法であり，比較的線量の低い地域において実施された。反転耕は放射性セシウムで汚染された表層付近の土壌と下層にある土壌を30cm程度の深さを目安として反転させる方法であり，トラクターに牽引されたプラウなどが用いられた。深耕は深耕用ロータリティラを使用して耕深30cm程度を目標に耕うん，かくはんし，ほ場を深く耕す方法である。反転耕や深耕は放射性セシウムを除去する方法ではないが，農作物が根を張る表層付近の土壌の放射性セシウム濃度を低減させることで農作物への移行を可能な限り低減し，かつ空間線量率も低減することができる。

　福島県は桃などの果物の全国有数の産地であり，果樹園も多い。果樹園では樹体を傷つけない範囲での表土の削り取りが行われた。

(4)　森　林（図7.21）

　事故の際，放射性セシウムは樹木の枝葉や樹皮，地表部の落葉層に多くが付着した。時間の経過とともに，樹体の放射性セシウムは雨によって洗い流された。スギなどの常緑樹では葉が落葉して新しい葉に置き換わった。落葉層の分解が進み，森林内の放射性セシウムは，葉，枝や落葉層から土壌の表層付近に大半が移行した。その後の動態調査からは，森林内の放射性セシウムの移動が小さくなっていることが確認されている。

　福島県の森林が占める面積は大きく，森林すべてに対して除染を行うことは現実的ではないこと

樹木の枝打ち　　　　堆積有機物の除去

図7.21　除染方法の例（森林）

［出典：http://josen.env.go.jp/archive/detail/?NE-01-P0032&category
http://josen.env.go.jp/archive/detail/?NE-01-P0031&category］

から，特措法に基づき，住居などに近い森林を優先的に除染を実施し，人がよく利用するキャンプ場なども除染の対象となった。住居などに近い森林では，居住者の生活環境における空間線量率を低減する観点から，林縁部から 20 m までの範囲について除染が行われた。除染は落葉などの堆積有機物を熊手などでかき集めて除去する方法がとられた。十分な線量低減の効果が得られない場合，さらに堆積物直下の堆積物残渣を竹箒で除去した。除染後，現地の状況に応じて，土壌の流出防止に効果がある箇所に対策工（木柵工など）を実施した。

それでもなお，除染されていない森林からの放射性セシウムの流出に対する住民の懸念は根強い。また林業従事者，登山や山菜・きのこ採りなどを行ってきた住民には，森林の除染を望む人も多い。そこで国は除染対象範囲を里山内の憩いの場や日常的に人が立ち入る場所に広げるとともに，間伐などの森林整備と放射性物質対策を一体的に実施して林業の再生に向けて取り組む方針を出した。

日本原子力研究開発機構などが中心となり，森林における放射性セシウムの動態観測が継続して実施されている。放射性セシウムは森林内を循環するといわれており，林内での分布や蓄積量の変化については，各地の森林で長期的に調査する必要がある。

（5）　その他

河川・湖沼などについては，生活圏にあって，人の活動が多い場合には，河川敷や周辺の地表面が除染の対象に含まれたが，底質は水の遮蔽効果があることから除外となっている。一方，生活圏に存在するため池で，一定期間水が干上がることによって周辺の空間線量率が著しく上昇する場合は底質も除染対象とされた。また，除染の対象とならないため池で，営農再開の観点から対策が必要なため池は，「福島再生加速化交付金」により放射性物質対策として底質除去などの対策がとられることになった。具体的な対策については，農林水産省が「ため池の放射性物質対策技術マニュアル」として取りまとめている[25]。

［八塩　晶子］

c.　除染の効果とフォローアップ除染

除染作業の開始前と終了後に，空間線量率，除染対象物の表面汚染密度や表面線量率を測定し，除染作業の効果を確認した。

除染の効果を評価する方法としては，除染実施区域全体あるいは対象とする施設における「生活空間の空間線量率の評価」と，個々の除染作業における「除染対象の表面汚染密度等の評価」に大きく分けられる。前者の方法では，空間線量率の低減率（％），後者では低減率および除染係数（DF）を用いる（表 7.4）。

（1）　基本方針の目標に関わる評価

特措法に基づく基本方針において，除染などの措置の目標として，2011 年 8 月末から 2013 年 8 月末までの 2 年間に，一般公衆の年間追加被ばく線量を 50％，子どもの年間追加被ばく線量を 60％（それぞれ放射性セシウムの物理的減衰などを含む）減少した状態とすることと設定した。

2011 年 12 月，環境省はその時点で利用可能なデータ（約 33,000 の施設，約 330,000 の測定点）をもとに，目標達成に関わる評価を行っている。物理的減衰および自然的減衰による低減率 40％を含めて，一般公衆の年間被ばく線量は全体として約 64％，子どもの年間追加被ばく線量は全体

表 7.4　除染効果の代表的な計算方法

空間線量率の低減率（％）＝（1－除染後の空間線量率／除染前の空間線量率）×100
表面汚染密度の低減率（％）＝（1－除染後の表面汚染密度／除染前の表面汚染密度）×100
除染係数（－）＝（除染前の表面汚染密度）／（除染後の表面汚染密度）

として約65%減少しており，目標を達成していると評価された。

(2) 除染の効果（空間線量率）

2017年6月までに実施された直轄除染のモニタリング結果（帰還困難区域を除く。図7.22参照）によると，宅地，農地，道路において，空間線量率の平均値は除染前に比べて除染後は約40〜60%，事後モニタリング時では約60〜70%低減している。森林においては，除染後は27%，事後モニタリング時では46%低減している。

2016年2月までに実施された福島県の市町村除染では，除染前後の空間線量率の平均値を比較すると，宅地42%，学校・公園55%，森林は21%低減している（福島県内汚染状況重点調査地域のデータ。図7.23参照）。

(3) 除染手法の効果

個々の除染手法の効果は，内閣府・JAEAによる除染モデル実証事業や環境省の本格除染で実施された試験施工などでデータが取得され，報告されている[26, 27]。これらのデータでは，同じ工法や施工条件であっても同等の効果となっていない場合がある。その理由として，除染効果は対象の材質や表面の状態，時間経過に伴うそれらの変質状況など，さまざまな要因に依存することが挙げられる。また，除染対象が高濃度に汚染されている場合は，一般に低減率は高くなる。また時間の経過とともに雨などで汚染物質が移動することから除染を実施した時期によっても低減率は異なる。一方，測定時にコリメーターによる遮蔽の有無や，コリメーターの厚さによってもバックグラウンド

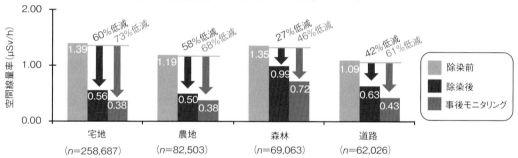

図7.22 国直轄除染における空間線量率の低減率

除染により，例えば宅地では線量が60%以上低減している。また，事後モニタリングにおいて，面的な除染の効果が維持されていることが確認された。

注：①データがある地域に限る。帰還困難区域を除く。
　　②宅地，農地，森林，道路の空間線量率の平均値（測定点データの集計）
　　③宅地には学校，公園，墓地，大型施設を，農地には果樹園を，森林には法面，草地・芝地を含む。
　　④除染後半年から1年後に，除染の効果が維持されているか確認をするため，事後モニタリングを実施。各市町村の事後モニタリングデータはそれぞれ最新の結果を集計（1回目または2回目）

［実施時期］・除染前測定　2011年11月〜2016年10月
　　　　　　・除染後測定　2011年12月〜2016年12月
　　　　　　・事後モニタリング　2014年10月〜2017年6月

［出典：http://josen.env.go.jp/material/session/pdf/019/mat04.pdf］

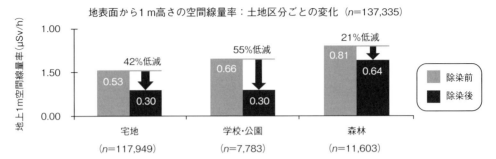

図7.23 市町村除染における空間線量率の低減率

除染により,例えば宅地では線量が42%低減している。
注:福島県内汚染状況重点調査地域のデータがある地域に限る。
[実施時期]　宅地:除染前　2011年7月〜2016年2月　　森林:除染前　2011年12月〜2015年12月
　　　　　　　　除染後　2011年7月〜2016年2月　　　　　　除染後　2011年12月〜2016年2月
　　　　　学校・公園:除染前　2011年6月〜2015年3月
　　　　　　　　　　除染後　2011年6月〜2015年8月
[出典:http://josen.env.go.jp/material/session/pdf/019/mat04.pdf]

の線量の影響が異なるため,低減率に影響する。事故後,除染手法の効果のデータは多く取得されているが,以上の点に注意する必要がある。

個々の除染手法の効果の詳細は各報告書を参照されたい。ここでは例として,舗装面において吸引式高圧水洗浄(20 MPa, 2回施工),ショットブラスト工法(鉄球投射圧5 MPa, 7 MPa)を試験施工として実施した際の除染率のデータを示す(表7.5)。

表7.5 住宅地の舗装面を対象とした除染結果の一例(アスファルト舗装面)

作業工程		表面汚染密度 (遮蔽有)(cpm)	表面汚染密度の除染率(%)
吸引型高圧水洗浄	洗浄前	7.51×10^3	53
	洗浄後	3.45×10^3	
ショットブラスト5 MPa	ブラスト前	6.16×10^3	37
	ブラスト後	3.89×10^3	
ショットブラスト7 MPa	ブラスト前	8.08×10^3	84
	ブラスト後	1.25×10^3	

[出典:環境省「平成26年度　除染に関する報告書」平成27年3月]

(4) フォローアップ除染

本格除染実施後の地域において,除染の効果が維持されているかを確認することを目的に,概ね半年から1年後に事後モニタリングとして空間線量率を測定する。また,除染特別地域または汚染状況重点調査地域を解除するまで,継続的にモニタリングを実施することとなっている。

事後モニタリングの結果などを踏まえ,再汚染や汚染の取り残しなど,除染の効果が維持されていない箇所が確認された場合,フォローアップ除染を実施する。ただし,政府の放射線防護の長期的な目標である「追加被ばく線量が年間1 mSv以下となること」が達成されている場合はフォローアップ除染の対象から除外となる。

居住制限区域では,本格除染を実施した後も宅地内に避難指示解除要件である年間積算線量20 mSvを上回る箇所が残っていることが想定される。そのため確実に20 mSv以下となると言えない場合,その原因となっている箇所に限定して,事後モニタリングを待たずに本格除染直後にフォロー

アップ除染を実施する。

［八塩　晶子］

d. 除染で発生した汚染土壌，廃棄物

除染により放射性物質に汚染した多量の土壌や伐採木，草木類などの廃棄物が発生する[15]。福島県内で発生が予想されている汚染土壌，廃棄物量は減容化（焼却）した後で約1,600～約2,200万 m^3 と予想されている（この量は東京ドーム（約124万 m^3）の約13～18倍に相当）。図7.24に示すように2,200万 m^3 とした場合，8,000 Bq/kg以下の比較的濃度が低い汚染土壌，廃棄物と8,000～10万 Bq/kgのものがそれぞれ約1,000万 m^3，10万 Bq/kg以上の濃度が高いものは約158万 m^3 と見積もられている[18, 28]。このように環境の除染では放射性物質の濃度が比較的低い汚染土壌などがその多くを占めている。この除染で発生する汚染土壌，廃棄物は「平成23年3月11日に発生した東北地方太平洋沖地震に伴う原子力発電所の事故により放出された放射性物質による環境の汚染への対処に関する特別措置法」（以下，特措法）では福島県内と県外ではその取扱いが異なっている。まず，福島県内で発生した汚染土壌，廃棄物の取り扱いについて述べる。図7.25にその流れを示す。除染作業で発生した汚染土壌，廃棄物は保管容器（以下，フレコンバッグ）[*18] に詰められる。それらは国（国直轄による除染の場合），各市町村（市町村による除染の場合）が設置する仮置き場に3年程度安全に保管した後，1Fに近接して大熊町，双葉町の2か所につくられている中間貯蔵施設に搬入される。さらに，同施設で30年間保管した後は，福島県外に予定される最終処分場に搬出される計画となっている。

除染を効率的に進めるためには，それにより発生する汚染土壌や廃棄物の保管場所の確保は不可欠であり[29]，福島県内では仮置き場はこれまでに1,100か所以上設置され，その容量も数百～数万

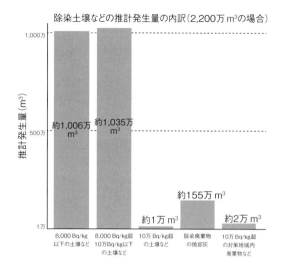

図7.24　福島県内で発生が予想されている汚染土壌，廃棄物の内訳別の見積もり

［出典：環境省中間貯蔵施設情報サイト
http://josen.env.go.jp/chukanchozou/about/］

m^3 までさまざまな規模のものがある。図7.26（a）には仮置き場の構造，機能を示す。このように仮置き場では放射性物質の漏えいを防止するため下部には遮水シートを敷き，上部にも雨水などの侵入を防ぐための遮水シートを敷くこととしている。また，遮蔽のため汚染土壌，廃棄物が入ったフレコンバッグを囲むように汚染していない土壌でその周囲（側面，上部）を囲んでいる。さらに，伐採木，草木など有機系の廃棄物は腐敗により可燃性ガスの発生が懸念されるため，ガスを逃がすための放出管も設置される。加えて仮置き場から発生した水を集水，モニタリングしてその放射性物質の漏えいの有無も確認することとなっている。図7.26（b）には福島県浜通り地区に設置された汚染土壌，草木類を収納した比較的規模の大きい仮置き場の外観写真を示す。一方，福島市，郡山市などの大都市では住民の反対などで仮置き場が設置できないところもあり，その場合にはやむを得ない措置として現場保管（各戸別にその敷地内

[*18] フレコンバッグ：flexible container bag

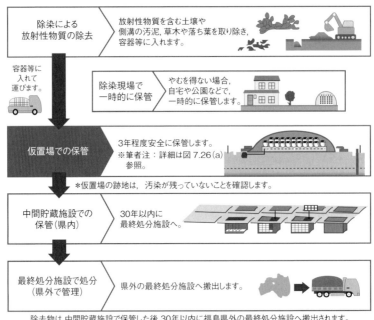

図 7.25 福島県内の除染で発生した汚染土壌,廃棄物の流れ
[出典:環境省ホームページ]

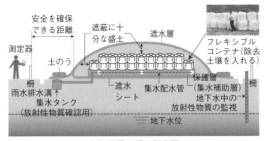

(a) 仮置き場の概念図

(b) 数万 m^3 規模の仮置き場の例(川内村)

図 7.26 福島県内に設けられた仮置き場

に遮蔽などをして簡易的に保管)が行われている。

この現場保管,仮置き場での保管後は中間貯蔵施設[29]へ輸送が行われるが,このような放射性物質に汚染したものの大量の輸送はこれまでに経験がなく,初年度の 2015(平成 27)年度には輸送上の課題などを把握するためにパイロット輸送として福島県内の除染を実施した各市町村から合計約 45,000 m^3 を中間貯蔵施設へ運搬した。2016(平成 28)年度には約 18 万 m^3,2017(平成 29)年度には約 50 万 m^3 の輸送しており,2018(平成 30)年度には 90〜180 万 m^3,それ以降はさらに輸送量を増大させる計画である。しかし,仮置き場に保管されている土壌,廃棄物の量から考えると中間貯蔵への輸送が終了するまでには,輸送条件(1 日の輸送可能量,道路の混雑状況など),中間貯蔵施設の整備状況を考えると運搬が終了す

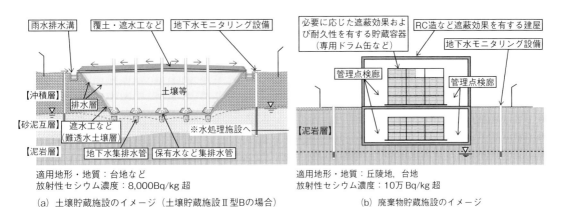

(a) 土壌貯蔵施設のイメージ（土壌貯蔵施設Ⅱ型Bの場合）　　(b) 廃棄物貯蔵施設のイメージ

図 7.27　中間貯蔵施設の概念図
［出典：環境省中間貯蔵施設等福島現地推進本部「除去土壌等の中間貯蔵施設の案について」（平成 25 年 12 月）］

るまでには今後年数を要するため，仮置き場での保管期間が長くなるのが現状である。

一方，この中間貯蔵施設の総面積は双葉町，大熊町を合わせて約 1,600 ha が計画されている。この施設は受入・分別施設，土壌貯蔵施設，減容化（焼却）施設，廃棄物貯蔵施設などで構成されている。受入・分別施設ではフレコンバッグを輸送トラックから荷降ろし後，破袋しふるい機でフレコン残渣，ガレキ，草木類などを除き，土壌だけを分類して放射能濃度を測定して，土壌貯蔵施設へ輸送して貯蔵する。土壌貯蔵施設では 8,000 Bq/kg 以下のものとそれを超えるものとに分類してそれぞれ別の施設で貯蔵する。土壌貯蔵施設（図 7.27（a））は半地下式で計画されており，雨水などの侵入防止，流出防止のための遮水工を設けるとともに，土壌の保有水集水管が設けられ，浸出水処理施設で適切に処理した後，汚染のないことを確認して河川に放流する。また草木類などは貯蔵中の腐敗によるガスの発生などを避けるとともに，量を減容させるため焼却することを基本としている。この焼却により発生する焼却灰で 10 万 Bq/kg 以上のものは遮蔽効果を有する建屋内に保管（廃棄物貯蔵施設）することとしている（図 7.27（b））。また，上記に述べたように比較的濃度の低い汚染土壌が大量にあることから，その再利用も進められつつある。南相馬市では 3,000 Bq/kg 以下の土壌を道路，防潮堤などの盛土材に用いることなどを目的に実証試験が行われている。そこでは汚染土壌の上に汚染していない土壌で覆土をして放射線遮蔽を行うとともに，汚染土壌から漏出する保有水を集水して放射性物質の有無を確認している。また，今後は 8,000 Bq/kg 以下の土壌も再利用することも検討されている。これらについても汚染されていない土砂で表層を覆うことにより，周辺住民らの年間被ばく線量を健康上のリスクが最小限の 0.01 mSv 以下に抑えることができるようにしている。

さらに除染特別地域では放射性物質に汚染した家屋などの解体廃棄物も多量に発生しており，これらは基本的に各市町村に焼却炉を設置して減容化を図っている。この焼却炉は単独の市町村で設置している場合と，複数の市町村が協力して 1 か所に設置している場合がある。いずれの場合も焼却ではその灰に放射性物質が濃縮されるため，そ

れが10万 Bq/kgを超える場合には中間貯蔵施設の廃棄物貯蔵施設で保管することになっている。10万 Bq/kg以下で8,000 Bq/kg以上のものは国が富岡町に整備している管理型処分場で処分される。

また，最終処分に向けての汚染土壌，廃棄物の減容化の取り組みも進んでいる。例えば，土壌については，放射性セシウムを多く吸着する粘性土とそうではない砂質土を分ける土壌分級処理の実証試験が環境省主体で実施されている。また可燃性の廃棄物は焼却により減容されるが，放射性セシウム濃度が8,000 Bq/kg超の飛灰を洗浄処理して管理型処分場に埋め立て可能なレベルにまで低減し，8,000 Bq/kg超の保管量を減量する技術開発などが進められている。

一方，福島県外で発生した汚染土壌などについては，当該市町村が除染を実施し，仮置きや現場保管した後，処分することになっているが，処分については環境省が埋立処分方法の検討を行っている。

[井上 正]

e. 残された課題

これまで述べてきたように市町村が実施する避難指示解除準備区域に加え，除染特別地域でも帰還困難区域を除き除染が終了し，2017年4月1日までには避難指示解除準備区域，居住制限区域で避難指示が解除された。しかし，避難指示が解除された地域では放射線に対する懸念を抱いている住民も多く，また長期の避難のため避難先での生活が定着したこともあり，解除された後も住民の帰還がなかなか進んでいないのが現状である。また，それらの一部（里山の家屋と森林との境界，帰還困難区域と居住制限区域の境界，住宅の隅部など）では，空間線量の高いところもスポット的に存在しており，環境省では避難指示解除後もフォローアップ除染と銘打って追加の除染を行っている。さらに，この居住制限地域の避難解除の要件とした推定年間積算線量20 mSvを一部で上回っている個所も残っていると考えられ，これらについても今後の更なるモニタリングやフォローアップ除染の対象となる。一方，これまでの除染は家屋，農地，道路など住民の生活に影響が及ぶところを行ってきたが，森林やダム，河川，湖沼（ため池など）の除染は行っていない。森林の除染については費用対効果に加え森林の伐採は森林破壊につながると考えられるからであり，湖沼については放射性セシウムは粒子状物質 (SS)[*19]となって底部に蓄積し水中にはほとんど溶解していないため，水層で放射線遮蔽ができているからである。しかし，住民からは森林の木々に付着した放射性セシウムが風などにより飛散しないか，ため池などに蓄積している放射性セシウムが異常気象などで湖水が底部SSを巻き上げ，水田などの農業用地を再汚染させないかというような懸念が示されている。このため，今後もこれらの懸念に対応するため，定期的に空間線量，土壌の汚染度，農業用地へのセシウムの移行などをモニタリングすることが必要である。

さらに，今後重要な除染の対象となるのは，帰還困難区域（双葉町，大熊町，富岡町，浪江町，葛尾村，飯舘村，南相馬市の各市町村の全域あるいは一部地域）である。この区域では本格除染は開始されたところであるが，これまでの除染の結果では，除染直後から高線量のところでは4～6年程度で約60～75%空間線量率が減少しているという結果が得られている[30]。しかし，上記期間の放射性セシウムの物理的減衰による低減率が約45～60%であることを考えると，除染による効果には限りがあることを示している。これは除染対象物表面への放射性セシウムの付着が時間の経過とともにより強固となり除染による効果が低くなっているものと推定できる。また今後，除染対象

[*19] SS：suspended solids

第7章 事故による環境の汚染と修復，住民生活への影響

が1Fに近づけば空間線量率が高いところが多くなり，除染が一層困難（作業員被ばく対策，複数回の除染，高濃度の汚染土壌・物質の増加など）になることが予想されるとともに，どこまで線量の低減が達成できるか未知のところがある。また，1Fの近傍では放射性セシウム以外の核種（例えば，ストロンチウムなど）による汚染も考えられ，その場合には土壌への付着状況や地中への移行率（土壌中の深度分布）が異なることを考慮してさらなる調査，実証試験が必要である。

一方，除染では多量の汚染土壌や伐採木，ガレキなどが発生しており，これらは主として県内1,000か所以上の仮置き場に保管されている。地域の住民からはそれらの早期の撤去が望まれているが，中間貯蔵施設の整備やそこへの輸送の状況を考慮すると，当初の予想より仮置き場での保管期間が長くなるのが現状であり，地域行政や住民への丁寧な説明や理解が必要である。また，保管期間が長くなることにより施設で使用している資材（フレコンバッグ，遮水マット，シートなど）の健全性の確認も必要となる。さらに，仮置き場，中間貯蔵施設，管理型処分場についての住民の懸念は，そこからの放射性物質の飛散，漏えいであり，それらが生じないよう十分な養生，管理を行うとともに，定期的に空間線量の測定やフレコンバッグから漏えいした保有水，地下水などのモニタリングを行っていくことが必要である。一方，比較的濃度の低い土壌は現在，道路，防潮堤建設など（道路や防潮堤などの土木工事で用いる盛土材や農地の嵩上げ）で利用するための再利用実証試験が行われている。膨大な量の土壌の有効利用，輸送回数の低減，中間貯蔵施設の土壌貯蔵施設の負担軽減，最終処分場で処分する量の低減などの利点があり，今後積極的に進めていくことが望まれる。さらに，焼却施設から発生する放射性廃棄物（飛灰，主灰）には10万～数百万Bq/kgに達するものがあり，長期間にわたる安全な貯蔵，同期間中の作業員の放射線被ばくなどにも十分な留意が必要である。また30年間中間貯蔵施設で汚染土壌，廃棄物を貯蔵をした後，福島県外で最終処分するとしているが，その処分地が決まっておらずその選定とともに，どのような形態で処分するかなども今後の検討課題である。さらに，福島県外で発生している汚染土壌などについても当該市町村で保管しているのが現状であり，今後その処分方法，場所などを選定していく必要がある。

以上，除染と汚染土壌，廃棄物に関する課題を述べたが，今後は避難住民の帰還に対し除染による放射線量の低減などを丁寧に説明して，住民自らが帰還の判断ができるように支援していくことが必要である。また，汚染土壌や汚染廃棄物の貯蔵，再生利用，処分などについても住民の理解を得て進めることが肝要である。

一方，これまで1Fの事故を受けて日本では数兆円とも見積もられる多額の費用を使って環境修復を行ってきているが，そこで得られた修復戦略，計画，データ，成果，教訓はきわめて貴重なものであり，今後それらをできるだけ詳細な記録として残すことが必要である。併せて，海外でも現在複数の箇所で修復作業が行われており，また今後もこのような事故が生じないとも限らないため，国際的に日本の知見を発信していくことが重要である。因みに除染の範囲に限っては環境省が2016年3月に除染の実施記録や得られた知見などをまとめている[27,28]。また，国際原子力機関（IAEA）[*20]では1F事故を受けて事故2年後に世界の事故施設の廃止措置と汚染地の環境修復についての国際会議[31]を行うとともに，1F事故については2015年に福島レポート[32]をまとめているが，それらはいずれも概説的なものであることを付け加えておく。

［井上 正］

＊20 IAEA：International Atomic Energy Agency

7.3 避難生活と避難解除・帰還 [33~41]

7.3.1 避難指示区域の変遷と住民避難

a. 事故前の避難計画

東日本大震災以前の原子力防災計画では，原子力安全委員会が定めた防災指針において「重点的に防災対策を講ずべき範囲」が8～10 kmとされていた。このため各地方自治体はこの範囲内で避難計画などを策定し，防災訓練を実施していた。しかし，1F事故では，この範囲を大幅に超える避難指示が出されることになった。また，地震や津波と同時に原子力災害が発生することや，放射性物質が大量放出されて広範囲に土地が汚染されることも想定されていなかった。このように1F事故は，事故前に準備されていた防災計画の想定を大幅に超える事態となったため，政府や地方自治体は状況に応じ臨機応変に対応せざるを得なかったし，住民の避難にも多くの困難が強いられた。

b. 事故直後の避難指示

2011年3月11日，1Fにおける全電源喪失事故を受けて，政府は19時3分に「原子力災害対策特別措置法」（以下，原災法）に基づく原子力緊急事態宣言を発出した。20時50分，福島県知事は県の判断により，大熊町および双葉町に対して，1Fから半径2 km圏内の居住者の避難を指示した。一方，政府は2号機原子炉の冷却が行われていない可能性があることから，21時23分，1Fから半径3 km圏内の居住者の避難および半径3～10 km圏内の居住者の屋内退避を指示した。その後，1号機の原子炉格納容器圧力が上昇し，圧力を下げるためのベント操作ができない状況を踏まえ，12日5時44分，避難範囲を半径10 km圏内に拡大した。さらに1号機の建屋で水素爆発が発生するなど事態の深刻化を踏まえ，政府は同日18時25分，避難指示を20 km圏内の居住者にまで拡大した。さらに14日の3号機原子炉建屋での爆発，15日早朝の4号機原子炉建屋の損傷確認などを踏まえ，同日11時，半径20～30 km圏内の居住者に対して屋内退避を指示した。なお，この地域では住民の多くが自主的に避難し，店舗の閉鎖，物流機能の低下などにより生活がむずかしくなったことから，3月25日，政府はこの地域の住民の自主避難を呼びかけた。

一方，東京電力福島第二原子力発電所（2F）においては，12日早朝，原子炉格納容器の圧力抑制機能が喪失したとして，12日7時45分，原子力緊急事態宣言の発出と2Fから半径3 km圏内の居住者の避難および半径3～10 km圏内の屋内退避が指示され，さらに同日17時39分には，半径10 km以内の住民の避難指示が出された（図7.28）。

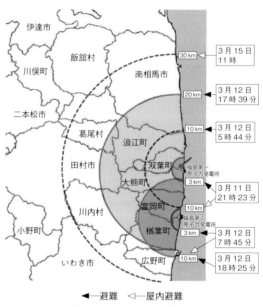

図7.28 事故初期の避難指示

[出典：福島県ホームページ
https://www.pref.fukushima.lg.jp/download/1/01240331.pdf]

c. 計画的避難区域と警戒区域の設定

2011年3月半ば以降，モニタリングやSPEEDI[*21]の逆算結果によって，1Fから30km圏外において放射線量の高い地域が把握された。政府は，原子力安全委員会の助言を受けて，直ちに避難区域の変更は必要ないとしつつも，対応を検討し，4月22日「原災法」に基づく指示を出した。この指示では事故発生から1年の期間内に積算線量が20mSvに達するおそれのある区域（具体的には飯舘村・葛尾村・浪江町および南相馬市・川俣町の一部）を計画的避難区域に指定し，居住者らは原則としておおむね1か月程度の間に避難のため立ち退くこととされた（図7.29）。また半径20〜30km圏内に出されていた屋内退避指示はいったん解除され，新たに緊急時避難準備区域が設定されて，居住者らは常に緊急時に避難のための立ち退きまたは屋内への退避が可能な準備をすることとされた。また，この区域においては引き続き自主的避難をすることが求められ，子ども，妊婦，要介護者，入院患者らは区域内に入らないようにすることとされた。一方，20km圏内については，市町村による警戒区域の設定が行われ立入禁止措置がとられた。

なお，年間積算線量が局地的に20mSvを超える地点があるが面的な広がりのない地点について，6月16日，政府は住居単位で特定避難勧奨地点として指定し，居住に対する注意喚起，情報提供，避難支援などを行うことにした。これを受けて，伊達市，南相馬市，川内村の一部の地域が指定された。

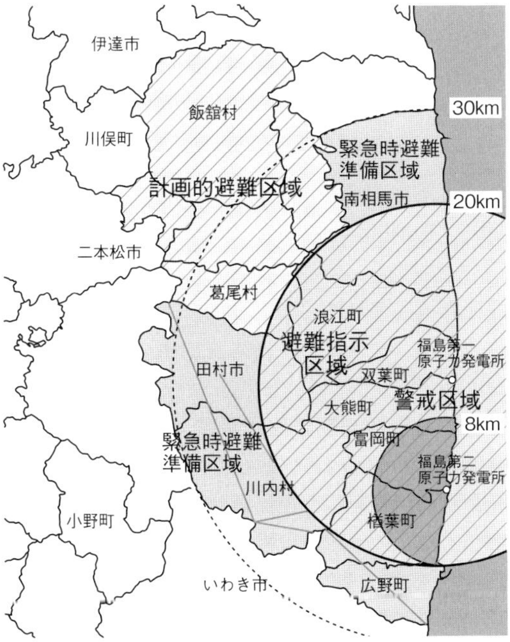

図7.29 避難指示区域（2011年4月22日）
［出典：福島県ホームページ
https://www.pref.fukushima.lg.jp/download/1/01240331.pdf］

図7.30 緊急時避難準備区域解除（2011年9月30日）後の避難指示区域
［出典：経済産業省ホームページ
http://www.meti.go.jp/earthquake/nuclear/pdf/20120330_02g.pdf］

---

*21 SPEEDI：System for Prediction of Environmental Emergency Dose Information（緊急時迅速放射能影響予測ネットワークシステム）

その後，緊急時避難準備区域については，原子炉施設の安全性確保の状況などを踏まえ，2011年9月30日に解除された（図7.30）。

d. 長期的防護措置への移行

政府は，2011年12月26日，1Fが冷温停止状態に達してステップ2[*22]が完了したことを受け，警戒区域および計画的避難区域の見直しについての基本的考え方を示した。具体的には，これらの地域を放射線量に応じて次の三つに区分することとした。

① 避難指示解除準備区域：その時点からの年間積算線量が20 mSv以下となることが確実な地域。除染，インフラ復旧，雇用対策など復旧・復興のための支援策を迅速に実施し，住民の1日でも早い帰還を目指す。

② 居住制限区域：20 mSvを超えるおそれがあり，被ばく線量低減の観点から引き続き避難を継続する地域。将来的に住民が帰還し，コミュニティを再建することを目指し，除染やインフラ復旧などを計画的に実施する。

③ 帰還困難区域：5年を経過しても年間20 mSvを下回らないおそれがあり，現時点で50 mSvを超える地域。将来にわたって居住を制限し，線引きは少なくとも5年間は固定する。

この基本的考え方に基づき，政府の原子力災害対策本部は，福島県や関係市町村および住民と避難区域の再編について協議を行った。市町村ごとに，線量測定結果に基づく避難区域の再編案とともに，除染の計画や進捗状況，損害賠償の方針や実施状況，インフラ復旧の計画などについて，自治体との調整，住民への説明や意見交換を行い合意形成に努めた。その結果，2012年4月に，まず川内村の一部と田村市で避難指示区域が見直され，その後，調整が整った市町村から順次見直しが行われて，2013年8月の川俣町で見直しは完

図7.31 区域見直し完了後（2013年8月）の避難指示区域
[出典：経済産業省ホームページ
http://www.meti.go.jp/earthquake/nuclear/pdf/131009/131009_02a.pdf]

了した（図7.31）。

7.3.2 避難生活の課題

a. 1F事故初期の住民避難

2011年3月の1F事故発生当初，各市町村は避難指示の情報を国や福島県からの連絡やメディアの報道などによって把握し，住民避難のための対応を行った。1Fから半径3 kmの避難指示や10 kmの避難指示は，対象となった双葉町，大熊町，富岡町，浪江町（一部）の住民の多くに比較的速やかに伝わり，実行された。また，2Fの立地点である楢葉町は，政府の避難指示に先立ち全町民の避難を行った。

[*22] 事故収束を計画的に進めるため，政府の指示に基づき東京電力が2011年4月17日に公表した「1F原子力発電所・事故収束に向けた道筋」において，ステップ1（放射線量が着実に減少傾向となっていることを目標）およびステップ2（放射性物質の放出が管理され，放射線量が大幅に抑えられていることが目標）が示された。ステップ1については7月19日に達成した。

その後さらに，20 km 圏内へ避難指示が拡大されたことによって，原子力防災計画の用意のなかった地域も避難の対象となり，浪江町，川内村，南相馬市，田村市，葛尾村などで住民避難を行うこととなった。なお，一部地域が 20 km 圏内となった葛尾村や 20 km 圏外の広野町では，政府の指示を待たず，全住民の避難が決定され実行された。また南相馬市など，屋内退避が指示された 20～30 km 圏内では住民の多くが自主的に避難し，このため店舗の閉鎖，物流機能の低下などから生活がむずかしくなってきたため，政府は 3 月 25 日，この地域の住民への自主避難を呼びかけた。

このような住民の避難には政府や自治体が用意したバスや自家用車が用いられた。多くの住民は念のための避難と認識して長期の避難生活を想定せず，着の身着のまま避難した。そして避難指示範囲が段階的に拡大したことなどから，避難場所を何度も移る人も多数いた。また，避難指示範囲となった市町村では役場なども避難したため，行政機能の維持に困難が生じた。さらに自力で避難することが困難な病院の入院患者については自衛隊などによる支援も行われたが，移送や受け入れ先の確保に支障をきたし，避難の過程で相当数の患者が死亡するなど過酷な状況も発生した。

b. 避難者数

原発事故による避難区域の指定範囲は福島県内の 12 市町村に及び，対象者数は，2011 年 3 月 29 日時点で警戒区域約 78,000 人，計画的避難区域約 10,000 人，合計約 88,000 人であった。自主避難が要請された緊急時避難準備区域の約 58,510 人を加えると，合計約 146,520 人に達した（表 7.6）。

福島県における避難者数は 2012 年 5 月に最大となり，約 165,000 人を記録した。このうち県内避難者は 103,000 人，県外避難者は 62,000 人であった。県外の避難先は，多い順に山形県，東京都，新潟県，埼玉県，茨城県などであるが，北海道や関西・九州を含めて全国に広がった。これらの避難者には，避難指示区域に指定されていない地域からの自主避難者も多く含まれており，子ども世帯の避難や母子避難も多かった。なお，福島県以外でも自主避難を選択した住民もいた（表 7.7）。

表 7.6 避難区域から避難した人数（2011 年 3 月 29 日時点）

	警戒区域（人）	計画的避難区域（人）	旧緊急時避難準備区域（人）	合計（人）
大熊町	11,500	—	—	11,500
双葉町	6,900	—	—	6,900
富岡町	16,000	—	—	16,000
浪江町	19,600	1,300	—	20,900
飯舘村	—	6,200	—	6,200
葛尾村	300	1,300	—	1,600
川内村	1,100	—	2,100	2,800
川俣町	—	1,200	—	1,200
田村市	600	—	4,000	4,600
楢葉町	7,700	—	10	7,710
広野町	—	—	5,400	5,400
南相馬市	14,300	10	47,400	61,710
合計	78,000	10,010	58,510	146,520

注）人数はすべて概数。
［出典：東京電力福島原子力発電所事故調査委員会『国会事故調　報告書』p.332，徳間書店（2012）］

c. 避難生活の状況

避難者の受け入れのため，各地のさまざまな施設が避難所として用いられた。例えば，郡山市の「ビッグパレットふくしま」は富岡町や川内村の避難者を中心に，また，さいたま市の「さいたまスーパーアリーナ」は双葉町の避難者を中心に，それぞれ 2,000 名以上を収容する大規模避難所となった。避難所での不自由な状況に対応して，受け入れ自治体やボランティアなどにより避難者への支援が行われ，また避難者自身も避難所の運営に協力した。避難所のほか，県内の旅館，ホテルなども避難者の受け入れのために提供された。ま

表 7.7 福島県の避難者数

		2012 年 5 月 (最大)(人)	2018 年 4 月 (人)
避難者合計		164,865	46,080
県内避難者		102,827	12,097
県外避難者		62,038	33,983
県外避難先内訳	北海道	1,861	1,111
	東北[注1]	17,020	5,669
	関東[注2]	26,081	18,712
	中部[注3]	11,245	5,225
	近畿	2,755	1,517
	中国	952	597
	四国	287	158
	九州	1,151	803
	沖縄	686	191

注1) 山形 12,607, 宮城 2,181, 秋田 1,052 など
注2) 東京 7,821, 埼玉 4,289, 茨木 3,718, 千葉 3,160, 栃木 2,718, 神奈川 2,534, 群馬 1,841
注3) 新潟 6,521 など
[出典：福島県 HP より]

た親戚や知人などの住宅に身を寄せた避難者も多かった。事故当初の避難は急を要したため，避難者は各地の広い範囲に分散した。このため各自治体は住民の避難先の把握に手間取ったが，住民に対する情報提供や支援，コミュニティ維持のための対応などに努めた。例えば，会津若松市に拠点を移した大熊町では，町が調整して避難者を同市または周辺の旅館，ホテルなどに順次移していった。また，計画的避難区域に指定され全村避難することとなった飯舘村の場合には，村民が極力近隣の地域に避難できるよう調整が行われた。

2011 年 4 月 22 日，20 km 圏内が警戒区域に指定されて立ち入り禁止措置が取られたため，国の現地対策本部が中心となって住民の同地域への一時立ち入りが計画され，国・県・市町村・警察・東京電力などの協力のもとに実施された。一巡目の一時立ち入りが 5 月〜9 月にかけて行われ，約 20,000 世帯 33,000 人が参加した。避難者は中継基地で防護服に着替え，専用バスに分乗して警戒区域内に入り，自宅には 2 時間以内の滞在，持ち出せるものも少量に限られた。なお，9 月から始まった 2 巡目以降ではマイカーによる立ち入りも行われた。

一方，避難者の住宅については応急仮設住宅が 5 月頃から順次完成し，また民間のアパートや空き家などもみなし仮設住宅として借り上げられた。これらの住宅へ避難者が入居し生活の安定が図られるにつれて，避難所は徐々に縮小されていった。なお，避難指示区域外からの自主避難者に対しても，みなし仮設として借り上げ住宅などが提供された。このような避難者に対する支援は，災害救助法に基づくほか，2012 年 6 月に施行された「子ども・被災者支援法」に基づいて行われた。

7.3.3 避難解除・帰還

a. 避難指示の解除

帰還困難区域を除く避難指示区域の解除については，2011 年 12 月の原子力災害対策本部決定において，次の要件が示された。

① 空間線量率で推定された年間積算線量が 20 mSv 以下になることが確実であること
② 電気，ガス，上下水道，主要交通網，通信など日常生活に必須なインフラや医療・介護・郵便などの生活関連サービスが概ね復旧すること，子どもの生活環境を中心とする除染作業が十分に進捗すること
③ 県，市町村，住民との十分な協議

これを踏まえて，環境省により除染が計画的に行われるとともに，復興庁などによりインフラや生活に密着したサービスの復旧が進められた。また，2013 年に原子力規制委員会がとりまとめた「帰還に向けた安全・安心対策に関する基本的考え方」を受けて，個人線量に基づく被ばく低減や健康不安への対策も講じられた。

第7章 事故による環境の汚染と修復，住民生活への影響

このような対応の進捗を受けて，国は各自治体との協議や住民への説明や意見交換を行い，条件が満たされた市町村ごとに避難指示区域の解除が進められた。2014年4月の田村市を皮切りに，同年10月川内村の一部，2015年9月楢葉町，2016年6月葛尾村および川内村の残りの地域，同年7月に南相馬市，さらに2017年3月に飯舘村，川俣町，浪江町，同年4月に富岡町の避難指示が解除された。これによって，1Fの立地町である大熊町と双葉町を残して，帰還困難区域以外の地域の避難指示が解除され，住民の帰還が可能となった（図7.32）。なお，2Fに関わる避難指示については2012年12月に，また伊達市，南相馬市，川内村の一部地域が指定されていた特定避難勧奨地点については2014年12月までに順次解除された。

b. 避難者の減少と帰還の状況

福島県における東日本大震災による人的被害は，地震・津波による直接死亡者が1,614名（2018年3月現在）で，原発事故による直接死亡者はなかった。しかし，震災関連死者数が2,202人（2017年9月現在）で他県と比べて多い。これは避難所などへの移動中や避難生活中における肉体・精神的疲労などが原因とされており，原発事故による避難の影響が大きい。

避難指示区域からの避難対象者数は当初約88,000人に及んだが，避難指示区域の解除が進んだ結果，約24,000人（2017年4月現在）に減少

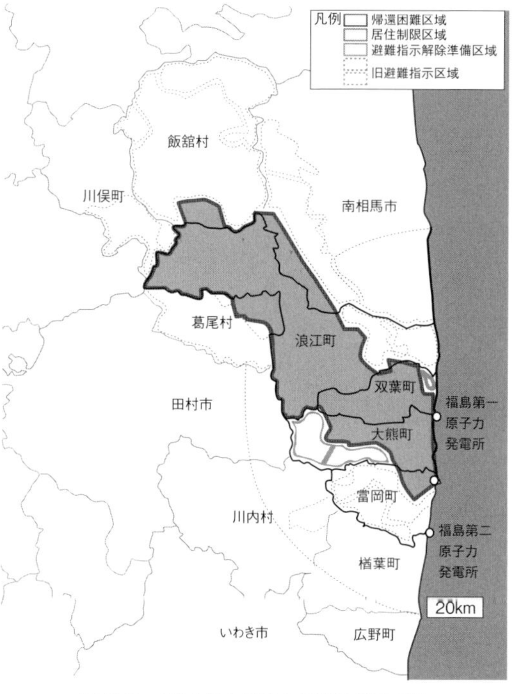

図7.32 2018年5月時点の避難指示区域

［出典：福島復興局資料
http://www.reconstruction.go.jp/portal/chiiki/hukkoukyoku/fukusima/material/20170428_torikumi.pdf］

表7.8 避難指示が解除された市町村の人口と居住者

	避難指示解除日	人口（人）	居住者（人）	出典など
田村市（旧避難指示区域）	2014年4月1日	283	227	2018年7月31日現在 田村市HR
川内村	2014年10月1日 2016年6月14日	2,713	2,197	2017年12月1日現在 福島県HR
楢葉町	2015年9月5日	6,996	3,481	2018年8月31日現在 楢葉町HR
葛尾村	2016年6月12日	1,428	250	2018年8月1日現在 葛尾村HR
南相馬市（旧避難指示区域）	2016年7月12日	9,036	3,334	2018年7月31日現在 南相馬市HR
飯舘村	2017年3月31日	5,749	893	2018年9月1日現在 飯舘村HR
川俣町（旧避難指示区域）	2017年3月31日	893	320	2018年9月1日現在 川俣町HR
浪江町	2017年3月31日	14,312	582	2018年8月31日現在 浪江町HR
富岡町	2017年4月1日	13,150	770	2018年9月1日現在 富岡町HR

第Ⅱ部　東京電力福島第一原子力発電所事故の影響

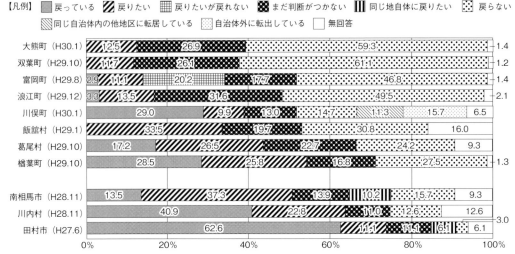

図 7.33　帰還に関する意向
[出典：復興庁「福島復興に向けた取組（2018 年 3 月）」
http://www.reconstruction.go.jp/topics/main-cat1/sub-cat1-4/20180313_fukushima-hukko-torikumi.pdf]

した。また，福島県の避難者数は，ふるさとへの帰還，復興公営住宅への入居，自宅再建などが進み，47,000 人（2018 年 4 月現在）まで減った。

ただし，解除された地域への住民の帰還については，避難指示解除が比較的早かった田村市や川内村では住民の約 8 割が，楢葉町では約 5 割の住民が既に帰還しているが，飯舘村，富岡町，浪江町などでは帰還した住民は少ない状態にある（表 7.8）。

復興庁が行った 2017 年度住民意向調査によれば，大熊町，双葉町，富岡町，浪江町では「戻らない」という回答の割合が 5〜6 割となっている。戻らない理由としては，「生活基盤ができている」「医療・介護環境への不安」のほか「放射線量の低下，原発の廃炉の状況への不安」などが上位にあげられた。また，「まだ判断がつかない」とい

う回答も多く，大熊町，双葉町，浪江町では約 3 割となっていて，判断に必要な条件として，「医療・介護等の再開」が多く，その他「放射線量の低下，原発の廃炉の状況」「住民の帰還状況」「商業施設の再開」などが上位となっている。また，同じ調査では世代別の分析を行っていて，概ね世代があがるにつれて「戻っている」および「戻りたい」という回答の割合が高くなっている（図 7.33）。

c．住民の定住・帰還に向けた取り組み

政府は，閣議決定や福島復興再生特別措置法などに基づき，帰還を望む住民には帰還を支援し，避難先などへの移住・定住を選択する住民には新生活を支援するなど，それぞれの避難者の選択を尊重した支援を行っている。避難指示が解除された地域の生活環境整備としては，住宅の確保，医

第7章 事故による環境の汚染と修復，住民生活への影響

双葉町（2017年9月15日認定）

・区域面積：約555ha ・居住人口目標：約2,000人
・避難指示解除の目標
  2019年度末頃まで：JR常磐線双葉駅周辺の一部区域
  2022年春頃まで：特定復興再生拠点区域全域

大熊町（2017年11月10日認定）

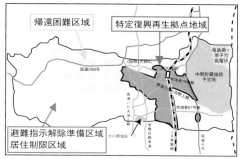

・区域面積：約860ha 居住人口目標：約2,600人
・避難指示解除の目標
  2019年度末頃まで：JR常磐線大野駅周辺の一部区域
  2022年春頃まで：特定復興再生拠点区域全域

浪江町（2017年12月22日認定）

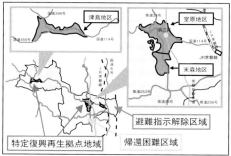

・区域面積：約661ha ・居住人口目標：約1,500人
・避難指示解除の目標：2023年3月
  （ただし，早期に整備が完了した区域から先行する。）

富岡町（2018年3月9日認定）

・区域面積：約390ha ・居住人口目標：約1,600人
・避難指示解除の目標
  2019年度末頃まで：JR常磐線夜ノ森駅周辺の一部区域
  2023年春頃まで：特定復興再生拠点区域全域

飯舘村（2018年4月20日認定）

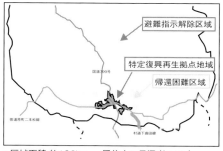

・区域面積：約186ha ・居住人口目標：約180人
・避難指示解除の目標：2023年春
  （ただし，早期に整備が完了した区域から先行する。）

葛尾村（2018年5月11日認定）

・区域面積：約95ha ・居住人口目標：約80人
・避難指示解除の目標：2022年春

図7.34 認定済みの特定復興再生拠点区域復興再生計画
［出典：原子力災害からの福島復興再生協議会資料（2018年8月20日）］

療機関や介護施設などの再開，小中学校の再開，商業施設の整備・再開などが行われ，また帰還者の安全・安心対策の充実，住民コミュニティの形成支援といった取り組みを，国と地元が一体となって進めている。被災者の抱える課題は，それぞれが置かれた環境などに応じて異なるし，地域の復興の進捗は被災の程度や避難指示解除の時期などによって差が大きい。このような個人や地域の状況の多様化を踏まえつつ，きめ細かな支援が重要となっている。

d. 帰還困難区域の取り扱い

将来にわたって居住を制限するとされていた帰還困難区域について2016年8月，政府は方針を見直し，たとえ長い年月を要するとしても将来的にすべての避難指示を解除し復興・再生に責任をもって取り組むとの決意を示した。そして2017年5月には福島復興再生特別措置法が改正され，特定復興再生拠点の整備計画を認定する制度が創設された。これは各市町村の実情に応じた復興拠点の整備を図るもので，除染とインフラ整備を一体的に行い，5年を目途に線量の低下状況も踏まえて避難指示を解除し，居住を可能とすることを目指すとされている。既に，双葉町，大熊町，浪江町，富岡町，飯舘村，葛尾村について計画認定され，復興拠点づくりが始まっている（図7.34）。

〔平岡 英治〕

7.4　住民との対話

7.4.1　日本原子力学会の取り組み

1F事故による環境汚染の修復，すなわち除染を推進するにあたって，福島県と日本原子力学会は，除染・放射線の専門家と福島県の住民との対話フォーラムを共同で主催し，2011年11月（福島市），2012年1月（郡山市），2月（2回：南相馬市，いわき市），5月（福島市），8月（会津若松市），9月（白河市），11月（郡山市），2013年2月（いわき市）の計9回にわたって，除染に向けたモニタリングと放射線影響，除染の必要性，課題およびその対策ならびに除染の取り組み状況に関する講演を行った後，放射線影響と除染の2グループの分科会形式で，それぞれ2時間にわたる住民との直接対話集会を開催した。

例えば，放射線影響の対話集会では，①食品・飲料水の基準や安全性，②子どもや住民への健康影響，③疫学調査結果（原爆，インド，チェルノブイリ），④自分や住民の被ばく線量，⑤放射線リスクや線量基準の考え方，⑥放出源情報や放射性セシウムの環境中挙動，⑦要望などの質問が多く出された。開催日ごとに異なる専門家が回答を担当したが

1) すべての質問に対して誠実に回答すること
2) 専門家として客観的な科学的な事実を信頼できる根拠に基づき，できるだけ定量的かつわかりやすく伝えること
3) 安全・安心は，人によりさまざまな解釈があるため，それを専門家が一方的に判断することは控え，参加者自身で判断しうるような情報をできるだけわかりやすく伝えること

を対話の心得として共有し，質問への対応にあたった。専門家は，a）質問の範疇が極めて広い専門分野にわたること，b）時間の経過とともに説明対象となるさまざまな基準・考え方・公表される線量推計値などが変化していくこと，c）質問にはすぐ回答しなければならないが，正確な信頼できる根拠に基づき定量的に回答するためには時間が必要なこと，d）質問者の抱えている悩みはそう簡単に共有できないことなどの問題に直面しながらも真摯に回答した。

図7.35は，一度に100 mSvを被ばくした場合であっても増加するリスクは0.5％であり，その

第 7 章　事故による環境の汚染と修復，住民生活への影響

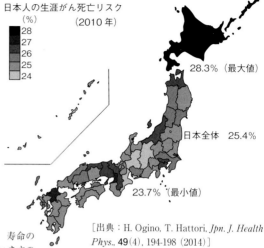

- ■ がんリスク　0.5%/100 mSv
  - ■ ICRP は、被ばくによる生涯がんリスクの上昇を、
    100 mSv：0.5%　　と推定し、
    10 mSv：0.05%
    1 mSv：0.005%　　┘と想定しています。
  - ■ 2010 年の人口数・死亡数データを用いれば、日本人の生涯がん死亡リスク（注）は 25.4%（男女の平均値）です。したがって、被ばくによる生涯がん死亡リスクの上昇の意味は、
    25.4% → 25.9%（100 mSv）
    25.4% → 25.45%（10 mSv）
    25.4% → 25.405%（1 mSv）　となります。
  - ■ 一方、生涯がん死亡リスクには、都道府県によって違いがあり、25.4% の生涯がん死亡リスクには
    23.7% 〜 25.4%（平均）〜 28.3%
    のばらつきがあることになります。
  - ■ この主な原因は、食生活などの生活習慣の違いにあると考えられています。
  - 注）ICRP のがんリスクは、がんで死亡するリスク以外に、寿命の損失やがん発生による生活の質の低下を考慮に入れていますので、生涯がん死亡リスクを生涯がんリスクに換算すると、やや高くなります。

［出典：H. Ogino, T. Hattori, *Jpn. J. Health Phys.*, **49**(4), 194-198（2014）］

図 7.35　対話集会で使用したスライドの一例
ICRP：International Commission on Radiological Protection（国際放射線防護委員会）
［出典：日本原子力学会，日本原子力学会誌，**58**(7), 394（2016）］

リスクは，生涯がん死亡リスクの都道府県間のばらつき（23.7〜28.3%）の中に埋もれてしまうほど小さいことを示したフォーラムの講演スライドの一つである。住民の放射線リスクに対する相場観の理解には，この生涯がん死亡リスクの国内マップが大変有効である。

日本原子力学会では 2012 年 9 月，福島の住民の方々が少しでも早く現状復帰できるように，国や環境省と住民の方々の間でインターフェースの役割をすることを目的とした福島特別プロジェクトを設置した。同プロジェクトは上述の福島県内における対話フォーラムを推進する役割を担ったほか，シンポジウム（年 2 回，2018 年 3 月末で計 13 回）を開催し，住民に 1F の状況，放射線被ばくや健康影響，放射性核種の環境動態や農作物への影響，環境修復のための除染の状況や今後についてなど，必要な情報発信を継続している。

また，環境省と福島県が 2012 年 1 月に開設した除染に関する情報発信の拠点である除染情報プラザ（2017 年 7 月，環境再生プラザに名称変更し，環境再生の取り組みなどの情報交換やコミュニケーションの場となった）へは，土・日・祝祭日に専門家のボランティア派遣を続けている（2018 年 3 月末で延べ約 800 名）。

日本原子力学会は福島県主催のリスクコミュニケーション活動（2013 年 12 月（いわき市），2014 年 6 月（いわき市），10 月（郡山市），2015 年 6 月（いわき市）），各種イベントに併設された除染質問コーナーにおける Q&A 対応（2013 年 11 月（郡山市），2014 年 3 月（郡山市），2015 年 1 月（福島市），2 月（郡山市））にも参加・協力してきた。2018 年 3 月現在も，環境再生プラザの人的支援，シンポジウムの開催，国が実施する地域への小規模コミュニケーション活動への協力などの活動を

通じて福島復興に協力し，消費地での「風評払拭」のための活動を継続している。

7.4.2 その他の取り組み

1F事故の後，日本原子力研究開発機構（以下，JAEA）には国内各地の地域住民から放射線影響に関する問合せや講演依頼が多く寄せられた。これを受け，JAEAでは国内各地にある各研究開発拠点が依頼に応じて地域住民を対象に「放射線に関する説明会」を開催した。例えば，同機構の核燃料サイクル工学研究所は，10年余にわたるリスクコミュニケーション実践・研究活動の経験を基に，事実に基づく情報発信と過剰な不安の低減を目的として，周辺の地域住民である茨城県民を対象とした「放射線と健康影響に関する勉強会」を2011年5月から開催してきた。この勉強会は，2014年12月末までの3年半にわたって延べ93回開催され，この間，延べ7,367名の住民が参加した。また，JAEAは2011年7月から，福島県内の主に保育園，幼稚園，小中学校の保護者ならびに教職員を対象に，放射線に関するコミュニケーション活動として「放射線に関するご質問に答える会」（以下，答える会）を開催し，2013年2月末までに合計で220回実施して約17,200人が参加し，その活動は現在も継続されている。答える会は，原則として4名の職員によるチームを構成し，放射線に関する基礎的な内容を簡単に説明した後，参加者からの質問に対して丁寧に回答する時間をできるだけ長くとることによって，一方向の説明ではなく参加者とのコミュニケーションが図れるよう実施された。また，説明に用いる資料は，答える会を実施するごとに参加者から事前に受け取った質問や実施時間などを踏まえて内容を構成し，平易でわかりやすい記載となるよう配慮された。

住民とのコミュニケーションの場は，上述した日本原子力学会やJAEAだけでなく，他にも多くの学会，研究機関，大学，国，地方自治体などにより設けられた。例えば，日本保健物理学会では，事故直後の2011年3月25日からホームページ上に「専門家が答える暮らしの放射線Q&A」の相談窓口を設け，2013年1月末に質問受付を終了するまで1,870件の質問に対して誠実に回答を行った。現在，ホームページ上で閲覧することはできないが，その中の代表的な80件の質問と回答については，同名の書籍に編纂されている。

一方，国では，例えば消費者庁では，2011年5月から食品と放射性物質に関して消費者と専門家が共に参加する意見交換会などを全国各地で展開しており，内閣府の食品安全委員会でも2011年8月から食品と放射性物質に関する意見交換会を開催してきている。また，環境省と福島県は，除染や放射線影響，環境再生への取り組みなどの情報交換やコミュニケーションの場として，除染情報プラザ（2012年1月開設，2017年7月環境再生プラザに移行）を設置している。同プラザでは，訪問者がプラザ内で自由に情報収集できるだけでなく，各地への専門家派遣の申込みが可能であり，除染や放射線についての正しい知識を伝えるため，高い専門性や豊富な経験をもつ専門家を，市町村，町内会および学校などへ派遣し続けている。（2012～2015年実績：985件）

避難住民の帰還を支援する制度として，「帰還に向けた安全・安心対策に関する基本的考え方（線量水準に応じた防護措置の具体化のために）」（2013年11月20日原子力規制委員会提言）および「原子力災害からの福島復興の加速に向けて」（2013年12月20日閣議決定）において，帰還する住民の方々の放射線に対する不安の解消を身近で支える相談員制度が定められた。これらを受け，福島県の避難指示区域および旧緊急時避難準備区域を含む12市町村に加え，その他の浜通り・中

通りの市町村などには相談員が配置された。相談員は住民が個人線量を把握し，被ばく線量の低減を図って健康を確保するといった住民の自発的な活動の支援，ならびに住民の日常生活や将来に向けての生活再建・生活設計の支援，避難の継続に伴う不安の解消といった幅広い役割を担っている。

また，環境省は相談員を科学的・技術的な面から組織的かつ継続的に支援するため，2014年5月，福島県いわき市に放射線リスクコミュニケーション相談員支援センターを開所した。同センターには相談員が電話相談できる窓口が設置されており，センター職員の現地訪問による相談員への新しい情報提供，相談員を対象にした研修会の開催，相談員のみでは解決が困難な住民からの幅広いニーズや専門的課題などに対処するための専門家による支援などを行っている。

［服部 隆利，飯本武志］

7.5 事故により汚染された環境修復の海外事例と動向

7.5.1 海外事例

1F事故により福島を中心として起こったような放射性物質による環境汚染は海外にもいくつか事例があり，それらは大きく分けると事故に起因する一般住民が生活する環境汚染と，原子力施設（核物質の製造などに供した施設）内の土壌，地下水などの汚染がある。

事故により大きな環境汚染が起こったものとしては，1957年に旧ソ連チェリヤビンスク市北方の原子力複合施設MAYAK（旧秘密都市）で使用済み燃料の再処理から生じた高レベル放射性廃液を貯蔵するタンクの冷却の故障により廃液が乾固して温度が上昇し，その中の成分が化学爆発を起こしたものがある。その結果 3.7×10^9 Bq/km^2 以上の汚染が幅30〜50 km，長さ300 kmにわたって広がった。そのタンクには種々の放射性物質が含まれていたが，環境汚染に最も影響を与えたのがストロンチウム90（^{90}Sr）であり，土壌，森林，湖沼，道路，車両などが汚染された。この汚染地域には200以上の集落があり，事故直後4集落から1,300人以上が避難させられ，その後24の集落から約1,200人以上に対して居住地の移動が行われた。現在でも当地域への入域は厳しく制限されており，立ち入り禁止区域が設定されている。

次の大きな環境汚染は旧ソ連（現ウクライナ共和国）のチェルノブイリ原子力発電所4号炉の炉心が1986年4月に爆発を起こして広範囲に放射性物質が環境中に飛散した例がある。これについては多くのレポート[42]が刊行されている。チェルノブイリ発電所と1F事故による環境汚染の大きな違いは，前者では炉心自体が爆発したため放射性ヨウ素やセシウム，ストロンチウムだけでなく，プルトニウムなどの核燃料を構成する放射性物質が飛散したことであり，後者の場合は炉心溶融であったため，揮発性のヨウ素，セシウムが環境汚染の主要因である。また汚染面積も日本の場合よりはるかに広く，その影響（特に森林汚染）は旧ソ連域だけでなく遠くスカンジナビア半島の国々（フィンランド，スウェーデン）やオーストリアなどに広がった。図7.38に1Fとチェルノブイリ原子力発電所4号炉の事故により汚染された領域の地図を同一縮尺で示す。また同図は汚染度の高低については同じ色で示されている。ここでは1986年から1989年にわたって土壌，森林，湖沼，建物，道路，水源などが汚染されたが，現在も高濃度汚染地域は立入り禁止となっており，30 km圏内の立入り禁止区域では超ウラン元素（プルトニウムやアメリシウム）による汚染のため向こう1,000年間は生産活動ができない地域となっている。以上二つの例では国土が広く，人口集中

第Ⅱ部　東京電力福島第一原子力発電所事故の影響

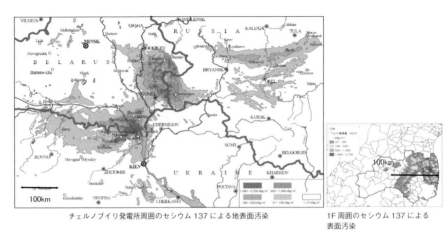

図 7.38　チェルノブイリ原子力発電所 4 号炉と 1F 事故による環境汚染の広がり（口絵 6 参照）
［出典：（左図）IAEA, STI/PUB/1239（2006）；（右図）文科省発表データからの試算］

も少ないため除染は行われたものの，日本のようにきめ細かには行われていないのが現状である。

次に極めて特異な例を二つ紹介する。1987 年 9 月にブラジルのゴイアニアで廃病院に忘れられていたセシウム 137（^{137}Cs）のキャプセルが盗難にあい，その中に有用金属があるとのうわさのため，そのキャプセルが開封されてセシウム 137 が市街地に拡散し広さ 1 km^2 が汚染された。この出来事は地域住民に大きな不安を引き起こした。この環境回復のため 200 人ほどの住民の避難，家屋の解体，土壌のコンクリートによる被覆，表面土壌の剥ぎ取りを行い汚染の除去を行った。もう一つの事例はスペイン上空で 1966 年に核爆弾 4 個を積載した米軍用機が衝突墜落して，2 個の爆弾からプルトニウムが飛散してパロマレス地域の環境汚染を引き起こした。これにより 4 地点が汚染され合計約 5 万 m^3 の土壌が汚染された。このため土壌を除去するとともに，土壌の除染としてふるい分けが行われた。ここでも住民の懸念は大きく，その払拭に環境修復作業，住民との対話などが実施された。

最後に，過去に原子力技術開発，軍事用核兵器製造に使われた原子力複合施設が米国，英国，フランスなどにあり，そこでも施設内や周辺の環境が汚染されており土壌などの修復対策が行われている。このうち米国では 108 か所の原子力施設があり，これまでに 86 の施設で環境修復が完了している。しかしハンフォード施設，オークリッジ国立研究所，サバンナリバー施設の 3 大原子力施設では現在も修復作業が継続され施設ている。例えば米国ハンフォード施設（施設全体は東京 23 区の 2.4 倍ほどの面積があり一般住民の立ち入りは禁止されている）では土壌や地下水が汚染し，世界で最も大規模なクリーンアッププログラムが 1989 年から行われており，完成には 2050 年までかかるとしている。またこれらの施設ではプルトニウム生産炉とその分離施設も解体されており，その敷地の汚染や隣接している河川（ハンフォード施設の場合はコロンビア川，サバンナリバー施設ではサバンナリバー川）も施設内の地下水の漏えいにより放射性ストロンチウムなどの核分裂生成物ばかりでなくプルトニウムなどの超ウラン元素による汚染が見出されている。現在は敷地内と河川の境界に汚染水から放射性物質を捕集するカ

ラムを設置して，浄化した地下水が河川に放出されるような対策を講じている．

このように環境修復においてはいずれの場合も，また福島で経験しているように地元の理解には最大限の努力が必要であり，そのために指摘されているのは事故の説明，環境修復への関係者（住民，地域代表者，事業者，規制部局，行政など）の関与（stakeholder involvement）である．いずれの修復の場合にもこれはトッププライオリティに上げられており，それなくして環境回復は効率的に進められない．

7.5.2 国際的な動向

以上述べたような事故による環境汚染とその修復の経験をもとに国際機関が中心となって，事故後の環境修復についての国際的な基準作りが行われている．国際放射線防護委員会（ICRP）では事故後の放射線防護に対する考え方[43]，緊急時の対応[44]，事故後の環境回復[45]に関する指針を刊行している．また，IAEA でも環境修復に関する指針の作成を行っており，包括的安全要求書[46]のもと，過去の活動や事故により汚染した地域の環境修復に関する安全ガイド[47]を刊行しており，その中で環境修復に関する枠組み（法的整備，修復戦略），放射線防護基準の適用，環境修復する施設の特徴，環境修復計画と実施，環境修復で発生する放射性廃棄物の管理，環境修復後のサイトの管理などに関する要件が記載されている．また，このほか先に述べたように環境修復にあたっては関係者との連携が必要不可欠であることから，住民との対話のあり方や住民の参加の重要性についても報告書[48]が刊行されており，環境修復にお

けるリスク許容，社会的・経済的・政策的な要件，環境修復における放射線防護，倫理的基準，住民との対話，関係者の環境修復への参加の必要性が記載されている．そのポイントの一つは環境修復における「正当化と適正化（justification and optimization）」であり，そのためには関係者との対話が不可欠であり，そのもとで環境修復により便益が得られること（remediation work should do more good than harm）が重要な要件であるとしている．さらに，欧州委員会が主導して今後チェルノブイリ原子力発電所のような事故が起こった場合に備え，EURANOS[*4]プロジェクト[49]を立ち上げ，「欧州における居住エリア管理ハンドブック」，「飲料水管理ハンドブック」，「食料生産管理ハンドブック」を含め4種類のガイドブックを作成している．これらは1F事故を受けてその環境修復の一助とするため日本原子力学会が翻訳版を刊行している[50]．一方，英国でも長年稼働させてきたウィンズケール原子力複合施設の環境影響に対し，健康管理局（HPA）[*23]が「環境回復ハンドブック」（2009年）を刊行し，2015年6月には「放射線事故からの回復ハンドブック」を作成[51]している．

以上述べたように，事故を受けその環境修復についての基準，ガイドブックがこれまでに作成されているが，多くの国ではそのような事故が起こった場合の住民の避難，警戒区域の設定，環境修復などの戦略が構築されていない場合が多く，事前の法整備とともに事故後直ちに住民の安全を確保し，早期にその環境が回復できるような仕組みを作っておく必要がある．

［井上 正］

＊23 HPA：Health Protection Agency

参考文献

1) K. Saito, Y. Onda, *J. Environ. Radioact.*, **139**, 240-249 (2015).
2) 斎藤公明, *FBNews*, **476**, 1-5 (2016).
3) K. Saito, *J. Environ. Radioact.*, 投稿中.
4) 伊達市除染基本計画（第1版平成23年10月）
http://www.city.fukushima-date.lg.jp/soshiki/12/192.html
5) 日本NPO学会編『東日本大震災後設立のNPOにおける活動実態と今後の展望『調査報告書』』（2017年3月）.
6) 田中 知, 藤田玲子, 日本原子力学会誌, **54**(10), 640 (2012).
7) 日本原子力学会クリーンアップ分科会「福島第一原子力発電所の事故に起因する環境回復に関する提言」（平成23年6月8日）.
http://www.aesj.or.jp/information/fnpp201103/chousacom/cu/cucom_teigen20110608.pdf
8) 日本原子力学会クリーンアップ分科会「提言："環境修復センター"の設置と除染モデル事業による速やかなる検証」（平成23年7月29日）.
http://www.aesj.or.jp/information/fnpp201103/chousacom/cu/cucom_teigen20110729.pdf
9) 日本原子力学会クリーンアップ分科会「除染技術カタログ Ver.1.0」（平成23年10月24日）.
http://www.aesj.or.jp/information/fnpp201103/chousacom/cu/catalog_ver1.0_20111024.pdf
10) 日本原子力学会クリーンアップ分科会「環境修復技術のご説明資料（暫定版第2版）」（平成23年9月5日）.
http://www.aesj.or.jp/information/fnpp201103/chousacom/cu/cucom_kankyoshufuku20110905.pdf
11) 田中 知 他, 原子力学会誌, **56**(3), 193 (2014).
12) 日本原子力学会クリーンアップ分科会「一仮置場Q&A—除去土壌の仮置き場についての疑問にお答えします」（平成24年5月23日）.
http://www.aesj.or.jp/information/fnpp201103/chousacom/cu/kariokibaqanda20120514.pdf
13) 石倉 武, 藤田玲子, 日本原子力学会誌, **55**(1), 40 (2013).
14) 平成二十三年三月十一日に発生した東北地方太平洋沖地震に伴う原子力発電所の事故により放出された放射性物質による環境の汚染への対処に関する特別措置法, 平成二十三年法律第百十号
15) 環境省「除染関係ガイドライン 第2版」（平成25年5月）.
http://www.env.go.jp/jishin/rmp/attach/josen-gl-full_ver2.pdf
16) 環境省「除染関係Q&A」（平成28年5月20）.
17) 環境省「除染関係Q&A」（平成29年5月31日）.
18) 環境省「廃棄物関係ガイドライン 第2版」（平成25年3月）.
http://josen.env.go.jp/material/
19) 環境省「東京電力福島第一原子力発電所事故に伴う放射性物質による環境汚染の対処において必要な中間貯蔵施設等の基本的考え方について」（平成23年10月29日）.
20) 日本原子力研究開発機構「福島第一原子力発電所事故に係る避難区域等における除染実証業務報告書」（2012）.
21) 日本原子力研究開発機構「福島第一原子力発電所事故に係る福島県除染ガイドライン作成調査業務報告書」（2012）.
22) 福島県「緊急実施方針に基づく市町村除染計画策定マニュアル（作成例）」（2011）.
23) 例えば, 福島市「福島市ふるさと除染実施計画 第2版再々改定」（2018）.
24) 農林水産省「農地除染対策の技術書」（2013年2月）.
(http://www.maff.go.jp/j/nousin/seko/josen/)
25) 農林水産省「ため池の放射性物質対策技術マニュアル」（2017年3月）.
http://www.maff.go.jp/j/nousin/saigai/tamemanu_zentai.html
26) 環境省「国及び地方自治体がこれまでに実施した除染事業における除染手法の効果について」（平成25年1月）.（福島県内の主として比較的線量の高い地域において実施した初期（主に平成23年度）の除染事業を対象とした報告書）.
27) 環境省「平成26年度 除染に関する報告書—これまでに環境省が実施した生活環境の除染の経験等のとりまとめ」（平成27年3月）.
28) 環境省除染事業誌編集委員会「東京電力福島第一原子力発電所事故により放出された放射性物質汚染の除染事業誌」（平成30年3月）.
29) 環境省「中間貯蔵施設情報サイト」（http://josen.env.go.jp/chukanchozou/about/）
30) 帰還困難区域におけるモデル実証事業, 環境省 HP；http://josen.env.go.jp/area/model2_after.html
31) IAEA Report on Decommissioning and Remediation after a Nuclear Accident, Int. Experts Mtg., 28 January-1 February 2013, Vienna, Austria.
32) IAEA "The Fukushima Daiichi Accident, Technical Volume 5/5 Post-accident Recovery" (2015).
33) 東電福島原発事故調査・検証委員会「政府事故調中間報告書」（2011年12月26日）.
34) 東電福島原発事故調査・検証委員会「政府事故調最終報告書」（2012年7月23日）.
35) 東京電力福島原子力発電所事故調査委員会『国会事故調報告書』, 徳間書店（2012年9月30日）.
36) 日本原子力学会『福島第一原子力発電所事故 その全貌と明日に向けた提言—学会事故調最終報告書』, 丸善出版（2014年3月11日）.
37) 大熊町「大熊町震災記録誌」（2017年3月）.
38) 復興庁福島復興局「福島復興加速への取組」（2018年4月）.

39) 福島県ホームページ
40) 復興庁ホームページ
41) 経済産業省ホームページ
42) IAEA, Environmental Consequences of the Chernobyl Accident and their Remediation: Twenty Years of Experience; Radiological Assessment Reports Series (2006).
43) ICRP, Fundamental Recommendations, Pub.103 (2007).
44) ICRP, Emergency Situations, Pub.109 (2009).
45) ICRP, Post-Accident Recovery, Pub.111 (2009).
46) IAEA, General Safety Requirements; Part 3. Radiation Protection and Safety of Radiation Sources: International Basic Safety Standards (2011).
47) IAEA, Safety Guide No. WS-G-3.1; Remediation Process for Areas Affected by Past Activities and Accidents (現在改訂中)(旧版 2007).
48) IAEA, Communication and Stakeholder Involvement in Environmental Remediation Projects, IAEA Nuclear Energy Series, No.NW-T-3.5 (2014).
49) EURANOS プロジェクト
http://www.euranos.fzk.de/index.php?action=euranos&title=products
50) 日本原子力学会クリーンアップ分科会「EURANOS 除染技術データシート翻訳」；同「欧州における放射能事故で汚染された居住エリア管理のための包括的ハンドブック翻訳」（平成 23 年 8 月）.
51) A. Nisbet, S. Watson, J. Brown, "UK Recovery Handbooks for Radiation Incidents 2015", Ver.4, PHE-CRCE-018 (2015).

第8章　事故による産業・経済への影響，風評被害

編集担当：布目礼子

8.1	地域への社会的影響と課題 …………………………………………（開沼　博）	200
8.2	農業・水産業への影響 ………………………………………………（開沼　博）	201
	8.2.1　被害の状況 …………………………………………………………	202
	8.2.2　農産物・水産物汚染の状況 ………………………………………	207
	8.2.3　食品汚染と汚染検査 ………………………………………………	209
8.3	風評被害 ………………………………………………………………（開沼　博）	213
	8.3.1　国内への影響 ………………………………………………………	214
	8.3.2　外国への影響 ………………………………………………………	216
8.4	復興に向けて …………………………………………………………（開沼　博）	218

8.1 地域への社会的影響と課題

東京電力福島第一原子力発電所（以下，1Fと称する）事故の影響が多岐にわたることは改めて指摘するまでもない。事故が起き放射性物質が建屋外部に漏えいした，という根本的な問題はもちろんのこと，それによる敷地外の避難指示，環境の汚染と除染など挙げはじめればきりがない。

その中で，産業・経済への影響や風評被害といった社会的被害はいまも収束の見通しが立たない。そして，具体的な放射性物質の動きを測定し，可視化していく作業とは違い，その実態は明確につかみづらい部分もある。

本章では，この1F事故による産業・経済への影響，風評被害について触れる。いうまでもなく，事故が起こった際に，原子炉内部で何が起こるのか，どんな放射性物質がいかに飛散し，降下するのかといったことのシミュレーションはさまざまな形でなされてきただろう。1F事故後は，事故時の住民の避難の体制，放射線防護の考え方についての議論がさまざまに深められた。

しかし，産業・経済への影響や風評被害といった社会的被害については，十分なシミュレーションがなされていたとはいいがたいし，いまも，例えば次なる原子力災害が起こり得ることを想定した教訓が十分に残されている状況だとはいえない。しかし，先進国はもちろん，中国，ロシアをはじめとする新興国での原子力利用の拡大傾向が明らかな中で，この社会的影響を捉える視点をもつことなしに1F事故を捉えることは一面的だといわざるを得ない。

事故により飛散した放射性物質による影響はもちろん甚大なものであるが，社会的影響はある面ではそれ以上に不可視で，回復までの道筋が見通せず，その実態を捉えるには多くの時間がかかるといった側面もある。いわゆる「風評」による影響は時間・空間を容易に超越し，被害を出し続ける。

本論に入る前に，そもそも1F事故によって地域にいかなる社会的影響あるいは課題が生まれ，現在も残っているのか一定の整理をする。大きく以下の5点にまとめることができるだろう[*1]。

(1) 以前から存在したが，東日本大震災・1F事故によって急性症状化した課題

例えば，高齢化や地域の医療福祉システムの崩壊，過疎地域からの若手の流出，既存産業の衰退などが，避難指示とその解除であり，風評であり，家族の分断であり，といった複合災害の中で生じるさまざまな事象の中で急激に表面化し，地域の死活問題になった。それらはもちろん東日本大震災前から進んできていたし，福島以外にも存在している課題であるが，原発事故によって急激に加速し，地域の解決困難な課題として認識されるようになった部分は大きい。

(2) 風評による経済的損失およびデマ・差別

8.3節で細かく触れるが，端的にいえば，福島やそれに関わるさまざまなモノ・人のイメージが悪化することで，現実がどうなっているかということとは乖離したところでさまざまな害が起こり続けている。

(3) ポスト復興バブル

原発事故は，経済的損失だけではなく，経済の拡大を生んだ側面もある。それは復興事業への巨額の公共投資や住民・事業者に対する賠償，避難による不動産の建て替えなどのニーズの増大などによるものだ。しかしながら，これは持続性のある好景気ではない。この「バブル」と呼ぶこともできるだろう状況とその後に起こる可能性が高い経済的混乱は1F事故が与えた大きな社会的影響であり，今後に積み残された課題といえる。

[*1] 詳しくは，開沼博「3・11から6年，福島に残る課題の配置図」『Voice』（PHP出版）2017年4月号を参照。

（4） 1F周辺地域の復興

「福島」といっても被害の状況は均等ではなく，社会的影響，課題には濃淡がある。その中で，被害が深刻か否かという点で，どこにどう線引きをするのかは簡単ではないが，やはり1Fの周辺地域，特に放射線量の高さなどを考慮して定められた避難指示を経験した地域をもつ12市町村（広野町については町が避難指示を決定した）は特異な課題を抱えているといわざるを得ない。（1）とも通じる形で，この地域の人口減，高齢化，医療福祉の充足といった課題は深刻な状況におかれ，出口は見えない。

（5） 分断と社会的合意形成

さまざまな点で価値観や生活の条件に分断が生まれ，社会的合意形成が必要になり，またそれが困難にもなっている。例えば，放射線への向き合い方，賠償の多寡といった問題でいかに合意を形成していくのか。それは当然，1Fの廃炉や中間貯蔵施設の行く末という最大の難問といっても過言ではない課題にも関わってくる。

上記（1）〜（5）はそれぞれ独立しているわけではなく，相互に連関しあっている。例えば，（3）のポスト復興バブルにうまく対処できなければ，（1）の以前から存在したが3.11によって急性症状化した課題はより悪化することになるだろう。あるいは，（2）の風評による経済的損失およびデマ・差別を改善できない状態が続くほどに（5）の分断と社会的合意形成の困難はより混迷を深めることになる。

いずれにせよ，このような「小さな個別の課題同士が複雑につながりながら形成される大きな課題の網」といっていいようなものの中に，本章で扱う「1F事故による産業・経済への影響，風評被害」は存在する。

その前提をイメージしながら個別の課題を見ていく必要があるだろう。

［開沼 博］

8.2　農業・水産業への影響

ここから本題に入る。まず，農業・水産業への影響について詳しく見ていく。

農業・水産業という一次産業に着目するのは，さまざまな統計を通して明確に原発事故のネガティブな影響が出たことを観察しやすいのが一次産業と（三次産業の中の）観光業であり，その中でも特に農業・水産業の抱える課題は困難だからだ[*2]。

逆に，それ（原発事故のネガティブな影響を観察しやすい分野）以外の部分は，これらと異質な課題を抱えている。

例えば，先に触れたとおり，福島県の経済指標は明らかに「復興バブル」と呼べるような高止まりをしている部分がある[*3]。これらは，日本の自治体の中で相対的に見て福島が豊かであることを示すように見える数字であるが，当然，絶対的に福島の産業の足腰の強さを示すものではない。むしろ，これからさまざまな資源が急速に引いていく，不足する中で何をなすべきかが試されるフェーズに入っていくことが見て取れる。医療福祉も人手不足は同様だし，保険費用の高騰[*4]も問題になる。いずれも原発事故が一時的に産業を（良し悪しは別にして）活性化させた，そうさせるだけの公的な予算投入などがここまではあったと解釈することができる。これが「異質な課題」と先に述べた背景にある。

それらの課題も重要だが，まず，より直接的に影響があった農業・水産業を見ていくことがここからの話になる。それを見ることで，1F事故がもたらした社会的影響，課題をより明確に理解することができるだろう。

---

*2　林業や二次産業など他の分野も含めて開沼博『はじめての福島学』（イースト・プレス）で検証している。

*3　産経ニュース「公示地価 福島県いわき市，上昇率トップ10独占 被災者流入で住宅需要増加」（2015.3.19 07:41, https://www.sankei.com/economy/news/150319/ecn1503190013-n1.html，2018年11月3日取得）では「住宅地の上昇率で全国上位10地点を独占」「福島県では復興の本格化を背景に全域で上昇が加速しており，住宅地，商業地，工業地とも23年ぶりにそろって上昇となった。」と取り上げられた。

8.2.1 被害の状況

1F 事故による農業・水産業への影響，被害の状況はいかなるものだったのか。

そもそも農業・水産業への影響，被害とは何か。この点のイメージは，人によっていまだバラツキがあるのが現状だろう。例えば，筆者自身，全国各地で継続的に福島の現状についての講義・講演をしてまわっているが，「福島では放射性物質が農地に降ったから，その後農業ができないでいるのではないか」と認識している人は一定数いる。あるいは「福島の作物はいまも一定割合の汚染が，国が設定した基準値を超えるレベルで出る状況が続いているようだから不安だ」という人もいる。

これらの認識は現実から大きくずれている。こういった通俗的な誤認識が定着・固定化してしまっていること自体が農業・水産業への影響，被害だということもできるだろう。

具体的な話をしよう。

1F 事故による農業・水産業への影響，被害の状況とはいかなるものだったのか。具体的には，①作付面積減，②生産量減，③作物の価格・市場での競争力の低下という3点に集約できる。

まず，①作付面積減，②生産量減について，最も広く生産・消費される農作物であるコメを例に見ていこう。

a．作付面積減

例えば，福島県のコメ作付面積は原発事故後，大きく減っている（図 8.1）。

まず，事故直後，急激に減っている。この背景は理解しやすい。一方には，原発事故由来の放射性物質が多かれ少なかれ実際に存在する中で，作物をつくっても汚染されるのではないか，あるいは汚染があろうとなかろうと福島のものというだけで売れなくなるのではないかといった作付けへの意欲が下がったということがある。他方には，

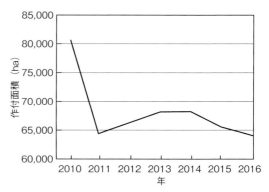

図 8.1　福島県のコメ作付面積

[出典：https://www.pref.fukushima.lg.jp/sec/36035b/inasaku-gaiyou-sakutukejyoukyou.html]

震災・原発事故によってそもそも立ち入りができないような農地ができたこと，後ほど触れるが，実際に作付けに制限がかかった地域が出たこともある。

それらの背景の中で，2割ほどの作付面積の減少が見られる。生産量についても，基本的には作付面積に比例する部分は大きい（他に天候などの要因もある）ので，大きく減少傾向を見せることになった。

ただ，その上で理解しがたい現象が起こっている。それは，その後の推移だ。

作付面積・生産量は 2011 年度，大幅に下がった後，回復傾向を見せる。これも理由は理解しやすい。事故直後の先行きが不透明な状況から，時間の経過の中で，放射性物質の分布の状況やそこへの対策が見えてくる状況に変化していく。立ち入りができない場所，自粛されていたような場所も少しずつ減っていき，作付け制限も解除される方向に進んでいく。当然右肩上がりに作付面積，生産量は回復していくことになる。

ところが，図 8.1 を見れば分かる通り，この右肩上がりの回復傾向は数年で頭打ちになり，再度状況は悪化し始める。いまや原発事故直後よりも

＊4　見崎浩一「日本一高い介護保険料，どうする？ 福島県の村で検討会」(2018 年 8 月 8 日 13 時 00 分，https://www.asahi.com/articles/ASL883VCHL88UBQU00K.html，2018 年 11 月 3 日取得）では，介護保険料の基準月額が全国で最も高く，避難指示と解除を経験した福島県葛尾村の保険給付費が，10 年度約 1 億円だったのが 17 年度約 2 億 6 千万円に急増した経緯について，村職員の声として「原発事故に伴う新たな介護需要の増加であり相当の因果関係がある」「避難に伴う農作業機会の減少による生活の不活発化」「家族離散などに伴う介護者の不在」「避難先で介護サービスを受けやすくなった」といったことをあげている。

作付け・生産が衰えている。

これをどう解釈すべきか。大きく2点ある。

一つは，元から原発事故の有無にかかわらず，福島の農業自体の衰退が進んできており，産業の構造にそもそもの問題があっていわば「下降圧力」がかかっているということだ。福島の農業のみならず，日本全体の農業に衰退していく傾向は元からあった。原発事故はそれを急速に加速させた。確かに下降しすぎた分は元に戻った時期もあったが，すぐに元からの衰退傾向と相まって原発事故後の衰退が再び始まった（図8.2）。

原発事故がなければこの衰退はなかったのか，と問われれば，それは分からない。20～30年のうちに，いずれ想定できる衰退であったとはいえるだろう。ただ，衰退がここまで早急に訪れたのかというと，それはあり得ない。明らかに原発事故がこの急激な悪化の原因となった。実際に多くの農家が，原発事故をきっかけとして農業を離れる結果となったことは自明であり，その影響の大きさはいうまでもない。

b. 作物の価格・市場での競争力の低下

二つ目が先にあげた「③作物の価格・市場での競争力の低下」だ。これは理解しやすいだろう。原発事故が起こり，福島の作物が汚染されていること，あるいは汚染されていないものも含めて汚染されているのではないかという疑念をもつ人たちが福島産品を買い控える，という話だ。「うちは小さい子どもがいるから福島産のものを買うのは躊躇する」とか「贈答品として福島産の果物を人に贈っていたけど，相手が気にすると困るから別な産地のものに変えた」とか，そういった消費者意識が福島産品への需要を下げ，作物の価格・市場での競争力の低下を招いたのではないか，と想像しやすい。

ただ，これは半分正しいが，半分間違っている。というのは，消費者意識が原発事故直後の一番悪

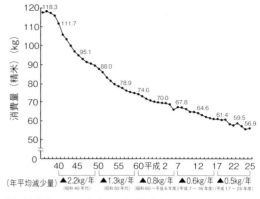

(a) コメの年間1人当たりの消費量の推移

[出典：農林水産省「食料需給表」]

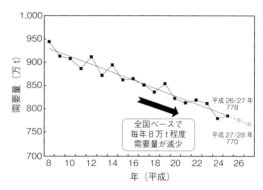

(b) コメの需要量の推移

[出典：農林水産省「米穀の需給及び価格の安定に関する基本指針」（2014年11月）]

図8.2　日本のコメの消費量および需要量の推移

い状態に戻る理由はもはや見当たらなくなってきているが，価格の低下は続いている。つまり，必ずしも消費者意識だけが価格の低下の元凶というわけではないということだ。

なぜそのような事態が起こっているのか。そこには流通構造の変化がある。

例えば，首都圏のあるスーパーのコメを置いた棚を見たときに，原発事故前までは福島のコメが棚全体の3割程度を占めていたとしよう（実際に

震災前の順位を見れば十分有り得ることだ）。それが原発事故直後，消費者が買い控えするのではないかとほぼ棚からなくなる。場合によってはその「消費者が買い控えするのではないか」という判断が数年続く。その間，スーパーのコメの棚の，かつて福島のコメが置かれていた部分はどうなるだろうか。コメ以外の商品が置かれるという可能性もないわけではないだろう。確かに日本でのコメの消費量自体が減少傾向にある。とはいえ，一気にコメの棚が3割縮小するわけではない。福島のコメが置かれていた部分には，福島以外のコメが置かれることになる。それが何年も続いたときに，再び福島のコメを置きたいと思っても，再度福島のコメがそこに置かれるかというとそれは容易ではない。市場競争の中で長年かけて確保してきた指定席を他の地域に渡してしまった。その指定席を一度手放してしまった後に，再度自分の都合で全部渡してくれといっても必ずしも思い通りになるわけではない。

これが流通構造の変化だ。流通の割当はあくまで市場競争の中で行われる。価格や需要量・供給量を通じて，さまざまなタイミングの中でどの商品が小売店に並び消費されるのかが決まる。ただ

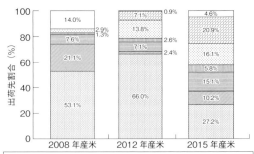

図8.3 福島県内コメ卸売業者の出荷先推移（卸売業者以外への出荷分）

［出典：福島県「県産米流通状況調査報告書」（© Accenture 2018）］

表8.1 飼料用米の都道府県別の作付・生産状況の推移

	2010年産		2011年産		2012年産		2013年産		2014年産		2015年産		2016年産	
	数量(t)	面積(ha)	数量(t)	面積(ha)	数量(t)	面積(ha)	数量(t)	面積(ha)	数量(t)	面積(ha)	数量(t)	面積(ha)	数量(t)	面積(ha)
栃　木	6,049	1,285	13,022	2,662	21,290	4,143	8,906	1,723	22,937	3,943	52,507	9,248	55,003	10,402
青　森	3,603	834	16,356	3,511	14,494	2,972	8,840	1,708	17,160	2,812	44,198	7,211	42,284	7,415
茨　城	2,450	555	8,034	1,635	6,001	1,289	6,427	1,250	14,036	2,499	38,311	7,011	41,180	7,840
宮　城	7,194	1,459	8,123	1,763	9,412	1,903	7,450	1,475	11,367	1,954	26,612	4,850	31,455	5,915
福　島	3,456	759	7,187	1,601	4,449	1,064	2,493	514	4,721	888	20,404	3,787	28,527	5,519
千　葉	2,508	490	5,018	1,020	5,401	1,097	3,675	679	6,461	1,138	22,585	3,995	25,922	4,761
岩　手	4,025	804	8,727	1,811	10,074	2,024	8,177	1,638	11,416	2,035	23,736	4,155	25,031	4,702
山　形	5,862	1,092	12,135	2,347	13,521	2,507	9,821	1,700	13,528	2,150	23,647	3,726	23,047	3,840
新　潟	4,210	859	9,586	1,883	9,571	1,851	3,455	651	4,974	876	19,618	3,414	21,865	4,058
秋　田	3,615	741	9,161	1,848	7,808	1,541	3,861	748	7,092	1,180	17,940	2,946	17,641	3,153
北海道	1,851	389	4,085	849	4,514	892	2,701	521	4,157	712	13,655	2,347	15,084	2,770
埼　玉	1,226	285	3,848	811	2,949	620	1,612	337	5,093	945	13,987	2,770	13,908	2,857
岐　阜	1,534	486	2,900	698	3,390	830	3,559	735	5,229	1,075	11,874	2,436	13,814	2,900
福　岡	1,739	386	3,879	782	4,146	864	3,624	811	5,682	1,153	8,011	1,533	9,291	1,874
群　馬	594	139	3,026	644	2,115	440	2,128	428	3,466	654	8,747	1,753	9,096	1,844
…	…	…	…	…	…	…	…	…	…	…	…	…	…	…
全　国	68,011	14,883	160,900	33,955	166,537	34,525	108,576	21,802	186,564	33,881	440,066	79,766	481,468	91,169

注）2016年産の生産数量は2016年9月15日現在の計画数量。2016年産生産数量の多い順に並べている。
［出典：農林水産省調べ］

第8章　事故による産業・経済への影響，風評被害

でさえ，いわゆる「六次産業化」などといわれる，農作物の市場での競争力の強化が激しくなってきている近年に，ネガティブなブランド化がなされてしまったり，市場からの一時退場を余儀なくされてしまったりした。そのことはあまりにも大きなハンディキャップになった。

しかし，そこで疑問が湧く人もいるだろう。棚から消えたコメはどこにいっているのか，ということだ。先に触れたとおり福島産のコメの生産量は減ったが，とはいえ依然，震災前比で8割ほどの膨大な量のコメをつくっている。でも，スーパーで見なくなった，とすればどこに消えたのか。

答えは業務用米や飼料用米だ。コメは大きく，家庭用・業務用・飼料用に分けられ，通常はその順に単価が下がっていく。福島のコメは元々，家庭用米として流通している割合が多かったが，特に原発事故後は都道府県別で見て最も業務用米の割合が高い県の一つになっている。その変化は原発事故の前後で明らかだ（図8.3）。

飼料用米は国の政策で全国的に生産の拡大傾向があるので一概にいえない部分があるが，福島県内で拡大しているのは確かだ（表8.1）。

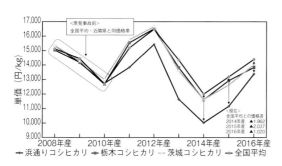

注1）玄米1等，単位：円/60kg（消費税含む）
注2）2016年度は2017年1月の単月価格
(a) コシヒカリの年産別価格の推移
［農林水産省「米の相対取引価格」］

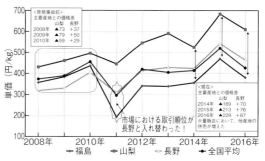

(c) モモの年次価格の推移
［出典：東京都中央卸売市場「市場統計情報（8月実績）」］

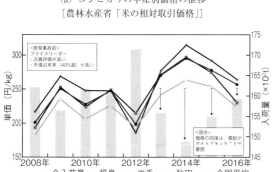

(b) キュウリの年次入荷量・価格の推移
［出典：東京都中央卸売市場「市場統計情報（7～8月実績）」］

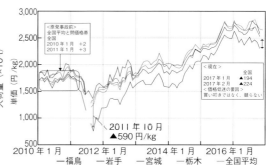

注）2011年8月の取引実績なし（福島，岩手，栃木）
(d) 牛肉の月次価格の推移（和牛去勢，全規格平均）
［出典：東京都中央卸売市場「市場統計情報」］

図8.4　福島県産農畜産物をめぐる情勢

原発事故は当然，コメ以外でも同様に流通構造の変化をもたらし，「③作物の価格・市場での競争力の低下」を幅広い品種で引き起こした。中にはキュウリのように，福島以外の競合の数が相対的に少ない作物で一定の競争力を取り戻した事例もある。しかしながら，総体として福島の農作物を見たときに原発事故がネガティブな影響を与えたことは確かだ（図8.4）。

水産業への影響，被害も，種々の前提の差異はあるものの，つきつめれば農業と根本にあるものは同様で，流通構造の変化による水産物の価格・市場での競争力の低下が最大の問題だ。

漁業の統計には大きく属地と属人とがある。属地とは水揚げされる場所をベースにした統計，属人とは水揚げをする漁業経営体をベースとした統計だが，原発事故前の福島の漁獲量を100としたときに，それぞれ大きく低減している。複数かつ複雑な要因があっての結果だが，とりわけ属地統計において漁獲の減りが相対的に大きいのは，水揚げをする上で福島の港の価値が大きく下がったことが背景にある（図8.5）。

当然，福島の海に1F事故から出た放射性物質が大量に流れ込み，特異な量の放射性物質を含んだ魚が水揚げされたことがあるのは事実だが，後に詳述するとおり，現在までに基準値を超える魚は獲れていない状況になってきている。当初は港自体が破壊され，船をはじめとする漁業に必要な資機材・設備も使えない状況にあったところから，港の設備も復旧し，船などの修理も進んだ。

しかし，そのような前提ができても，一度ついてしまったネガティブなイメージを覆すのは容易ではない。とりわけ，1Fから海への放射性物質の流出やそれに類するニュースは，量の多寡は別にして，事故直後のみならず，原発事故後，断続的にマスメディアを賑わすことになり，農業に比較して漁業はイメージを改善する機会を上手く得られずにきた部分があった。「福島で獲れた魚」というブランドは，震災前は「常磐もの」ともいわれて，国内各地の市場でも高く取引されたが，原発事故後そうはいかなくなった。そもそも漁業者の中には，必ずしも福島沖で漁をするわけではなく，他の地域の港に水揚げをする人もいて，そこについては一定の回復をみせたものの，福島の港に水揚げをされる魚については回復が遅れた。

農業は，最終的な収穫量を想定しながら農家が自ら作付けなどをする。他方，漁業は，もちろん稚魚放流などもするが，既に自然に存在する魚を市場の需要に合わせて獲り収益を拡大しようとする。獲ろうと思えば獲れる魚がそこにいても，市場の需要がない，あるいはそれが小さい限りは，いくら獲っても市場に流せない，流しても安い値段でしか売れない。現在は，市場の需要の回復を待つ状況がある。

そこで行われているのが試験操業だ。福島の漁業の中心にあった沿岸漁業と底びき網漁業は，原発事故以来，操業自粛の中にあるが，定期的に魚を採取して福島県がモニタリングを行ってきた。その結果から法定基準値を超えないと判断された魚種が試験操業の対象魚種となる。試験操業対象魚種については，小規模な操業と販売，福島県漁連が中心となった放射性物質の検査を試験的に行

図8.5　福島県の海面漁業の漁獲高の変化
[出典：「福島県海面漁業漁獲高統計」および「漁業・養殖業生産統計」より作成]

い，出荷先での評価を調査して本格操業に向けた基礎情報を蓄積していく。

当初はきわめて限定された魚種から始まった試験操業だが，2017年4月1日からは，出荷制限魚種を除くすべての魚種が試験操業の対象になっている。ここでいう出荷制限魚種というのは，そもそも獲れること自体稀な魚種が主で，安全性を確認するにもサンプル数が少なくて判断がつかない状況にあるため，実際は通常獲れる魚のほぼすべてが試験操業の対象になっているのが現状といってよい。現在は試験操業を続けながら福島で獲れた魚の需要の回復，価格・市場での競争力の向上を目指している状況だ。

その中でポジティブなニュースもある。7年半に渡って本格的な操業を自粛してきた結果，福島沖の魚の数が増え，大きさが大きくなり，漁業資源が豊かになっているのだ[*5]。魚は大きければ単価は上がり，数を獲らずとも，あるいは時間を短くしても収益を上げることができる。そうすれば小さな魚を育てることもできる。このような資源管理型とも呼ばれる漁業のあり方は，現代の漁業が抱える問題，例えば新興国などで魚のニーズが上がり乱獲されて資源が枯渇しかねない状態になっているというような危機に対抗する手段になり得る。福島の漁業資源の変化は，そのような循環型の良き漁業のあり方に近づくきっかけにもなり得る。

原発事故によって福島の漁業の衰退に拍車がかかったのはいうまでもない。これは農業も同様で，作っても売れない状況が続けば，生産者は別な仕事に流れ，周辺の経済波及効果がもたらされた産業も衰退に向かう。7年その職から離れてしまった人が，みな改めてその職に戻ってくるかというとむずかしい部分も出てくる。そのような中で，原発事故の影響，被害をいかに受け止めて新たな戦略を描けるか，未来を見据えながら考えることが重要だ。

8.2.2　農産物・水産物汚染の状況

以上，原発事故後に露呈した産業としての構造的な問題を指摘してきたが，実際の1F事故由来の放射性物質による汚染の状況についても触れる必要があるだろう。

基本的には，福島県で作られた一次産品についての放射性物質，具体的には放射性セシウムについての検査は「福島県農林水産物・加工食品モニタリング情報」[*6]に集約され掲載されている（図8.6）。

図8.6　「福島県農林水産物・加工食品モニタリング情報」サイトの画面
［出典：https://www.new-fukushima.jp/］

---

*5　NHK「福島沖の漁業資源大幅増」（2018年9月24日16時17分，https://www3.nhk.or.jp/news/html/20180924/k10011642191000.html，2018年9月24日取得）によれば，福島県沖の沖合10か所で毎月，魚介類を捕獲し，面積当たりの重さを算出することで資源量を調べている中で，震災前5年の平均値と2017年の調査結果を比べ，ヒラメがおよそ8倍，ナメタガレイがおよそ7倍と資源量が増えていること，さらに「大きさもヒラメの場合，震災前は体長40cm前後が最も多かったのに対し，2016年のデータでは50〜60cmが多く，大型化している」。

*6　https://www.new-fukushima.jp/

本稿では農産物・水産物に絞って論じているが，農産物には肉・鶏肉・原乳などの畜産品があったり，他にもこんにゃく・漬物や菓子のような加工食品（「農業」ではなく），「林業」からの産品としてカウントされる山菜・きのこなども存在し，福島産の食べ物といってもその内実は多岐にわたることは留意する必要がある。

とはいえ，農産物・水産物に絞って見ていくことで，原発事故のもたらした影響，被害の大枠を見ることができるのは確かであり，以下，その状況を見ていく。

農産物の汚染状況の推移については，「福島県農林水産物・加工食品モニタリング情報」にさまざまな産品のデータが詳しく掲載されているが，ここでも代表的な産品であり最も細かく対策がとられてきたコメについて推移を見てみる。

福島で算出されたコメについては「ふくしまの恵み安全対策協議会」[*7]の中には玄米の放射性物質検査情報の詳細が掲載されている。年度ごとのコメの全量全袋検査の結果をまとめると，表8.2のようになり，1 kg当たり100 Bq[*8]という基準値を超えるのは2012年に71袋，2013年28袋，2014年2袋と推移し，2015年以降は出ていない（表8.2）。

併せて水産物についても見る。福島の水産物の中で大部分を占める海で獲れる魚介類については表8.3のようになっていて，こちらも2015年以降，1 kg当たり100 Bqという基準値を超えた魚介類

表8.2 コメの全袋検査の結果（2018年11月1日現在）

	2012年	2013年	2014年	2015年	2016年	2017年
全体（袋）	10,346,169	11,006,552	11,010,137	10,498,720	10,266,008	9,976,286
100 Bq/kg以上（袋）	71	28	2	0	0	0

表8.3 基準値（100 Bq/kg）を超えた海産魚介類の検体数・割合

	2011年	2012年	2013年	2014年	2015年	2016年	2017年
検体数	1,952	5,578	7,549	8,706	8,577	8,594	8,707
基準値超え	778	924	283	76	4	0	0

注）2018年も10月現在，基準値超えは0である。

表8.4 2018年産米の福島県における作付制限などの対象地域

2018年産の米の取扱い		対象地域	
作付制限	立入が制限されており，作付・営農は不可	南相馬市	帰還困難区域
		富岡町	帰還困難区域
		大熊町	帰還困難区域
		双葉町	帰還困難区域
		浪江町	帰還困難区域
		葛尾村	帰還困難区域
		飯舘村	帰還困難区域
農地保全・試験栽培	営農が制限されており，除染後農地の保全管理や市町村の管理の下で試験栽培を実施	大熊町	避難指示解除準備区域
		双葉町	避難指示解除準備区域
作付再開準備	管理計画を策定し，作付再開に向けた実証栽培などを実施	大熊町	居住制限区域
全量生産出荷管理	管理計画を策定し，すべてのほ場で吸収抑制対策などを実施，もれなく検査（全量管理・全袋検査）し，順次出荷	川俣町	2017年3月31日に避難指示が解除された地域
		富岡町	2017年4月1日に避難指示が解除された地域
		浪江町	2017年3月31日に避難指示が解除された地域

［出典：http://www.maff.go.jp/j/kanbo/joho/saigai/attach/pdf/30kome_sakutuke_housin-4.pdf］

---

*7　https://fukumegu.org/ok/contents/
*8　Bq：ベクレル。放射性物質が1秒間に崩壊するときの原子の個数（放射能）を表す単位。

は出ていない。

1 kg 当たり 100 Bq という基準値は EU 域内の流通品についての 1 kg 当たり 1,000 Bq，米国の 1,200 Bq に比べれば 10 倍以上厳しいものであるが，それでもこのような結果が出ていることの意味は大きいだろう。いかにこのような「不幸中の幸い」といってもよいような，食品への汚染が深刻な結果にならず，短期でこの結果に至ったのかも併せて理解する必要があるだろう。その点については後ほど詳しく述べる。

作付けなどへの制限は，当初は「避難区域」「計画的避難区域」「緊急時避難準備区域」での稲の作付け（稲以外は制限されなかった）が制限されたが[*9]，現在までにそれは大幅に解除されてきた[*10]。そもそも立ち入り自体に制限がある「帰還困難区域」を除けば，1F が立地する大熊町・双葉町でも試験栽培や作付け再開準備が進んでいるのが現状だ（表 8.4）。一方，作付けとは別に「出荷制限等」というものはある。これは後に詳しく触れるが，野生のキノコ・山菜やイノシシといった特異に高い線量が検出される品種を中心に自治体ごとに制限がかけられている。こちらは厚生労働省が「原子力災害対策特別措置法第 20 条第 2 項の規定に基づく食品の出荷の取扱いについて」[*11]として最新の状況を発表しているが，当初よりも大幅に制限対象品種・自治体が減ってきたことはいうまでもない。

ここまで見てきた通り，1F 事故による農業・水産業への影響，被害についてまとめれば，具体的な放射性物質の作物への移行の問題は解決されてきた一方，市場における優位性の低下は現在に至るまで続き，もとより存在した一次産業自体の脆弱性と相まって深刻化している。例えば，前者を原発事故の直接的影響，後者を原発事故の間接的影響といい換えることも可能だが，「間接的」だから原発事故とは遠いところにあると捉えてはいけない。現時点でも，原子力への立場のいかんを問わず，この間接的影響が矮小化あるいは看過されすぎている，と筆者は考える。一方では，炉内，敷地内，避難が想定される地域の外を見ない視野狭窄的な思考があり，他方にはデマを流布しながら本当は危険なんだと被ばくの問題を事実に基づかずに過大に喧伝しようという情緒的な動きがある。

だが，むしろ原発事故の影響は，そもそもは炉内で起こった事象が 5 重の壁を突破し，その外にある社会に広がり，放射性物質を巡る問題自体が過去のことになろうとも，ドミノ倒しのように当初原発やそれに関する制度を設計する際には思いもよらなかったところに広がる。その影響が問題を複雑化し，長引かせ，社会における原子力を巡る葛藤を大きくするということこそが「原子力のいまと明日」を考える上で不可欠であることを認識すべきだろう。

8.2.3　食品汚染と汚染検査

食品の汚染についての検査はいかに行われてきたのか。既に全量全袋検査をはじめとする農業・水産業における検査については紹介してきたが，より広範かつ多層的に行われてきた検査の詳細を紹介する。

ここでは地産地消ふくしまネットによる「土壌スクリーニング・プロジェクト」，日本生活協同組合連合会による「家庭の食事からの放射性物質摂取調査」における陰膳調査，福島県が実施する「ホールボディカウンターによる内部被ばく検査」について触れる。これらを通して，食品について，いわば「ゆりかごから墓場まで」の汚染検査をしている実態が明らかになる。

a. 地産地消ふくしまネットによる土壌スクリーニング・プロジェクト

このプロジェクトの WEB[*12]にあるプロジェ

[*9]　農林水産省「稲の作付制限等についての Q&A」http://www.maff.go.jp/j/kanbo/joho/saigai/sakutuke_qa.html
[*10]　農林水産省「30 年産米の作付制限等の対象地域」
　　http://www.maff.go.jp/j/kanbo/joho/saigai/30kome_sakutuke_housin.html
[*11]　https://www.mhlw.go.jp/stf/houdou/0000199157.html
[*12]　http://fukushimakenren.sakura.ne.jp/dojo/

クト概要には以下のようにある。

「「土壌スクリーニング」はチェルノブイリ事故以来，ベラルーシ，ウクライナで取られている手法を参考に，より安全で安心な生産－流通－消費のシステムをつくろうとする取組みの一環として位置づけられています。目的は，全農地を対象に水田，畑1枚ごとの放射性物質を測定し，汚染状況を詳細な単位で明らかにすること。そうすることで，「生産可能な農地」「除染を行うことで生産が可能な農地」「作付制限が必要な農地」といった，汚染状況に応じた対策をとれるようになります。

そういった綿密な測定を経て，農作物を放射性物質の移行率が低いものへ転換することも可能となります。その結果としてはじめて，より安全・安心且つ，効率的な生産が実現し，農家の生産意欲向上や福島県の農業の維持につながるのです。」

水田・畑を1枚ずつ，さらにここには書いていないが果樹は1本ずつ放射線量を測定し，マップをつくることで汚染状況を確認する。その結果，事故当初から繰り広げられてきた「福島全体が安全／危険」といった安直な印象論による空中戦を超えて，作付けなどのリスクが高いところとそうではないところを区別する。これが本プロジェクトの目的だ。放射性物質の量が限られているのならば，そのままそこで農業をすればよい。もし多いようならば，移行係数の低い作物をつくることにしたり，作物への放射性物質の移行が少なくなる方法をとることにすればよい。

ここで，食品汚染と汚染検査，その結果を受けた対策の大まかなメカニズムについて理解しておく必要があるだろう。

移行係数とは，有り体にいえば，土壌など周辺環境から作物に移行する放射性物質の量を把握するための係数だ。これは作物ごとに決まっていて，トマト，キュウリ，ジャガイモ，キャベツといったそれぞれの作物ごとに移行係数の大まかな範囲が想定できる。式で表すと，

$$移行係数 = \frac{農作物中のセシウム137濃度（Bq/kg）}{土壌中のセシウム137濃度（Bq/kg）}$$

となる。例えば，ある作物の移行係数が0.001だとしたら，土壌中に1kg当たり1,000Bqの放射性物質がある場合は，作物には1kg当たり1Bqのセシウム137が移行することになる。

ただし，その移行を抑える策もある。その代表的なものがカリウムを農地に散布する方法だ。単純化していえば，食品汚染の対策は土から作物に放射性物質が移行しないようにすればよい。そもそもなぜ作物は好き好んで放射性物質を吸収しようとするのか。それは，土の中の養分に見えるものを取り入れようとするからだ。作物からすれば放射性セシウムは，作物に不可欠な栄養であるカリウムと似たものに見える。そこに放射性セシウムがあると，これは栄養だなと思い必死に吸収しようとする。その度合が上記，移行係数に表れる。しかし，この「必死の吸収」を抑制する方法がある。本来の栄養であるカリウムを与えてあげることだ。カリウムを十分に与えることで放射性セシウムの吸収が抑制される。これがカリウム散布などと呼ばれる方法だ。カリウムは一般的な農業用肥料の一つで，与えすぎると作物の味が劣化する場合もあるが，適量を与えることでセシウムの吸収をコントロールできる。

当初はこの移行係数やカリウム散布などの効果は，データが限られ，チェルノブイリ事故以降のウクライナ，ベラルーシの知見など国内外の科学的データを参考にデータを収集していくことが試された[*13]。

その中で，この土壌スクリーニング・プロジェ

[*13] 例えば，農林水産省による2011年5月27日のプレスリリース「農地土壌中の放射性セシウムの野菜類と果実類への移行について」http://www.maff.go.jp/j/press/syouan/nouan/110527.html のように，事故直後よりセシウムの移行係数の把握が重要なポイントとされていた。

クトが始まり，新たな知見を積み上げた。

実際の測定は，全国の生協に声をかけてボランティアを募り，専任のスタッフが指導しつつ1日6チームの編成，150か所測定を目標にして福島市を中心に作業が進められた。残念ながら，すでにプロジェクト自体は終了しているが，全国から31組織，延べ361名のボランティアが参加し，果樹園10,158筆・27,308地点，水田24,480筆・63,256地点，大豆等畑566圃場・1,465地点，合計35,204筆・92,029地点の測定を行った。

本プロジェクトは福島県全域を対象にできたわけではなく，部分的だった点では網羅性がなかったといえるかもしれない。ただ重要なのは，放射性物質の分布状況を細かく把握してリスクの管理をできるようにしたこと，同時に，全国からボランティアを募って実際の作業に参加してもらう中に講義や地域の実情の案内も組み込み，情報発信のきっかけになったことがある。福島県外から福島に関心を寄せつつも接点をもつ機会が少なかった人が，実際に作業をして手元で放射性物質の状況を把握し，リスク管理をしている実態を知り，さらに放射線のことだけではなく，地域の苦難や魅力も理解した上で，地元に帰り口コミで正確な知識を広げ，福島産品を手に入れる機会もつくっていく。そのような社会的効果が，ただ科学的に測定する行為に付随したことには大きな意味があった。

食品汚染に不安をもつ人や，そもそも検査自体が信頼できるのかという疑問をもつ人に対して，実際の調査に参加してもらう，自分の手で自由にリスクの現実を知り，あるいは対策も知ってもらうということが大切であることは，さまざまな点で示唆的だろう。

b. 日本生活協同組合連合会の陰膳調査

日本生活協同組合連合会による「家庭の食事からの放射性物質摂取調査」における陰膳調査も同様の側面がある。

これは，全国で「一般家庭で出された食事，1食分」をそのまま集めて検査し，その中にどれだけ1F事故由来の放射性物質が入っているのか調べて現状を継続的に可視化したものだ。「陰膳」とは，家族の中で旅人などがいたとき，留守宅でその人の分の食事も余計につくって無事を祈る習慣を指すが，同様に1食分余計につくってその普通に食べられている状態の食事そのものを検査するのだ。

この結果は継続的に公表されてきたが，膨大な陰膳から福島でも全国でも，一般家庭の食事から特異な放射性物質の量は検出されなかったことが明らかになっている[*14]。

c. ホールボディカウンターによる検査

食品にとって，土壌スクリーニング・プロジェクトが「生まれ・育つゆりかご」，全量全袋検査が「育って社会に出るタイミング」，陰膳調査が「社会に出てから」での検査だとするならば，それが実際に人体に入ってどうなるのか，「ゆりかごから墓場まで」という表現を使うならば食品にとって「墓場」のタイミングといえるところでの検査がホールボディカウンターによる検査だ。2011年6月から開始され，2018年までに30万人以上の検査がなされた。そのうち「預託実効線量」（5.1.3参照）が1 mSv[*15]を超えたのは，1 mSv 14人，2 mSv 10人，3 mSv 2人（2018年9月まで）と30万人超という母数に対してごくわずかにとどまっている（表8.5）。

しかし，ごくわずかであるとしても，なぜ預託実効線量が1 mSvを超えるのか。背景には，野生のきのこ・山菜，野生のイノシシといった特定の種類の食べ物で，その中でも放射性物質が大量に含まれた食品を頻繁に食べる食習慣が残っている住民がいるということがある（図8.7）。

きのこ・山菜は，先に触れた「移行係数」が高

[*14] https://jccu.coop/products/safety/radiation/method.html
[*15] mSv：ミリシーベルト。放射線の被ばくによってどれだけの人体被害があるかを表す指標。

表 8.5　ホールボディカウンターによる検査結果

預託実効線量（mSV）	検査人数（人）
1 未満	335,336
1	14
2	10
3	2

注）2011 年 6 月〜2018 年 9 月。検査人数 335,362 人
[出典：福島県県民健康調査課（http://www.pref.fukushima.lg.jp/site/portal/ps-wbc-kensa-kekka.html）]

- 放射性セシウムは時間とともに体外に排出される。
- 現在、実施しているホールボディカウンター検査については、日常的な経口摂取の影響について調べている。
- 1 ミリシーベルト以上の数値が測定される原因は、ほぼ食品由来と考えられる。

Q. もし 1 ミリシーベルト以上の数値が検出されたら？

A. 市場には流通していない放射性セシウム濃度の非常に高い食品類を多く摂取した可能性がある。
（例）野生のキノコ、山菜類、野生鳥獣（イノシシ、クマ等）の肉など

図 8.7　食品による内部被ばく
[出典：https://www.new-fukushima.jp/]

い品種が多い傾向にある。それは、日当たりの悪いところや周囲に養分がないところでも育つために、周辺の栄養を取り込もうとする力が強いことと表裏一体の関係にある。福島県内の原発事故由来の放射性物質が多く存在する地域でとれる野生のきのこ・山菜からは、野菜・果物類と比較して高い汚染が検出されてきたことは、先に紹介した「福島県農林水産物・加工食品モニタリング情報」[16]でも確認できる。

こういった野生のきのこ・山菜、あるいはイノシシを食べる習慣がある住民の一部が、預託実効線量が表 8.5 の 1mSv を超えた部分に存在する。

ただし、注意しなければならないのは野生のきのこ・山菜、イノシシを食べたら皆が特異な内部被ばくをするのか、あるいは野生ではないきのこ・山菜も高濃度の汚染がされているのか、というといずれもそうではない、ということだ。野生のきのこ・山菜を食べるといっても、現代社会において、それだけを大量に食べ続ける生活を続けることはむずかしい。作物がとれる時期や量に限度がある。また、一般的な市場、例えばスーパーマーケットや宅配サービスを通して流通している食品に対する検査は広範に行われており、仮にある作物が基準値を超えるような状況になれば出荷制限などの対策がとられ、実際は口にすることができない。そのような中で、多くの人はそもそもそれらの食品を食べる可能性はきわめて低い生活をしており、仮に野生のきのこ・山菜、イノシシといった食品を積極的にとる生活をしていて、一度は預託実効線量が 1mSv を超えるようなきわめて稀な状況に置かれた人も、それが持続するとは考えにくい。実際にホールボディカウンター検査でそのような状況になる人はもはや出ないといってよい。

以上、食品汚染と汚染検査について述べてきた。全量全袋検査をはじめ、これらは大規模な検査の事例だが、重要な点として、他にもこれらに類するようなさまざまな検査が行われているということは併せて理解しておきたい。福島では原発事故直後、本屋やコンビニですら、精度の厳密さは別にして、空間線量を測る機器が売られる状況になった。高価な機器を自分たちで費用を出し合ったり、寄付を募ったりしながら、住民が自ら放射線量を測る活動がさまざまに行われ、その中でどこにリスクがあり、どう対策をとるべきか新たな知見とコミュニティが形成されてきた。

上から伝えられる情報だけではなく、自らの手で調べ、食品の安全性を自分の目で確認するという動きが、増大する不安・不満を解決に向かわせた側面は確実にある。筆者自身、いわば「参加

---

*16　https://www.new-fukushima.jp/

型」の検査の中で，納得感を得た人は行政が呼びかけをしてももう検査にやってこなくなる，ということも度々見聞きしてきた．

さまざまな主体が多様なやり方で協力しながら汚染への対策に取り組むことは今後も不可欠だ．

［開沼 博］

8.3 風評被害

ここまで一次産業，その中でも特に農業・水産業への影響，被害の状況について述べてきた．すでに実際の1F事故由来の放射性物質による汚染の問題や検査によるその対策，同時に「風評」と呼ばれる問題が起こっていること，その背景にいかなる問題があるのか，ということについても触れてきた．

ただ，それだけでは十分ではない．そもそも「風評」という言葉自体，定義が曖昧で議論の前提が用意できていない部分がある．その点ではそれが何を指すのか，風評被害があるならば，風評加害（者）はどこにある（いる）のかなどについて改めて深く考察すべきだろう．

ここでは主に「風評」という言葉が用いられる際に指し示されることが多い二つの具体的な現象，つまり原発事故後に生まれた「経済的損失」と「偏見・差別」の問題を「風評」と捉えて話を進める．

その上で「風評」とは何か．おそらく福島出身者がいじめにあったり，食べ物の生産地や観光の行き先として福島を避けたりすることをイメージする人が多いだろう．

ただ，それはまさに「風」のようなもので，具体的な姿形を捉えることは簡単ではない．どこからともなく吹いてきて，消えたと思ってもまた吹くし，かといってそれを掴んだり止めたりはできそうにない．

例えば，三菱総合研究所が2017年11月に公表した調査結果[*17]では，家族，子どもに福島県産の食品を食べるのを勧めるかという問いには，35.0％が「放射線が気になるのでためらう」と答えた．同様に，福島県への旅行を家族，子どもに勧めるかという問いでも，36.9％が「放射線が気になるのでためらう」という回答があった．東京に住んでいる人の3～4割が「福島のものを食べよう」「福島に行こう」と周囲の親しい人にいえない，という現状がここであぶり出される．

この問いが重要なのは，個人の主観として，福島のものを食べる・行くということについての思いを聞いているのではなく，他者との関係性の中で福島のものを食べる・行くとはいえない空気が存在するかどうかということを聞いているからだ．これは前者なら心理的な問題である部分が大きく，後者は社会的な問題である部分が大きいとも換言できる．社会的な問題として，福島を忌避する空気は存在している．自分が嫌か不安だと思うかという問題よりも，むしろあの人は不安だと思っていて拒絶するのではないか，この問いを発すること自体が自分とあの人との差異を際立たせ分断を生み出すに違いない，といった猜疑心が共有されている．

ここに私たちが「風評」と呼ぶものの根本にあるものの一つが立ち現れる．相手が何を考えているか予期できない，相互の不信感の連鎖が他の問題にはない複雑さを福島に関するあらゆる言動や思考に影響を与えてしまう．それが経済現象に現れて「経済的損失」を生むこともあれば，政治現象や文化現象に現れて「偏見・差別」につながることもある．

既に農業・水産業におけるそのメカニズムについては先に触れたが，これはさまざまな場で起こり得る．時間も空間も超える．その点についての議論はほとんどなされてきていないといわざるを

[*17] 三菱総合研究所「東京五輪を迎えるにあたり，福島県の復興状況や放射線の健康影響に対する認識をあらためて確かにすることが必要（その1）」https://www.mri.co.jp/opinion/column/trend/trend_20171114.html

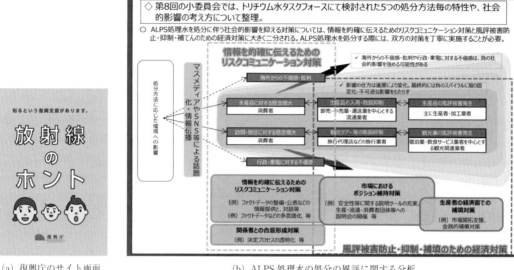

(a) 復興庁のサイト画面
[出典：http://www.fukko-pr.reconstru-ction.go.jp/2017/senryaku/pdf/0313houshasen_no_honto.pdf]

(b) ALPS処理水の処分の風評に関する分析
[出典：経済産業省資料「ALPS処理水の処分に伴う社会的影響について」内の風評に関する分析：http://www.meti.go.jp/earthquake/nuclear/osensuitaisaku/committtee/takakusyu/pdf/009_03_00.pdf]

図8.8 復興庁の風評・リスクコミュニケーションについての方針，経産省の風評についての議論の整理

得ない。例えば，復興庁が風評・リスクコミュニケーションについて方針を出したり，経産省が風評について議論を整理したりした動きもあるが，これはあくまで最近のことであり稀な例だ（図8.8）。

「原子力のいまと明日」を考える上では，この「風評」についてより深く考察すべきだろう。

8.3.1 国内への影響

ここで風評の国内への影響，特に既に触れた農業・水産業以外で根強い風評の対象となってきた観光業について触れる。

福島に毎年どれだけの観光客が来ているのか，その指標の一つである「観光客入れ込み数」を見ると原発事故後の変化が見て取れる（図8.9）。図8.9は2010年を100としたときの相対値であるが，

一度大幅に下がったのが，基本的には元に戻りつつある，といえる。

ただし，その内実を見ていったとき，いまだ被害が色濃く残る部分が残る。

例えば，修学旅行。福島県外の子どもたちが福島を訪れる機会として修学旅行は重要なものだった。しかし，原発事故後，その頭数は激減。修学

図8.9 福島県の観光関連統計の変化
[出典：福島県観光交流課「観光客入込状況調査」，観光庁「宿泊旅行統計調査（参考第1表）」から作成]

旅行など学校教育での旅行の実情を示す「学校教育旅行」の統計を見ると，いまもその数は元に戻っていないことが分かる。

　この状況を理解するためには，観光業の中における学校教育旅行の特徴を抑えておく必要があるだろう。一般的な観光は，イレギュラーに，例えば今年は関西に行ったから来年は北海道に行きたい，というように時期や場所を定めずに，いわば突発的に行われる傾向がある。他方，学校教育旅行のように定期的に必ずどこかに行くというタイプの旅行は，一度「定番の場所」が決まると，それ以外に旅先を変えることは容易ではない傾向にある。先に述べた「スーパーマーケットのコメを置く棚」と同様に，一度定番の場所になると，それ以外に旅先を変えることはむずかしい。逆にいうと，一度定番から外れると，また旅先として選ばれることは困難が伴うということだ。

　先に触れたとおり，ただでさえ福島に行かせることへの抵抗感がある中で，それが子どもであることも相まって懸念を示す人は出てくる。もちろん中にはいまの福島だからこそ学べることがある，応援するために行くべきだ，という人もいるだろう。ただ個々人の判断ではなく，学校単位で集団の判断として動かざるを得ない修学旅行についていえば，再度福島が旅先として選ばれていくのにはさまざまな困難が伴う。

　もう一つ，これは後に触れる海外への影響ともリンクするが，福島を来訪する外国人観光客が伸び悩んでいるということだ。

　「伸び悩んでいる」というのは，「インバウンド観光」「爆買い」といったキーワードに象徴されるとおり，日本全体では外国人観光客の来訪が増加傾向にあるからだ。その中で，福島では外国人観光客の数が原発事故直後に比べれば回復傾向にあるものの，原発事故前と同程度の水準に過ぎない。

　福島には城や寺社仏閣，ゴルフ場，スキー場，温泉，海など観光地も充実していて，本来であれば外国人観光客の興味関心を引きそうだが，成果には結びついていない。そこには情報伝達の不十分さ，根強いネガティブイメージの固定化がある。

　例えば，福島空港にはかつて韓国や上海との国際定期路線があった。外国人観光客の来訪が増える現在，仮にこの国際定期路線が存在していたら，それは福島の観光にとって大きな武器になっていただろう。しかし原発事故後，海外からの眼差しは厳しく，国際定期路線の再開通の目処はたっていない。現在は不定期で海外からのチャーター便などを受け入れている。だが2017年，1Fの炉内の調査を進める中で，炉内に650Svという高線量のポイントがあることが見つかり大きなニュースになった際，これがあたかも福島全体の線量が上がったかのように受け取られ，韓国・仁川空港から福島空港に来る予定だったチャーター便を運航する韓国の航空会社は福島行きを拒否。仙台空港に行き先を変えることを求めるなど，状況は混乱した。日本政府が抗議するも，結局，運行航空会社が日本航空に変更されることになった。

　この事例に限らず，外国人観光客が福島を観光地に選ぶことの障壁となる「あの時のイメージの固定化」による偏見はまださまざまな形で残り，経済的損失として，あるいはそこに密接に結びついた偏見・差別としての風評を生み出している。

　ここで偏見・差別としての風評について，もう少し具体的な事例とともに触れておく。

　福島への偏見・差別は細かく論じられてきたものの，大きく全国的なマスメディアで取り上げられることは少なかった。そんな中で2016年末から話題になったのが，横浜市で起きた自主避難家庭の子どもへのいじめ問題だ。福島から来たことをあげつらってからかわれた児童の「ばいきんあつかいされて，ほうしゃのうだとおもっていつも

つらかった。福島の人はいじめられるとおもった。なにもていこうできなかった。」などと書かれた手記は大きな話題となった。この問題がクローズアップされることで，関西学院大学で外国人講師が教室の電気を消しながら，福島出身の女子学生に対して「放射能の影響で光ると思った」と発言していたことなど，いくつか関連ニュースが明らかになった。

ただ，偏見・差別の問題は持続的にその解決に向けた議論がされる状況にあるとはいい難い。この継続的な議論の不在が偏見・差別を持続させている。

それまでも，福島県内を中心にした報道ではいくつかの福島への偏見・差別に関する事件が報じられてきていた。

例えば，2015年10月，福島県双葉郡のNPOが取り組む清掃イベントに「人殺し」などと誹謗中傷・脅迫が1,000件超集まった事件があった。避難指示が解除された地域も含む道路上に，住民の帰還が進む中でたまったゴミを地域の企業，学校などを巻き込みながら行われたイベントだったが，イベント当日には活動家らがカメラをもって現れ，子どもたちの姿を撮影しインターネットなどで流した。

ほかにも2016年2月，韓国での東北の物産展示会に地元環境団体が抗議をして中止になったこともあった。その団体は主催者に「福島のものを並べたことへの謝罪」も要求するほどだった。無論，この団体の意識が韓国の一般的な意識とイコールではないだろう。しかしながら，そのような偏見・差別の事実の積み重ねの中で，先に触れたような外国人観光客の伸び悩みが起こっていることは確かだろう。

2016年6月には，九州の団体・グリーンコープが，自社のパンフレットで東北応援を謳いながら「東北5県」と表示。組織内では「福島はレントゲン室」などと書いた会報誌も出回っていたことが発覚した。

こういった話題は横浜市のいじめ問題の前にもあったが，大きなニュースにならず，その後の具体的な対応策にもつながってこなかった。現状も，対策は十分だとはいえない状況があり，似たような話が断続的に起こっている。

風評と一言でいっても，ここまで述べてきたように市場原理，そもそもの産業構造，情報受発信とイメージの固定化，社会運動などが複雑に絡み合った上に起こる社会現象だ。原発事故にのみ由来する現象ではない側面もあり，しかし，そうだからこそより問題の所在を解明すること，それを解決することはむずかしくも見える。

少なくとも国内においては，これら複雑なものを安易に単純化することなく複雑なままに把握し，持続可能な対策をたてる必要が残っている。

8.3.2　外国への影響

ここまでは国内における風評について，可能な限り網羅的に，背景にある構造を把握できるように記述してきた。経済的損失にせよ偏見・差別の問題にせよ，海外においても―例えば一度，福島からの食品輸入を止めるのは簡単だが再開するのはむずかしいことなど―大きな構造は共通している部分も多い。一方で，それが国内での風評と大きく違う点は，外交上の働きかけが非常に重要になるということだ。

先に日本国内に来る外国人観光客について触れたが，ここでは食品の輸出に関する規制を例に見ていく。

なぜ，いまだに海外では福島の，あるいはもっと広い範囲の日本国内からの食品が拒否され続けるのか。

まず，日本国内の状況，福島に関する情報が必ずしも相手国に詳細まで伝わっていない。その上，

相手国内で原子力政策についての対立などが起きていると，それによって科学的事実を歪めることも辞さないような政治的議論に触れることもあり，議論が硬直化する。さらに可能な限り自由な貿易を行うことがよしとされる価値が共有されつつも，自国に有利な輸出入の規制などをかけようとする国々の思惑がぶつかり合う国際社会において，「放射性物質への懸念」というのは貿易に規制をかける一つの「言い訳」にもなることなど，経済的利害関係も絡んでくる。

それら複雑な力関係の中で，相手にも理解しやすい情報発信と事実の共有をし，ともすれば内政干渉ととられることにつながりかねないような意見の押しつけをしない範囲で規制などを取り払ってもらい，なおかつ既にできてしまっているだろうさまざまな経済的利害関係に水を差さない形で，再度商品を輸出していくことが必要だが，実際には簡単ではない。

原発事故に伴い，当初 54 の国・地域で輸入規制が講じられたが，現在までにその 29 の国・地域でその規制が撤廃されている。しかし，輸入規制が 25 の国・地域で継続している事実は残る（図 8.10）。

輸入規制は大きく三つ，一部の都県を対象に完全に輸入停止をしている国・地域，検査証明書をつければ輸入可能としている国・地域，一度輸入はするが自国・地域での検査を強化しているという国・地域に分けられる。その内実をみれば分かる通り，輸入規制がいまだに強固なのは東アジアなど近隣国を中心としていることが分かる。

この背景にはいくつもの要因があるだろうが，そもそも近隣国では輸出入のやり取りが多く慎重

●原発事故に伴い諸外国・地域において講じられた輸入規制は、政府一体となった働きかけの結果、撤廃・緩和される動き（規制を設けた54の国・地域のうち、29の国・地域で輸入規制を撤廃、25の国・地域で輸入規制を継続）。

◇諸外国・地域の食品等の輸入規制の状況（平成30年８月22日時点）

規制措置の内容／国・地域数					国・地域名
事故後輸入規制を措置	規制措置を完全撤廃した国・地域		29		カナダ、ミャンマー、セルビア、チリ、メキシコ、ペルー、ギニア、ニュージーランド、コロンビア、マレーシア、エクアドル、ベトナム、イラク、豪州、タイ、ボリビア、インド、クウェート、ネパール、イラン、モーリシャス、カタール、ウクライナ、パキスタン、サウジアラビア、アルゼンチン、トルコ、ニューカレドニア、ブラジル
	輸入規制を継続して措置	一部の都県を対象に輸入停止	8	6	韓国、中国、シンガポール、香港、マカオ、台湾
				2	（日本での出荷制限品目を県単位で停止）米国、フィリピン
		一部又は全ての都道府県を対象に検査証明書を要求	16		インドネシア、仏領ポリネシア、オマーン、バーレーン、エジプト、コンゴ民主共和国、モロッコ、ＥＵ※、ＥＦＴＡ（アイスランド、ノルウェー、スイス、リヒテンシュタイン）、ブルネイ、アラブ首長国連邦（ＵＡＥ）、レバノン、ロシア　※ＥＵ加盟国（28ヵ国）を１地域とカウント。
54	25	自国での検査強化	1		イスラエル

注1）規制措置の内容に応じて分類。規制措置の対象となる都道府県や品目は国・地域によって異なる。注2）タイ政府は規制措置を撤廃したが、一部の野生動物肉についてのみ検査証明書等を要求。

◇最近の規制措置完全撤廃の例

撤廃された年月	国・地域名
平成27年５月	タイ ※一部の野生動物肉を除く
11月	ボリビア
平成28年２月	インド
5月	クウェート
8月	ネパール
12月	イラン
〃	モーリシャス
平成29年４月	カタール
〃	ウクライナ
10月	パキスタン
11月	サウジアラビア
12月	アルゼンチン
平成30年２月	トルコ
7月	ニューカレドニア
8月	ブラジル

◇最近の輸入規制緩和の例

緩和された年月	国・地域名	緩和の主な内容
平成28年12月	UAE	検査証明書の対象地域の縮小（15都県の全ての食品・飼料→5県のみに）
平成29年３月	レバノン	全ての食品・飼料について検査報告書の添付で輸入可能に
4月	ロシア	青森県に所在する施設での水産物について、検査証明書の添付が不要に
9、11月	米国	・福島等5県産の牛乳・乳製品について、輸入時の（放射性物質に係る）安全性証明が不要に ・輸入停止（福島県等）→一部の品目の解除等
12月	EU※	検査証明書及び産地証明書の対象地域及び対象品目が縮小（福島県のコメ等を検査証明対象から除外 等）
平成30年１月	トルコ	輸入時全ロット検査の対象品目が縮小（切り花、盆栽等を検査対象から除外）
3、6月	米国	輸入停止（栃木県産のクリ、福島県産キツネメバル、シロメバル及びスズキ）→解除
3月	ロシア	輸入停止（7県産の水産物）→岩手等6県産の水産物については停止措置を解除、福島県産の水産物については放射性物質検査証明書（セシウム、ストロンチウム）の添付を条件に停止措置を解除
5月	UAE	検査証明書の対象地域の縮小（5県の全ての食品・飼料→福島県）、産地証明書の添付不要
7月	シンガポール	全食品及び農産品について、輸入停止の対象地域の縮小（福島県10市町村→7市町村）
〃	香港	輸入停止（茨城県、栃木県、群馬県及び千葉県産の野菜、果物、牛乳、乳飲料及び粉乳）→検査証明書及び輸出事業者証明書の添付で輸入可能

※　スイス、ノルウェー、アイスランド、リヒテンシュタイン（EFTA加盟国）もEUに準拠した規制緩和を実施。

図 8.10　原発事故による諸外国・地域の食品などの輸入規制の撤廃・緩和

［出典：農林水産省食料産業局；http://www.maff.go.jp/j/export/e_info/pdf/kakukoku_kanwa_gaiyo_181026.pdf］

● 我が国の輸出先国・地域においては、原発事故に伴い、福島県他の一定地域からの日本産食品等の輸入規制を継続。
● 引き続き、政府一丸となって撤廃・緩和に向けた取組を実施中。

輸出先 国・地域	輸出額・ 順位	輸入停止措置対象県	輸入停止品目
香港	1,877億円 1位	福島	野菜、果物、牛乳、乳飲料、粉乳
中国	1,007億円 3位	宮城、福島、茨城、栃木、群馬、埼玉、千葉、東京、新潟、長野	全ての食品、飼料
台湾	838億円 4位	福島、茨城、栃木、群馬、千葉	全ての食品（酒類を除く）
韓国 （WTOにおいて 係争中）	597億円 5位	日本国内で出荷制限措置がとられた県	日本国内で出荷制限措置がとられた品目
		青森、岩手、宮城、福島、茨城、栃木、群馬、千葉	水産物
シンガポール	261億円 8位	福島	林産物、水産物
		福島原発周辺の7市町村	全ての食品
マカオ	38億円 23位	福島	野菜、果物、乳製品、食肉・食肉加工品、卵、水産物・水産加工品
		宮城、茨城、栃木、群馬、埼玉、千葉、東京、新潟、長野	野菜、果物、乳製品

注：1　輸出額及び順位は、平成29年確定値による。（出典：財務省「貿易統計」）
　　2　上記6か国・地域のほか、米国、フィリピンの2か国は、日本国内において出荷制限措置がとられている品目を輸入停止している。
　　3　中国については、「10都県以外」の「野菜、果実、乳、茶葉等（これらの加工品を含む）」については、放射性物質検査証明書の添付が求められているが、放射性物質の検査項目が合意されていないため、実質上輸入が認められていない状況。

図8.11　原発事故に伴い輸入停止措置を講じている国・地域
［出典：農林水産省食料産業局：http://www.maff.go.jp/j/export/e_info/pdf/kakukoku_teishi_180724.pdf］

な対応を必然的にしようとすること，中国と台湾，韓国など歴史的に国民の核・原子力に関する意識が一定程度あること，「新興国」とも呼ばれる国・地域では新たに出てきた富裕層・中間層が食品への安全性を求める傾向があることなどが存在する。

いずれにせよ，輸入規制の解除は少しずつ進んできているし，一方では各国の輸入規制の対象となる都道府県や品種をみると（図8.11），そこには合理的な理由付けができる基準は見えにくい，ある種のイメージでの規制がなされていることにも気づく。ただし，合理性がないから相手はおかしいといって文句をいっていてもどうしようもない。まさにイメージ自体が損傷を受け，その回復の方策が容易には見つからないのがこの風評の核心であることを自覚し，これまで以上の対応をと

っていくことが必要だ。

［開沼　博］

8.4　復興に向けて

ここまで1F事故による産業・経済への影響や被害，風評について見てきた。

文中でも触れてきたとおり，1F事故の社会的影響について網羅的・客観的に検証し，後世に残していこうという議論はまだ十分とはいい難い。それは現在もまさにそれが現在進行形のままにあるということも背景にあるだろうし，社会と情報の関係がめざましく変化する過渡期に現代があり，その最中に1F事故があったということとも無関係ではないだろう。

原発事故直後，情報が錯綜する中，政治・行政

や専門家，マスメディアへの不信感が増し，何を信じてよいかわからず混乱した．例えば，その中の一部の人々はSNSに向かった．米国でFacebookが始まったのは2004年，Twitterが2006年．2011年というタイミングは，それらが日本で広まりつつあったものの，まだ一部の人たちのものだった．いま考えれば，黎明期．その中で起こった大規模複合災害が重要な情報インフラとして日本におけるSNSの社会的地位を高めたことは確かだ．

2018年8月，科学雑誌「PLOS ONE」に公表された論文「福島第一原子力発電所事故後の半年間における，放射線に関するTwitter利用とインフルエンサーネットワークの可視化についての分析」は，そのタイトルにある通り，1F事故とTwitterを対象に分析した論考だ．

ここには1Fに関する発言が，①1か月足らずで，悪貨が良貨を駆逐するかの如く，感情的・攻撃的なカリスマの言葉が言論空間の主導権を握りその後も固定化していったこと，②2,500万件のツイート・リツイートのうち40％を影響力のある上位200アカウントが占めていたという言論の寡占・絶対主義的状態，③そこにおいて，伝統・権威ある大手媒体や公的機関の発表が個人名で活動する発信者に容易に負けていく構図があぶり出された．一部の人の，時に極端な主張が過剰に伝播し，自分が見たいものしか見ることができない言論構造が生まれつつあるといってもよい．このことが，現代の言論構造に普遍的に見え隠れする特徴を抽出している．

しかし，そのような現実を前に「ダメな人がいるから困った」「行政・マスコミはコミュニケーションを上手くやるべきだ」などと誰かのせいにしていてもしかたない．これからもさまざまな情報が政治的・経済的・科学技術的な影響を与えながら世界を駆け巡っていくし，そこに私たちは対処していかなければならない．そこを想定し，まずは現に1F事故の後に何が起こったのか，虚心坦懐に見ていく必要がある．それなくして「原子力のいまと明日」はないのではなかろうか．

本章では，実際に起こっていることを詳細に記述することに注力したため，例えば，復興してきている部分がもっとあるのではないかとか，解決策がないではないかというご批判は受けるだろうことは予想している．もちろんさまざまに復興の進捗が見え，解決策の模索や成功事例も存在しているし，そういったことは別の機会に稿を改めてまとめたいと思う．ただ大変僭越ながら，現状の多くの人の認識は「こうあるべき」の前の「こうである」ということの把握すらままならない状態にあるのではないか，と福島の問題を専門に研究してきている立場としては考え，ここまで書いてきたような内容に絞った．少しでも参考になればありがたい．

〔開沼　博〕

第Ⅲ部

原子力の状況とこれから

第9章　日本のエネルギーの確保と原子力 …………… 223
第10章　世界の原子力利用 ……………………………… 251
第11章　原子力科学技術の利用と人材育成 …………… 281

第 9 章　日本のエネルギーの確保と原子力

編集担当：上坂　充

9.1　東京電力福島第一原子力発電所（1F）事故後のエネルギー需給の変化…（渥美法雄）224
9.2　原子力発電の現状と課題　………………………………………………………… 226
　　9.2.1　原子力発電の現状　………………………………………（渥美法雄）226
　　9.2.2　核燃料サイクルの現状と高速増殖炉の利用　……………（田中治邦）229
　　9.2.3　放射性廃棄物処理・処分の現状と課題　…………………（藤原啓司）234
　　9.2.4　原子力発電の経済性　……………………………………（田中治邦）238
9.3　国のエネルギー基本計画の概要と原子力の位置付け　…………（渥美法雄）240
9.4　再生可能エネルギー利用の状況　…………………………………（秋元圭吾）241
9.5　地球環境問題への取り組み　………………………………………（秋元圭吾）246
参考文献………………………………………………………………………………… 249

9.1 東京電力福島第一原子力発電所 (1F) 事故後のエネルギー需給の変化

1960年当時の日本では、主に石炭や水力などの国内にある天然資源を用いて発電が行われていた。1960年代半ばに高度経済成長が始まると、エネルギー需要が増大し、その需要を満たすために石油を用いた火力発電所が多数新設され、火力による電力供給が80%を超えるようになった。

このような中、1966年に初の商業用原子炉である東海発電所が営業運転を開始し、原子力発電による電力供給も始まった。1973年にオイルショックが発生すると、日本のエネルギーセキュリティの脆弱性が明白となり、原子力発電をはじめとする石油以外の発電方式に力が注がれ、電源の多様化が進められた。

しかし、2011年の東日本大震災以降、原子力発電は休止を余儀なくされ、火力発電による供給に代替した結果、2015年における火力発電による割合は85%と、オイルショック時を上回る状況となった（図9.1）。エネルギー自給率の観点でみると、1973年に自給率は9%にすぎなかったが、電源の多様化が進んだ2010年には20%まで上昇していたものの、2015年にはわずか7%となり、エネルギーセキュリティの観点から、大変深刻な状況となっている（図9.2）。さらには、化石燃料の輸入による火力発電の割合の増加は大きな国富の流出となっており、2010年と比べ、2016年度は1.3兆円燃料費が増加しており、日本人1人当たり約1万円の負担増加となっている（図9.3）。

この状態を地球温暖化の観点から捉えると、CO_2排出量は2010年に3.25億tであったが、2013年には約1.5倍の4.93億tまで増加した（図9.4）。しかしこの間は、震災を契機とした省エネルギー意識の向上もあり、発電電力量は約12%も減少している。

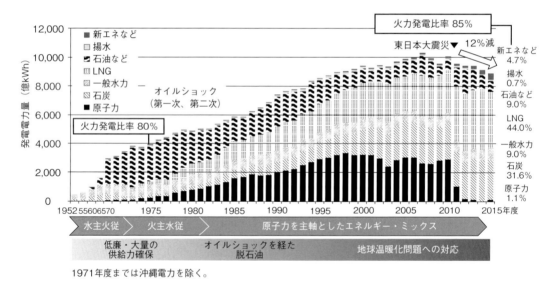

図9.1 日本の発電電力量の推移（一般電気事業者の合計（受電含む））
［出典：資源エネルギー庁『エネルギー白書2017』p.187 に加筆］

このような状況のもと，2015年7月に決定された政府の2030年度の長期エネルギー需給見通しを踏まえ，新電力会社23社を含む電気事業者35社は，2030年度に国内全体のCO_2排出係数を0.37 kg-CO_2/kWhにすることを目指している。排出係数を目標としているのは，CO_2排出量は需要（電力量）により変化し，電気事業者の目標としては設定が難しいためである。

エネルギー自給率と地球温暖化の両面から期待される再生可能エネルギーは，発電電力量が年々増加している。これは2012年7月に固定価格買取制度（FIT）[1]が開始された影響が大きい（図9.5）。この制度は再生可能エネルギーによる供給を拡大するため，電気を利用するユーザーに再生可能エネルギー事業者のコストを負担してもらう仕組みである。買取費用の見直しが行われているものの，再生可能エネルギーは拡大してきているため，国民負担は年々上昇しており，標準家庭での負担額は686円/月[2]に達している。その他にも，再生可能エネルギーは需要に合わせた発電が困難であり，電力需給バランスをとるために他の発電設備が必要となるなど，解決すべき課題が多い。

現在のように火力発電に大きく依存する状況は，エネルギー安全保障，地球温暖化の観点から決してあるべき姿とはいえない。安全確保を大前提とした，エネルギー安定供給，経済性，環境保全の同時達成を目指す「3E＋S」[3]の観点からも最適

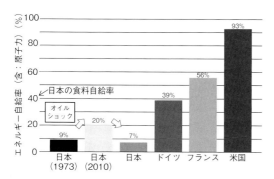

図9.2 日本のエネルギー自給率と各国との比較
［出典：資源エネルギー庁「第1回エネルギー情勢懇談会資料」および『エネルギー白書2017』を基に作成］

> 資源の少ない日本にとって，火力発電の焚き増しによるコスト増は，化石燃料の輸入増加により，国富の流出となる。

【日本全体への燃料費に対する影響】

震災前（2008〜2010年度の平均）比で2016年度（推計）では，
約1.3兆円/年のコスト増
累計では，
15.5兆円のコスト増

≒

日本1人当たり2016年度（推計）では，
約1万円/年の負担増
累計では，
約12万円の負担増

	2010年度	2011年度	2012年度	2013年度	2014年度	2015年度	2016年度
総コスト	14.6兆円	16.9兆円	18.1兆円	19.0兆円	19.3兆円	16.4兆円	16.2兆円
燃料費	3.6兆円	5.9兆円	7.0兆円	7.7兆円	7.2兆円	1.4兆円	4.2兆円
燃料費増	—	＋2.3兆円	＋3.1兆円	＋3.6兆円	＋3.4兆円	＋1.8兆円	＋1.3兆円
燃料費増が総コストに占める割合	—	13.6%	17.1%	18.9%	17.6%	10.9%	8.0%

図9.3 原子力発電所の運転停止による経済的影響（電力9社の合計）
［出典：経済産業省「総合資源エネルギー調査会基本政策分科会電力需給検証小委員会報告書」（2016年10月）］

* 1　FIT：feed-in tariff
* 2　標準家庭における電力使用量260 kWh/月，賦課金単価2.64円/kWhより算出（2017年度）。
* 3　3E＋S：安全性（safety）を前提に，エネルギー安定供給（energy security），経済効率性の向上（economic efficiency），環境への適合（environment）の三つのEの同時達成を目指すという日本のエネルギー政策の基本的視点。

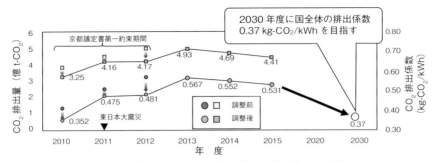

図9.4 CO₂排出量および排出係数の推移（電気事業からの排出）

注1）値については，規定の算出方法に基づき，京都メカニズムクレジットなどや太陽光発電の余剰買取制度，再生可能エネルギーの固定価格買取制度に伴い調整したもの．

注2）京都議定書第一約束期間（2008〜2012年度）における値は，地球温暖化対策推進法で定められた方法により，5か年合計で約2.7億t-CO₂のクレジットを反映．

［出典：電気事業連合会「2016 エネルギーと環境」を基に作成］

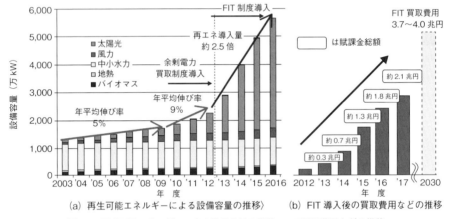

(a) 再生可能エネルギーによる設備容量の推移　　(b) FIT導入後の買取費用などの推移

図9.5 再生可能エネルギーによる設備容量の推移，FIT買取費用などの推移

［出典：経済産業省「調達価格等算定委員会（第30回）資料」をもとに作成］

なエネルギーミックスを追及する姿勢は普遍的価値をもつ．現行の技術力を考えると，原子力発電所が再稼動することは必要と考えられる．また，一定期間その役割は不変と考えられ，現存する発電所が役割を終えたとき，リプレースしていくことも必要となってくると考えられる．

［渥美 法雄］

9.2 原子力発電の現状と課題

9.2.1 原子力発電の現状

1963年10月26日，動力試験炉JPDR（電気出力1.25万kW）が日本で初めて原子力発電に成功し，1966年7月25日，東海発電所（黒鉛減速・炭酸ガス冷却型原子炉，電気出力16.6万kW）が

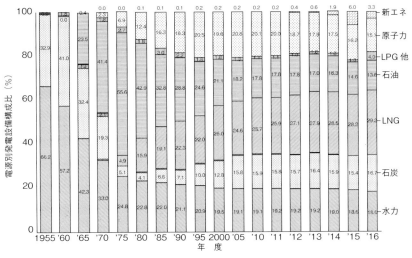

図 9.6　日本における電源別発電設備構成比

注 1) 1970 年度までは電力 9 社計，1975〜2015 年度は電力 10 社計（出典：電気事業連合会調べ），
2016 年度は 10 エリア計（出典：資源エネルギー庁「電力調査統計」）
注 2) LPG 他：LPG，その他ガス
[出典：電気事業連合会 HP（FEPC DB）]

日本で初となる商業炉として営業運転を開始した。その後，原子力発電所の建設が順次進められ，2005 年には原子力発電設備容量が約 5,000 万 kW，発電電力量で約 3,000 億 kWh となった。これは，当年の日本の発電設備容量の 20.8%，発電電力量では 30.8% を占める規模であった（図 9.6，図 9.7）。

しかし，2011 年の東京電力福島第一原子力発電所（以下，1F と称する）事故を受けて，原子力発電を取り巻く環境は激変した。事故前，全国で 54 基の原子炉が稼働していたが，事故後に定められた「新規制基準」に適合するための安全対策への対応などについて電気事業者が総合的に判断し，16 基の原子炉の運転停止が既に決定している。残る 38 基のうち 15 基が，新規制基準適合性に関わる設置変更許可を取得し，そのうち 9 基が再稼働を果たしている（図 9.8）。また，それ以外の 23 基のうち，10 基（建設中の大間発電所および島根発電所 3 号機を入れると 12 基）は設置変更許可申請済みであり，新規制基準への適合性審査が行われているところである。なお，新規制基準は，原子力規制委員会が世界で最も厳しい水準を求めている規制基準である。すなわち，地震や津波への対策強化，火山や竜巻などの自然災害対策の追加，多様な冷却手段の確保による炉心損傷や格納容器破損の防止策の強化，放射性物質の拡散抑制の強化などといった対策に対する要求が行われており，再稼働を行ったプラントをはじめ，新規制基準適合性に係る設置変更許可を取得したプラントは，震災前と比べて格段に安全性が高まっているといえる。

一方，2012 年に行われた「原子炉等規制法」の改正において，原子炉が運転できる期間は，運転開始から 40 年，原子力規制委員会の認可を受ければ 20 年を超えない期間で 1 回に限り延長できる，と定められた。この法令に基づき運転期間

第Ⅲ部 原子力の状況とこれから

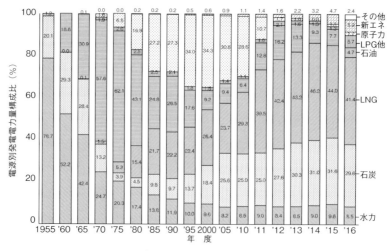

図9.7 日本における電源別発電電力量構成比
注1),注2):図9.6参照
[出典:電気事業連合会HP(FEPC DB)]

(凡例)
○ 再稼働プラント 9基
□ 設置変更許可取得 6基
● 震災後廃止決定プラント 16基
− 建設中プラント 3基

図9.8 原子力発電所の状況(2018年12月末現在)
[出典:電気事業連合会]

延長の認可申請を行った高浜発電所1,2号機および美浜発電所3号機においては,この認可を取得し,また2018年11月に運転開始から40年にな

る東海第二発電所においても,同年11月に運転期間延長について認可を取得した。ただし,法令で定められた40年あるいは60年という期間は,科学的・合理的に判断した原子力プラントの寿命や耐用年数ではないことに留意すべきである。この期間に対する科学的根拠は提示されておらず,さらに法令では,40年あるいは60年の"運転期間"には,定期検査などでプラントが停止している期間も運転期間として積算されることになっている。プラントの寿命については,プラントがもっている設備や運転状態,メンテナンスの状態などによってプラントごとに異なると考える方が科学的に合理的であり,科学的根拠に基づいてプラントごとに運転期間を定めるべきであるとの考え方が出てくることは自然なことといえる。

原子力発電の発電電力量は,2030年時点でベースロード電源として20〜22%になることが国のエネルギー基本計画で示されている(9.3節参照)。原子力発電所の新増設・リプレースの見通しが明確に見通せない中,安全を大前提に,まず

第9章　日本のエネルギーの確保と原子力

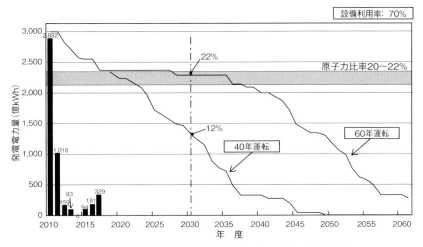

図 9.9　原子力発電所発電電力量の見通し（2018 年 4 月末現在）
［出典：電気事業連合会］

は既設の発電所をしっかり活用していくことがベースロード電源としての原子力の役割であると考えられ、運転開始から40年を迎える発電所が増えていく中、今後、運転期間延長の申請を行うプラントが増えてくることが想定される（図9.9）。また同時に、原子力の安全の確保、技術・人材基盤を維持する観点からも、将来にわたって原子力発電を一定規模確保していくためには、足元での再稼働や運転期間延長のみならず、中長期的には新増設・リプレースが自ずと必要になると考えられ、国によるエネルギー政策と民間が一体となって取り組むべき大きな課題である。

原子力発電所の再稼働プラントは着実に増えつつあるが、原子力発電所を運転していくにあたっては、世界で最も厳しい新規制基準を満たせばよいというものではない。原子力の安全性向上に終わりはなく、原子力を運転する事業者は、自主的な安全性向上に向けた取り組みを行い、常により高いレベルの安全性を目指し続けていく必要があることはいうまでもない。

［渥美 法雄］

9.2.2　核燃料サイクルの現状と高速増殖炉の利用

a.　核燃料サイクルの経緯

日本は1956年に初めて原子力開発利用長期基本計画を定め、原子力の平和利用に関する研究開発を開始した当初から使用済燃料は再処理することを基本方針としてきた。電気事業者は1960年代後半に原子力発電の導入を始めると再処理をまず英仏に委託した。その後4,190 t が英国のセラフィールド工場で、2,940 t がフランスのラアーグ工場で、また1,116 t が東海再処理工場で再処理された。現在は日本の2番目の再処理施設として六ヶ所村に工場が建設中であり、その試運転の中で既に使用済燃料が再処理されている。

b.　六ヶ所再処理工場の設計

六ヶ所再処理工場の最大再処理能力は800 t/年で溶媒抽出の原理を用いるPUREX法[*4]をベースとするが、製品はウラン酸化物とプルトニウム酸化物を混合したMOX[*5]粉末で、プルトニウムを単離しない工程である。

---

*4　PUREX 法：plutonium uranium redox extraction

放射線遮蔽，崩壊熱除去，水素蓄積防止などのため，深層防護，多重閉じ込めと放出管理，フェイルセーフ，非常用電源，耐震設計等々の原子力発電プラントと同様の安全設計を適用し，さらに再処理に特有な対策として臨界の防止，化学試薬取扱いへの配慮，セル内の溶液漏えいの検知と回収，溶媒火災への対策，セル外の汚染・内部取込みの防止，航空機落下への対策などの安全対策がとられている。建設工事では，先行した日英仏の再処理工場などの事故・故障経験を収集し，詳細設計や運転保守に適切な反映がなされている。

国際原子力機関（IAEA）[6]は六ヶ所工場の設計図面の核不拡散対策を評価し，建設段階で各設備機器がその設計図面通りにつくられていることを現場で確認しており，当該工場はIAEAに対して完全な透明性をもっている。使用済燃料プールからMOX製品貯蔵庫に至る工程に自動検査システムが設置され，映像と放射線の同時監視，溶液貯槽内の液位・温度・密度の監視，MOX粉末からの中性子測定などに最新の保障措置技術が適用されている。工場内の分析建屋には査察側が独立に使用するオンサイトラボも設置され，短時間事前通告のランダム査察と高頻度の保有量検認が行われ，工場の運転中にはIAEAの査察官が24時間常駐し，工場内のいかなる場所にもフリーアクセスで監視活動を行う。

核物質防護のため防護区域や周辺防護区域を定めてフェンスや堅固な扉を設置，侵入を検知する多数のセンサーやカメラの設置，入構する人や車両の管理，周辺防護区域入口に金属探知機を設置，核物質防護情報の機密保持，設計基礎脅威（DBT）[7]を適用した防護能力の確認，侵入に対する防護の訓練など，厳重な体制が敷かれ，国による検査も毎年実施され，重武装の警察も常駐している。内部脅威対策の強化を目的に個人の信頼性確認も始まっている。

c. 六ヶ所再処理工場の現状と今後の見通し

六ヶ所工場の試運転の実績は，使用済燃料約425tをせん断・溶解し，ウラン製品粉末約364t，MOX製品粉末約6.7tHM[8]，ガラス固化体346本を製造した。

2011年3月の東日本大震災により外部電源が全停したが，工場内の非常用ディーゼル発電機がすべて無事に起動し，安全性を損なうような影響はなかった。工場は海抜55mの高台にあり，津波の影響もない。

東日本大震災後に発足した原子力規制委員会は2013年11月に新規制基準を決定し，六ヶ所再処理工場も新規制基準への適合性審査を受けるため改めて事業変更許可が申請された。

新規制基準によれば，基準地震動，火災防護，内部溢水対策，化学薬品漏えい対策，外部事象（竜巻による飛来物，火山の噴火，森林火災など）への対策などの強化が必要であり，また1Fで過酷事故が発生した教訓から，再処理工場での重大事故として臨界事故の発生，冷却機能喪失による高レベル廃液貯槽などの蒸発乾固，放射線分解により発生する水素の爆発，有機溶媒などによる火災・爆発，使用済燃料貯蔵プールの水位低下，および放射性物質の漏えいの想定が求められることとなった。その結果，さまざまな安全対策の追加が必要で，工場が本格稼働できるまでには時間を要し，竣工（使用前検査の最終合格）は2021年度上期中とされている。

d. 事業主体と費用の回収

再処理事業は，発電に伴う使用済燃料の発生から再処理の操業・廃棄物処分・工場廃止・解体廃棄物処分まで長い時間遅れがあるため，電気事業者は再処理の総費用を使用済燃料の毎年の発生量に応じてあらかじめ現世代の需要家から少しずつ電気料金の中で回収し，その資金は認可法人である使用済燃料再処理機構に拠出することが義務付

---

* 5　MOX：mixed oxide fuel
* 6　IAEA：International Atomic Energy Agency
* 7　DBT：design basis threat
* 8　tHM：ウランとプルトニウムの質量の合計。

けられている。再処理工場やMOX燃料加工工場を建設・運転する日本原燃(株)は，再処理機構から委託を受けて事業を行う。

e. 軽水炉核燃料サイクルの見通し

エネルギー基本計画[1]が示した2030年の原子力比率20％から発生する使用済燃料は570 t/年程度であり，六ヶ所工場の能力800 t/年よりも少ない。一方，国内には合計17,800 tの使用済燃料が保管されている[2]。この保管分と今後40年間の発生分の合計を考えると，六ヶ所工場をフル操業したとしても再処理し切れず570 t/年に下げる余裕はない。

再処理で回収されたプルトニウムが原子力発電所の燃料として使用されるのはMOX燃料加工工場が稼働してからであり（2022年度上期竣工），それまでにはプルサーマルを実施する原子力発電所も多数運転を再開しているものと考えられる。プルサーマル対象炉は長期的には炉寿命到達に応じ調整（選手交代）することとなる。原子力比率20％による年間取替量は十分なMOX装荷枠をもっている。

f. 世界の原子力容量の見通し

IAEAが報告した2050年までの世界の原子力容量の見通し[3]によれば，low projectionでは現状レベルのまま（2016年末392 GW），high projectionでは2050年に874 GWまで倍増する。2050年より先は信頼できる国際機関から公表された予測がないが，IPCC[*9]第5次評価報告書（AR5）[4]によると，主として新興国の人口増加と経済発展により2100年の世界全体の一次エネルギー総供給量は現状の数倍（1,300～1,800 EJ[*10]/年）となる。パリ協定で合意した人為的な温室効果ガス（GHG）[*11]排出量を今世紀末までに正味ゼロにする目標のためには，一次エネルギー供給の90％以上を低炭素エネルギーにしなければならないとされるが，現状ではその割合はわずか十数％に過ぎない。

将来は電気自動車の普及などにより電力化率は著しく伸びるであろうし，それを不安定な太陽光や風力に大きく依存することはできず，また火力発電は炭素回収貯留（CCS）[*12]が必要条件となるが，CO_2を地中に埋蔵する立地点の確保はその地域の理解獲得に困難さが伴うものと予想される。したがって2100年の一次エネルギー総供給量を1,300 EJ/年，原子力をその10％（現状5％）とすることは控え目な想定である。原子力発電規模は1,770 GWとなり，2016年末の447基392 GWの4.5倍で，1基が150万 kWとしても1,180基が必要である。90％を低炭素エネルギーとすべき時代に原子力が10％だけ，他は再生可能エネルギーとCCS付き火力発電ということはとても困難で，この1,000基を越える原子力でも実際には全く足りないと考えられる。

g. 高速増殖炉の必要性

ウラン資源が足りるか，次の3ケースの原子力容量について調べる（図9.10）。

ケース（1）――2100年まで現状のまま固定
ケース（2）――2050年の倍増から，予測のない今世紀後半を固定
ケース（3）――2050年の倍増から，2100年の4.5倍まで単調増加

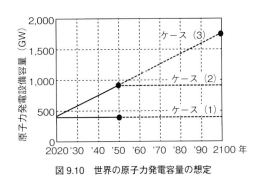

図9.10 世界の原子力発電容量の想定

---

*9 IPCC：Intergovernmental Panel on Climate Change
*10 EJ：エクサジュール（10^{18} J）
*11 GHG：greenhouse gas
*12 CCS：carbon dioxide capture and storage

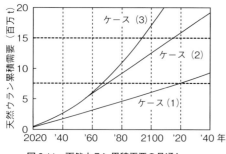

図9.11 天然ウラン累積需要の見通し
(軽水炉ワンススルー,世界合計)

表9.1 天然ウラン需要計算条件

初装荷燃料濃縮度	2.5 %(平衡炉心模擬取出)
新設炉の初装荷ウラン重量	103 t/GW
取替燃料濃縮度	4 %
取替燃料平均取出燃焼度	45 GWd/t
天然ウラン	0.71 %
濃縮のテール濃度	0.30 %
燃料加工ロス	2.50 %
燃料転換ロス	0.50 %
所内率	4 %

これら3ケースの原子力容量の経年変化に基づき,各年の発電電力量(kWh)から必要な熱エネルギー(GWd)を計算し,取出燃焼度(GWd/t)から低濃縮ウラン燃料の重量(t)を求め,濃縮におけるFeed/Product比を乗じる計算に,適切なロスや効率を考慮すれば必要な天然ウラン量(t)を簡単に計算できる。具体的な数値の選択に異なる見解があるかも知れないが,濃縮度と取出燃焼度を整合して同時に変えれば結果はほとんど変わらない。ロスや利用率の数値を常識的な範囲で変えても結論は同じである。世界の炉型は軽水炉が圧倒的であり(447基中352基),初装荷炉心を臨界にするウラン重量(t/GW)は経験的なものでバラツキは小さく,今の計算目的にこれ以上の詳細化は意味が乏しい。計算に用いた具体的なデータを表9.1に,計算結果を図9.11に示す。比較するウラン資源量はOECD/NEAとIAEAが毎年共同で発行するRed book[5]に載る次の値である。

・確認埋蔵量としてUS$100/lb-$U_3O_8$まで含め764万t
・未発見の予測資源量(期待資源)まで含め1,506万t

図9.11の示唆するところは:

・確認埋蔵量764万tとの比較では今世紀半ばに原子力容量が倍増するケース(2),(3)では2070年の前に使い切る。現状固定のケース(1)でも2120年の前に使い切る。
・全ウラン資源1,506万tとの比較では原子力容量を2050年以降は増やさないケース(2)でも2120年の前に使い切る。2100年に4.5倍の原子力容量を目指すケース(3)では今世紀中に使い切る。

このような事態になればウラン資源の争奪戦は尋常でないものとなる。需要が増えると可採埋蔵量が増えるのが化石燃料の経験知であるが,そもそも未発見のウラン資源量の信頼性には疑問がある。2007年頃まで続いていたウラン価格のうなぎ登りの単調増加[6]を再び生じさせないためには,火力燃料におけるシェール革命と同様に原子力分

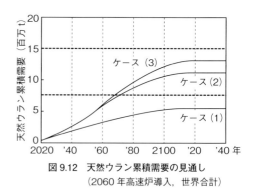

図9.12 天然ウラン累積需要の見通し
(2060年高速炉導入,世界合計)

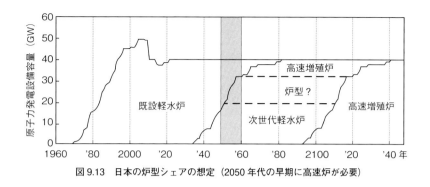

図9.13 日本の炉型シェアの想定（2050年代の早期に高速炉が必要）

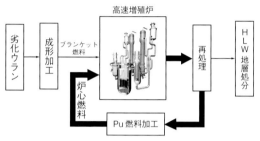

図9.14 高速増殖炉と核燃料サイクル

野でも適切なタイミングで適切な技術開発が必要で，それが高速炉と核燃料サイクルによる燃料の増殖・自給である。

図9.12は2060年以降すべての新規建設を高速炉に限定し，残存する軽水炉は60年運転とした場合の天然ウラン需要を示している。計算方法は図9.11と同じであるが，高速炉の場合の初装荷炉心と取替炉心の天然ウラン需要を核分裂で損耗する量だけとしている。この図から，2100年に4.5倍の原子力容量を目指すケース（3）でも全ウラン資源1,506万tに達することはない。

h. 日本の高速炉の本格導入時期

今世紀後半には全世界で高速炉が必要にもかかわらず図9.13を見ると，日本で高速炉の導入が2060年まで遅れる場合，2100年頃まで高速炉が少数派となり，それではウラン調達上大変に不利である。2050年代のできるだけ早くには既設炉をリプレースする新設をすべて高速炉とする必要がある。既設炉を40年の2倍，80年間運転するという選択肢もあるが，その場合にはもはや既設炉の代替としての次世代軽水炉の開発よりも，2060年本格運転開始を目指して高速炉実用化に集中投資することが効果的である（図9.14）。

i. プルトニウムの保有について

現在日本は六ヶ所工場に3.6t，原子力発電所に1.6t，原子力機構に4.6t，合計9.8tの「分離プルトニウム」を保管している（すべてウラン酸化物との混合状態）。また海外には英国に20.8t，フランスに16.2t，合計37.1tを保有している[7]。これらが原爆で何千発分との議論があるが，熱エネルギーを安定かつ継続的に取り出す燃料としての備蓄量と，爆発力だけもつ原子爆弾とを同一に議論することは大きなミスリードである。再処理でプルトニウムを回収すれば「分離プルトニウム」にカウントされ，それは次に炉心で燃え始めるまで帳簿から消えない。しかしプルトニウムの保管はIAEAの厳しい査察を受けており，日本の誠実な平和利用の姿勢はIAEAから高く評価されている。燃料としてのプルトニウムは減らさず備蓄するべきとすらいえる。

資源の乏しい日本にとって，安定かつ長期にエネルギーを供給できる原子力と核燃料サイクルの組み合わせが最良の選択肢であるという長期のビ

ジョンについて国内外の理解を獲得することが重要である。

[田中 治邦]

表 9.2 放射性廃棄物の種類と発生源

廃棄物の種類			発生源
高レベル放射性廃棄物			再処理施設
低レベル放射性廃棄物	超ウラン核種を含む放射性廃棄物		再処理施設 MOX燃料加工施設
	発電所廃棄物	放射能レベルの比較的高い廃棄物（L1）	原子力発電所
		放射能レベルの比較的低い廃棄物（L2）	
		放射能レベルの極めて低い廃棄物（L3）	
	ウラン廃棄物		ウラン濃縮・燃料加工施設
	RI・研究所等廃棄物		大学・企業 研究機関・医療機関など
クリアランスレベル以下の廃棄物			上に示したすべての発生源

表 9.3 国内に保管されている固体状の放射性廃棄物の量

廃棄物の種類		保管本数(注)	備考
高レベル放射性廃棄物		2,448	—
超ウラン核種を含む放射性廃棄物		120,255	他に、せん断被覆片などを保管
発電所廃棄物		683,254	他に、蒸気発生器、制御棒、使用済樹脂などを保管
ウラン廃棄物		52,810	—
RI・研究所等廃棄物	試験研究炉や研究施設など	279,472	他に、RI廃棄物、制御棒、使用済樹脂などを保管
	医療・研究用RI	153,300	液体廃棄物（少量）を含む

注）高レベル放射性廃棄物はキャニスター、それ以外は200Lドラム缶換算値（2016年度末）。

9.2.3 放射性廃棄物処理・処分の現状と課題

a. 種類と発生量

放射性廃棄物は、原子力発電所や再処理施設などの原子力施設、放射線を利用する医療機関や学術研究機関などにおいて発生する。これら放射性廃棄物は、主に処分の長期的な安全確保面に着目して、発生場所、含まれる放射性物質の半減期や放射能量により表9.2に示すように、高レベル放射性廃棄物と低レベル放射性廃棄物に大別される。また、低レベル放射性廃棄物は、さらにいくつかに細分化されている。このほか人の健康への影響がほとんどなく、放射性廃棄物として取り扱う必要のないものがある。

現在、国内に保管されている固体状の放射性廃棄物の量を表9.3に示す。これら放射性廃棄物の大半は、処分に向けた減容・安定化処理前の状態で施設内に保管されている[8,9]。なお、この表では1F事故に伴い発生した廃棄物は除いている。

減容・安定化処理後の放射性廃棄物を廃棄体と称するが、これらは図9.15に示す浅地中処分（トレンチ、ピット）、中深度処分または地層処分の何れかの方法で処分が実施される。

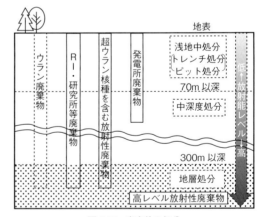

図 9.15 廃棄体の処分

b. 処理・処分の現状と課題

(1) 高レベル放射性廃棄物

使用済燃料の再処理の過程で発生する放射能レベルの高い廃液(高レベル放射性廃液)をガラス溶融炉で溶かしたガラスと混ぜ合わせ,専用のステンレス製容器(キャニスター)に入れたものが高レベル放射性廃棄物(ガラス固化体)である。ガラス固化体の製造技術は既に確立しており,再処理事業者である日本原燃(株)では,現行のガラス溶融炉の設計寿命を考慮し,将来のリプレースに向けより一層の安定運転を目指した新型のガラス溶融炉の導入検討が進められている[10]。

日本では,2000年に「特定放射性廃棄物の最終処分に関する法律(最終処分法)」が制定され,ガラス固化体は地下300mより深い地層に埋設処分すること(地層処分,図9.15)とされ,処分事業を行う原子力発電環境整備機構(NUMO)が設立された。

NUMOは2002年以降,最終処分法に基づく3段階の調査を経て処分地を選定すべく,第1段階の文献調査の受入れ自治体の公募を開始したが,現在まで文献調査の実施には至っていない。

このため政府は2015年5月,自治体の公募の前段階に,国が科学的により適性が高いと考えられる地域(科学的有望地)を示すことなどを通じて,国民および関係住民の理解と協力を得るためのプロセスを導入することを閣議決定した。これを受け2017年7月,経産省審議会での地域の具体的要件・基準についての検討結果に基づき,地層処分に関係する地域の科学的特性を既存の全国データに基づき全国地図の形で整理した「科学的特性マップ」が公表された。

処分地の選定は,健全な科学的基盤だけでなく地域の同意が不可欠であり,当面の課題は国とNUMOが「科学的特性マップ」などを活用し,広範な国民理解や地域内での十分な議論を支援するためのきめ細かな対話活動を継続的に実施することが期待される[11]。

一方,地層処分の技術的信頼性については,2011年の東北地方太平洋沖地震の発生を契機に経産省審議会で再評価がなされ,「最新の科学的知見を反映して,好ましい地質環境とその地質環境の長期安定性を確保できる場所をわが国において選定できる見通しである」ことが再確認されている[12]。現在,NUMOは,国内外の研究開発機関などと協力し,処分事業の安全性,経済性および効率性の向上に向け,技術開発を進めている。なお,所管官庁,NUMO,関連研究機関および廃棄物発生者より構成される地層処分研究開発調整会議により,2018年度以降5ヶ年の研究計画が策定・公表されている[13]。

(2) 超ウラン核種を含む放射性廃棄物

超ウラン核種を含む放射性廃棄物には,最終処分法施行令に規定されている地層処分対象となる廃棄物(地層処分相当低レベル放射性廃棄物とも

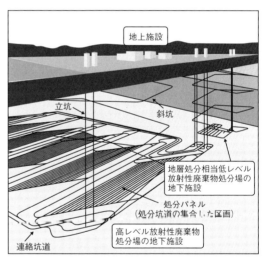

図9.16 地層処分施設のイメージ(高レベル放射性廃棄物と地層処分相当低レベル放射性廃棄物を併置した場合)
[出典:NUMOパンフレット「地層処分,安全確保の考え方」一部修正]

いう。図9.16）と，原子力発電所から発生する廃棄物などと同様に浅地中または中深度処分が可能な廃棄物がある。現状，これら廃棄物の大半は未処理の状態で保管されているため，今後はそれぞれの廃棄物特性を踏まえ，処分に向けて減容・安定化処理や含まれる放射性核種の濃度評価作業などを進める必要がある。

超ウラン核種を含む放射性廃棄物の処分は，最終処分法によりNUMOが処分を実施することとなっており，国内外の研究開発機関などと協力し，処分事業実施に向けた検討が進められている。それ以外の廃棄物の処分については，廃棄物発生者である日本原燃（株）や原子力機構により，発生源の異なる他の低レベル放射性廃棄物と合わせて，事業化に向けた検討が進められている。

図9.17　日本原燃（株）のピット処分施設

［出典：日本原燃，https://www.jnfl.co.jp/ja/business/about/llw/summary/，一部修正］

表9.4　日本原燃（株）のピット処分施設

	1号廃棄物埋設施設	2号廃棄物埋設施設
操業開始年	1992年12月	2000年10月
廃棄体種類	均質・均一固化体	充填固化体
	濃縮廃液，使用済樹脂などを200Lドラム缶にセメントなどを用いて均質・均一に固化したもの	金属類，保温材，フィルターなどの雑固体廃棄物を200Lドラム缶に収納した後モルタルで固化したもの
施設容量	204,800本	207,360本
埋設量（2018年3月末）	148,147本	148,872本

（3）発電所廃棄物

原子力発電所では，これまで処分容器に200Lドラム缶を利用することを前提に運転中に発生したL2（表9.2参照）の減容・安定化処理を実施してきており，製作された廃棄体は，1992年12月以降，日本原燃（株）のピット処分施設（六ヶ所低レベル放射性廃棄物埋設センター，表9.4，図9.17）に埋設されている。

至近10年程度の廃棄体埋設量の推移を見ると，均質・均一固化体は大幅に減少する一方，充填固化体は10,000本/年程度となっている。この傾向が継続すると数年以内に2号廃棄物埋設施設が満杯になるため，日本原燃（株）は2018年5月，3号廃棄物埋設施設増設を含む充填固化体受入容量の増加計画を公表している[14]。

原子力発電所にはこのほか，運転中に発生した未処理の大型機器（蒸気発生器など），放射能レベルの比較的高い廃棄物（制御棒など）も保管されている。現在，電力会社によりこれら廃棄物の切断作業低減や収納効率向上などを目指し，大型角型容器の採用が検討されている。これら廃棄物は廃止処置段階に集中して発生するため，廃止措置計画の進捗に合わせて，大型角型容器の利用を前提とした廃棄物の減容・安定化処理やその埋設を想定した新たなピット処分施設，L1（表9.2参照）埋設用の中深度処分施設（図9.18）の具体化

図9.18　中深度処分施設を模擬した試験施設の全景

［出典：原環センター，平成26年度「地下空洞型処分施設閉鎖技術確証試験」報告書］

を図る必要がある。特に，中深度処分施設については，原子力規制委員会により，埋設後10万年時点で処分深度70 mを確保することなど，新たな規制基準などの検討が進められているため，今後，新たな規制要求を踏まえ，事業化を図る必要がある。

このほか日本原子力発電(株)は，東海発電所の解体で発生するL3（表9.2参照）を対象としたトレンチ処分施設の設置について，2015年7月，原子力規制委員会に許可申請書を提出，現在審査中である。

(4) ウラン廃棄物

ウラン廃棄物は，含まれる放射性核種の大半がきわめて半減期の長いウランのため，発電所廃棄物のような放射能減衰は期待できず，また数万年以降にはウランの子孫核種のビルドアップにより放射能が増加するという特徴がある。このため，これまでウラン廃棄物の処分に係る安全規制制度は整備されてこなかった。

日本原子力学会は，後述のRI・研究所等廃棄物中にもウラン廃棄物が含まれていること，またウラン燃料加工事業者などの廃棄物保管可能容量が逼迫し，増設も容易でない状況を踏まえ，2017年3月，ウラン廃棄物の浅地中処分（トレンチ処分）の方法を示し，早急に安全規制制度整備が必要との提言をまとめている[15]。

(5) RI・研究所等廃棄物

2008年6月の「原子力機構法」の一部改正により，主要な廃棄物発生者である原子力機構が実施主体となり，原子力機構以外の研究施設等廃棄物も処分することとなった。2017年4月には，放射線障害防止法の改正が行われ，「原子炉等規制法」の廃棄事業者に処分を委託した放射線障害防止法規制下の放射性同位元素および汚染物（RIなど）は，「原子炉等規制法」下の核燃料物質および汚染物とみなし，「原子炉等規制法」下で処分可能となった。

現在，原子力機構は「埋設処分業務の実施に関する計画」（2018年3月）に基づき，ピット処分約22万本，トレンチ処分約38万本に相当する施設規模を想定し，立地に向けた取り組みを進めている。

(6) クリアランスレベル以下の廃棄物

クリアランス制度は，商業用原子力発電所では日本初となる日本原電(株)東海原子力発電所の解体工事に伴い発生した，ほとんど汚染のない資材などを有効に再利用することなどを目指し，2005年に法制定された。これまでクリアランスレベル以下の金属について，一般用途のベンチ脚部への再利用などを進めてきたが，2016年には原子力産業内での再利用を想定し，住民説明会を開催した上で，同原発から発生したクリアランスレベル以下の金属（約60 t）をJSW室蘭製作所まで海上輸送し，処分容器（内容器）の試作も行われている（図9.19）[16]。

本格的な商業炉の廃止措置段階を迎え，リサイクル関連事業者がクリアランスレベル以下の資材を受入れやすい環境整備など，今後とも関係自治

図9.19 クリアランスレベル以下の金属の再利用例
[出典：電事連，http://www.fepc.or.jp/nuclear/haishisochi/clearance/state/index.html 等，一部修正]

体・住民や国民一般への理解促進活動が期待される。

［藤原　啓司］

9.2.4　原子力発電の経済性

a．発電単価とは

異なる発電設備の間で経済性を比較する指標として発電単価（円/kWh）が用いられる。その定義は「発電に要した費用（円）÷発電電力量（kWh）」である。この発電単価の実績値は各電力会社から減価償却費，燃料費，発電電力量などかなりのデータが公表されており，厳密ではなくともそれらを用いて推定することは可能で概ね的を外さない議論を行うことができる。その結果，設備別・燃料種別ごとに違いはあるものの，発電単価は10円/kWh前後で，家庭で経験する電気料金の4割程度を占めていることが分かる。

一方，新たに建設すべき発電設備の選択に関わる意思決定には均等化原価が用いられる[17]。将来の費用の現在価値換算値を総合計し，これを将来の発電電力量に一定の単価（円/kWh）を乗じ，さらに現在価値換算して総合計したものと等しくすることで費用回収を図ろうとする経済計算であり，プラント寿命期間中（あるいは着目する期間中）の「平均的」な発電単価を求めることになる。現在価値換算に割引率（≒金利）を使用する。具体的な計算式は，

$$C = \sum_i [F_i/(1+r)^i] \div \sum_i [E/(1+r)^i]$$

ここで，C は均等化発電原価（円/kWh），E は年間発電電力量（送電端kWh），r は割引率（時点換算するもの），F_i は第 i 年度の費用（円），$\sum_i$ は i に関して着目年数で総和をとる操作である。

費用の内訳は，

・資本費：建設投資を回収する減価償却費，固定資産税，事業報酬，確保する廃炉費用
・運転維持費：人件費，修繕費，一般管理費，事業税，諸費（委託費，消耗品費，賃借料，損害保険料など）
・燃料費：原子力の場合にはバックエンド費用も含む

などで，これらの項目のすべてを使う訳ではなく，発電単価の使用目的に応じ例えば既設電源の中から稼動させるものを選択する判断には可変費（運転に無関係な固定的費用を除いた発電電力量に依存する変動費用）のみに着目する。

b．最近の経済情勢

ところで，発電に関わる近年の国内外の情勢には以下のような変化が見られ，原子力ルネサンスといわれた時代から雰囲気が変わった印象がある。

・燃料費が低下（リーマンショック，1F事故，シェール革命が影響）し，石炭火力と液化天然ガス火力（LNG火力）の優位性が逆転。
・再生可能エネルギーがコスト低下し太陽光のFITは廃され入札。
・火力の炭素排出コスト（38 US\$/tCO$_2$ ≒ 4円/kgCO$_2$ 程度）は内部化し得る。
・日本の既設原子力の再稼動には巨額の追加設備投資が必要。
・自由化の徹底で発電単価に対する電力会社の注目ポイントが変化（法定耐用年よりも初期に）。

また，発電単価に基づく意思決定において，国としての政策を考える政府の評価と民間事業者の評価との間には以下のような違いがある。

・政府の評価では社会的費用（外部コスト）として政策経費を加えるが，民間事業者は電気料金に内部化されるコストにしか関心がない。
・欧米の外部コスト評価（Extern Eなど）で扱われる鉱山事故，大気汚染物質による人命損失は，日本では影響が小さいなどとして算入しない。
・原子力の事故リスクコストは，既設の稼動あるいは新規建設は重大事故の発生確率が 10^{-6}/年

以下であるべきという規制委員会の考え方を前提とすべき。

c. 既設原子力の再稼動の経済性

以上の環境変化を考慮に入れて，原子力発電を再評価する[18]。まず既設電源の中から稼動するものを選択する判断を試みる。この場合に異なる電源の間で比較対象とする費用は可変費である燃料費のみだが，原子力の再稼動には1F事故の教訓を反映した安全対策強化工事（120万kW級で2,000億円/炉と想定）が必要で，その設備投資を残存運転期間20年で回収するとし原子力のみ減価償却費（法定耐用年数16年）などの資本費を考慮する。また核燃料費も1円/kWh程度のコストアップを算入する。火力燃料価格は，将来にわたり原油45,000円/kL（65 US\$/bbl），石炭14,000円/t，LNG 50,000円/tと最近の値に固定する。将来に関する検討であるから火力の炭素コストは電気事業者に内部化され，一方原子力の事故リスクは10^{-6}/年とする。

評価結果を図9.20に示す。燃料費の圧倒的な優位性から，2,000億円の追加投資を考慮しても，大型原子力の再稼動には十分に合理性があることがわかる。

d. 原子力の新規建設の経済性

次に新規建設の場合の発電方式の比較を行う。火力は燃料費の低下で著しく発電単価が下がり，他方原子力は1F事故の教訓を反映して建設費の上昇を見込まなければならない。しかし既設炉の改造と比べ当初設計の段階から安全対策強化を取り込めばコストアップを抑制できることを考慮し，原子力の建設単価を45万円/kWと想定する。また将来の原子力の運転年数は60年が常識化する。

これらに基づく評価結果を図9.21に示す。原子力の石炭火力に対する優位性は維持され，LNG火力とはほぼ同等である。図9.21の計算では石油火力を除き設備利用率をすべて70%としているが，原子力の利用率が海外並に90%となれば原子力の競争優位性は維持される（70%と90%では1.5円/kWhの差）。

火力の中で従来最も安価なものは石炭火力であったが，LNG火力はそもそも資本費が安いところに最近の天然ガス価格の低下が影響し最も安価となっている。LNG火力は他の火力と比べ炭素排出が少なく，太陽光や風力の変動補償も可能で，建設投資額が小さく建設期間も短いためにきわめて有力な電源となっている。

一方，原子力のグリーンフィールドからの新規建設には国民理解の獲得ということ以外にも大きな不透明性がある。発電原価に占める資本費の割合が大きな原子力は投資回収のための減価償却期

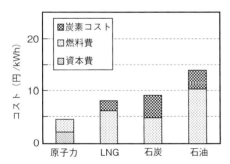

図9.20 原子力再稼動のコストと他電源の可変費との比較

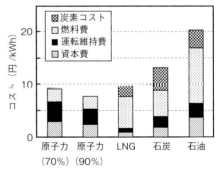

図9.21 新規建設のコスト比較

間中の発電費用が大きく，図9.22に見る通り営業運転開始後10年間程度はLNG火力に比べ著しく高く，LNG火力を下回ってくるのは減価償却を終了してからである。40年間の均等化コストでは原子力が安くなるとしても，自由化の競争下では民間企業である電気事業者としては原子力を選択することは困難とならざるを得ない。

また，電気事業者は自らの保有する発電設備のどれがどの時期に老朽化して退役させざるを得ないかを把握しており，それに間に合わせて代替電源の準備を進めてきている。しかし，現在の安全審査の状況から見て，原子力を新規あるいは代替電源として，新規電源開発計画に組み込むことは見通せない状況にある。

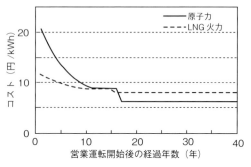

(a) 運転開始後の発電コストの経年変化

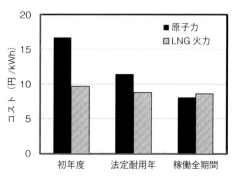

(b) 発電コストの均等化計算期間への依存性

図9.22 発電コスト

事実，既に1F以外にも全国で小型炉や設計の古いものなど十数基が廃炉となっており，またほとんどの原子力が運転停止されている間にLNG火力の発電量が増えている状況は，火力の一時的な焚き増しで補っているのではなく，実質的に一部の原子力がLNG火力でリプレースされていることを意味する。資源に乏しい日本が将来世代を危機に陥れないためには，炭素排出が極小でしかも核燃料サイクルと組み合わせることで半永続的に利用可能な原子力が必須であるから，電力供給上の自由化と安全規制の非効率性にはやがて抜本的な対策・修正を迫られることになろう。

［田中　治邦］

9.3 国のエネルギー基本計画の概要と原子力の位置付け

2018年7月に閣議決定された第5次エネルギー基本計画において，「3E+S」というエネルギー政策の基本的視点が示されている。すなわち，エネルギー政策の要諦は安全性（safety）を前提とした上で，エネルギーの安定供給（energy security）を第一とし，経済効率性の向上（economic efficiency）による低コストでのエネルギー供給を実現し，同時に，環境への適合（environment）を図るため，最大限の取り組みを行うという方針である。

第5次エネルギー基本計画における各エネルギー源の方向性は以下の通りである。
(1) 再生可能エネルギー：エネルギー安全保障にも寄与できる有望かつ多様で，長期を展望した環境負荷の低減を見据えつつ活用していく重要な低炭素の国産エネルギー源。
(2) 原子力：安全性の確保を大前提に，長期的なエネルギー需給構造の安定性に寄与する重要なベースロード電源。原子力への依

存度については，省エネ・再エネの導入や火力発電所の効率化などにより，可能な限り低減させる。
(3) 石　炭：安定性・経済性に優れた重要なベースロード電源として評価されており，高効率化を前提として火力発電の有効利用などにより長期を展望した環境負荷を低減しつつ活用していくエネルギー源。
(4) 天然ガス：ミドル電源の中心的役割を担う，今後役割を拡大していく重要なエネルギー源。
(5) 石　油：運輸・民生部門を支える資源・原料として重要な役割を果たす一方，ピーク電源としても一定の機能を担う，今後とも活用していく重要なエネルギー源。
(6) LPガス：ミドル電源として活用可能であり，緊急時にも貢献できる分散型のクリーンなガス体のエネルギー源。

　2015年7月に経済産業省は「長期エネルギー需給見通し」を決定した。原子力発電については，徹底した省エネ，再生可能エネルギーの最大限の拡大，火力の高効率化などにより可能な限り依存度を低減することを見込み，総発電電力量に占める原子力の割合は，ベースロード電源として2030年断面で20〜22％程度となることが示された（図9.23）。なお，20〜22％程度という数値は「目標値」ではなく，「電源構成上の見通し」である。また，第5次エネルギー基本計画では，原子力政策の再構築として，1F事故の真摯な反省，福島の復興・再生，不断の安全性向上に向けた取り組み，バックエンド対策の推進，核燃料サイクル事業の推進，社会との信頼関係の構築などが必要であるとされ，安全対策の実施，自主的な安全性向上に向けた取り組みなど，事業者などにおいて着実に行われてきている。

　一方，エネルギー基本計画はエネルギー政策基本法にて，少なくとも3年ごとに検討を加え，必要があると認めるときには，これを変更しなければならないと定められている。これに基づき，2017年度より国において第5次エネルギー基本計画についての議論が開始され，検討が進められるとともに，2015年に採択されたパリ協定などを踏まえた「2050年に向けたシナリオ（長期的目標として2050年までに80％の温室効果ガスの排出削減を目指す）」に向けての議論も行われた。「2050年に向けたシナリオ」では，野心的にエネルギー転換を行い，脱炭素化への挑戦をする一方で，エネルギーには将来に向けた技術開発の動向など不確実性が多いため，複線シナリオを描き，決め打ちをすることなくあらゆる選択肢の可能性を追求するべきであるとされている。原子力については，実用段階にある脱炭素化の選択肢であるとした上で，社会からの信頼回復が必須であり，このために人材・技術・産業基盤の強化に着手し，安全性・経済性・機動性に優れた炉の追求，バックエンド問題の解決に向けた技術開発を進める必要があると述べられている（表9.5）。

　エネルギー資源に乏しく，隣国と電気のやりとりなどができない日本においては，「3E＋S」の観点から，特定の電源や燃料源に過度に依存しない，バランスのとれたエネルギーミックスを実現することがきわめて重要である。

［渥美　法雄］

9.4　再生可能エネルギー利用の状況

　再生可能エネルギーは，原子力発電同様，CO_2を実質的に排出しないエネルギーであり，またエネルギー安全保障にも資するエネルギーでもあり，その拡大が求められている。再生可能エネルギーは幅広い種類があるが，太陽光，風力，水力，地

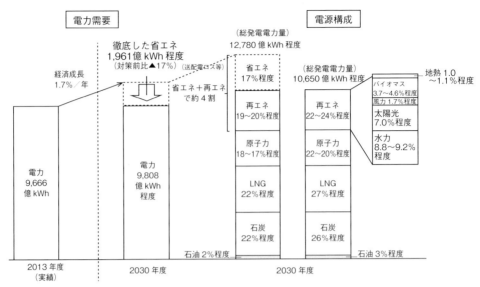

図 9.23 2030 年度電力需給構造（長期エネルギー需給見通し（2015 年 7 月））

表 9.5 エネルギー情勢懇談会提言のポイント―エネルギー転換へのイニシアティブ

- 可能性　➡　野心的シナリオ「エネルギー転換，これによる脱炭素化への挑戦」
　　脱炭素化への挑戦を主要国も主要企業も標榜／エネルギー転換に向けた国家間の覇権獲得競争の本格化
- 不確実性　➡　複線シナリオ「あらゆる選択肢の可能性を追求」
　　他方で，非連続の試み，主要国は野心的だが決め打ちなし／再エネ一本のドイツより全方位の英国，仏などが優れた成果／経済的で脱炭素の完璧なエネルギーがない現実／電源別コスト検証から脱炭素化システム間のコスト・リスク検証へ
- 不透明性　➡　科学的レビューメカニズム「最新情勢で重点をしなやかに決定」
　　地政学情勢，地経学情勢，技術間競争の帰趨は全て不透明／常に技術と情勢を360度観察し，開発目標と政策資源の重点を設定／一度定めた重点を，更なるレビューメカニズムで修正・決定

- 複雑で不確実な環境でのエネルギー転換　➡　「3E+S」の要請を高度化
　・安全最優先　➡　技術とガバナンス改革による安全の革新で実現　　・環境適合　➡　脱炭素化への挑戦
　・資源自給率　➡　技術自給率向上＋選択肢の多様化確保　　　　　　・国民負担抑制　➡　自国産業競争力の強化

- 福島事故　➡　再エネは経済的に自立し脱炭素化した主力電源化を目指す
　　　　　　　　その中で，原子力依存度は低減
- 再エネ　➡　水素・蓄電・デジタル技術開発　送電網再構築　分散型ネットワーク開発
　　　　　➡　主力化に向け，人材・技術・産業の強化に直ちに着手
- 原子力　➡　実用段階にある脱炭素化の選択肢
　　　　　➡　社会信頼回復必須　このため安全炉追求・バックエンド技術開発
　　　　　　　人材・技術・産業の強化に直ちに着手。福島事故の原点に立ち返った責任感ある真摯な取組こそ重要
- 化石　➡　過渡期主力　資源外交強化
　　　　➡　火力ガスシフト・非効率石炭フェードアウト・高効率石炭技術傾注
　　　　　　低炭素化＋脱炭素化貢献　これにより資源国とのエネルギー連携

- エネルギー転換への総力戦　➡　①内政・外交　②産業強化・インフラ再構築　③金融

[出典：総合資源エネルギー調査会基本政策分科会（第 26 回会合）（平成 30 年 4 月 27 日）資料 1-1]

熱，太陽熱，バイオマスなどが挙げられる。世界でも拡大が進んできており，その重要性は増している。政策的には，再生可能エネルギー利用割合基準（RPS）[*13]や再生可能エネルギー固定価格買取制度（FIT）といった政策措置の導入が行われ，政策誘導的に導入が拡大してきた。

世界全体の一次エネルギー生産量において，再生可能エネルギーは引き続きバイオマスが最も大きな量を占めている（2015年では再生可能エネルギー全体で約13%だが，バイオマスは約10%）。発電電力量で見ると，水力が大きな比率を占めている（2015年では約16%）（図9.24）。太陽光，風力発電は，2000年時点では総発電電力量に占める比率が両者合わせてわずか0.2%程度だったが，2015年には4.6%まで大きく拡大した。ただし，原子力発電は約11%，天然ガスは23%，石炭は39%であり，世界的に見れば化石燃料，原子力発電への依存が大きい状態は続いている（いずれも国際エネルギー機関（IEA）[*14]の統計より）。2016年までの累積での太陽光発電の地域別導入量を見ると（図9.25），中国が1位で26%を占め，続いて日本，ドイツがそれぞれ14%，米国が13%などとなっている。過去数年は中国での導入が大変大きくなっている。また，日本もFIT制度により急速な導入がなされた。

日本においては，東日本大震災・1F事故後の2012年7月から再生可能エネルギー全般に対して全量買取を基本とするFITが導入された（それ以前は，旧一般電気事業者に一定量の再生可能エネルギー利用を義務化するRPS法が2002年6月から，また2009年11月からは太陽光発電については余剰買取のFITが導入されていた）。FITは，10年もしくは20年間にわたって，固定の価格で再生可能エネルギーによって発電された電力を優先的に電力会社が買い取る（現在は旧一般電気事業者の送配電部門が買取）という制度であり，

投資回収の予見性が大変高く事業を実施しやすいという長所がある。とりわけ太陽光発電のように計画から建設，発電開始までの期間が短い電源については事業リスクが小さく，また日本では太陽光発電の買取価格は2012年の制度導入時には42円/kWhという高い価格が設定されたこともあって，急速に導入が進んだ。太陽光発電の導入量を大きくするという政策目的だけであれば，大変成功した制度ということができる。また，この間，太陽光発電のコストは大きく低下した（図9.26）。ただし，海外でのコストは日本国内よりも相当安価でコスト低下も大きく，日本のFIT制度によって図9.26で見られるようなコスト低減が誘発されたと単純に考えるのも早計である。

太陽光発電以外の再生可能エネルギーについて

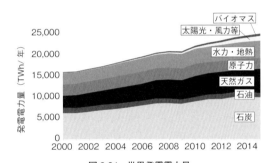

図9.24　世界発電電力量
[出典：IEA 統計より筆者作成]

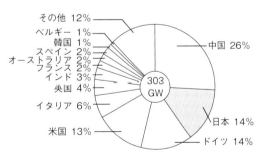

図9.25　2016年における世界の累積の太陽光発電導入容量
[出典：IEA "Trends in photovoltaic applications" (2016)]

---

* 13　RPS：renewable portfolio standard
* 14　IEA：International Energy Agency

はそれほど導入が進まず，また大規模太陽光発電に偏ったことや，その導入費用を電力消費者が負担する賦課金と呼ばれる負担が大きく増大し，電力料金上昇の大きな一因となったという負の側面もある。2018年度の賦課金単価は，1kWh当たり2.9円（標準家庭（電力使用量260kWh/月）で年額9,048円）となっている。

一方，特に変動性電源である太陽光や風力発電は，その拡大とともに，電力系統において電力需要と電力供給を常に一致させる同時同量を実現することが難しくなるという課題もある。需要と供給がバランスしないと周波数が変化し，電力を利用した製造工程などで製品に悪影響が出たり，さらに周波数変化が許容範囲を超えれば，大規模な停電にもなりかねない（図9.27）。そしていったん大規模停電になると，復旧には多くの時間を要する可能性がある。例えば，風力発電の出力の実績を見ると，電力の高需要時に風力発電全体での出力がほぼゼロに近くなる時間も存在する（図9.28）。高需要時に発電ができるかできないか不確実性が高く，変動性のある再生可能エネルギーに依存した電力供給にすると，発電できなかった

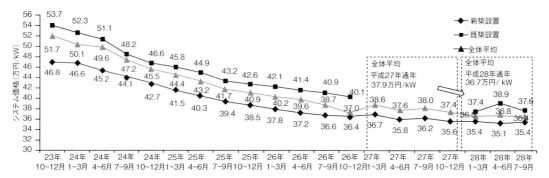

図9.26　日本における太陽光発電（10 kW未満）のシステム価格の推移
［出典：経済産業省調達価格等算定委員会（2016年11月）］

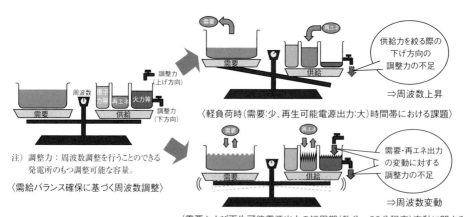

図9.27　電力需給における周波数調整のイメージ
［出典：環境省HP］

第9章 日本のエネルギーの確保と原子力

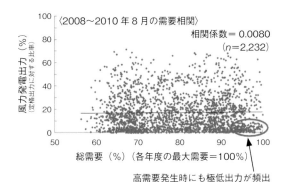

図 9.28 総需要と風力発電の出力との関係
注）代表例として 2008～2010 年度の特高連系風力発電についてデータ整理したもの。
［出典：経済産業省総合資源エネルギー調査会基本政策分科会電力需給検証小委員会資料］

場合に備え，化石燃料発電や蓄電池などのバックアップ電源が必要となる。海外を中心に日射や風況の条件が良い所では，化石燃料や原子力発電よりも kWh 単価が安価な太陽光や風力発電も散見されるようになってきている。しかし，電源単体で見たときの kWh 単価は一見安価な場合でも，バックアップ費用などを含めたトータルのコストで見ると，いまだ火力や原子力発電に比べ高価であるケースがほとんどである。

日本政府は，2015 年 7 月にエネルギーミックス（長期エネルギー需給見通し）を決定した。そこでは，再生可能エネルギー比率を 2030 年に 22～24％を目標とした（太陽光発電 7.0％程度，風力 1.7％程度，バイオマス 3.7～4.6％程度など）（図 9.29）。FIT 制度で再生可能エネルギー拡大を図ってきた結果，2010 年度の再生可能エネルギー比率は 10％だったが，2016 年度には 15％まで拡大した。しかし，FIT による買取費用総額は年間 2.3 兆円，賦課金総額は年間 1.8 兆円にも達した。

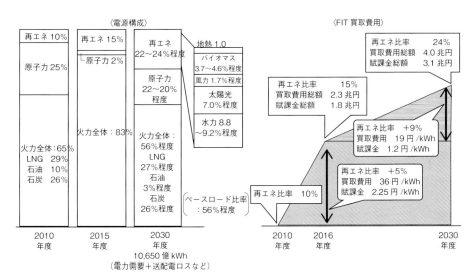

図 9.29 日本政府の 2030 年エネルギーミックスとそれに向けた FIT 買取費用
注）2016 年度の買取費用総額・賦課金は試算ベース。2030 年度賦課金総額は，買取費用との割合が 2030 年度と 2016 年度が同一と仮定して算出。kWh 当たりの買取金額・賦課金は，(1) 2016 年度については，買取費用と賦課の金実績ベースで算出し，(2) 2030 年度までの増加分については，追加で発電した再エネがすべて FIT 対象と仮定して機械的に，①買取費用は総買取費用を総再エネ電力量で除したものとし，②賦課金は賦課金総額を全電力で除して算出。
［出典：経済産業省総合資源エネルギー調査会資料（2018 年 3 月 26 日）］

エネルギーミックスでは買取費用を年間4.0兆円，賦課金は年間3.1兆円に留めることによって電力コストを2015年比で低減することを目標としているため，2016〜2030年度の間の賦課金増大を年間1.3兆円に抑制しながら，9%の再生可能エネルギー拡大を実現しなければならないという（再生可能エネルギー比率24%の場合），相当難しい課題となっていることを認識すべきである。電力コストの上昇（特に海外との相対的な価格）は，とりわけエネルギー多消費の製造業の競争基盤を失わせてしまう危険性がある。

再生可能エネルギーは近年大きく拡大しており，今後もその重要性が一層増していくことは間違いない。ただし，再生可能エネルギーは密度の薄いエネルギーを利用するため，単位面積当たりの発電電力量は化石燃料や原子力発電と比べて桁違いに小さい。再生可能エネルギーには大きな土地面積が必要であるとともに，コスト低減が進み，化石燃料や原子力発電コストとの差が縮まるとしてもコストが大勢として逆転するのは容易ではない。再生可能エネルギーの課題や限界を理解した上で，適切な利用拡大を行い，電源のバランスをとった適切なエネルギーミックスを実現していくことが重要と考えられる。

［秋元 圭吾］

9.5 地球環境問題への取り組み

2014〜2016年にかけて世界の全球平均気温は観測史上最高を記録し，地球温暖化が進んでいる。気温上昇の程度については大きな不確実性が残っているものの，人為的なCO_2排出によって温暖化が進んでいることはほぼ疑いの余地はなく，この問題に真剣に取り組んでいく必要がある。CO_2排出の増大によって，産業革命以前は275 ppm程度だった大気中CO_2濃度は，現在400 ppm程度に上昇している。全球平均気温も産業革命以前比で1℃近くまで上昇してきている。2013〜14年にかけて出版された気候変動に関する政府間パネル（IPCC）の第5次評価報告書では，「気候システムの温暖化には疑う余地がなく，1950年代以降，観測された変化の多くは数十年〜数千年間で前例のないもの」，「人間活動が20世紀半ば以降に観測された温暖化の主な要因であった可能性がきわめて高い」としている。また，海面は大きな時間遅れを伴って上昇してくると推計される。特段の排出削減をとらない高排出シナリオでは2081〜2100年平均で45〜82 cm程度の海面上昇が推計されている（IPCC第5次評価報告書）。そのほかにも，地球温暖化により，生態系を含めたさまざまな分野に影響が及ぶことが予想されている。温暖化緩和策（排出削減策）のみならず，温暖化適応策も含む総合的な対策をとって，対策費用と温暖化の残余被害の総合的なリスクを最小化していくことが必要である。

これら気候変動に対処すべく，国際的には2015年12月にパリで開催された国連気候変動枠組条約（UNFCCC）[*16]の第21回締約国会議（COP21）でパリ協定が採択され，翌年2016年11月に発効した。パリ協定は，世界のほぼすべての国が排出削減への取り組みを進める枠組みであり，5年ごとに各国は自国の排出削減目標を含む国別貢献（NDCs）[*17]を提出しレビューを受けること，長期的には産業革命以前比で2℃を十分下回るようにする1.5℃目標も追求する，さらには今世紀後半に世界の温室効果ガス排出を正味でゼロにするといった目標を含んでいる。

今世紀後半に世界の温室効果ガス排出を正味でゼロといった目標を実現することは現状ではきわめて困難と考えられるが，一方でIPCC第5次評価報告書の知見からは，累積のCO_2排出量と気温上昇には線形に近い関係性があることが示され

---

*16 UNFCCC：United Nations Framework Convention on Climate Change
*17 NDCs：nationally determined contributions

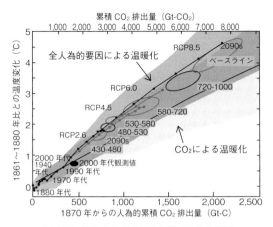

図 9.30　累積 CO_2 排出量と気温上昇との関係

RCP：代表濃度経路シナリオ（representative concentration pathway）

［出典：IPCC "第5次評価報告書"］

ている（図 9.30）。これは，いずれの水準であろうとも気温を安定化するためには，その時点で世界 CO_2 排出量を正味でゼロにしなければならないことを意味している。よって，排出削減に伴う経済影響などを踏まえながら排出削減の時間軸を見極めていく必要があるものの，正味 CO_2 排出量をゼロにするような方向性をもったエネルギー・温暖化対策をとっていかなければならない。

CO_2 排出削減方策はさまざま存在している。社会構造変化や行動変化も含めたさまざまな省エネルギー，石炭や石油からガスなどへの低炭素な化石燃料への転換，化石燃料燃焼による CO_2 排出時に CO_2 を分離・回収し，地中に貯留する二酸化炭素回収貯留（CCS），原子力発電，再生可能エネルギー，植林による CO_2 固定などの対策が存在している。そのほかにも大気中 CO_2 を直接吸収し地中に貯留する直接 CO_2 回収貯留技術（DACS）[18]，太陽光の入射を制御する太陽放射管理技術（SRM）[19]といった技術まで議論，検討がなされている。しかし，あらゆる技術は長所，短所それぞれを有しており，いずれかの技術のみでゼロ排出に近づけることができるような技術は現状では存在しておらず，さまざまな技術オプションを保持し，対応をとっていくことが必要と考えられる。

図 9.31 は，国際エネルギー機関（IEA）による 2℃目標達成のための技術別の排出削減寄与を示した推計例である。このような推計においては，将来の技術の性能やコスト，社会的な受容性から

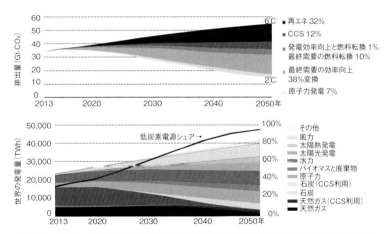

図 9.31　2℃シナリオにおける各種技術の世界排出削減寄与度と世界電源構成の推計例
［出典：IEA "ETP2016"］

---

[18] DACS：direct air capture and storage
[19] SRM：solar radiation management

の制約などを想定するため，その想定次第で結果は変化し得るが，原子力発電の拡大は，他の技術オプションとともに費用対効果の高い対策と推計されている。IEAの分析では，再生可能エネルギーの寄与度は相当大きいと推計されているが，それでも再生可能エネルギーだけで2℃目標を実現するような対策は導きがたいのが現実である。

日本の温室効果ガス排出量は，2005年度は13億8600万トン（CO_2換算）であったが，その後，リーマンショックに端を発した世界経済危機の影響で，2009年度には12億4300万トンまで減少した。2010年に経済の回復とともに若干増加した状況において，東日本大震災による1F事故により，原子力発電所の停止が相次ぎ，その多くを化石燃料火力発電で代替することになったため，2013年度には14億900万トンまで一気に排出が増えた。その後，省電力，再生可能エネルギー固定価格買取制度による再生可能エネルギーの普及が進んだり，若干の原子力発電所の再稼働などが相まって排出量は減少し，2016年度は13億2200万トン（速報値）となっている。しかし，再生可能エネルギーの拡大は電力コストの上昇を伴っているものであり，CO_2排出削減には寄与しているが，経済的な負の影響ももたらされている可能性が高い。また，省電力についても，良質な省電力ばかりではなく，電力コストを含めた電力需給環境の悪化によって電力多消費産業を中心に企業活動の低下を伴っている可能性も高いため，総合的な評価が必要である。

日本政府はパリ協定締結に先立ち，2030年のエネルギーミックス（長期エネルギー需給見通し）を策定し，これに基づいて2030年の温室効果ガス排出量を2013年度比26％削減するという目標を約束草案として決定し，パリ協定発効後はNDCとなった。2030年のエネルギーミックスでは，電力消費量は成り行きケースに比べ17％の削減をした上で，総発電電力量に占める原子力発電の比率は20～22％，再エネ比率は24～22％，LNGは27％といった内容になっている。それによって，2013年時点よりも電力コストを低減させながら，欧米に遜色のない26％削減を達成し，同時にエネルギー自給率も25％程度まで高める方針としている。エネルギーミックスは国内の目標であるが，その結果としての温室効果ガス排出削減目標は国際的な目標であるため，その達成に向けて最大限の努力が求められる。

さらにパリ協定を踏まえて策定された政府の「地球温暖化対策計画」においては，「我が国は，パリ協定を踏まえ，全ての主要国が参加する公平かつ実効性ある国際枠組みの下，主要排出国がその能力に応じた排出削減に取り組むよう国際社会を主導し，地球温暖化対策と経済成長を両立させながら，長期的目標として2050年までに80％の温室効果ガスの排出削減を目指す。」としている。80％削減は国内だけではなく海外での削減も含めて実現されるべきものと考えられるが，いずれにしても2050年に向けては2030年以上の大幅な排出削減が求められている。2050年に向けたこのような大幅な排出削減を実現するためには，社会構造変化を含めた省エネルギー，再生可能エネルギーの拡大など，先に触れたさまざまなオプションを同時に実現していくことが必要である。また，原子力発電の一定の寄与は不可欠と考えられ，一方で原子力発電の計画から建設，稼働までに要する長いリードタイムを考えると，原子力発電の新増設の検討，意思決定に残された時間は多くないことを認識する必要がある。

地球温暖化問題は世界規模の課題である。よって，国内排出削減のみならず，海外での排出削減に日本も貢献していくことが望まれる。とりわけ，日本の温室効果ガス排出量の世界に占める比率は3％程度に過ぎない。さまざまな高効率エネルギ

ー転換技術，また家電製品，自動車などを含むエネルギー需要側技術についても高効率なエネルギー利用を実現した製品を海外で展開することで，世界でのCO_2排出削減および地球温暖化の抑制に大きく寄与し得る。また，原子力発電についても，海外での展開はCO_2排出削減および地球温暖化の抑制にとって重要である。しかし，いずれの技術についても，そのためには国内でも確固たる技術基盤をもつことが重要と考えられる。

［秋元 圭吾］

参考文献

1) エネルギー基本計画（2018年7月3日）.
2) 電気事業連合会「使用済燃料貯蔵対策への対応状況について」（2017年10月24日）.
3) IAEA, "International Status and Prospects for Nuclear Power 2017"
   https://www-legacy.iaea.org/About/Policy/GC/GC61/GC61InfDocuments/English/gc61inf-8_en.pdf
4) 環境省　http://www.env.go.jp/earth/ipcc/5th/
5) OECD/NEA,IAEA；Uranium 2016: Resources, Production and Demand
   https://www.oecd-nea.org/ndd/pubs/2016/7301-uranium-2016.pdf
6) UxC社公表データ：
   https://www.uxc.com/p/prices/UxCPriceChart.aspx?chart=spot-u3o8-full
7) 原子力委員会，「我が国のプルトニウム管理状況」（2017年8月1日）.
8) 原子力規制庁「平成28年度 実用発電用原子炉施設，研究開発段階発電用原子炉施設，加工施設，再処理施設，廃棄物埋設施設，廃棄物管理施設における放射性廃棄物の管理状況及び放射線業務従事者の線量管理状況について」（平成29年10月4日）.
9) 公益社団法人日本アイソトープ協会「RI廃棄物の現状について」（2017年12月18日）.
10) 日本原燃株式会社「新型ガラス溶融炉モックアップ試験・第2段階（後半）の実施状況について」（2015年5月28日）.
11) 科学的特性マップ公表用サイト
    http://www.enecho.meti.go.jp/category/electricity_and_gas/nuclear/rw/kagakutekitokuseimap/
12) 総合資源エネルギー調査会電力・ガス事業分科会 原子力小委員会 地層処分技術WG「最新の科学的知見に基づく地層処分技術の再評価—地質環境特性および地質環境の長期安定性について」（平成26年5月）.
13) 地層処分研究開発調整会議「地層処分研究開発に関する全体計画」（平成30年度～平成34年度）（平成30年3月）.
14) 日本原燃株式会社「六ヶ所低レベル放射性廃棄物埋設センター3号廃棄物埋設施設の増設の概要，1号廃棄物埋設施設及び2号廃棄物埋設施設の変更の概要」（2018年5月15日）.
15) 一般社団法人日本原子力学会「東京電力福島第一原子力発電所事故以降の低レベル放射性廃棄物処理処分の在り方」特別専門委員会「低レベル放射性廃棄物処分におけるウランの扱いについて—浅地中トレンチ処分に係る規制への提言—平成26年度報告書」（平成27年3月）.
16) (株)日本製鋼所，(株)神戸製鋼所「管理型処分技術調査等事業　原子力発電所等金属廃棄物利用技術開発」（平成29年3月）.
17) 経済産業省総合資源エネルギー調査会基本政策分科会発電コスト検証ワーキンググループ「長期エネルギー需給見通し小委員会に対する発電コスト等の検証に関する報告」（平成27年5月）.
18) 田中治邦，第268回定例懇談会「原子力発電の経済性と将来への戦略」，原子力システムニュース，**28**（3）（2017年12月）.

第10章　世界の原子力利用

編集担当：杉本　純

10.1 世界の原子力利用の状況 …………………………………………………… 252
 10.1.1 原子力利用を推進する国 ……………………………………… 252
  フランス，英国，フィンランド ………………………（内山軍蔵）252
  ロシア，ウクライナ，スロバキア，ルーマニア ………（小林拓也）253
  米　国 ………………………………………………………（内藤明礼）254
  中国，インド ………………………………………………（佐藤浩司）255
 10.1.2 脱原子力政策を進める国 ……………………………（村上朋子）256
 10.1.3 新たに原子力発電導入を検討する国 ………………（村上朋子）260

10.2 原子力発電技術開発への取り組み ………………………………………… 264
 10.2.1 軽水炉の改良についての世界的なトレンド ………（日髙昭秀）264
 10.2.2 高速炉の概要と世界の開発動向 ……………………（上出英樹）265
 10.2.3 高温ガス炉 ……………………………………………（國富一彦）268
 10.2.4 高レベル放射性廃棄物処分の国別状況 ……………（村上朋子）271
 10.2.5 量子ビーム技術 …（河内哲也，白井敏之，玉田正男，田中　淳，茅野政道）273
 10.2.6 核融合炉研究 …………………………………………（深田　智）275

10.3 地球温暖化問題への取り組み …………………………………（小宮山涼一）277
 10.3.1 パリ協定への取り組み …………………………………………… 277
 10.3.2 電力低炭素化と原子力 …………………………………………… 278

参考文献 ………………………………………………………………………………… 279

10.1 世界の原子力利用の状況

10.1.1 原子力利用を推進する国

a. フランス[1〜3]

フランスには現在58基の原子炉があり，総発電量に対する原子力発電の割合は約75％を占めている。この割合は東京電力福島第一原子力発電所（以下，1Fと称する）事故前と変わっていないが，2015年8月には原子力発電量の上限を現在と同じ63.2 GWeに定めた「エネルギー移行法」が施行された。このため，フランスの電力会社EDF社[*1]は，現在建設中のフラマンビル原子力発電所3号機の欧州加圧水型炉（EPR）[*2]の運転開始により，いくつかの原子炉を閉鎖することになる。また，同法の施行により，2025年までに発電全体に占める原子力発電の割合を50％に減少させることとなった。

2017年5月に誕生したマクロン政権は，当初エネルギー移行法の維持を表明したが，同年11月，原子力発電割合の低減目標を達成するには火力発電所の確保が必要となり，二酸化炭素の発生量が増え，従来の目標達成時期は現実的ではないとの理由から同法の目標達成時期を2030年代に延期した。また，同政権は2018年11月，同法の目標達成時期を2035年までとするエネルギー多年計画（la programmation pluriannuelle de l'énergie（PPE））を発表した。

MOX燃料[*3]は国内原子力発電所24基で利用されており，核燃料サイクル，プルトニウム利用が順調に継続されている。また，エネルギー自給の観点から改良型EPRや第4世代原子炉（ナトリウム冷却高速炉ASTRID[*4]計画など）の技術開発などは継続されている。

b. 英 国[4]

英国では現在改良型ガス冷却原子炉（AGR）[*5] 14基と加圧水型軽水炉（PWR）[*6] 1基が運転中であり，原子力発電量は8.9 GWeである。

英国の原子力開発は，反原子力の立場を取る1997年のブレア政権（労働党）の発足などにより，1995年に運転を開始したPWRのサイズウェルB原子力発電所（1.25 GWe）を最後に途絶えていたが，北海ガス田の生産量減少や地球環境問題を受け，エネルギーの過度の海外依存を避けることと，地球温暖化ガス排出削減目標（2020年までに1990年比34％削減）達成の観点から，英国政府は2008年，原子力発電を推進するための原子力政策として，"原子力白書（Nuclear White Paper 2008）"を発表した。英国政府の原子力政策に呼応し，電気事業者は16 GWeの新規建設計画を打ち出した。EDFの子会社であるEDFエナジーが進めるヒンクリーポイントC原子力発電所（1.6 GWe，2基）の欧州加圧水型炉（EPR）の建設準備が進んでいる。

英国政府は2016年2月，欧州連合（EU）からの離脱交渉開始に向け，ブレグジット白書を英国議会に提出したが，原子力はエネルギーミックスの中心であるとして，離脱した場合でも原子力協力や保障措置，安全確保，核物質の取引などにおける欧州その他の国際パートナーとの緊密かつ効果的な取り決めを維持するとしている。

c. フィンランド

フィンランドには現在4基の原子炉があり，オルキルオト原子力発電所のBWR[*7] 2基（TVO社[*8]，1号機1978年，2号機1980年運転開始）とルビザ原子力発電所のロシア改良型PWRであるVVER-440の2基（Fortum社，1号機1978年，2号機1980年運転開始）である。

フィンランドは電力輸入をロシアに依存しているが，ロシア依存の縮小と二酸化炭素排出量削減のためにも原子力を積極的に利用する動きは活発である。オルキルオト原子力発電所3号機（欧州

---

* 1　EDF：Électricité de France
* 2　EPR：European pressure reactor
* 3　MOX：mixed oxide fuel
* 4　ASTRID：advanced sodium technological reactor for industrial demonstration
* 5　AGR：advanced gas-cooled reactor
* 6　PWR：pressurized water reactor

型加圧水炉（EPR，1.6 GWe）は現在2019年5月に運転開始予定である。フェノンボイマ社はハンヒキビ原子力発電所1号機（VVER，出力1.2 GWe）の建設を2018年に開始し，2024年頃の運転開始を予定している。

[内山 軍蔵]

d． ロシア[1]

2018年4月現在，ロシア国内では37基の原子炉が稼働中であり，5基が建設中である。

2018年2月のロストフ4号機の送電開始に当たっては，プーチン大統領は自ら定格出力運転の開始の指示を行っている。その際に大統領は，原子力技術の開発の必要性やロシア原子力技術の他国への輸出の重要性について発言しており，大統領就任以来継続してきた原子力推進の方針は，再任を果たした2018年3月以降も継続されている。世論もこの方針を後押ししており，最近の調査では，回答者の約75％が「原子力産業のさらなる発展が重要で必要」と回答している。

国内外で稼働中，建設中のロシア型原子炉の多くを占めているのは加圧水型原子炉（VVER）[*9]である。現在は，従来型に比べ運転期間延長などの大幅な改良を行った「第三世代＋炉」と呼ばれるVVER-1200の建設計画が各地で進められている。

また，海上浮揚式原子力発電所（FNPP）[*10]の開発計画において，ロシアは世界をリードしており，アカデミック・ロモノソフは2019年にも運転が開始される予定である。この発電所は燃料資源が乏しい遠隔地にも持続可能な電力および熱供給を可能とするため，アジア，アフリカなどの多くの国から興味を示されている。

ロシアは高速炉の開発についても原子力研究開発の黎明期から行っており，資源の有効利用，高レベル放射性廃棄物の減容化・有害度の低減を可能とする高速炉を用いた核燃料サイクル構築のための研究開発も意欲的に進められている。2018年4月現在，ロシア国内で稼働している高速炉はナトリウム冷却高速炉であるBOR-60（実験炉），BN-600（原型炉），BN-800（実証炉）の3基である。

近年のロシアにおける高速炉開発は，2010年に承認された連邦目標プログラム「2010年から2015年まで期間，および2020年までの新世代原子力技術」に基づき進められてきた。この連邦目標プログラムにおいては，10年間の原子力研究開発計画が定められており，中でも高速炉の開発および閉じた核燃料サイクルの確立に最も重点が置かれたものとなっている。

2011年にはこの連邦目標プログラムの下で，新たな原子力研究開発のプラットフォームをつくるための「PRORYV（ブレークスルー）プロジェクト」が策定された。これにより，高い安全性および経済性などを実現する高速炉および閉じた核燃料サイクル施設の開発を目標として，すでに稼働炉をもつナトリウム冷却高速炉とともに鉛冷却高速炉および鉛ビスマス冷却高速炉の研究開発を今後のロシアの原子力研究開発の中心として行っていくこととなった。

ロシアの長期エネルギー戦略においては，将来的に高速炉がVVERに取って代わり原子炉輸出の中心となることが目標とされている。

原子力技術の輸出についても，ロシアは国家戦略の一つとして積極的に取り組んでおり，BOOスキームと呼ばれる建設（build）・所有（own）・運営（operate）までの包括的契約は，原子力開発途上国にとって魅力的なものとなっている。

e． ウクライナ[1]

ウクライナはエネルギー資源を長らくロシアからの輸入に頼ってきたが，近年におけるロシアとの関係悪化から，エネルギー安全保障の確保が急務であり，準国産エネルギーと目される原子力発

---

* 7 BWR：boiling water reactor
* 8 TVO：Teollisuuden Voima Oyj
* 9 VVER：voda voda energo reactor
* 10 FNPP：floating nuclear power platform

電の重要度はきわめて高い。

2018年4月現在，国内で15基の原子炉が稼働中であり，総発電量の5割以上を占めているが，長期エネルギー戦略ではさらなる発電量増加のため，原子炉の新規建設および既存原子炉の運転期間の延長を行うこととしている。

これらの原子炉の建設や運転期間延長に関わる工事，ウクライナが有望な原子力技術の一つと捉えている小型モジュラー炉（SMR）[*11]の導入に当たっても，脱ロシア依存の方針から，西側諸国の企業との協力関係を強めている。

f. スロバキア[1)]

エネルギー資源の乏しいスロバキアにおいては，エネルギー安全保障の観点から，旧チェコスロバキア時代から原子力発電の開発を推進してきており，近年では低炭素技術としての側面からも原子力発電の必要性を認識している。

2018年4月現在，国内で4基の原子炉が稼働中であり，総発電量の5割以上を占めている。さらにモホフチェ原子力発電所3, 4号機を建設中であるのに加え，ボフニチェ原子力発電所5号機の建設計画を2025年の運転開始を目標として進めている。

g. ルーマニア[1)]

ルーマニアはウラン産出国であり，自国の天然ウランの利用も可能である加圧型重水炉（CANDU-6）[*12]の建設を進めてきた。

当初，5基の建設を予定して始まったチェルナボーダ原子力発電所建設計画は，国内の政治的状況や資金難により中断を余儀なくされたが，その後，1, 2号機が運転を開始しており，近年では総発電量の約20％を占めている。建設計画が中断したままとなっていた3, 4号機については，中国企業の出資協力の下で建設計画を進めることとなり，2018年には建設が再開する予定である。

〔小林　拓也〕

h. 米　国

周知のとおり，米国は長い間新規原子力発電所の建設がなかったが，オバマ政権は地球温暖化ガス排出抑止の観点から，政府による融資保証策などにより新規原子力発電所の建設を促してきた。現政権においても政策の趣旨・背景は異なるものの，原子力推進という大きな流れはまったく変わっていない。

そのような中，建設が進められていたVogtle-3,4号機，V.C. Summer-2,3号機（ともにAP1000[*13]）がウェスティングハウス（WH）社の経営破綻によりプロジェクト続行に重大な局面を迎え，V.C. Summer-2,3号機の建設は中止されることとなった。Vogtle-3,4号機は今のところ建設が続行されることになっているが，建設費は邦貨で総額2兆5千億円とも言われており，先行きの不透明感は拭えない。Vogtle-3,4号機以外にも7基のプラントが建設・運転の統合許認可（COLs）[*14]を受けているが，いずれも建設を先送りしている。安価なシェールガスなどに押されて早期閉鎖を決める発電所も増加しており，米国原子力エネルギー協会（NEI）[*15]は，2030年には原子力発電所の数が現状に比べ25基減の74基にまで減少しかねないと危惧している。

一方で，新たな技術開発の動きは盛んである。その一つが小型モジュラー炉（SMR，通常は軽水炉タイプのものを指す）であり，現在，NuScale社の建設計画が具体化している。これは最大12のモジュールを組み合わせて運転することが可能（出力総計約720MWe）であり，12のモジュールはすべて一つの制御室でコントロール可能であるほか，自然循環を利用した設計で，固有安全性が高いのがセールスポイントになっている。NuScale社は既に設計認証を米国原子力規制委員会（NRC）[*16]に申請しており（2017年3月15日受理），2020年中の認可取得と2026年の運

---

*11 SMR：small modular reactor
*12 CANDU：Canadian deuterium uranium
*13 AP1000：advanced passive
*14 COLs：Combined Operating Licenses
*15 NEI：Nuclear Energy Institute
*16 NRC：Nuclear Regulatory Commission

転開始を目指している。SMR の開発に当たり，米国エネルギー省（DOE）[*17]は設計・許認可関連費用の 50 ％を負担するなどの財政支援を行った。SMR の次に DOE が既存の軽水炉のリプレースとして期待しているのが次世代（第 4 世代）炉であり，DOE はさまざまな形での支援策を講じている。その中でも「原子力の技術革新を加速するゲートウェイ」（GAIN イニシアティブ）[*18]は，国立研究所，国立大学などのもつインフラの民間による利用促進をはかるほか，GAIN Voucher プログラムによる財政支援を通じて民間（大小合わせて 40 社以上が次世代炉の開発に携わっている）主導による技術革新・成熟を目指している。

次世代炉の炉型としては現在 6 炉型が候補となっているが，その中でもナトリウム冷却高速炉（LMFR/SFR）[*19]および高温ガス炉（HTGR）[*20]が重点開発技術とされている（2017 年には溶融塩炉が加わる）。DOE は 2030 年までに少なくとも二つの非軽水炉技術の成熟をはかるとしている。

米国は原子力技術を安全保障上の枢要技術と位置付けており，次世代炉の技術標準を開発意欲の旺盛なロシアや中国に握られないようにすることが至上命題とされている。WH 社破綻の一因となったサプライチェーンの整備など課題はあるが，インフラ整備（2017 年アイダホ国立研究所（INL）[*21]が過渡事象試験炉（TREAT）[*22]運転再開，2026 年には多目的試験炉（VTR）[*23]が運開予定）や過去の膨大な研究開発データの再整理・利活用によりその歩は着々と進めてられている。

［内藤 明礼］

i．中 国

中国は 2018 年 3 月現在，運転中の原子力発電所は 38 基（総発電設備容量 34.6 GWe），建設中 20 基（21.5 GWe），計画中 39 基（46.1 GWe），提案中 179 基（205 GWe）で，2016 年の全発電設備容量に占める原子力比率は 2 ％，全発電量に占める原子力比率は 3.5 ％である[1)]。運転中の原子炉の炉型は，カナダ型重水炉（CANDU 炉）[*12]2 基を除いてすべて PWR[*6]で，建設中の炉には，海外導入した最新の第 3 世代炉では欧州加圧水型炉（EPR）[*2]や米国ウェスチングハウス（WH）社の AP1000[*13]，ロシア製加圧水型炉（VVER-1000）[*9]，国産化した第 3 世代炉では ACPR1000[*24]，華龍 1 号，小型炉 ACPR50S（以上はすべて PWR），さらに国産の第 4 世代実証炉である高温ガス炉 HTR-PM[*25]やナトリウム冷却高速実証炉 CFR600[*26]がある。また，AP1000 の国産化炉 CAP1000[*27]，CAP1400 や国産小型炉 ACP100[*28]が計画中である。現在の原子力発電規模は世界第 4 位であるが，2030 年までには米国を抜いて世界第一の原子力発電大国になる見通しである。

中国の中長期原子力発電見通しとして 2011 年 2 月，中国工程院（CAE）[*29]は「中国能源（エネルギー）中長期（2030〜2050）発展戦略研究」を公表し，エネルギー需要の大幅な拡大に備えて，原子力発電設備容量を 2020 年に 70 GWe，2030 年に 200 GWe，2050 年に 400 GWe まで増強する計画である。ただし，東京電力福島第一原子力発電所（以下，1F）事故の翌年（2012 年）に，2020 年の設備容量を 60〜70 GWe へ下方修正している。中国原子能科学研究院（CIAE）[*30]は，2030 年頃に高速炉を実用化し，2050 年には原子力発電容量の約 4 割，160 GWe を高速炉が担うであろうとの試算結果を 2016 年 5 月の国際原子力機関（IAEA）[*31]会合で示している。

また，中国政府は，クリーンエネルギーである原子力発電産業をハイテク戦略産業と位置付けて国際競争力を高め，習近平国家主席が提唱した「一帯一路」（陸と海のシルクロード）戦略に従って沿線国家に原子力発電炉の輸出を積極的に進めようとしている。

＊17　DOE：United States Department of Energy
＊18　GAIN：Gateway for Accelerated Innovation in Nuclear
＊19　LMFR：liquid metal fast reactor，SFR：sodium-cooled fast reactor
＊20　HTGR：high temperature gas-cooled reactor
＊21　INL：Idaho National Laboratory
＊22　TREAT：transient reactor test facility

j. インド

インドは 2018 年 3 月現在，運転中の原子力発電炉が 22 基（6.2 GWe），建設中 6 基（4.4 GWe），計画中 19 基（17.3 GWe），提案中 57 基（65 GWe）で，2016 年の全発電設備容量に占める原子力比率は 2 %，全発電量に占める原子力比率は 3.5 %である[1]。

インドは，国内にトリウム資源が豊富に存在するため，「ウラン-トリウムサイクル」を将来的に実現するべく，インド独自の 3 段階の原子力開発計画を 1950 年代に策定し，この計画に沿って開発を進めてきている。第一段階では，天然ウランを燃料とする重水減速加圧重水冷却炉（PHWR）[*32]で発電をしつつ，ウラン 238（^{238}U）から核分裂性のプルトニウム 239（^{239}Pu）を生産する（なお，当初の計画にはなかった海外からの濃縮ウラン付きでの大型軽水炉の導入も新たに加わっている）。第二段階では，PHWR（および軽水炉）の使用済燃料を再処理して回収されるプルトニウムとウラン 238 を基に高速炉を運用するとともに，閉じた核燃料サイクルを確立し，高速炉基数の大幅な増加を計画している。第二段階後期には，高速炉ブランケットにトリウム 232（^{232}Th）を装荷し核分裂性ウラン 233（^{233}U）を生産する。第三段階では，高速炉ブランケット燃料を再処理して回収したウラン 233 とトリウム 232 を新型重水炉（AHWR）[*33]などで燃やすことで長期にわたる安定した原子力発電を達成する計画である。

急速な電力需要の伸びに対応するため，第一段階として，欧米露から大型軽水炉を合計約 40 GWe 輸入（すでに VVER 2 基が運転中）するとともに，自主開発した大型の PHWR（0.7 GWe）を 12 基建設することが計画されている。また，第二段階として，1985 年からナトリウム冷却高速炉の実験炉（FBTR）[*34]が運転中であり，その運転経験を基に独自開発した原型炉 PFBR[*35]（0.5 GWe）が現在試運転中で，引き続き実用炉（0.6 GWe）をツインプラントとして建設し，2040 年までに 6 基を運転開始する計画である。

〔佐藤 浩司〕

10.1.2 脱原子力政策を進める国

本項では，これまで原子力発電を利用してきたが今後はその比率を低減ないしはゼロを目指している国について，その国のエネルギー事情なども踏まえて動向を概観する。

a. ドイツ

ドイツの原子力政策は 1970 年代から幾度も変遷があった。それらは国内外の政治情勢によるところが大きく，今日のような脱原子力が 1 日にして成ったわけではないこと，国民も大きな対価を払ってきたことに留意する必要がある。

1973 年の第一次石油危機を契機として，エネルギー供給の脆弱性への懸念から 1970 年代のドイツは石炭産業を保護するとともに電源多角化の観点から原子力開発を強力に推進した。1975 年には Biblis-A（1,225 MWe，PWR）が旧西ドイツ最初の大型商業用軽水炉として営業運転を開始している。しかし，1986 年の旧ソ連（現：ウクライナ）チェルノブイリ 4 号機事故をきっかけに政策に変化が生じ，社会民主党（SPD）は 1979 年時点では原子力発電支持であったにもかかわらず，1986 年 8 月に「10 年以内に原子力発電を放棄する」旨の決議を行った。ただし，キリスト教民主同盟（CDU）／キリスト教社会同盟（CSU）と自由民主党（FDP）の連立であるコール政権は 1998 年の選挙で敗退するまで，国家レベルでは原子力発電維持を続けていた。

1998 年 10 月に形成された SPD と緑の党との連立政権では，両党間で「最終的には原子力発電から撤退するよう法を改正する」ことが合意された。原子力発電撤退までのスケジュールをめぐり，

[*23] VTR：versatile test reactor
[*24] ACPR1000：advanced Chinese pressurized water reactor
[*25] HTR-PM：high temperature gas-cooled reactor pebble-bed module
[*26] CFR600：China fast reactor
[*27] CAP1000：Chinese advanced passive
[*28] ACP100：advanced China power

当然ながら安定供給と経済合理性を優先したい電力会社と，国民の支持を失いたくない政府との協議は難航した。2000年に締結された合意では，既存の原子炉19基の発電総量の上限が平均運転期間32年に相当する2兆6,230億kWhとされた。脱原子力という世論に沿いつつも早期の脱原子力を回避したという意味では現実的な方策であったが，単なる問題先送りだった感も否めない。案の定，電力会社はその後，発電電力量上限に達する時期を先送りするためだけに政治的停止期間を設けるといった無意味な策を取らざるを得なくなる。

2002年，上記決定を盛り込んだ改正原子力法が成立し，原子力発電所の新設は当面禁止され，使用済核燃料は発電所内で保管されることとされた。

2005年9月，CDU/CSUとSPDの大連立政権が成立し，メルケル・CDU党首が首相となった。2009年にはCDU・CSUとFDPの連立政権となり，FDPが勧める原子力政策をメルケル首相は受け入れ，脱原子力政策を一部見直す原子力法の改正を2010年10月実施し，32年とされていた原子力発電所の運転期間は12年延長されることとなった。

一方この間，代替エネルギー源開発についても国民を巻き込んだ議論が行われていた。2010年，政府は長期的に大部分のエネルギー供給源を再生可能エネルギーとする方針"Energiewende（エネルギーシフト）"を決定し，併せてこれを実現するために包括的な"Energy Concept"を策定した。具体的には前述の通り，2020年までに温室効果ガスの40％削減を目指すとともに，電力供給に占める再生可能エネルギーの比率を35％に引き上げることを定めている。

2011年3月に発生した1F事故の直後，メルケル首相は古い原子炉7基と故障で長期停止中の1基，計8基を3か月間停止するよう指示した。同年7月には一時停止中の8基の再稼働を禁止するとともに，運転中の9基も2022年までに段階的に閉鎖することを決定した。同8月にはその9基の段階的閉鎖と，それらを再生可能エネルギーおよびエネルギー効率改善により代替していく旨を掲げた包括的法律"Energy Package 2011"が施行された。

2015年6月，2011年決定の廃炉スケジュール通りにグラーフェンハインフェルト発電所が閉鎖され，ドイツの運転中原子炉は8基・11GWeとなった。世界第9位の順位には変動はないものの，かつて世界第5位だった2011年とは明らかに原子力の位置付けが国内外で後退している。

反面，再生可能エネルギー拡大に伴い，課題も顕在化している。数ある課題のうちドイツ経済に大きな影響を与えている最大のものは，上乗せされるFIT[*36]賦課金を含む公租課税の増加が著しく，標準的な消費者の電気料金が増え続けていることであろう。2016年のFIT賦課金は6.354ユーロセント/kWhで，これは平均的な家庭用電力用料金単価のおよそ2割，産業用単価のおよそ4割にもなる。2017年1月から施行された「改正再生可能エネルギー法（EEG 2017）」では，従来固定されていた買取価格を750kW超の設備では原則競争入札によって決めることとなったが，それでも2018年の賦課金は6.792ユーロセント/kWhであり決して安くはない。また，再生可能電源の多い北部から電力大消費地である南部への送電線の容量が十分でなく，系統安定化にも課題が残されている。ドイツ国内企業は原子力を縮小し風力や送電・蓄電などへの注力を強めている。

1980年代から産業界や消費者を巻き込んだ議論がなされてきたエネルギーシフトは，上記のような課題があるとはいえ着実に進展し，国民にも一定の理解を得て浸透しているといえる。

ドイツ国民はエネルギー安全保障の観点からい

---

*29 CAE：Chinese Academy of Engineering
*30 CIAE：China Institute of Atomic Energy
*31 IAEA：International Atomic Energy Agency
*32 PHWR：pressurized heavy water reactor
*33 AHWR：advanced heavy water reactor
*34 FBTR：fast breeder test reactor

ったん原子力を基幹電源としながら，40年近い議論を経て，原子力なしで低炭素・環境適合性のある社会の実現に伴う負担を受容するに至った。"Energy Concept2010"に描かれた2050年のドイツのエネルギービジョンは，世界エネルギー機関（IEA）[*37]の描く「2100までの平均気温上昇を2℃以内に抑える」いわゆる「2℃シナリオ」の姿そのものである。この壮大なビジョンに向け，ドイツ国民がどのような政策を支持していくのか，日本としても興味深く注視するところである。

b．ベルギー

ベルギーはドイツ同様，石油危機以降エネルギー源の多様化を進め，原子力発電も積極的に開発してきた国であるが，1986年以降は政治的に厳しい状況となった。1988年に新規建設計画が放棄され，1999年に発足した自由党・社会党および緑の党による連立政権は2003年，段階的な既設炉の廃止や新規建設禁止を盛り込んだ脱原子力法を制定した。その後2008年には脱原子力を積極的に主張していた緑の党が連立政権から離脱したことから脱原子力を見直す動きが一部出たものの，2011年12月発足の社会党連立政権では結局，ふたたび脱原子力を進める方向となった。

2013年12月の「改正脱原子力法」において，2009年に運転延長を決定した3基のうちティアンジュ1号機のみ2025年までの運転延長を認め，残り2基は2015年までに閉鎖すること，2003年法の例外規定（電力需給逼迫時には原子力運転継続可能）を廃止することが盛り込まれた。2014年5月に成立した連立政権ではこの法律が再改正され，2015年に閉鎖予定だったドール1，2号機は10年延長されることとなった。したがって2017年末現在においてベルギーでは7基が運転中であり，今後さらに政策変更がなければ，2022年にはドール3号機が，2025年にはドール1，2号およびティアンジュ1号機が閉鎖となる。

2018年3月30日，ベルギー政府は新しいエネルギー戦略案を閣議決定し，原子炉7基を2025年までに全廃する一方，代替電源として風力など再生可能エネルギーを開発する脱原子力政策をそのまま維持することとなった。これらを盛り込んだ法案を5月末までに作成して閣議にかけ，2018年中にも統合国家エネルギー戦略を完成させるとしている。

c．スウェーデン

スウェーデンも比較的早期に原子力開発を進め，総発電量の50%以上を原子力に依存してきたが，同時に脱原子力とエネルギー転換の議論も進めてきた国である。

スウェーデンでは1979年の米国スリーマイル島2号機事故を契機として生じた1980年の国民投票の結果，2010年頃までに原子力発電所を段階的に廃止することが決まり，1997年には新設禁止を定めた原子力法が制定された。それに基づき1999年12月にバーゼベック1号機が，2005年5月に同2号機が閉鎖されている。しかしその後，原子力発電所廃止見直しの機運が高まり，2010年6月，新設禁止を定めた「原子力法」を改正し，国内10基の既設原子炉のリプレースを可能とする法案が議会で可決され，新規建設は法律上可能となった。それを受け2012年7月，電気事業者Vattenfall社より規制当局に対して新設計画が申請されている。

2014年10月に発足したロヴェーン首相率いる新政権は，2040年までに電力のすべてを再生可能エネルギーで賄うことを目指すエネルギー政策を発表した。反面，2016年6月の社会民主党など5党の枠組合意において「だからといって原子力発電所の全廃期限が2040年であることを意味するわけではないこと」が確認され，また原子力発電所の熱出力に課されている税が2017年から2年間で段階的に廃止されることとなった。これ

[*35] PFBR：prototype fast breeder reactor
[*36] FIT：feed-in tariff（固定価格買取制度）
[*37] IEA：International Energy Agency

を受け，投資余力の生じた電気事業者はリングハルス3，4号機など2020年以降も運転継続するプラントへの安全設備投資を継続している。なお，2017年6月，オスカーシャム1号機が廃止となり，2018年4月現在，スウェーデンの既設炉は9基となっている。

d. 台 湾

台湾はアジアの中では日本，インド，韓国に続き4番目に商業用原子力発電利用を開始した国であり，エネルギー自給率向上を目指して欧米から原子力技術を導入し，国産エネルギーとして利用してきた点では日本や韓国と共通している。1970年代後半に「第一原子力発電所（金山）」1，2号機が，1980年代に「第二原子力発電所（国聖）」1，2号機および「第三原子力発電所（馬鞍）」1，2号機が営業運転を開始した頃までは大きな反対は見られなかったが，その後第4の原子力発電所である「第四原子力発電所（龍門）」1，2号機が着工した1990年代あたりから国内で反対運動が激化し，2000年には台湾原子力委員会がいったん発行した建設認可を行政院が取り消すなど，建設中断がしばしばなされた。2002年10月に閣議了承された「非国家推進法案」では，安全性への懸念と放射性廃棄物問題を理由に，2011年から2017年までに既存の原子力発電所を廃止し，環境負荷の低いLNGと再生可能エネルギーで代替するという方針が示されている。

2008年に誕生した馬英九・国民党政権では，低炭素社会を実現するため原子力も選択肢の一つとの見解が示された。しかしながら2011年3月に発生した1Fの事故後，世論はふたたび脱原子力に転じ，馬総統は既に完成していた「第四原子力発電所（龍門）」1号機の稼動凍結と同2号機の建設工事中断を決定する。その後の蔡英文政権においても脱原子力政策は引き継がれ，2017年4月閣議決定の「エネルギー発展要領」により，2025年までにすべての既設原子炉を廃止とする脱原子力政策が正式決定された。

e. 韓 国

韓国は1F事故後も「第1次国家エネルギー基本計画」や「第2次国家エネルギー基本計画」に基づき，原子力の比率をある程度維持する政策を進めてきた。もとよりそれは日本同様，国内資源をほとんどもたないエネルギー事情からきている。

しかしながら2017年5月に就任した文在寅大統領は，選挙期間中から脱原子力政策を公約に掲げ，2017年6月，古里1号機の永久停止式典で「脱原子力への取り組み」を表明し，まず建設中の新古里5，6号機の建設工事を中止する考えを示した。韓国大統領府は，原子力政策に関心を寄せる人々で議論する「討論型世論調査」形式でこのテーマを議論することと決め，7月に新古里5，6号機の建設再開是非を議論する目的で，弁護士など9名による「公論化委員会」が設立された。この公論化委員会主導で10月に市民陪審員による投票が行われた結果，新古里5，6号機の建設再開については賛成が59.5％，反対が40.5％，将来の原子力規模については「将来的に原子力規模を縮小すべき」とする意見が53.2％と「現状維持すべき」の35.5％，「拡大すべき」の9.7％を上回る結果となった。公論化委員会は上記の結果を受けて，新古里5，6号機の建設再開については建設再開すること，今後は原子力発電の割合を縮小していくことなどからなる勧告を政府に行った。

韓国大統領府はこの勧告を受け，新古里5，6号機の準備工事再開とともに，まだ未着工の新設計画を白紙に戻し，今後は徐々に原子力依存度低下を進めていく方針を発表した。2017年12月，この方針を踏まえた第8次電力需給計画が発表され，需給の安定や経済性を優先させたこれまでの計画と異なり，環境や安全への配慮を強化する方針が明記されている。原子力は2022年に27基，

約 27.5 GWe と一旦拡大するが，2030 年には 18 基，20.4 GWe に縮減される見通しとなっている。

上記のように，自国ではこれ以上原子力発電の規模を拡大しないこととした韓国であるが，一方で原子力技術の輸出戦略は経済的にも，また国際関係の上でも韓国にとって有利であることを文大統領も認めており，国際展開に関しては引き続き積極的に進めていく方針を文大統領自身が述べている。

［村上　朋子］

10.1.3　新たに原子力発電導入を検討する国

本項では，新規に原子力発電の導入を検討している国について，その国のエネルギー事情なども踏まえて動向を概観する。

a．バングラデシュ

2017 年 11 月 30 日，バングラデシュ初の商業用原子力発電所となるラプール 1 号機が着工した。ベンダーはロシアの Rosatom 傘下の Atom EnergoProm 社で，炉型はロシア型の VVER である。同機が竣工すればバングラデシュはアジアで 7 か国目の原子力発電利用国となるが，原子力開発計画は実は 21 世紀ではなく，同国がまだ東パキスタンと呼ばれていた 1950 年代，1956 年にパキスタン原子力委員会が設置され，1964 年にダッカ原子力研究センターが設立された頃から始まっている。1966 年，旧パキスタンでカナダ製原子炉のカラチ 1 号機が着工し，パキスタンの原子力開発は順調に進むかのように見えた。

しかしその後，1971 年にパキスタンからの独立戦争の末にバングラデシュとして独立を果たしてからは順調とはいかなかった。1973 年 2 月にはバングラデシュ原子力委員会が設置され，1975 年には首都ダッカ近郊にサバール原子力研究所が設立される一方，東パキスタン時代に候補地として選定されたラプール地区では 1970 年代から 1980 年代，フランスやスイスなどの企業によるフィージビリティ・スタディが数度にわたり実施されたが，早期着工には至っていない。

バングラデシュ政府による原子力発電導入の取り組みに協力することになったのは，欧米先進国が進出しない地域への原子力プラント輸出戦略を進めていたロシアである。2009 年，ロシアはバングラデシュとの間で政府間原子力協力協定を締結し，2011 年 11 月には両国間でラプール原子力発電所建設や許認可など関連事項を含む協定に調印した。2013 年 1 月にはバングラデシュ・ハシナ首相のロシア訪問の際，新規建設のためのフィージビリティ・スタディや環境影響評価や設計準備などを対象とした合計 5 億ドルの融資覚書も調印された。この 5 億ドルは 5 年間の支払い猶予後に 12 年間かけて返済するほか，ロシア側から 15 億ドル超の 2 回目の融資についても覚書に盛り込まれ，最終的な建設費は 10 年間の支払い猶予後，28 年間でロシアへ返済されることとなっている。

ラプール原子力発電所建設計画を政府として正式に承認した 2015 年原子力発電所法成立後，2016 年 6 月にバングラデシュ原子力規制庁はラプール原子力発電所立地許可を原子力委員会に発給した。その認可を受け総工費 126 億ドル余りの 90％に相当する 113.8 億ドルの信用取引契約も両国間で締結され，準備を経て 2017 年 11 月，冒頭の着工に至っている。1 号機は 2023 年に，2 号機は 2024 年に営業運転開始と予想されている。

b．トルコ

トルコも原子力開発計画が古くからあった国の一つである。1968 年に電源調査計画省（EIEI）により 300〜400 MWe の重水炉を建設する方針が決定されたものの，立地サイトや財政上の問題が生じ，計画は具体化されなかった。1970〜1971 年にトルコ電力庁（TEK）が設立され，TEK はフィージビリティ・スタディの結果，1976 年 6

月に地中海沿岸に位置するアックユをサイトとして選定した。1983年に公開されたトルコ原子力省（TAEK）によるサイトの地質調査ではアックユが最も地震による影響が少ないサイトとされている。1997年にはアックユで2GWeの国際入札が行われ，欧米やカナダや日本の企業が応札したが，このときトルコ政府は入札評価の不備を理由に決定を先送りしている。

計画がふたたび動き始めたのは2007年の原子力法制定以降である。翌2008年，政府は4.8GWeの新設計画を発表し，トルコ卸電力取引公社（TETAS）が諸企業に応札を呼びかけた。これにロシアのAtomStroyExport（ASE）が応札し，2010年，トルコとロシア両国はアックユにロシア型原子炉VVERの最新型AES-2006を4基建設することで合意し，政府間協定も締結された。なお，プロジェクト・スキームとして"build-own-operate（BOO）"すなわちプロジェクト会社ANPP社[38]が設計から運転まですべてを責任もって行う形式がこのとき決まっている。

2017年6月，それまで協議が続けられていたプロジェクトの出資構造も決定した。当初ロシア側が100％所有していたANPP社の株式のうち49％をトルコ企業3社の連合体に譲渡し，ロシア側所有は51％とすることが定められた。こうして資金面と責任分担が明確になったことを受け，2018年4月2日に建設認可がトルコ原子力規制庁より発行され，翌日4月3日にはアックユサイトにおいて盛大な着工式典が行われた。この着工式にはトルコを訪問したロシアのプーチン大統領およびトルコのエルドアン大統領も，首都アンカラからビデオを通して参加している。アックユ1号機の運転開始は2023年と予定されている。

トルコには別の地点スィノプでの新規建設計画もある。スィノプも古くから新設候補地の一つとして検討されてきたが，正式に候補地として浮上したのは2013年5月にトルコ・日本の両国が原子力協力協定に調印してからである。同年10月にはスィノプサイトに日本の三菱重工とフランスの原子力企業Areva社（現EDF社グループのFramatome社）との共同開発炉型であるATMEA1を建設することが決定し，日本とトルコの施設国政府契約も2015年3月，トルコ議会によって承認された。2018年中にはフィージビリティ・スタディが完了し，次の段階に進むと予想されている。

c．ベラルーシ

ベラルーシの原子力開発計画は旧ソ連時代の1980年代，ミンスクで1，2号機建設計画が持ち上がった頃から始まっている。この計画は1986年のチェルノブイリ4号機の事故により中止となったが，その後，旧ソ連から独立してベラルーシとなって以降も新設計画はしばしば検討の対象となってきた。政府主導でサイト候補が絞られた結果，オストロヴェツがサイトに選定されたのは2008年12月である。政府がこのサイト候補を対象に国際入札を行った結果，2009年6月，政府は1GWe級原子炉2基の供給者としてロシアのRosatom社傘下のASE社を選定した。ロシアとベラルーシとの間でベラルーシ初の原子力発電所建設にかかる政府間協力協定が締結されたのは，1F事故直後の2011年3月15日である。同年10月にはベラルーシ国有の原子力発電建設総局とASEとの間で1.2GWe×2基の予備的なターンキー契約が，2012年7月には総合的な建設請負契約（いわゆるEPC）[39]が締結されている。また2011年11月には建設資金の90％をカバーするため，ロシアが100億ドルまで25年間貸与することで両国が合意している。ベラルーシ国有原子力発電建設総局は2014年1月，国営企業ベラルーシ原子力発電会社となった。

2013年11月，オストロヴェツ1号機が本格着

＊38　ANPP：Akkuyu Nuclear Power Project
＊39　EPC：engineering, procurement, construction

工し，2014年5月には2号機も本格着工した。1号機は2019年，2号機は2020年にそれぞれ運転開始が予定されている。

d. リトアニア

リトアニアはかつて1880年代から2009年までイグナリナ原子力発電所の2基の原子炉が運転しており，国内電力需要の7割強を賄っていた。しかし同発電所の炉型が大事故を起こしたチェルノブイリ発電所と同型だったことから，EUへの加盟にあたりイグナリナの2基は閉鎖することとなり，1号機は2004年に，2号機は2009年に閉鎖された。

イグナリナ閉鎖決定と並行してリトアニア政府は代替電源としての新規建設検討を進め，2006年にはエストニアおよびラトビア両政府との3国間で，原子力発電所の新規建設に関する合意に署名した。それを受け，ラトビアおよびベラルーシとの国境近くのヴィサギナスを候補地に定め，新設の取り組みを進めた。2009年にはリトアニア議会が原子力発電所建設を盛り込んだ法案を採択し，2011年7月には日本の日立製作所が戦略的投資家（Strategic Investor）として選定された。日立では炉型として同社の設計となるABWR[*40]を提案している。2012年には原子力発電所建設の是非を問う国民投票において反対票が62.7%を占めたが，政府はヴィサギナス新設計画を取り止めず，2014年3月には全政党がプロジェクト推進で合意している。

この姿勢に変化が生じたのは2016年10月の総選挙で農民・グリーン同盟が第一党となり，同党と社会民主党との連立政権が発足してからである。2016年11月，リトアニア・エネルギー省はエネルギー戦略や目標を提示した「主要なガイドライン」を公表し，その中でヴィサギナスプロジェクトをコスト効果やエネルギー安定供給上の必要性が明らかになるまで凍結することを示した。2017年6月，エネルギー省はエネルギー自立に向けた新たな戦略を策定し，2050年までに化石燃料からの完全な独立を目指し，全電力を再生可能エネルギー源とするなどの目標を示しており，ヴィサギナスや原子力の位置付けについては明記されていない。

e. エジプト

エジプトは資源国で古くから石油を輸出しているが，国内エネルギー需要の増加速度が増す一方で生産量が減少する傾向にあり，安定的なエネルギーの確保がより重要になりつつある。2020年までに総電力供給の20%を再生可能エネルギーとする目標を2008年に定めるとともに，原子力発電も選択肢として排除してはいない。

2015年11月，エジプトとロシアはエジプト北部でロシアの技術支援により原子力発電所を建設することで合意し協力協定に署名した。建設費はロシアが負担し，エジプト政府は35年かけて返済する。2016年5月，政府は"Egypt Vision 2030"を発表し，その中で2030年には電力供給の9%を原子力発電で供給する目標を示した。サイト候補は1980年代に原子力建設計画のあったエルダバであり，1.2 GWe×4基が建設され，2024年に初号機の建設に着工することとなっている。2017年8月，両国の交渉が完了したことを受け，2017年12月にはエジプト議会が原子力政策を統括する原子力発電局（NPPA）に対し，ロシアの原子力企業Rosatom社との契約に基づく4基の原子力発電所建設に関する監督権を承認した。これに基づき，NPPAの責任範囲が技術面から契約や計画の管理に拡大され，プロジェクトは進行中である。

f. ポーランド

多くの東欧諸国と同様にポーランドも，かなり昔から旧ソ連の技術による原子力発電導入計画を検討してきた国である。1970年代から計画があり，

[*40] ABWR：advanced boiling water reactor（改良型沸騰水型軽水炉）

1982年にはバルト海沿岸のジャルノビエツにVVER4基をもつ原子力発電所の建設工事が開始された。しかし1986年のチェルノブイリ4号機事故を契機に工事は中断し，1990年に建設中止となった。

その後ポーランド政府は2005年，石炭火力に大きく依存する電源ポートフォリオ改善の観点から，2020年を目標に原子力発電の導入を目指す方針を閣議決定し，2009年の「ポーランドの2030年までのエネルギー政策」にこの方針が盛り込まれた。2011年には「EU原子力安全指令」を踏まえた国内の原子力法を改正し，同年11月にはポーランドの電力会社PGEはサイト候補地を前述のジャルノビエツを含む3か所に絞り込んだ。

2014年1月，ポーランド政府は「ポーランド国家原子力発電計画」を閣議決定し，この計画の中で2035年までに1.5 GWe級原子炉2基の原子力発電所を2か所，合計6 GWeの原子力設備容量を導入し，初号機を2024年に運転開始する方針を示した。2014年2月にはPGE EJ1社（PGE社の原子力発電事業子会社）にEPC契約[39]やプロジェクトマネジメント支援などの業務で4社が応札し，うち英国のAMEC Nuclear UK社（現AMEC Foster Wheeler）が本業務を受注した。PGE EJ1社は2015年初頭頃，原子力新設には電力価格差額決済（CfD）[41]制度を適用することが望ましいと政府に要望を出したが，政府は2016年6月，費用負担が大きいとしてこれを却下した。そのこともあり，PGE社が想定していた2017年初頭の仕様決定と投資判断は見送られ，炉型とベンダー決定は2018〜2019年頃に，契約と計画詳細決定は2019年半ば以降に，初号機が系統に接続されるのは2029年頃となる，とPGE社は予想している。

g. サウジアラビア

サウジアラビアやアラブ首長国連邦（UAE）[42]を含む中東湾岸6か国（上記2か国のほか，クウェート，バーレン，カタール，オマーン）が湾岸地域への原子力発電導入に向けた研究を開始することで合意したのは，2006年12月である。翌2007年2月には国際原子力機関とも協力して適用性調査開始で合意し，サウジアラビアはこのとき主導的な役割を務めていた。

2010年4月，サウジアラビア王室は「増加する電力需要への対応や海水淡水化事業や，化石燃料温存のため，わが国に原子力発電が必要」と宣言し，同年そのための推進機関としてKACARE[43]が設立された。2011年6月，KACAREは今後20年で16基の原子炉を約3,000億レアル（800億ドル）で建設する計画を発表し，さらに2013年4月には「2032年までに原子力17 GW，太陽光16 GW」など具体的な数値目標が発表された。2015年1月には原子力発電の目標導入年が2040年以降に先送りされた。その後は韓国原子力研究所（KAERI）[44]が提案するSMART炉に注目が移り，KAERIとKACAREはSMART関連技術の協力で協定を締結した。

h. アラブ首長国連邦（UAE）

UAEはサウジアラビアとイランに次ぐ中東第3位のエネルギー消費国であり，2012年から5年連続で2〜7％台のGDP成長を続ける新興国でもある。近年，経済成長や人口増加に伴い電力需要が急激に拡大しており，主要な燃料である天然ガスの需要を国内生産だけでは満たせず，輸入に依存している。したがって，新たな電源として原子力発電や太陽光などの再生可能エネルギーの導入およびその拡大を目指すことは，UAEのエネルギー事情からすれば当然の流れといえよう。2017年1月に発表された「エネルギー戦略2050」における2050年の各エネルギー源の比率目標は再生可能エネルギー44％，天然ガス38％，クリーン・コール12％，原子力6％となっている。

---

[41] CfD：contract for difference
[42] UAE：United Arab Emirates
[43] KACARE：The King Abdullah City for Atomic and Renewable Energy
[44] KAERI：Korea Atomic Energy Research Institute

併せて省エネルギーも進め，各部門でのエネルギー効率を現状から40%改善するとも表明している。

2018年現在，アブダビ共和国のバラカでは1.39 GWe（グロス）の韓国製原子炉 APR-1400 が4基，計5.56 GWe が建設中である。韓国電力公社（KEPCO）[*45]が主契約者として ENEC との間でプロジェクトを管理しており，KEPCO グループの KEPCO E&C[*46]，韓国原子燃料公社（KNFC）[*47]，斗山重工業株式会社（Doosan Heavy Industries）といった韓国の主要な企業が機器設計・供給を行っている。

初号機である1号機が着工したのは2012年7月で，6年後の現在，1号機の工事進捗率は96%に達している。3月には韓国から文大統領を招待して現地で竣工式が行われており，バラカ原子力発電所の運転管理会社の NAWAH 社は，発電所所有者の UAE 原子力会社の ENEC 社が2015年3月に申請した運転許可が連邦原子力規制庁（FANR）[*48]から下りるのを待っている。2018年5月26日，NAWAH 社は2018年中に予定していた1号機を燃料装荷および運転開始時期を2019年後半ないしは2020年初頭に延期すると発表した。運転員の訓練活動と規制当局からの承認取得にいま少し時間が必要との判断に基づく，とNAWAH 社は説明している。ENEC 社は，今後アラブ諸国で建設される後続の原子力発電所プロジェクトに対してもベンチマークとなることを目標に，初号機から高い安全水準と磐石な産業基盤を築くことを目指している。

［村上　朋子］

10.2　原子力発電技術開発への取り組み

10.2.1　軽水炉の改良についての世界的なトレンド

現時点における最新の原子炉は第3+世代炉（ABWR[*40]，APWR[*49]など）であり，第2，第3世代炉と比較して先進的な安全対策を導入している。さらに，2030年以降の原子炉の概念として，安全性，信頼性や核拡散抵抗性をより高めた第4世代炉の開発も進んでいる。第3+世代炉は，機器の信頼性や耐震性の向上，受動的安全設備の導入，シビアアクシデント（SA）対策の導入など，第2世代炉（既設のBWR，PWRの大部分）と比較し，安全性が飛躍的に向上するとともに，SA時の周辺住民の避難を不要とする設計を目標としている。

a.　受動的安全設備

起動失敗の可能性があるポンプなどに代わり，重力落下や圧力差を利用した注水や自然循環冷却など，自然の力を積極的に利用した受動的（静的）安全設備を ECCS（非常用炉心冷却系）[*50]に採用しており，代表炉として AP600，AP1000 などが挙げられる。

b.　シビアアクシデント（SA）対策

燃料が溶融する SA が発生した場合でも格納容器が破損しないよう，溶融燃料を圧力容器・格納容器内に保持するとともに，冷却系を強化することで事故の進展を防止するため，以下の対策が設計で考慮されている。

（1）コアキャッチャー

燃料が溶融し，圧力容器が破損した場合でも，溶融した燃料を受け止め，冷却水などにより冷却することで，格納容器の破損を回避することを目的とした機器であり，フランス・アレバ社が開発した欧州加圧水型炉（EPR[*2]）などで採用された（図10.1）。

（2）原子炉容器内保持システム（IVR）[*51]

燃料が溶融した場合でも，重力落下による注水を行い，圧力容器を水没させることで圧力容器を冷却し，圧力容器破損を回避することを目的としたシステムであり，韓国標準型原子炉（APR-

---

[*45]　KEPCO：Korea Electric Power Corporation
[*46]　KEPCO E&C：KEPCO Engineering & Construction Company
[*47]　KNFC：Korea Nuclear Fuel Company
[*48]　FANR：Federal Authority for Nuclear Regulation
[*49]　APWR：advanced pressurized water reactor（改良型加圧水型原子炉）
[*50]　ECCS：emergency core cooling system

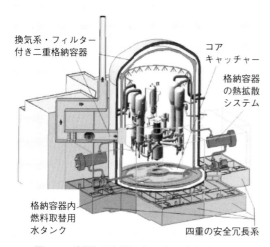

図 10.1 欧州加圧水型炉（EPR）の安全系の特徴

[http://www.ee.co.za/article/nuclear-power-south-africas-new-build-options.html]

1400）などで採用された。

(3) 冗長性の強化

ECCS の信頼性を向上させるため，4 系統に多重化（設計基準事故（DBA）用 2 系統，オンラインメンテナンス用 1 系統，SA 用 1 系統）しており，EPR などで採用された（図 10.1）。なお，日本の既設原子炉の ECCS は 2 系統または 3 系統である。

c. テロ対策

航空機が衝突した場合でも格納容器の健全性を保つため，格納容器壁を二重にして FP 格納機能を強化した設計であり，EPR，VVER などで採用された（図 10.1）。

[日髙 昭秀]

10.2.2　高速炉の概要と世界の開発動向

2017 年 6 月末に国際原子力機関が主催する高速炉サイクルに関する国際会議，FR17 がロシア・エカテリンブルクで開催された。ここでいう高速炉とは文字どおり高速の中性子を使って核分裂を起こす炉システムで，冷却材にナトリウム，鉛，ヘリウムガス，溶融塩を使うなど，さまざまな炉システムが世界で開発されている。ここでは，最も開発が進んでいるナトリウム冷却高速炉（SFR）[*52] を中心に，直近の会議である FR17 での報告[5)] をベースにロシア，フランス，インド，中国，米国，韓国，日本での高速炉開発について，その後の進捗を含めて報告する。

a. ロシア

ロシアでは，ブレークスルー（PRORYV）計画として，シビアアクシデントに対する安全性向上とともにウラン資源の有効利用，経済的競争力を目的とした高速炉の開発を進めていることが表明された。

炉では，プール型 SFR である BN600 の 35 年を超える安定運転，BN800 の 2016 年 10 月からの商用運転開始などの実績を背景に，軽水炉に対する経済的競争力をもつ実用炉として 1.2 GWe を有する BN1200 の開発が進んでいる。安全性の点でも，原子炉容器の中に一次系のすべてのナトリウム系統を格納，崩壊熱除去系を原子炉容器内に装備，温度感知方式の受動的な反応度制御システムの設置など向上を図っている。

燃料には，BN600 ではウラン燃料が使われ，BN800 では，ウラン燃料に加えプルトニウムを含む MOX 燃料を全体の 16 ％ 程度用いたハイブリッド炉心から開始し，2019 年末にはすべてを MOX 燃料とし，さまざまな同位体比をもつリサイクル燃料を使うことで，核燃料サイクルの輪を閉じる技術をもつ計画としている。BN1200 では窒化物燃料をレファレンスとし，安全性を含む性能向上をはかる計画としている。

さらに鉛冷却高速炉の開発を並行して実施しており，300 MWe の BREST-OD-300 の開発を，燃料製造，再処理施設を同一サイトにもつ PDEC プロジェクト[*53] として進め，すでに燃料製造施

---

*51　IVR：in-vessel retention
*52　SFR：sodium-cooled fast reactor
*53　PDEC：Pilot Demonstration Energy Complex

設の建設に着手している。

今後は，VVERなどの軽水炉に加えて2030年代には徐々に高速炉を増やし，閉じた核燃料サイクルを目指すtwo-component nuclear powerにより，ウラン資源の節約と累積する軽水炉の使用済燃料への対応，発電コストのトータルとしての削減を図ることを目指している。また，多目的ナトリウム冷却高速試験炉MBIR[*54]（150 MWt）が2015年に着工され，2025年頃の運転開始を目指して建設が進められている。MBIRは炉心部を通る試験ループを3系統装備し，異なる冷却材環境での照射試験が可能な設計となっている。

b．フランス

フランスからは，軽水炉主体のプルトニウム単一リサイクルから第4世代炉とサイクル技術によるプルトニウムとマイナーアクチノイド（MA）の多重リサイクルへの移行を目指し，高速炉により核燃料サイクルの輪を閉じることで，ウラン資源の顕著な有効利用をはかり，放射性廃棄物の減容と毒性の低減をはかることが表明された。第4世代炉として，SFRに重点を置き，ASTRID[*4]プロジェクトにより高速炉とサイクル技術のブレークスルーを実証する。ASTRIDはプール型炉で600 MWeの出力を有し，MOX燃料[*3]で低いボイド反応度を指向した軸方向非均質炉心を適用する。

2018年6月現在，ASTRIDは計画の変更がフランス政府内で検討されている。フランス原子力・代替エネルギー庁の検討[6]では100～200 MWeの実証炉を提案しており，実用炉に向けては小型の実証炉，シミュレーション技術，必要な炉外試験の組合せにより，開発費を合理化しつつ開発を行うこととしている。

c．インド

インドでは，高速増殖炉がエネルギーセキュリティと持続可能性の基本をなすことが表明された。インドの原子力開発は，国内に豊富にあるトリウム資源とウラン資源を利用してエネルギーを確保することを目指し，3段階のアプローチで進められており，現在は第二段階に相当するSFRサイクル技術の開発を重点的に推進している。実験炉FBTR[*34]の33年に及ぶ運転とMOX燃料を用いた出力500 MWeのプール型炉PFBRの設計・建設，安全評価を経験し，核燃料サイクルの輪を閉じる高速増殖炉の導入に向けて実績を積み上げている。PFBR[*35]は2004年に建設を開始し，現状は建設を完了してナトリウムの充填，燃料の装荷に向けて安全審査の対応を行っている。

また，実用化に向けて，経済性と安全性を向上させ，PFBRとほぼ同一サイズの炉容器で600 MWeを達成するFBR-600の設計を行っている。安全性では，温度感知磁性材料を用いた受動的な制御棒挿入，流体力支持方式の制御棒による流量喪失事象への対応などが検討されている。これと並行して原子力の大幅な成長に向けて，高い増殖率が達成可能な金属燃料に関する研究開発を，燃料製造，燃料サイクル技術を含めて実施している。

d．中　国

中国の電力開発5か年計画（2016～2020年）において2016年に約30GWある設備容量を2020年には58GWにすることが示された。原子力政策として，軽水炉から高速炉，核融合へと開発を進めること，燃料サイクルについても炉と並行して開発を進めること，高速炉はウラン資源の有効利用と長半減期放射性物質の核変換の点で，原子力の持続可能な開発を支えるものであることが表明された。

高速炉開発について，プール型SFRの実験炉CEFR[*55]の2011年の発・送電から2023年頃に実証炉CFR600[*26]，2030年以降に実用炉CCFR[*56]と進めることが示された。CEFRは2016年に23日間運転したものの，主ポンプや燃料交換機の保

[*54] MBIR：multi-purpose reseach reactor on fast neutrons
[*55] CEFR：China experimental fast reactor
[*56] CCFR：China commercial fast reactor

守など多くのオーバーホールが実施された。CFR600はMOX燃料を用い，出力600MWeとする計画で，福建省寧徳市霞浦県において2017年12月に建設を開始し，2023年に試運転開始を予定している。実用炉であるCFR1200については，2015年から5か年の計画で予備概念設計が行われている。

これらの開発と並行して中国核工業集団有限公司（CNNC）*57は，米国の原子力ベンチャーTerraPower社との間で合弁会社を設立し，長期間にわたって燃料交換を必要としないSFR概念である進行波炉[7]の実証炉TWR-P（600MWe）の開発を進めている。

e．米　国

2015年8月に発表された「クリーン・パワー プラン」では，2030年までに発電所からの炭素排出量を2005年比で32％削減するとしている。この目標を達成するためには，原子力発電を含むクリーン・エネルギーの大幅拡大が必要であり，米国エネルギー省（DOE）*17は新型大型軽水炉，小型軽水炉，先進炉を組み合わせて導入することとしている。

先進炉としては「先進炉開発のビジョンと戦略」が設定され，2030年代初めまでに，少なくとも二つの非軽水炉型先進炉概念について，技術的に成熟し，安全性・経済的利点が実証され，建設に進むだけの十分な米国原子力規制委員会（NRC）*16の許認可評価を終了することとしている。先進炉としてSFR，ガス冷却高速炉，高温ガス炉，重金属冷却炉，溶融塩炉などが提案されている。DOEは長期的な高速炉産業の維持のため施設整備に着手し，安全試験炉TREATを再稼働するとともにナトリウム冷却の実験炉（VTR）*23の設計に着手している。

f．韓　国

2017年5月に就任した文大統領の脱原子力，脱石炭火力の政策を受け，韓国産業通商資源部（MOTIE）*58は2017年12月に「第8次電力需給基本計画」（2017～2031年）を提出し，原子力と石炭火力を段階的に削減し，再生可能エネルギーを大幅に拡大するなど，エネルギーの転換を推し進める方針を示した。

SFRとしては1992年から高速炉KALIMER（150MWe/600MWe，金属燃料，プール型）が検討され，2008年の「将来炉に関する長期計画」に基づき，軽水炉の使用済燃料の処理を想定してPGSFR（150MWe，金属燃料，プール型）[8]の開発が進められている。

h．日本の開発状況

日本では，1999年7月～2006年3月に実施した高速増殖炉サイクルの実用化戦略調査研究（FS）において，多様な燃料，冷却材，出力のシステムを比較した上で，実用化候補概念の一つとして酸化物燃料の大型SFRを選定した。2006年からの高速炉サイクル実用化研究開発（FaCT）*59では，実用化に向けてSFR実証炉に導入すべき技術の開発および採否判断を行った。2011年からは1F事故の教訓などを踏まえ，SFRの安全性向上を国内だけでなく国際的に進める活動を展開した。すなわち，SFRの安全設計要件／安全設計ガイドラインを世界で認められた国際標準として策定することを目指し，国際機関である第4世代原子力システムに関する国際フォーラム（GIF）*60の活動としてSDC/SDG*61が具体化された。SDCとSDCを具体的な設計に展開するためのガイドラインの第一段階としての安全アプローチSDC[9]が構築され，国際原子力機関ならびに経済協力開発機構／原子力機関（OECD/NEA）*62に設けられた新型炉安全検討グループ（GSAR）*63によるレビューが行われている。

2016年12月に高速炉開発会議が示した「高速炉開発の方針」は，「もんじゅ」の廃止措置を決

---

*57　CNNC：China National Nuclear Corporation
*58　MOTIE：Ministry of Trade, Industry and Energy
*59　FaCT：fast reactor cycle technology development
*60　GIF：Generation IV International Forum
*61　SDC/SDG：safety design criteria/guideline
*62　OECD/NEA：Organisation for Economic Co-operation and Development/ Nuclear Energy Agency

定する一方で，高速炉による核燃料サイクルにより高レベル放射性廃棄物の減容化・有害度低減，資源の有効利用の効果をより高められるとし，このような高速炉開発の意義は，昨今の状況変化によっても変わるものではないとしている。これを受けて，2017～2018年，高速炉開発会議の下に設置された戦略ワーキンググループにおいて，高速炉開発のためのロードマップの検討が行われている。

i. 高速炉開発のまとめ

以上，高速炉の国際動向をまとめた。かつての欧米ロシアを中心とした開発から情勢が変化し，ロシア，中国が輸出を視野に世界戦略をもって2030年頃の高速炉実用化に向け，その開発を加速する中で，フランスも国際的な枠組みで開発を進めようとしている。インドもまた独自の戦略で堅実に実用化を進めている。このような世界情勢の中，日本は高速炉開発会議の方針を受け，開発計画の具体化を進めている。

〔上出 英樹〕

10.2.3 高温ガス炉

地球温暖化ガス排出量削減の観点から原子力エネルギーの発電以外での利用が期待されている。高温ガス炉は優れた安全性を有し，発電のみならず，水素製造，高温蒸気製造，海水淡水化，地域暖房などに利用でき，小型で内陸設置も可能なことから，世界各国でニーズに合わせた開発が進められている。高温ガス炉には，炉心が六角柱の燃料体ブロックで構成されるブロック型と炉心に球状燃料を装荷するペブル型の2種類がある。図10.2に世界の高温ガス炉開発の現状を示す。

a. 日 本

1960年代から日本原子力研究所（現：日本原子力研究開発機構（JAEA）[*64]）を中心として，熱供給を目的としたブロック型炉の研究開発が行われている。1990年代までに，被覆燃料粒子，炉心構成用黒鉛，高温金属材料などの高温ガス炉に特有な要素開発，炉心核熱流動設計，高温構造設計，安全設計などの高温ガス炉の設計手法に関する技術開発を完了した。1991年に日本初の高温ガス炉である出力30 MWt，原子炉出口温度950℃の高温工学試験研究炉（HTTR）[*65]の建設に着手し，1998年に初臨界を達成した。その後，順調に運転を続け，2010年には原子炉出口温度950℃で50日の連続運転に成功した。東日本大震災後，運転を停止しているが，2020年には運転再開予定である。今後，核熱利用技術の実証，熱利用設備接続に関する安全設計基準の確立を目指して，水素製造設備やヘリウムガスタービン発電設備をHTTRに接続する計画である。

また，JAEAと産業界が協力して，国内のニーズに応じた多目的高温ガス炉商用炉（GTHTR300シリーズ）の設計，海外に設置する商用炉の概念検討を実施するとともに，国際原子力機関（IAEA）[*31]においてHTTRの経験に基づく商用炉の安全設計基準整備を進めている。

b. 米 国

2005年に成立した「米国エネルギー政策法」に従い，化学工業，石油精製などへの高温蒸気供給，将来的には水素製造を目標とした高温ガス炉が次世代原子力プラント（NGNP）[*66]として選定された。これを受けて，NGNPのユーザー，ベンダーなどからなるNGNPアライアンスが形成され，熱出力600 MW，原子炉出口温度750℃の蒸気供給用ブロック型炉の設計が行われた。また，アイダホ国立研究所を中心に，燃料，黒鉛材料の研究，事故時の原子炉冷却に関する研究などが行われている。

2009年に設立されたX-energy社は，老朽化した火力発電プラントの代替として，75 MWeの発電用ペブル型炉の研究開発を実施している。

---

* 63　GSAR：Ad-Hoc Group on the Safety of Advanced Reactors
* 64　JAEA：Japan Atomic Energy Agency
* 65　HTTR：high temperature engineering test reactor
* 66　NGNP：next generation nuclear plant

第10章 世界の原子力利用

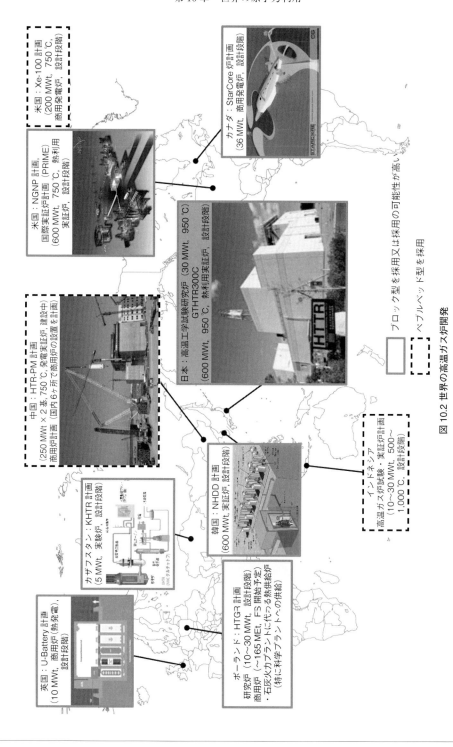

図 10.2 世界の高温ガス炉開発

c. 中国

2016年5月に公表された「中国製造2025－エネルギー設備実施法案」や，2016年12月に公表された「エネルギー技術創新十三五計画」に基づき，国家主導でドイツの技術を基にしたペブル型炉の開発が進められている。

清華大学では2000年に出力10 MWt，原子炉出口温度700℃の研究炉の運転を開始し，各種のデータ蓄積を行っている。また，華能山東石島湾核電有限公司は山東省威海市に出力250 MWt，原子炉出口温度750℃の発電用実証炉（HTR-PM）2基の建設を進めており，2020年度中には発電を開始する予定である。

発電用商用炉に関しては，福建省甫田市など国内6か所で設計や成立性評価などが行われている。さらに，高温ガス炉輸出を目指して，中東，東南アジアなどで積極的な活動を行っている。

d. ポーランド

2016年7月に開発省が「責任のある開発のための戦略」を公表し，熱供給用の高温ガス炉の開発が開始された。同月にエネルギー省が設置した高温ガス炉の導入に向けた委員会の報告書が2018年1月に公開された。EUの炭素税の増税に伴う国内産業への影響を軽減し，化学産業，石油精製などの火力ボイラーの代替熱源としての導入を目指し，出力165 MWで540℃の高温蒸気を提供できることが高温ガス炉のユーザー要件となっている。国内で10〜20基，EU内で100〜200基，全世界で1,000〜2,000基の需要があると試算しており，将来的には自国の技術として海外への輸出を視野に入れている。2025年までに高温ガス炉技術や運転・保守管理技術の習得のために研究炉をポーランド国立原子力研究所（NCBJ）[67]に，2031年までに商用炉を建設する計画である。

2017年5月に日本とポーランドの外相が署名した「2017年から2020年までの日本国政府とポーランド共和国政府との間の戦略的パートナーシップのための行動計画」では，JAEAとNCBJの協力が奨励されており，日本との協力を期待している。

e. 英国

ウレンコ社を中心とした高温ガス炉のアライアンスが形成され，出力10 MWtの小型ブロック型炉の設計が行われている。2024年までに実証炉の建設，その後に商用炉の展開を計画している。国内展開に向けて海外ユーザーを利用することも戦略としており，カナダでの型式認証を目指している。

f. カナダ

スターコア社は遠隔地や寒冷地域でディーゼル発電の代替を想定し，20 MWの電力と30 MWの熱を併給するシステムを設計し，カナダ原子力安全委員会に対して，型式認証を受けるための予備的な審査を申請している。

g. インドネシア

インドネシア原子力庁（BATAN）[68]が中心となり，小型ペブル型炉の検討を行っている。2015年12月にBATANに設置する10 MWtの試験実証炉の成立性評価を完了している。また，高温ガス炉全般の技術，被覆燃料の製造技術の習得を目指した研究開発を進めている。

h. 韓国

韓国原子力研究所は，水素還元製鉄や燃料電池車用の水素製造を目的とした高温ガス炉水素製造システムの概念検討を実施するとともに，水素製造や被覆燃料粒子などに関する研究開発を行っている。

i. シンガポール，中東，カザフスタン

シンガポールでは，エネルギーセキュリティの観点から原子力発電の導入を検討しており，小型で需要地近接立地が可能な高温ガス炉を候補に選定している。

---

* 67 NCBJ：National Center for Nuclear Research
* 68 BATAN：Badan Tenaga Atom Nasional（National Nuclear Energy Agency）

中東では，石油や天然ガスに代わる新しいエネルギーとして，冷却水が不要な高温ガス炉に注目しており，ペブル型炉の成立性評価を中国と共同で進めている。

カザフスタンでは，5万人規模の地方の小都市に発電および地域暖房用のブロック型炉の導入を検討している。

［國富　一彦］

10.2.4　高レベル放射性廃棄物処分の国別状況

原子力発電を導入している国には，使用済燃料を直接処分する国と，使用済燃料の再処理を実施し，ガラス固化体として処分する国とがある。処分の技術的な方法としては，高レベル放射性廃棄物の処分方法を決定しているすべての国で深地層処分が選択されている。

現在，原子力発電を利用しているほとんどの国において，「発電で生じた廃棄物は原則として自国内で処分する」という考え方のもと，処分の実施主体や資金確保などの法制度が整備され，処分地の選定，必要な研究開発などが進められている。本項ではその中でも世界に先駆けて最終処分場が決定したフィンランドおよびスウェーデン，その2国に次いで計画が進捗しつつあるフランス，政権交代により近年政策に変化の兆しが見られる米国について動向を概観する。

a.　フィンランド

フィンランドでは1999年，処分実施主体であるPosiva社が国内数十か所の候補地からオルキルオトを処分予定地として選定し，最終処分場の立地申請にかかる「原則決定（DiP）[*69]」を政府に提出した。2000年，立地自治体であるエウラヨキ町が最終処分場の受け入れを承認し，その結果を受け，政府がオルキルオトを処分地とするDiPを行い，翌2001年に国会が処分場建設計画を承認した。

それから数年間，掘削方法なども含め技術的な検討を重ねた後，2012年12月Posiva社は政府へ最終処分場の建設許可申請書を提出した。フィンランドの原子力安全規制機関である放射線・原子力安全局（STUK）[*70]は，建設許可申請書に基づき安全審査を完了し，2015年2月に地層処分場の安全性を確認した旨の審査意見書を雇用経済省に提出し，それを受け2015年11月，雇用経済省からPosiva社に建設許可が下りた。2016年12月，Posiva社は処分場の建設を開始し，処分場の竣工後Posiva社は運転認可申請を2020年に提出する予定である。2020年代に使用済み燃料を搬入して操業開始し，2120年頃まで使用すると予想されている。

b.　スウェーデン

スウェーデンでは，電力会社出資の核燃料・廃棄物管理会社（SKB社）が，1993年から公募および申し入れにより8自治体を対象に最終処分場としての適用性調査を行ってきた。2000年11月，最終的なサイト調査の対象として3自治体（エストハンマル，オスカーシャム，ティーエルプ）が選定された。このうち自治体議会がサイト調査の実施を承認したエストハンマル自治体とオスカーシャム自治体でボーリング調査を含む詳細な調査を行い，その調査結果も踏まえ，SKB社は立地地域住民や学識経験者などのステークホルダーとの間で意見交換会を何度も開催し，ステークホルダーの疑問や要望に誠意をもって応じた。

詳細調査の結果SKB社は，2009年6月に地質条件を主たる理由としてエストハンマル自治体のフォルスマルクを最終処分場予定地として選定し，2011年3月，スウェーデンの安全規制機関である放射線安全機関（SSM）[*71]に使用済燃料処分場の立地・建設の許可申請を行った。この許可申請の際に提出された安全評価書"SR-Site"について，

＊69　DiP：decision-in-principle
＊70　STUK：Säteilyturvakeskus（Radiation and Nuclear Safety Authority）
＊71　SSM：Sweden Radiation Safety Authority

スウェーデン政府の要請に基づき経済協力開発機構／原子力機関（OECD/NEA）[*62]が行った国際ピアレビューの報告書が2012年6月に公表されている。その報告書によれば，SKB社による処分場閉鎖後の安全評価は十分かつ信頼ができるとの見解が示されている。

安全審査と並行して，環境法典に基づく使用済燃料の処分方法および関連施設の立地選定に係る許可申請に関する審理が土地・環境裁判所で実施中である。

なおスウェーデンでは高レベル放射性廃棄物の処分事業に関して自治体が行う情報提供活動や協議に要する費用は，原子力廃棄物基金から拠出されている。詳細サイト調査が実施されたエストハンマルとオスカーシャムの2自治体，SKB社，原子力発電事業者4社の間で，地元開発に関する協力協定が2009年3月に合意され，それに基づき自治体開発支援を原子力発電事業者とSKB社が行っている。

c. フランス

フランスでは1991年に制定された「放射性廃棄物管理研究法」に基づき，放射性廃棄物管理機関（ANDRA）[*72]が，地層処分に適したカロボ・オックスフォーディアン粘土層のあるビュールにおいて，2000年8月から立坑の掘削を開始して地下研究所を建設し，研究を進めてきた。2006年6月，可逆性のある地層処分の実施に向けて「放射性廃棄物等管理計画法」が制定され，この計画法の中で，2015年に処分場の設置許可申請，2025年に処分場の操業を開始すること，設置許可申請は地下研究所による研究対象となった地層に限定することが定められた。

ANDRAはビュール地下研究所周辺の候補サイト区域を政府に提案し，2010年3月の政府の了承を経て，同区域の詳細調査を実施した。2013年7月から翌年1月にかけて地層処分の設置に関する公開討論会および市民会議が実施され，これらの総括報告書および市民会議の見解書が2014年2月に公開された。

この報告書などを受けて，ANDRAは地層処分場プロジェクトの継続に関する方針を決定し，2014年5月に今後のプロジェクト継続計画を公表した。ANDRAはこの計画の中で2019年までに処分場の設置許可申請を提出し，当初の目標である2025年の操業開始を維持することとしている。2016年7月に「高レベルおよび長寿命中レベル放射性廃棄物の可逆性のある地層処分場の設置について規定する法律」が成立し，本法律の制定に伴い処分場の設置許可申請時期が2015年から2018年に改定されている。

d. 米　国

1987年の「放射性廃棄物政策修正法」により，ネバダ州ユッカマウンテンが米国唯一の処分候補地として選定された。米国エネルギー省（DOE）はこの地域における適用性調査を1988年から実施し，2001年，適用性があるとする報告書をまとめた。これを受けて2002年，DOE長官は大統領にユッカマウンテンを処分サイトとして推薦した。大統領はこれを承認し，連邦議会に諮った。ネバダ州知事が連邦議会に不承認通知を提出したものの，ユッカマウンテンを処分場として承認する決議案が連邦議会上院・下院で可決され，大統領がこれに署名して法律として成立し，このときユッカマウンテンは処分地として正式に選定された。2008年6月にDOEは，2020年の処分場操業開始を目途とし，処分場の建設認可のための許認可申請書を原子力規制委員会（NRC）[*15]へ提出した。

しかしながら2009年2月にオバマ政権が示した予算教書において，ユッカマウンテン関連予算は許認可手続のみに必要な程度に削減し，高レベル放射性廃棄物処分の新たな戦略を検討する方針

[*72] ANDRA：Agence nationale pour la gestion des déchets radioactifs

が示された。2010年3月，DOEは許認可申請の取下げ申請書をNRCに提出したものの，NRCは取り下げを認めないまま，2011年9月ユッカマウンテン処分場の建設認可に係る許認可申請書の審査手続を一時停止した。

　この間，代替案の検討も行われた。DOEは2010年1月，米国の原子力の将来に関するブルーリボン委員会を設置し，ユッカマウンテンに代わる使用済燃料の最終処分方法について有識者による検討が進められた。ブルーリボン委員会は2012年1月，最終報告書を公表し，処分場決定プロセスにおいては関係者の同意が前提であるなどの考え方が示された。2013年1月には，DOEが「使用済燃料および高レベル放射性廃棄物の管理・処分戦略」を公表しており，ブルーリボン委員会の最終報告書で示された基本的な考え方に沿った実施可能な枠組みが示されている。具体的には，2021年までにパイロット規模の使用済燃料の中間貯蔵施設の操業を開始し，2025年までにより大規模な中間貯蔵施設を建設，2048年までに処分場を操業開始できるように処分場のサイト選定とサイト特性調査を進めるといったものである。

　2013年8月，連邦控訴裁判所がNRCに対して許認可申請書の審査を再開するよう命じ，2013年11月NRCは安全性評価報告（SER）[*73]の完成などを優先して行うことを決定し，2015年1月までにSERの全5分冊を公表した。

　2017年1月に誕生したトランプ政権は，ユッカマウンテン計画を継続する方針を示しており，中間貯蔵施設の必要性は再認識する一方，超深孔処分のフィールド試験計画を中止するなどの考え方を示しているものの，基盤となる法整備が不十分なため実施には至っていない。2017年5月，ユッカマウンテンの許認可手続の再開に必要となる予算を含めた2018会計年度の予算教書が連邦議会に提出されたが，2018年3月に成立した予算にはDOEおよびNRCのユッカマウンテン計画再開に必要な予算は含まれていない。同年4月に開始された2017年連邦議会下院で放射性廃棄物政策修正法案に関する議論など，放射性廃棄物管理政策に関連する取り組みを注視していく必要がある。

〔村上　朋子〕

10.2.5　量子ビーム技術

a.　工業利用

　工業利用分野における放射線利用では，高分子や半導体材料の改質・加工による高性能化技術，環境汚染を解決する排煙・水処理技術，放射性同位元素による橋梁などの構造物の非破壊検査技術などが社会に役立つ主な技術開発であり，すでに世界各国での利用が繰り広げられている。暮らしに役立つ放射線利用の例としては，自己放電が少なく寿命が向上した腕時計用ボタン型電池，耐久性と軽量化が向上したラジアルタイヤ，高温環境でも軟化しにくい耐熱性をもつ電線被覆などがよく知られている。日本では，金属材料の3分の1の重量で耐熱温度は20％高い炭化ケイ素セラミック素材が開発され，ジェットエンジンの軽量化と燃費向上に大きな期待がかかっている。また，大型放射光施設（SPring-8）でつくり出す世界一強力なエックス線（X線）を利用して，タイヤのミクロな構造を解析することにより，相反するグリップ力と燃費性能の双方を向上させたエコタイヤの開発が最近の成果として注目される。

　福島復興支援として，井戸水や沢水を生活用水として利用可能にする研究開発が進められ，高分子の機能化技術により水道水中のセシウム除去フィルター（図10.3）が開発された。現在，放射性セシウムは検出されないが，飲み水への"安心"を担保するために，除去フィルターが利用されて

[*73] SER：safety evaluation report

図 10.3　蛇口に取り付けて使用するセシウム除去フィルターカートリッジ
［量子科学技術研究開発機構提供］

いる。

b. 農業利用

農業利用の第一は突然変異育種であり，これまで世界で 3,200 を超える新しい品種がつくり出されている。品種数は中国がイネなどで圧倒的に多く，インドと日本が次いでいる。オランダは観賞用の花卉類，ドイツは大麦や花卉類に力を入れている。変異原はガンマ線（γ線）が多用され，その他に X 線などがあるが，最近では日本を中心にイオンビームが利用されている。代表的なものとして，健康に有害なカドミウムをほとんど吸収しないコシヒカリ品種の開発がある。現在では，国際原子力機関（IAEA）[*31]や日本のアジア原子力協力フォーラム（FNCA）[*74]のプロジェクトとして，アジア各国がイオンビームを利用して気候変動に耐える作物の品種改良を進めている。

ガンマ線などを用いた食品照射は世界数十か国で許可されており，香辛料やジャガイモ，タマネギの発芽防止や，欧米では畜肉や食鳥肉に起因する食中毒や寄生虫感染を防ぐため，食品照射が利用されている。

害虫の雄を放射線で不妊化させる不妊虫放飼法は，沖縄県や奄美大島でのウリミバエの根絶，国際原子力機関（IAEA）と国連食糧農業機関（FAO）[*75]共同によるザンジバル島のツェツェバエやリビアのラセンバエの撲滅が知られている。現在は，中南米や東南アジアで流行しているジカ熱やデング熱などを媒介するヤブカへの対策が進められている。

最近，日本で開発された植物ポジトロンイメージングは非侵襲で定量性も高く，作物体内の物質の流れや代謝などを調べることができる。一例として，ポジトロン放出核種ナトリウム 22（^{22}Na）をイネ科のヨシに投与し，ヨシの根にはイネと異なった耐塩性機構があることがわかった。現在，炭素，窒素，鉄，亜鉛などの核種元素もポジトロン核種として利用可能である。

c. 医療応用

放射線がん治療において，がんに与えることのできる放射線量は，多くの場合周囲の正常組織の耐用線量によって制限されており，がんに線量をいかに集中できるかが，常に課題であった。そのため，放射線がん治療の歴史は，放射線発生源つまり加速器や照射装置など量子ビーム技術の開発の歴史でもあったといえる。

現在の放射線治療の主流は，10 MeV 程度の電子線形加速器を用いた X 線・電子線治療であるが，陽子・炭素線を用いる粒子線治療も注目されている。1954 年に米国カリフォルニア大学バークレー校において，粒子線が停止点付近で大きな線量を与えること（Bragg Peak）を利用して，がんに線量を集中させることを着想した最初の陽子線がん治療の臨床試験が実施された。陽子線治療は，これまで多くのがんに効果が認められるとともに，超伝導サイクロトロンなどの技術的進歩により，2000 年代中頃から本格普及が始まっている。現在，世界で 8 社のベンダーが治療装置を供給しており，治療施設数も約 70 になっている。一方，がんに対して生物学的効果比（RBE）[*76]の高い放射線を照射することで，効果的にがんを死滅させる考え

[*74] FNCA：Forum for Nuclear Cooperation in Asia
[*75] FAO：Food and Agriculture Organization
[*76] RBE：relative biological effectiveness

方が生まれ，線量集中性と高 RBE を併せ持つ重粒子線がん治療が注目された。

バークレー校では 1975 年より臨床試験が開始され，それを引き継いだ放射線医学総合研究所とドイツ重イオン研究所（GSI）[77] の炭素線治療の臨床結果が注目されたことで，近年普及が始まっている。現在，世界に建設中のものを入れて 15 の炭素線治療施設がある。核子当たり 400 MeV 以上の炭素ビームが必要であり，研究所の自主開発が多いが，近年では日本企業が治療装置を供給するケースも増えている。

d．光量子の学術利用

光量子科学研究では，チャープパルス増幅（CPA）[78] 技術を用いた，PW（ペタワット，10^{15} W）級のフェムト秒レーザー開発と運用が世界的に進められている。米国ローレンスバークレー国立研究所（LBNL）[79] の BELLA や韓国光州科学院の 4PW システム，そしてドイツヘルムホルツセンタードレスデン（HZDR）[80] の DRACO などのレーザー施設に加え，日本では量子科学技術研究開発機構 関西光科学研究所の PW レーザー装置 J-KAREN-P が稼働を開始し（図 10.4），2017 年に実用集光照射強度として世界最高となる 10^{22} W/cm^2 を達成している。さらなる超高光強度を目指したレーザー開発も激しく行われており，欧州のイーライ（ELI）[81] 計画では，チェコおよびルーマニアにおいて 10 PW 級レーザーが 2018 年に稼働予定であるとともに，フランスのレーザー応用研究所（LULI）[82] やロシアの応用物理研究所（IAP）[83] においても 10 PW 級レーザーの建設が進められている。中国においては 100 PW レーザー建設に向けた予算が 2017 年に認可され，上海光学精密機械研究所が中心となって建設が開始されている。

現在のマルチ PW レーザーの応用研究としては，$10^{19} \sim 10^{22}$ W/cm^2 の集光強度において，医療応用

図 10.4　量子科学技術研究開発機構のペタワットレーザー（J-KAREN-P）
［量子科学技術研究開発機構提供］

をめざした粒子加速器の小型化や，エックス線・ガンマ線そして中性子線などの二次放射線発生の研究が精力的に行われている。さらに高い集光強度が実現すれば，数 100 MeV のイオン発生や 30 ％ 程度のエネルギー変換効率でのガンマ線発生などが理論計算により示されており，未踏領域での新しい物理現象の発見や，これまでにない高輝度の放射線源の実現などが期待されている。

［河内 哲哉，白井 敏之，玉田 正男，
田中 淳，茅野 政道］

10.2.6　核融合炉研究

核分裂反応は，ウランなどの質量数の大きい不安定原子核が中性子を吸収し二つ以上に分裂して起こる核反応であるのに対し，水素同位体などの質量数の小さい複数の原子核が集まり一つの原子核になる反応が核融合反応である。核融合反応の中で最も温度条件が緩やかで実現可能性の高いのが，水素の同位体である重水素 D とトリチウム T の原子核を数億度まで加熱し，融合させヘリウムとする DT 核融合反応である。核融合反応は中性子の連鎖反応ではなく，核反応維持のため高温あるいは高密度状態をつくって初めて反応が実現する。したがって核融合炉内で燃料は通常の物質

---

[77]　GSI：Helmholtzzentrum für Schwerionenforschung GmbH
[78]　CPA：chirped pulse amplification
[79]　LBNL：Lawrence Berkeley National Laboratory
[80]　HZDR：Helmholtz-Zentrum Dresden-Rossendorf
[81]　ELI：extreme light infrastructure
[82]　LULI：Laboratoire d'Utilisation des Lasers Indeses

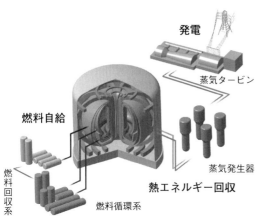

図 10.5 核融合発電の仕組みの概念図
［量子科学技術研究開発機構提供］

状態である固体，液体，気体のいずれとも異なる別の第4の状態となり，物質を構成する分子がばらばらになり，さらに中心の原子核と周りの電子が離れたプラズマ状態で運動する。この状況は，磁場核融合炉では，磁場を使って高温のプラズマを容器壁面から浮いた位置に閉じ込めて初めて実現される。資源の有限な化石燃料の枯渇を避けるために，核融合炉には将来の大規模で安定なエネルギー供給源として大きな期待が寄せられている。

現在，磁場核融合炉の研究最前線では，原理的実証段階を終え，核融合炉へのエネルギー注入率と発生率が等しくなる臨界プラズマ条件をすでに欧州トーラス研究施設（JET）[84]などで達成し，エネルギー発生装置として機能するかどうか，安定に制御し得るかを技術的に判断する次の実験炉の段階となっている。そこで核融合炉プラズマの高温加熱に必要なエネルギーと実際に発生する核融合エネルギーの比が10倍以上となることを国際熱核融合実験炉（ITER）[85]で実証しようとしている。図10.5に核融合発電の仕組みを示す。

ITERは，欧州連合，日本，米国，ロシア，中国，韓国，インドの7極が参加する国際協力によ

り核融合エネルギーの実現性を研究するための実験施設で，現在フランスのサンポール・レ・デュランス市に建設中であり，2025年初プラズマ達成，2035年DT燃焼実験開始とするスケジュールが組まれ，出力500 MWtの核融合炉内で発生する高エネルギーヘリウム原子核による加熱で核融合反応が生じる自己点火条件の達成と長時間燃焼を実現しようとしている。そのために核融合炉の高ベータ化（ベータ値は，プラズマ閉じ込めのための磁場圧力に対するプラズマ圧力の比と定義される）は，コンパクトな核融合炉にするための重要な研究開発項目である。

核融合炉の開発は，高温核反応プラズマを閉じ込め維持するプラズマ工学分野の課題に加えて，核融合プラズマに最初に接する第一壁あるいはプラズマ粒子制御のためのダイバーター部の安定な維持が必要不可欠であり，その試験は重要な検討項目である。核融合反応で発生した高エネルギー粒子や熱がダイバーターあるいは第一壁に最初に入る。特にダイバーターは，粒子制御，除熱，閉じ込め改善など多くの機能が要求され，この要求に耐える材料の開発が必須である。現在直面する課題の一つとして，ダイバーター耐熱性・耐粒子線性の克服と除熱がある。さらに中性子や放射線を閉じ込め熱に変換するブランケット部において，炉心で発生する莫大なエネルギーをエネルギー変換するいわゆるブランケット部の構成要素すべてに研究開発が必須であり，ITERに参加する各極で独自に開発したテストブランケットモジュールを使っての性能試験が行われている。また巨大な超伝導コイル，加熱電流駆動システム，トリチウム燃料精製システム，高温・高放射線に耐える核融合炉材料の健全性，プラズマの計測制御などに備わる技術課題をチェックし，次の目標の原型炉に繋げるための課題が抽出されている。特にトリチウムはこれまでに取り扱ったことがない量が

---

[83] IAP：Institute of Applied Physics
[84] JET：Joint European Torus
[85] ITER：International Thermonuclear Experimental Reactor

ITERで使用され，ブランケットで生成したトリチウムを外部に漏らさないように，かつ炉心燃焼で消費したトリチウムと同量以上のトリチウムを生成し回収することが求められている。この量はトリチウム増殖率と定義され，1.05以上を確認することが核融合炉の燃料自己充足性を証明することとなり，プラズマ閉じ込め技術と並んでITERの重要な研究開発項目となっている。外部へのトリチウム漏えい率の低減は，核融合炉の安全性にとって最も重要な項目であり，気体放射性核種であることを深く認識し，深層防護の考え方に基づき，原子力施設である核融合炉の多重の安全対策が施されている。

　エネルギー発生装置として経済性があるものと認められれば，次の原型炉建設が検討され，実用的な核融合炉実現にさらに一歩近づけたことになる。2035年頃にITERで核燃焼プラズマ実験が実証されると，次の段階として，原型炉の建設を含む段階への移行が検討され，多くの研究開発項目についてのアクションプランが日本でも作成されている。

　ITERに代表されるトカマク炉の閉じ込め装置では，外部磁場とともにプラズマ内に大電流を流し，プラズマを安定化させ核融合反応を進行させる方法を取る。プラズマの閉じ込め方法は，以前から別の提案もなされてきた。代表的なものにヘリカル方式の磁場閉じ込め装置（LHD）[*86]が核融合科学研究所で研究されている。ヘリカル炉では外部コイルに流す電流がつくる磁場によってプラズマが閉じ込められ，定常運転がしやすいという利点があり，重水素を使った実験が現在行われており，1億2000万Kのイオン温度，50分以上の定常運転が達成され，臨界プラズマ条件に達する努力がなされているとともに，原型炉で想定される各種炉工学技術が検討されている。核融合炉を実現させるもう一つの試みとして，レーザー爆縮

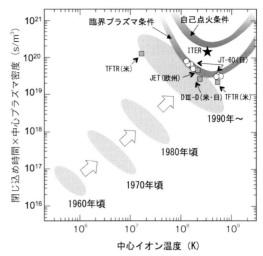

図10.6　核融合炉研究開発の過程
［量子科学技術研究開発機構提供］

反応を利用して，粒子を超高密度に圧縮し反応の確率を上げる方法があり，レーザー核融合装置が大阪大学で研究されている。爆縮と点火を二つのレーザーを使って行う高速点火方式レーザー核融合（FIREXプロジェクト）[*87]方式が編み出され，核融合に必要な温度あるいは固体密度の数百倍の圧縮に成功しており，現在は爆縮時の不安定性制御に研究の目が向けられている。図10.6に核融合炉研究開発の過程を示す。

［深田　智］

10.3　地球温暖化問題への取り組み

10.3.1　パリ協定への取り組み

　2020年以降の温室効果ガス排出削減のための新たな国際的枠組みであるパリ協定が2016年11月に発効し，日本も締結した。パリ協定は，今世紀後半に温室効果ガスの人為的な排出量と吸収源による吸収量を均衡させることを世界共通の長期目標として掲げ，産業革命前からの世界の平均気

[*86]　LDH：large helical device
[*87]　FIREX：Fast Ignition Realization Experiment Project

温上昇を2℃未満とし，さらに1.5℃まで抑制する努力を追及するとしている。パリ協定では締結国が温室効果ガス削減目標を提出して削減対策を実施する義務を負い，日本も2030年度に2013年度比で26%削減し，2050年に80%削減を達成する目標を掲げている。また同協定では，5年ごとに目標達成に向けた世界の進捗状況を定期的に点検し（グローバル・ストックテイク），各国は同じく5年ごとに目標を見直して従来よりも高い削減目標を提出することが求められている。

日本は2030年度の目標達成に向け，電力部門などで取り組みを強化している。日本の電気事業者は「電気事業における低炭素社会実行計画」を発表し，政府の2030年度の電源構成の目標を踏まえ，2030年度に電力におけるCO_2排出係数を0.37 kg-CO_2/kWh程度とする計画を示し，電気事業低炭素社会協議会が今後の目標値などを見直すとしている。ほかにも省エネ法やエネルギー供給構造高度化法が定められ，省エネ法は発電効率の新設への基準と既設へのベンチマーク指標を定めている。新設火力の発電効率基準では，LNG火力はコンバインドサイクル相当，石炭火力は超々臨界圧（USC）[*88]相当の効率が設定され，既設火力は燃料ごとの発電効率目標値に発電量割合を乗じた基準や，電源構成の目標比率と発電効率の目標値の到達度を表す基準が定められた。高度化法では，電気事業者に小売に占める非化石電源（原子力，再エネ）比率を政府目標と整合的な数値（44%以上）とする規定が定められている。

10.3.2 電力低炭素化と原子力

パリ協定が世界の低炭素化への取り組みを要請する中，国際エネルギー機関（IEA[*37]）は，世界の平均気温上昇を2℃未満に抑える目標（2℃目標）と整合的な「持続可能な開発シナリオ」において，2040年の世界の電源構成を分析している。2040年の再生可能エネルギー電源比率は5割以上，非化石電源（原子力，再生可能エネルギー）比率は7割以上にのぼり，2℃目標達成には電力部門の徹底的な低炭素化が必須となる。その中で同シナリオでは，世界の原子力発電の設備量は2016年4億kWから2040年7億kWへ拡大し，電源比率も2016年11%から2040年15%へ上昇するため，原子力発電は風力発電や太陽光発電などとともに，2℃目標を達成する上での世界の主力電源として位置付けられている。

また持続可能な開発シナリオでは，現状，世界の主要なベースロード電源でありCO_2排出量の大きい石炭火力発電が2040年までに2016年比8割減少し，石炭の電力利用がほぼ終焉を迎える。石炭火力は発電技術の中でもCO_2排出量が大きく，最新鋭機の排出原単位でも天然ガス複合発電の約2倍に達するため，CCS（CO_2回収貯留）[*89]技術の普及が進まなければ，石炭火力への依存度低減が2℃目標達成のために重要となる。そのため，原子力発電は2℃目標実現のための電力低炭素化の中で，石炭火力に代わりベースロード電源としての役割を担える貴重な電源となることが示唆される。

［小宮山 涼一］

[*88] USC：ultra super critical
[*89] CCS：carbon dioxide capture and storage

参考文献

1) World Nuclear Association ホームページ http://www.world-nuclear.org/information-library/country-profiles.
2) World Nuclear News home page, http://www.world-nuclear-news.org.
3) フランス政府ホームページ http://www.gouvernement.fr/en/energy-transition.
4) 英国政府ホームページ, Meeting the Energy Challenge A White Paper on Nuclear Power January 2008, http://www.berr.gov.uk/files.
5) Proceedings of FR17, Yekaterinburg, Russia, 26-29 June, 2017.
6) N. Devictor, "French Sodium-cooled fast reactor simulation program" 高速炉開発会議 戦略ワーキンググループ（第10回）, 2018 年 6 月 1 日
7) J. Gilleland, R. Petroski, K. Weaver, *Engineering*, **2**, 88–96（2016）。
8) J. Yoo, KAERI, The 50th IAEA TWG-FR Meeting, 15-18 May 2017.
9) GIF Website, https://www.gen-4.org/gif/jcms/c_93020/safety-design-criteria

第 11 章　原子力科学技術の利用と人材育成

編集担当：工藤和彦

11.1 原子力科学技術分野の人材育成 …………………………………………………… 282
  11.1.1　日本原子力学会の人材育成活動 ……………………………（工藤和彦）282
  11.1.2　大学などの原子力教育 ………………………………………（工藤和彦）284
  11.1.3　原子力人材育成ネットワークの活動 ………………………（桜井　聡）287
  11.1.4　産業界の原子力人材育成の状況 ……………………………（木藤啓子）289
  11.1.5　原子力発電の導入を計画している国への支援 ……………（鳥羽晃夫）292

11.2 量子ビーム技術の利用と研究 ……………………………………（前畑京介）294
  11.2.1　量子ビーム，放射線，放射能とは …………………………………… 294
  11.2.2　放射線の検出器・計測 ………………………………………………… 297
  11.2.3　加速器（量子ビーム発生装置） ……………………………………… 300

11.3 放射線のいろいろな分野での利用 …………………………………………………… 303
  11.3.1　医学・医療分野での利用 ……………………………………（豊福不可依）303
  11.3.2　放射線の工業利用 ……………………………………………（工藤久明）307
  11.3.3　放射線の農業利用 ……………………………………………（工藤久明）309
  11.3.4　分析・測定分野での進展 ……………………………………（石井慶造）312

参考文献 ………………………………………………………………………………………… 316

11.1 原子力科学技術分野の人材育成

11.1.1 日本原子力学会の人材育成活動

日本原子力学会（以下，「学会」と略す）[*1]は1959（昭和34）年に発足した一般社団法人である。定款は「原子力の平和利用に関する学術および技術の進歩をはかり，会員相互および国内外の関連学術団体等との連絡協力等を行ない，原子力の開発発展に寄与することを目的とする」としており，正会員，学生会員および推薦会員の合計は約7,200名，賛助会員は約230社であり，全国に8支部がある。運営を統括する企画委員会，総務財務委員会など13の常置委員会が置かれ，企画活動，倫理啓発活動，広報活動などが常時行われている。19の研究分野別の部会[*2]があるほか，約40の研究・調査専門委員会が置かれ，学会員はその専門に応じた部会・委員会に加わって活動している。学会誌「ATOMOSΣ」，英文論文誌「Journal of Nuclear Science and Technology」を毎月，「和文論文誌」を年4回発行し，毎年春と秋に全国規模の研究発表大会を開いている。

学会の人材育成活動の大きな部分を担っている教育委員会は常置委員会の一つで，原子力関連の教育の支援および他の関連する機関との連携による人材育成支援を行っているが，後に詳述する。

学会の各支部では，小中高校生や市民に原子力に関する理解を深めてもらう活動として「オープンスクール」を開き，講演や展示を行っているが，これに参加した若年層が原子力に関心をもって，将来原子力に関連した産業界などに進むことも期待している。

シニアネットワーク連絡会（SNW：会員約200名）では，2005（平成17）年から各地の大学，高等専門学校（高専）の学生を対象として，次世代を担う若者たちへの技術伝承と人材育成に寄与するため，学生たちとの「エネルギー・原子力について考える」対話会活動を行っている。2017（平成29）年度は16大学・高専で対話会を開催し，500名を越える学生との対話を行った（図11.1）。

学会内部での人材育成支援として，春・秋の研究発表大会時に学生ポスターセッションを開催し，優秀な発表を表彰している。

学会の活動支援のためにフェロー制度があり，フェローの寄付などによる基金が設けられている。毎年度末，大学・高専の原子力に関連する学科・大学院専攻の学業優秀な卒業・修了者について，「フェロー賞」（全国で約40名）を授与している。若手連絡会（YGN）[*3]は原子力関係の企業・研究機関で活動している技術者・研究者の連絡会である。フェロー基金から原子力若手国際会議（IYNC[*4]，2020年はオーストラリアで開催）へのYGNメンバー派遣のための支援が行われ，この会議の日本開催が計画されている。

前述の学会の教育委員会（委員約30名）は，初等中等教育小委員会，高等教育小委員会，技術

(a) 福島高専での対話会（2018（平成30）年1月）

(b) 八戸工業大学での対話会参加者（2018（平成30）年2月）

図11.1　SNWによる学生との対話会

---

*1　(一社)日本原子力学会 URL：http://www.aesj.net/
*2　原子力学会の19部会：炉物理，核融合工学，核燃料，バックエンド，熱流動，放射線工学，ヒューマン・マシン・システム研究，加速器・ビーム科学，社会・環境，保健物理・環境科学，核データ，材料，原子力発電，再処理・リサイクル，計算科学技術，水化学，原子力安全，新型炉，リスク
*3　YGN：Young Generation Network
*4　IYNC：International Young Generation Network Conference

者教育小委員会に分かれて活動している。

初等・中等教育小委員会では初等中等教育に用いられる理科，社会科系などの教科書の，エネルギー，原子力，放射線関連記述の調査を約20年間にわたって継続的に行ってきた。これまで12冊の報告書を作成して文部科学省，教科書会社などに提出，公表した[*5]。文部科学省が告示する学習指導要領および同解説はほぼ10年ごとに改訂される。教科書会社はそれに従って教科書を編纂し，文部科学省の検定を受けたものが使用される。現在の中学校では2008（平成20）年，高等学校では2009（平成21）年に告示された学習指導要領に従って編纂された教科書が使われている。

理科の学習指導要領では，中学3年3学期の「科学技術と人間」の分野において「原子力発電ではウランなどの核燃料からエネルギーを取り出していること，核燃料は放射線を出していることや，放射線は自然界にも存在すること，放射線は透過性などをもち，医療や製造業などで利用されていることなどにも触れる」と記された。約30年ぶりに放射線に関する説明を行うことが復活したことは特筆すべき大きな進展である。表11.1に示すように，2016（平成28）年度から使用されている中学校の理科教科書では，その前までの教科書（合計15ページ）に比べ，東京電力福島第一原子力発電所（以下，1Fと称する）事故を含む放射線に関する記述ページ数がほぼ倍増（合計24ページ）している。2017（平成29）年に告示された新学習指導要領によると，放射線について中学2年から教えることになっており，それに従った教科書が2021年度から使われる。それ以後の生徒たちの原子力，エネルギーに関する理解が充実することが期待される。

高等教育小委員会では大学学部学生などを対象とした高等教育用のカリキュラム教材の充実と，高専生教育を支援している。最近では大学・高専で開発されているe-learning教材について調査して，相互利用を目指して情報共有活動にも力を入れている。大学の重要な研究設備に関して，特別専門委員会の「研究炉等の役割検討・提言分科会」，「大学等核燃およびRI研究施設役割検討・提言分科会」と協力し，研究炉，核燃料およびRI研究施設の現状，課題とその解決を訴えている。

技術者教育小委員会では，技術士（原子力・放射線部門）資格取得を支援するため技術士制度・試験講習会の実施および試験問題の解説を行っている[*6]。技術士の原子力・放射線部門は2004（平成16）年に設けられたが，これまでに約510名

表11.1 中学校理科教科書の原子力発電および放射線に関する記述のページ数の変化

発行年度	事項	東京書籍	大日本図書	学校図書	教育出版	啓林館	合計ページ数
2011～2015年（旧版）	原子力発電[*1]	1	2	1	2	1	7
	放射線[*1]	1	3	2	1	1	8
	合計ページ数	2	5	3	3	2	15
2016年～（新版）	原子力発電[*2]	1	3	1	1	2	8
	放射線[*2]	4	4	4	2	2	16
	合計ページ数	5	7	5	3	4	24

※1 福島第一原子力発電所事故の記述はない。
※2 福島第一原子力発電所事故の記述を含む。
［参考資料：林壮一，川村康文，放射線教育，**19**(1), 3-12（2015）］

[*5] 原子力学会初等・中等教育 URL：http://www.aesj.net/education/syoto_tyutokyoiku
[*6] 技術士については(公社)日本技術士会 URL：https://www.engineer.or.jp/c_categories/index02010.html
原子力学会技術士 URL：http://aesjnet.sakura.ne.jp/gijyutsushi/

の原子力・放射線部門の技術士，約 2,200 名の同技術士補が生まれて，企業，研究機関などで活躍している．

技術者・研究者は不断の自己研鑽に努めることが求められている．学会では各委員会，部会・連絡会の協力により，原子力技術者・研究者向け継続研鑽（CPD）[*7] プログラムとして推奨できる研鑽プログラムの情報提供を受け，これらを「教育委員会推奨 CPD プログラム」として，学会員の CPD 実績の登録をしている．CPD はあらゆる分野で強く要請されているが，（公社）日本工学会 CPD 協議会，（公社）日本技術士会などとも連携して活動している．

教育委員会では 1998（平成 10）年に一般市民，原子力を専門とはしない学生などを対象に原子力に関する基礎知識や歴史をまとめて『原子力がひらく世紀』という副読本を編集し販売した[*8]．幸い好評を得てその後『改訂第 2 版』，『改訂第 3 版』を刊行した．しかし，『改訂第 3 版』は 2011（平成 23）年 3 月の東日本大震災に伴う 1F 事故の直前の刊行であったため，同事故以後の記述はない．本書『原子力のいまと明日』は教育委員会が『原子力がひらく世紀 改訂第 3 版』以降の日本および世界の原子力の状況について，同レベルの副読本という位置づけで編纂したものである．

[工藤 和彦]

11.1.2 大学などの原子力教育

1956（昭和 31）年に原子力三法（「原子力基本法」，「原子力委員会設置法」および「総理府設置法の一部改正［総理府原子力局の設置］」）が制定され，日本の原子力開発に関する行政機構が定まった．これに続いて 1958（昭和 33）年から 1967（昭和 42）年にかけて 11 大学に原子力関係の学科が設置され，続いて 13 の大学院にも原子力教育を主とする専攻が置かれ，1998（平成 10）年頃までは毎年 400～500 名の学部卒業生，200 名以上の修士・博士課程修了者を送り出していた．

1991（平成 3）年の大学設置基準の大綱化によって大学に関する規制が大幅に緩和され，国公私立大学で大きい改革がなされた．原子力関連の学科・専攻もその動きの中で，平成 10 年代以降名称変更，統廃合が行われた．工学関係の大きい動きとしては，学部の学科の大くくり化とそこでの工学共通の基礎教育の強化とともに，原子力などの専門分野に関連した科目の大学院カリキュラムへの移行（大学院での講義増加）が進んだ．

約 10 年前までは原子力関連の学科は 14 大学，専攻は 18 大学院に置かれ，毎年 600 名以上の卒業生，500 名以上の修士（博士前期課程）・博士後期課程修了者が出て，多くが原子力産業，電気事業者，原子力研究機関などに就職していた．

しかし，2011（平成 23）年 3 月の 1F 事故で，社会における原子力への評価が一変した．それに伴い原子力関連の学科，専攻への入学志望者が大きく減り，また原子力関連企業へ就職する卒業生もかなり減ってしまい，技術者不足，将来の技術継承に懸念がもたれている．

表 11.2 に原子力関係の学科・専攻またはコースの現状を示す．名称に原子力が入っているのは，18 学科中の 7 学科，22 専攻のうちの 12 専攻である．エネルギー，量子などの名称をもつ学科，専攻，コースが多く，教育内容も原子力発電技術に加えて，放射線・加速器・量子ビーム分野などの科目が増えている．

最近では，原子力関連の学科・専攻への入学志望者，原子力関連業界への就職も漸増の傾向にある．

原子力関連の学科・専攻をもつ大学は「原子力教員協議会（任意団体）」を組織して，毎年春秋の原子力学会全国大会時に集まり，カリキュラムや原子力実験装置，臨界実験装置・原子炉を使う

[*7] CPD：Continuing Professional Development
[*8] 日本原子力学会編『原子力がひらく世紀 改訂第 3 版』（2011）．

第11章　原子力科学技術の利用と人材育成

表11.2　原子力関係学科・専攻のある大学

大学名	学部 原子力関係学部学科または コースの名称	学科または コースの1 学年の定員	大学院 大学院課程の名称	博士前期課程の 1学年の定員	博士後期課程の 1学年の定員
北海道大学	工学部　機械知能工学科（機械情報コースおよび機械システムコース）	120名	工学研究科　エネルギー環境システム専攻および量子理工学専攻	33名	14名
八戸工業大学	原子力工学コース（学科横断型履修）	約45名	原子力専修コース（専攻横断型履修）	約12名	—
東北大学	工学部　機械知能・航空工学科　量子サイエンスコース	35名	工学研究科　量子エネルギー工学専攻	38名	11名
東京大学 原子力国際専攻	明示的な関係学科はなし（原子力国際専攻に進学する学生が多いシステム創成学科に関する情報）	システム創成学科：279名	工学系研究科原子力国際専攻（システム創成学科から約10名が原子力国際専攻に進学）	29名	11名
東京大学 原子力専攻 (専門職大学院)	—	—	工学系研究科　原子力専攻（専門職学位課程）	15名	
東京工業大学	—	—	3学院の複合系として原子核工学コース設置	40名（定員はなく学生数は年により変動）	（定員はなく学生数は年により変動）
東京都市大学	工学部　原子力安全工学科	45名	総合理工学研究科　共同原子力専攻（早稲田大学と連携）	15名	4名
早稲田大学	—		先進理工学研究科　共同原子力専攻（東京都市大学と連携）	15名	4名
東海大学	工学部　原子力工学科	40名	工学研究科　応用理化学専攻 総合理工学研究科　総合理工学専攻	45名 —	— 35名
長岡技術科学大学	原子力安全工学コース（すべての学部3年生が選択できる。）	定めず	工学研究科　原子力システム安全工学専攻	20名	—
福井大学	工学部　機械システム工学科　原子力安全工学コース	25名	工学研究科　原子力・エネルギー安全工学専攻	27名	12名
福井工業大学	工学部　原子力技術応用工学科	全学164名	工学研究科　応用理工学専攻　原子力技術応用工学コース	10名	6名
名古屋大学	工学部　エネルギー理工学科	40名	工学研究科　エネルギー理工学専攻および総合エネルギー工学専攻の2専攻体制，実質的にエネルギー系専攻として一体運営	エネルギー理工学専攻18名 総合エネルギー工学専攻18名	9名
京都大学	工学部　物理工学科　原子核工学コース	20名	工学研究科　原子核工学専攻	23名	9名
大阪大学	工学部　環境・エネルギー工学科（平成30年度より環境とエネルギーの二つの工学科目に分ける予定）	76名	工学研究科　環境・エネルギー工学専攻（エネルギー量子工学コース）	環境・エネルギー工学専攻77名（エネルギー量子工学コース）37名	15名
大阪府立大学	—	—	工学研究科　量子放射線系専攻	8名	
近畿大学	理工学部　電気電子工学科　エネルギー・環境コース	学科190名	総合理工学研究科　エレクトロニクス系工学専攻　原子エネルギー分野	エレクトロニクス系工学専攻（4分野）30名	6名
神戸大学	海事科学部　海洋安全システム科学科	40名	海事科学研究科博士課程前期課程　海事科学専攻海洋安全システム科学コース	海事科学専攻75名	11名
九州大学	工学部　エネルギー科学科　エネルギー量子理工学コース	学科100名	工学府　エネルギー量子工学専攻 総合理工学府　先端エネルギー理工学専攻	28名 34名	10名 12名

実験など共通した課題について情報交換を行っている。

　原子力に限らずどの大学でも，大型の実験装置などの維持は人員・経費ともに苦しい状況にあるが，特に原子炉に関連する実験・実習は存続が危ぶまれる状況にある。現在大学が運転している原子炉は京都大学複合原子力科学研究所の研究用原子炉（KUR，図11.2），同臨界集合体実験装置（KUCA，図11.3）および近畿大学原子力研究所の原子炉（UTR-KINKI，図11.4）の三つである。KURは主として研究用に共同利用され，多様な研究テーマに用いられている。KUCAでは12大学の学部学生，大学院生が原子炉実験に参加し，2015（平成27）年度までの受講者は約3,600名となっている。KUCAを利用した教育は韓国，中国およびスウェーデンの学生に対しても行っており，これまでに230名以上の海外からの学生が受講している。UTR-KINKIは60年近くの運転実績をもち，大学生，教師などの実験・研修に多大の貢献をしている。

　高等専門学校は工業高専を主に，全国に57校あり，約6万人が学んでいる。高専には原子力関係の学科，専攻科はないが，多くの高専に原子力教育に関心をもつ教員がおられる。教材の開発や原子力・放射線の授業，複数の高専が協力した遠隔授業システムを使った原子力の授業などが活発に行われている。学生の関心も高く，電気事業者や原子力関連企業に就職する卒業生は毎年1割ほどもいる。最近は高大連携として，原子力関係学科をもつ大学と工業高専の教員が協力して，原子力の授業，実験，大学・企業見学などをする例も増えている。

［工藤　和彦］

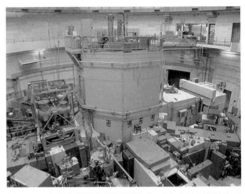

図11.2　京都大学研究用原子炉（KUR）（複合原子力科学研究所）

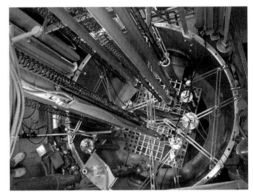

図11.3　京都大学臨界集合体実験装置（KUCA）軽水減速架台（複合原子力科学研究所）

(a) 炉心部　　　　(b) 制御コンソール

図11.4　近畿大学原子炉（UTR-KINKI）（原子力研究所）

11.1.3　原子力人材育成ネットワークの活動

原子力人材育成ネットワーク（JN-HRD.Net.）[*9] は，産学官の原子力人材育成機関の情報共有と相互協力および日本全体で一体となった原子力人材育成体制（図11.5）の構築を目指して2010（平成22）年11月に発足し，2018（平成30）年の時点で78機関が参加している。その目的を以下に示す。

・今後の日本の原子力界を支える人材の確保
・国際的視野をもち，世界で活躍できる高い資質を有する人材の育成
・海外の新規原子力導入国における人材育成支援の推進
・学生などの原子力志向の促進
・原子力に係る社会的基盤の整備および拡大

また，東日本大震災と1F事故の発生を受け，以下の新たな課題にも対応している。

・原子力を志望する若手の減少
・プラントの長期停止に伴う技術者の訓練機会の減少
・放射線の知識に係る対話の強化

これらを達成するため原子力人材育成ネットワークは，以下の五つの分科会を設置し，さまざまな活動を行っている[*10]。

(1)　初等中等教育支援分科会

原子力に関する小学生・中学生・高校生の知識の涵養を図るため，エネルギー・原子力・放射線

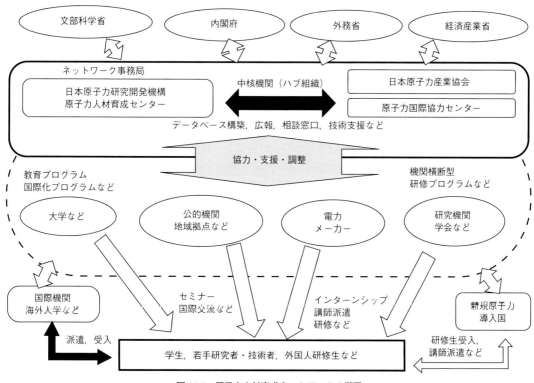

図11.5　原子力人材育成ネットワークの概要
［出典：https://jn-hrd-n.jaea.go.jp/material/activityreports/NEM_school2017.pdf］

[*9]　JN-HRD.Net.：The Japan Nuclear Human Resource Development Network
[*10]　https://jn-hrd-n.jaea.go.jp/taisei.php

などの理科教育に関する情報提供，イベントの開催支援などを行っている．また，小中高の教員に対して原子力教育の推奨，原子力関連情報（原子力利用，安全性など）を提供するとともに，初等中等教科書に記述されている原子力に関する情報を日本原子力学会と連携して調査して提言をまとめ，文部科学省や教科書会社に提出，公表している．

(2) 高等教育分科会

大学生，大学院生および高等専門学校生を対象とし，共有可能なテキストや施設に係る情報提供，各種研修の開催支援などを行っている．また，原子力を志望する学生の増加を図るため，機械・電気系などの学生を主な対象とした原子力施設見学会を開催している．

(3) 実務段階の人材育成分科会

原子力安全確保とそのための技術の維持・向上および1F事故を踏まえた関係機関の人材育成に関する取り組み状況の体系的整理と可視化を進めている．

(4) 国内人材の国際化分科会

国際的に活躍することができる人材の育成活動を実施・支援している．2012（平成24）年から東京大学などと共同開催しているJapan-IAEA[*11]原子力エネルギーマネジメントスクールは，よく検討されたカリキュラムに加えて，学んだことを現場で理解するための施設見学（図11.6）も組み込まれており[*12]，海外でも高い評価を受けている．

(5) 海外人材育成分科会

原子力に携わる海外の人材を対象として，相手国との将来的なパートナーシップを強化することを目的に，日本の保有する技術や知識を普及するための人材育成活動（IAEA原子力発電基盤整備4週間コースなど）を実施するとともに，国内で実施可能な海外向け訓練コースについての情報を発信している．

図11.6 東京電力福島第二原子力発電所4号機での施設見学
［出典：http://www.aec.go.jp/jicst/NC/iinkai/teirei/siryo2018/siryo31/1.pdf］

原子力人材育成ネットワークは，2015年（平成27）に10年後の日本の原子力のあるべき姿を想定する上で重要な4項目，すなわち，

①福島の復興・再生
②安全運転・安全確保
③核燃料サイクル・放射性廃棄物処分
④国際貢献・国際展開

の達成を目指して，これを実現するための人材要件と課題を抽出した．その解決に向けたロードマップを①教育段階，②若手，③中堅，④海外人材のそれぞれについて，産学官の役割分担を明確にして策定した[*13]．また，特に国を挙げて戦略的に取り組む必要がある項目として，以下を指摘している．

・原子力を専攻する若い世代の基礎基盤となる実験・実習の機会の確保のための研究炉など大型教育・研究施設の維持
・海外からの要請に応え，また今後の国際展開の本格化に備えるための海外原子力人材育成の戦略的推進
・戦略的原子力人材育成のための司令塔の設立検討

［桜井 聡］

---

*11 IAEA：International Atomic Energy（国際原子力機関）
*12 https://jn-hrd-n.jaea.go.jp/material/activityreports/NEM_school2017.pdf
*13 https://jn-hrd-n.jaea.go.jp/material/activityreports/policy-roadmap-appendix-20150513.pdf

11.1.4 産業界の原子力人材育成の状況

a. 原子力発電のサプライチェーンと人材

原子力発電所のライフサイクルは，設計開始から，製造，建設に約10年，運転・保守に数十年，そして廃炉にいたる長丁場である。日本で原子力発電所を運転している11の電力会社（うち1社は建設中）は，ゼネコン，3プラントメーカー，原子力特有の技術をもつ400以上の企業，汎用技術を扱う企業，地場産業からなるサプライチェーンによって支えられている（図11.7）。原子力特有の原子炉容器，冷却材ポンプなどは海外にも輸出されている。

原子力発電は核分裂反応を利用するため，火力発電などに比べ安全要求が厳しい。エネルギー資源の乏しい日本で一定の役割を与えられている原子力発電を安全に進めるには，サプライチェーンと，それに関わる人材と技術の維持・向上が必須である。原子力関係企業にとっては優れた人材の獲得，育成が基本となる。以下の項では，日本の原子力関係企業の人材採用状況および採用後の技術者育成の例について述べる。

b. 原子力関係企業の新卒採用状況

「原子力の仕事について知りたい」という学生の声に応えて，原子力関係企業では合同企業説明会（名称は原子力産業セミナー[*14]）を2006年度より毎年開催している。日本原子力産業協会[*15]（以下，原産協会）などが主催しており，安全規制を所掌する原子力規制庁も民間企業と並んで出展している（図11.8）。

参加企業数・来場学生数の推移は図11.9のとおりである。2011年3月の1F事故後，参加企業

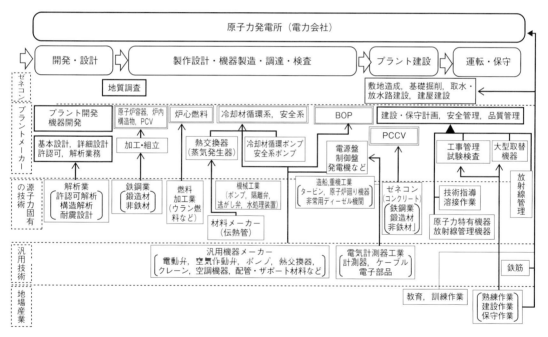

図11.7 原子力発電所のライフサイクルとサプライチェーン
[出典：日本原子力産業協会]

[*14] 原子力産業セミナー http://www.jaif.or.jp/manpower/support/seminar-report
[*15] 日本原子力産業協会 http://www.jaif.or.jp/

第Ⅲ部　原子力の状況とこれから

図 11.8　原子力産業セミナーの会場風景
［出典：PAI*原子力産業セミナー2019 開催報告］
※ PAI : Presentations by Atomic Industry

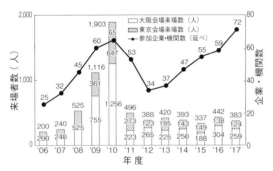

図 11.9　原子力産業セミナーの参加企業数・
来場学生数の推移
［出典：PAI 原子力産業セミナー2019 開催報告］

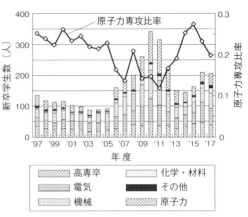

図 11.10　電力会社の原子力部門における新卒学生の
配属状況（2017年5月）
調査対象：北海道電力，東北電力，東京電力，中部電力，北陸電力，関西電力，中国電力，四国電力，九州電力，日本原子力発電，電源開発の 11 社
注）2017年度は，5月時点の原子力部門配属数（配属予定数を含む）を計上している。［日本原子力産業協会調べ］

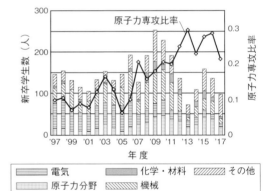

図 11.11　主要メーカー（6社）の原子力部門における
新卒学生の配属状況（2017年5月）
調査対象：IHI，東芝，日立 GE ニュークリア・エナジー，富士電機，三菱重工業，三菱電機の原子力関連主要メーカー6社
注）2017年度は，5月時点の原子力部門配属数（配属予定数を含む）を計上している。［日本原子力産業協会調べ］

数，来場学生数ともに減少した。その後，企業数は増加に転じ，2017年度企業数は最多となっている。また，別の調査では電力会社11社および主要メーカー6社の原子力部門は，事故後の2013年度以降も技術系新卒学生を継続して配属していることがわかる（図11.10，図11.11）。これは1Fの廃炉，新規制基準対応，自主的安全性向上や，今後の原子力発電所の廃炉，新型炉開発などのチャレンジのほか，原子力発電所建設経験の豊富な50歳代以上の世代の退職期を迎える原子力関係企業の人材採用ニーズの現れと考えられる。原子力関係企業では，今後も学生向けセミナーなどで原子力の仕事や将来性などについて学生の興味に訴えることで人材確保につなげたいとしている。

c.　原子力発電所運転員の教育訓練

原子力発電所のコア技術および技術者に求められる能力について，国内電力会社の例が原子力人

第 11 章　原子力科学技術の利用と人材育成

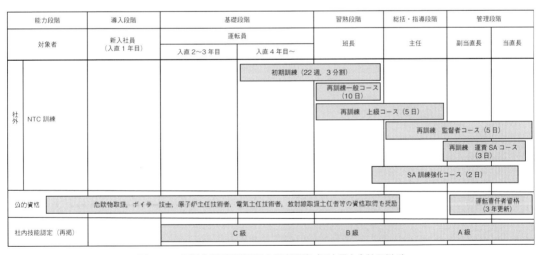

図 11.12　原子力発電所運転員の教育訓練（国内電力会社の例 1）

※1　大卒・院卒は入直 2 年目，※2　大卒・院卒は入直 3 年目〜
注）上記には次のものを含まない。OJT，職種によらない共通教育（保安教育，安全教育，放射線管理教育など），受講を必須としない他職種向けの社内訓練コース，社外研修の受講，自己研鑽など
［出典：「原子力人材育成ネットワーク実務段階人材育成分科会の活動報告」2016 年 2 月］

図 11.13　原子力発電所運転員の教育訓練（国内電力会社の例 2）

注 1）社内技能認定と能力段階，職位はリンクしておらず，記載の認定階級（A〜C 級）取得時期は目安である。
注 2）社内技能認定は試験によって行われることから，認定試験受験に向け適宜 OJT，自己研鑽などを行っている。
［出典：「原子力人材育成ネットワーク実務段階人材育成分科会の活動報告」2016 年 2 月］

材育成ネットワークで紹介されている[*16]。それによれば，技術者は運転員，保修員，放射線管理員，化学管理員，原子燃料管理員からなり，保修員は機械，電気，計装の担当に分かれる。このうち，運転員の教育訓練の概略は図11.12，図11.13のとおりである。社内ではシミュレーター訓練，運転安全教育，緊急時対応教育などを受け，終了後に試験を経て社内技能認定される。社外研修では福井県敦賀市にある原子力発電訓練センター（NTC）にて，経験段階に応じて初期訓練や上級者，監督者用の特別訓練コースなどを受講している（なお，BWR[*17]電力会社の場合は，BWR運転訓練センター（BTC）を利用している）。また，先輩運転員から実機運転の勘所を指導されるOJT（オンザジョブトレーニング）や，他の職種と共通の保安教育，安全教育，放射線管理教育などを受講することで必要な知識・能力を修得している（図11.14）。

このように電力会社では，運転員の教育訓練については社内研修やOJTを通じて指導資格をもつ先輩運転員から経験を引き継ぐとともに，社外研修を利用することによって教育訓練水準の客観性を確保し，原子力発電所の安全運転に努めている。なお，新規制基準対応後に再稼働した原子力発電所では，再稼働を目指している他社の運転員を研修のために受け入れるなどしており，電力会社間で人材育成の協力体制が整えられている。

d．国際的に活躍できる若手人材の育成

英国ロンドンに本部を置く世界原子力協会（WNA）[*18]では，将来国際的な活躍が期待される若手人材の育成を目的とする「世界原子力大学（WNU）夏季研修[*19]」を2005年より毎夏6週間にわたり開催している。毎年30数か国から約80名の若手技術者・研究者・行政官などが参加し，著名な専門家から薫陶を受け，参加者間の議論を通じてリーダーシップについて学び，国境や組織の枠を超えた若手世代のネットワークを結んでいる。日本では，産業界，研究機関などからの若手派遣について原産協会が一部助成している。2017年までに研修に参加した56名の日本人は現在それぞれの専門分野において国内外で活躍している。

［木藤 啓子］

11.1.5 原子力発電の導入を計画している国への支援

世界的に見た場合，エネルギー・セキュリティの確保や地球温暖化問題に対応する観点から，原子力発電の再評価が進んでいる。このため，原子力発電の導入を計画する国や検討する国が開発途上国を中心に増えてきており（図11.15に示すように約30か国），アラブ首長国連邦（UAE）のように新たに原子力発電所を運転開始させる国も現れている。こうした中，原子力発電に対する豊富な経験を有する日本に対して人材育成，安全性向上，法整備などの基盤整備に関する協力要請が多く寄せられている。

また2011（平成23）年3月の東日本大震災やそれに伴う1Fの事故後は，最新かつ正確な情報の提供および経験や検証から得られる知見や教訓

図11.14　原子力発電所運転員の訓練風景
［写真提供：四国電力］

---

* 16 原子力発電に係るコア技術　https://jn-hrd-n.jaea.go.jp/material/bunkakai03/20120208_jitumu_core_technology.pdf
* 17 BWR：boiling water reactor（沸騰水型原子炉）
* 18 WNA：World Nuclear Association
* 19 世界原子力大学（World Nuclear University）夏季研修
http://www.world-nuclear-university.org/imis20/wnu/programmes/summer_institute/si_introduction/wnu/public_wnu/programmescontent/sicontent/si_intro.aspx

第 11 章　原子力科学技術の利用と人材育成

（濃いアミの国々は原子力発電の導入を計画・検討している国，薄いアミは原子力発電導入済）
図 11.15　原子力発電の導入を計画する国や検討する国
［出典：IAEA 資料などから推定］

などを活用し，原子力発電導入国においてより高い水準の原子力安全が実現するよう安全面を中心とした協力が必要となっている。

このような協力は，各省庁，自治体，大学，民間企業，団体などの各組織によって行われている。日本の国際協力の特徴としては，基礎的な部分を中心に多くの協力が長期間にわたって粘り強く行われていることと，あまり商業的色合いの強くない事業を中心としており，相手国からも高い評価を得ている。一方，他の原子力先進国からの協力と比べた場合に，英語での講義が可能な講師の数が限られている（特に原子力発電実務のような現場の部分），日本語が IAEA の公用語でない（ロシア語，中国，フランス語と違い日本語への翻訳には IAEA の予算がつきにくい）といった語学の面でハンディがある。

また，日本全体としての事業の整理した提示が不十分で海外から見て分かりにくく，ロシア，韓国，フランスといった国全体がまとまって協力を進めている国と比べた場合に見劣りしてしまうことが懸念される。

そこで特に海外からを念頭に，見える化を図るために日本原子力人材育成ネットワークの五つ目の分科会として省庁，自治体，大学その他関係する組織をメンバーとした海外人材育成分科会を立ち上げている。分科会の設置目的は，原子力発電新規導入国などの国際社会からの多様な人材育成の要望に対応する，産学官連携体制の整備に寄与することである。

この分科会では各組織の新規導入国向けの研修のデータベースを作成し（後にネットワーク全体のデータベースに統合），準備の進捗状況（IAEA の定義による），内容，対象者別にマトリクスを作成し分析し，研修内容の過不足を確認している。またこの分析をもとに新規原子力発電導入国向けに，日本から提供できるプログラムを紹介するパンフレットを図 11.16 のように作成している。

一方，こうした研修を行っていく上での問題点

第Ⅲ部　原子力の状況とこれから

図11.16 新規原子力発電導入国向けに，日本から提供できるプログラムを紹介するパンフレット

としては，以下が挙げられる。

・研修生のレベルを揃えることが難しい（特に複数国対象の場合）
・国際機関のニーズと日本がやりたいこととの調整が難しいことがある
・核セキュリティの観点から実際の発電所での研修における制限が多い
・研修を受講した人の派遣元組織への歩留まりが悪い例がある（砂漠に水を撒く状況に近いことも）
・人材育成は原子力工学だけでなく幅広く工学全般（機械，電気，制御，水化学など）にわたって行う必要があることが理解されていない

一方，新規原子力発電導入国，検討国からは，単発の研修ではなく長期的な視点に立った，系統的な人材育成，留学やインターンシップといった長期的な協力に対する要請がなされている。今後ともこうした新規導入国の要請に応えていくためには，こちらから決まった形のものを供給するだけではなく，相手国のニーズにカスタマイズした，人材育成の全体計画にもコミットしていくような積極的な支援を行っていく必要がある。

［鳥羽　晃夫］

11.2　量子ビーム技術の利用と研究

11.2.1　量子ビーム，放射線，放射能とは

　量子ビームとは，原子や原子核を構成するミクロな粒子のビームのことである。電子，陽子や炭素イオンなどマイナスやプラスの電荷をもった粒子を荷電粒子と呼ぶ。荷電粒子の量子ビームの形状，エネルギーや方向を，電磁気学の原理を用いて非常に高い精度で制御する装置を加速器と呼ぶ。従来から素粒子・原子核物理学の実験研究のためにさまざまな加速器が開発されてきた。近年では，加速器で発生する量子ビームは，ナノスケールの極微領域における物質の高精度の観察・分析や非侵襲的がん治療などのさまざまな分野で利用されている。

　放射線とは，直接的あるいは間接的に荷電粒子の電気的引力または斥力（クーロン力）により，原子や分子を電離する能力をもつ電磁波や粒子線のことである。代表的な放射線には，電磁波であるエックス線（X線）とガンマ線（γ線），電荷をもった粒子線であるアルファ線（α線）やベータ線（β線），電荷をもたない中性子線などがある。また，物理学実験，材料開発やがん治療などの利用を目的として，加速器などの装置で発生させる量子ビームも放射線である。放射線のエネルギーの単位はeV（電子ボルト）で表される。素電荷 e（1.602×10^{-19} C）が1Vの電位差で得る運動エネルギーが1eVであり，1eV=1.602×10^{-19} Jの関係にある。

a. 放射線の発見

　以下に述べるように，エックス線，アルファ線，ベータ線およびガンマ線は，非常に短い期間に次々と発見された。

　1855年，ドイツのガイスラー（Johann Heinrich Wilhelm Geißler, 1814-1879）らにより真空放電

管（ガイスラー管）がつくられ，真空放電の研究が盛んになり，陰極線や陽極線が発見された。1895年，ドイツのレントゲン（Wilhelm Conrad Röntgen, 1845-1923）は，ガイスラー管より高真空のクルックス管を用いて陰極線について実験をしているときにエックス線を発見した。翌年の1896年，フランスのベクレル（Antoine Henri Becquerel, 1852-1908）は，鉱石中のウラン元素から未知の放射線が放出されていることを発見した。1897年，英国のトムソン（Joseph John Thomson, 1856-1940）は，陰極線の正体が$-e$の電荷をもつ電子であることを発見した。1898年，ピエール・キュリー（Pierre Curie，フランス，1859-1906）とマリ・キュリー（Maria S. Curie，ポーランド，1867-1934）夫妻は，放射性同位元素であるポロニウムとラジウムを発見し，ウランやトリウムなどの元素が放射線を放出する性質を放射能と名付けた。1899年，英国のラザフォード（Ernest Rutherford, 1871-1937）は，ウランやトリウムから2種類の放射線が放出されることを解明し，これらをアルファ線およびベータ線と名付けた。その後，ベクレルは，トムソンと同じような方法でベータ線の質量／電荷比を測定し，ベータ線が電子であることを明らかにした。

1906年にラザフォードの測定により，アルファ線の電荷と質量の比が水素イオンの値の約2倍であることが示され，アルファ粒子が$+2e$の正電荷をもつヘリウム原子核であることが分かった。1900年，フランスのヴィラール（Paul Ulrich Villard, 1860-1934）がエックス線よりはるかに透過力が大きく，磁場で曲がらない放射線がラジウムから放出されていることを発見した。この放射線を1903年にラザフォードがガンマ線と名付けた。

一方，中性子は，1920年頃からラザフォードによりその存在が予測されていたが，電荷をもっていないために検出が困難であった。1932年，

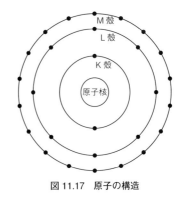

図11.17　原子の構造

英国のチャドウィック（James Chadwick, 1891-1974）がポロニウムから放射されるアルファ線をベリリウムに衝突させる実験により中性子を発見した。

b. 原子・原子核の構造と放射性壊変

このような放射線発見に伴う研究により，物質を構成する原子や原子核の構造が明らかになった。原子の構造は図11.17に示すように，正の電荷をもつ原子核を中心に，電荷が$-e$の電子が1個ずつそれぞれのエネルギーに対応して，K殻，L殻，M殻などの電子殻に規則正しく配置される模型で説明することができる。それぞれの電子殻に所属する電子のエネルギーは，正の電荷をもつ原子核の電気的な力による電子の束縛エネルギーに対応していて，原子核に近くなるほど束縛エネルギーは大きくなる。

外側の電子殻にある電子が内側の電子殻に遷移する際，それぞれの電子殻間のエネルギー差と等しいエネルギーのエックス線が放射される。このように原子に束縛された電子のエネルギー状態の変化に伴い放射されるエックス線のエネルギーは100 eV～100 keV程度である。また，高速度の電子がタングステンなどの金属を通過する際に，原子の電気的な力による急激なブレーキによりエックス線が発生する。

原子核は e の正電荷をもつ陽子と，電荷をもたない中性子から構成される。陽子と中性子の質量はほぼ等しく，電子質量の約1,800倍である。原子核を構成する陽子数を Z，中性子数を N とするとき，Z を原子番号と呼び，Z と N の和 A を質量数と呼ぶ。原子は電気的に中性なので，番号 Z の原子には Z 個の電子が存在する。

ある種の原子核では，アルファ線やベータ線あるいはガンマ線を放射して別の種類の原子核に変わる現象が発生する。このような現象を放射性壊変（崩壊）と呼ぶ。エックス線放射を伴う電子捕獲，単一エネルギーの電子放出を伴う内部転換や中性子放射を伴う自発核分裂も放射性壊変である。このような放射性壊変を起こす能力をもつ元素を放射性同位元素（radio isotope, RI）と呼ぶ。

(1) アルファ線

アルファ線は，ラジウム，ウラン，トリウムなどの比較的原子番号が高い放射性同位元素の原子核から放射される高速度のヘリウム原子核であり，2個の陽子と2個の中性子から構成され，$+2e$ の電荷をもつ。アルファ線を放射する放射性壊変をアルファ崩壊と呼び，アルファ崩壊後の元素の原子番号は $Z-2$，質量数は $A-4$ となる。

アルファ崩壊する放射性同位元素から放射されたアルファ線の運動エネルギーは $4 \sim 8 \mathrm{MeV}$ の範囲で，その放射性同位元素固有である。つまり，未知の放射性同位元素から放射されたアルファ線の運動エネルギーを正確に測定することで，その放射性同位元素の種類を同定することが可能である。空気中に放射されたアルファ線は空気を電子とイオンに電離しながら $20 \sim 90 \mathrm{mm}$ の距離を直進して停止する。

(2) ベータ線

ベータ線は，ある種の放射性同位元素の原子核から放射される電子または陽電子である。陽電子は電子と同じ質量をもち，電荷が $+e$ の素粒子である。ベータ線を放射する放射性壊変をベータ崩壊と呼ぶ。電子を放射するベータ崩壊では，原子核の内部で中性子が電子と反電子ニュートリノを放射して陽子になる。一方，陽電子を放射するベータ崩壊では，原子核の内部で陽子が陽電子と電子ニュートリノを放射して中性子になる。このため，ベータ崩壊で放射されるベータ線の運動エネルギーは0から最大値までの連続分布となる。

また，ベータ崩壊では放射性同位元素の質量数 A は変化せず，電子を放射する場合は原子番号が1増加し，陽電子を放射する場合は原子番号が1減少する。ベータ崩壊で放射されるベータ線の運動エネルギーは数 MeV 程度であるが，$\pm e$ の電荷で質量が軽いので，空気中に放射されたベータ線はジグザグ軌道をとり数 m の距離を進む。

ある種の放射性同位元素では，原子核内の陽子が軌道に配置した電子を捕獲して中性子になり，ニュートリノを放射する軌道電子捕獲が発生することがある。軌道電子捕獲が発生すると，外側の軌道にある電子が陽子に捕獲された電子の軌道に遷移するので，特性エックス線が放射される。

(3) ガンマ線

アルファ崩壊やベータ崩壊の過程を経た元素の原子核の多くは，基底状態よりもエネルギーが高い励起状態になっていて，安定な基底状態に戻るために余分なエネルギーを電磁波として放射する。この電磁波がガンマ線である。ガンマ線とエックス線は同じ電磁波であるが，原子核内部のエネルギー状態の変化に伴い放射されるのがガンマ線で，原子の電子軌道のエネルギー状態の変化に伴い放射されるエックス線とは発生機構が異なる。

原子核から放射されるガンマ線のエネルギーは $10 \mathrm{keV} \sim 5 \mathrm{MeV}$ 程度である。ガンマ線は透過力が強く，エネルギーによるが空気中の飛行距離は数 m 程度である。また，ある種の原子核は励起状態の余分なエネルギーをガンマ線として放射せ

ずに，軌道電子に与えその電子を放射することがある。この電子を内部転換電子と呼ぶ。ベータ崩壊で放射される電子の運動エネルギーは0から最大値までの連続分布であるが，内部転換電子の運動エネルギーは原子核の励起状態固有の値となる。

(4) 放射能の強さ

放射能の強さは放射性同位元素の原子核の単位時間当たりの壊変数で定義され，1秒あたり1個の原子核が壊変するときの放射能を1 Bq（ベクレル）とする。以前は放射能の単位としてCi（キュリー）が使われていた。1 Ciは1 gのラジウムの放射能を由来としていたが，現在では厳密に1 Ci = 3.7×10^{10} Bqの関係とされている。放射能の強さが1/2に弱まるまでの時間を半減期と呼ぶ。

［前畑 京介］

11.2.2 放射線の検出器・計測

放射線は理学，工学，医学や農学などさまざまな分野で利用されている。放射線を安全に利用するには，放射線の強度，エネルギーや通過位置（経路）などを計測することが必要である。アルファ線（α線），ベータ線（β線）や陽子ビームなどの電荷をもった粒子（荷電粒子）の放射線が物質を通過する場合，物質を構成する分子や原子に束縛された電子に荷電粒子の放射線が電気的な力を与えるので，物質中の分子や原子が電離あるいは励起する。さらに，原子や分子の電離や励起に伴い化学反応が発生する場合がある。

一方，電荷をもたないエックス線（X線）やガンマ線（γ線）は，物質中で光電効果やコンプトン散乱などにより高速度で移動する電子を生成し，その電子が物質を移動する際に分子や原子の電離や励起，または化学反応が発生する。また，中性子も電荷をもたないが，物質中で中性子による原子核反応で生成された原子核が高速度で物質中を移動することで，分子や原子の電離や励起，あるいは化学反応が発生する。

放射線が物質を通過する際に引き起こす電離作用，励起作用や化学反応を通して，放射線の強度，エネルギーや通過位置（経路）などを計測することが可能となる。放射線の計測には，以下に述べるような検出器が使用される。

a. 電離作用を動作原理とする検出器
(1) 電離箱

荷電粒子の放射線が気体中を通過するとき，その通過経路に沿って中性の気体分子が電子とイオンに電離される。このときに生成される電子とイオンのペアを電子-イオン対と呼び，生成された電子-イオン対の総数は気体が吸収した放射線のエネルギーに比例する。気体中で一対の電子-イオン対を生成するときに吸収する放射線のエネルギーはW値と呼ばれ，気体の種類によって異なるが，概ね30 eV程度である。気体中で放射線のエネルギーを吸収して生成した電子とイオンは，やがて再結合して中性の分子に戻る。

図11.18 (a) に示すように，空気中に2枚の平

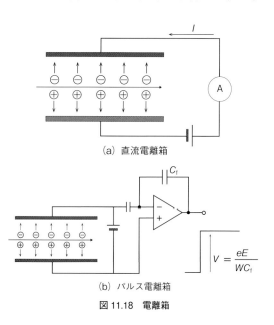

(a) 直流電離箱

(b) パルス電離箱

図11.18　電離箱

板電極を平行に取り付け，電極間に適当な電位差を与え電場を発生させる．電極間を荷電粒子の放射線が通過してエネルギー E を付与すると，その経路に沿って生成された E/W 個の電子とイオンは電場から力を受け，それぞれ逆方向の電極に向かって移動する．放射線が連続して電極間に入射する場合，連続して電極に向かって移動する電子とイオンにより図 11.18（a）の電流計 A に電流 I が観測される．このときに観測される電流を電離電流と呼ぶ．電離電流の大きさは，電極間の気体が放射線から単位時間当たりに吸収したエネルギーに比例する．このようにして，単位時間当たりに吸収する放射線のエネルギーを電離電流として測定できる検出器を直流電離箱と呼ぶ．

一方，放射線の入射頻度が低く 1 回ごとに区別できる場合は図 11.18（b）のような回路を使用する．このとき，1 回の放射線通過で吸収したエネルギー E で E/W 個の電子 - イオン対が生成される．生成された電子とイオンのそれぞれが電極に到達したとき，電子あるいはイオンの全電荷量 eE/W を静電容量 C_f のコンデンサーで電圧パルス信号に変換して，放射線により吸収したエネルギー E をパルス波高値 $V=eE/(W \cdot C_f)$ として計測する．このような検出器をパルス電離箱と呼ぶ．

（2） 比例計数管

図 11.19 に示すように，中心の細い芯線を陽電極，外側の円筒を陰電極とし，円筒内に気体を充填して陽極芯線に高電圧を印加する．円筒内を通過した荷電粒子の放射線により気体がエネルギーを吸収したとき，電離箱と同様に放射線の通過経路に沿って電子 - イオン対が生成される．イオンは円筒陰極に，電子は陽極芯線に向かって，それぞれ移動する．陽極芯線近傍に移動した電子は，非常に強い電場で加速されて周辺の気体と衝突し，新たな電子 - イオン対を生成する．このようにして生成された電子は，再び周辺の気体と衝突して新たな電子 - イオン対を生成する電子なだれが発生する．電子なだれにより，最初に生成された電子 - イオン対が増幅される．このような現象をガス増幅と呼ぶ．

円筒内に充填する気体の種類と圧力，および陽極芯線に印加する高電圧の値を適切に調整すると，放射線のエネルギー吸収 E で生成された E/W 個の電子 - イオン対の増幅率 M を制御することが可能となる．このときのように電荷量 $Q=M(eE/W)$ を，図 11.19 の静電容量 C_f のコンデンサーで波高値 $V=MeE/(W \cdot C_f)$ の電圧パルスとして計測する検出器を比例計数管と呼ぶ．

（3） GM 計数管

比例計数管の陽極芯線に印加する高電圧の値を増加してある値を超えると，電子なだれが陽極芯線の全領域に広がる．結果としてガス増幅が激増し，非常に大きな波高値の電圧パルスが出力される．このときのパルス波高値は，放射線から吸収したエネルギーとは無関係で一定値となるので，放射線のエネルギーを計測することはできない．しかし，検出器に入射する放射線の個数を簡便に測定できる．このような放射線検出器をガイガー・ミュラー（GM）計数管[20]と呼ぶ．

（4） 半導体検出器

半導体とは，シリコンやゲルマニウムなどの，電気伝導度が金属などの良導体とセラミックスなどの絶縁体の中間にある物質で，トランジスターなど電子回路に利用されている．ほとんどの半導

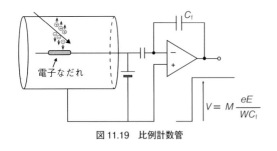

図 11.19　比例計数管

---

[20] GM 計数管：Geiger-Müller counter

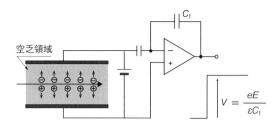

図 11.20　半導体検出器

体は，原子が規則正しく配列している結晶構造をもっている。高い電気抵抗を示す半導体では，半導体結晶中に余分に存在する電子や正孔が電荷の移動を担う電荷キャリヤーとして存在する。半導体結晶中で電荷キャリヤーとなる電子や正孔がまったく存在しない領域を空乏領域と呼ぶ。図11.20に示すように，平行平板電極間に半導体結晶を挿入し，何らかの工夫をして半導体結晶内に空乏領域をつくる。

半導体結晶に入射した放射線により空乏領域でエネルギー E が吸収されると，吸収したエネルギーに比例した E/ε 個の電子‐正孔対が生成される。ε は半導体結晶中で一対の電子‐正孔対を生成するときに吸収する放射線のエネルギーであり，ゲルマニウムやシリコンでは概ね 3 eV 程度である。生成された電子と正孔のそれぞれが電極に到達したとき，電子あるいはイオンの全電荷量 eE/ε を静電容量 C_f のコンデンサーで波高値 $V=eE/(\varepsilon \cdot C_f)$ の電圧パルスとして計測する。

このような検出器を半導体検出器と呼ぶ。実際は，電荷キャリヤーを含むシリコンやゲルマニウムの半導体結晶に空乏領域をつくるために，p-n接合型，表面障壁型，高純度型などの方式が実用化されている。また，近年では，テルル化カドミウムなどの化合物半導体も開発されている。半導体検出器は固体であるので，エックス線やガンマ線の吸収効率が高く，同じエネルギー吸収のとき気体のパルス電離箱より 10 倍程度大きな波高の検出信号が取得される。現在では，エックス線やガンマ線のエネルギー分析計測に使用される。

b.　励起作用を動作原理とする検出器

（1）　シンチレーション検出器

放射線が物質中を通過するとき，放射線の経路に沿って生成された多くの励起原子（励起分子）や電子‐イオン対（電子‐正孔対）は，非常に短時間でそれらの励起エネルギーを蛍光として放出して基底状態に戻る。このように放射線のエネルギーを吸収したときに発光する蛍光をシンチレーション光，シンチレーション光を利用した放射線検出器をシンチレーション検出器と呼ぶ。シンチレーション検出器は，放射線のエネルギーを吸収してシンチレーション光を発光するシンチレーターと，シンチレーション光を電気信号に変換する光検出器から構成される。

シンチレーターには，タリウム活性化ヨウ化ナトリウム結晶やタリウム活性化ヨウ化セシウムなどの無機シンチレーター，あるいはアントラセンや特殊なプラスチックなどの有機シンチレーターが使用される。一般に，ガンマ線検出には無機シンチレーターが使用される。一方，シンチレーション光を電気信号に変換する光検出器には，従来から光電子増倍管が使用されてきたが，近年では，シリコンフォトダイオードも使用されるようになってきた。

（2）　熱ルミネセンス線量計

ある種の蛍光体に放射線を照射すると，吸収したエネルギーを蓄積する。照射終了後にこの蛍光体を加熱すると，蓄積したエネルギーを蛍光とした発光現象が起こる。この現象を熱ルミネセンス現象と呼ぶ。熱ルミネセンス現象の発光強度が，放射線で吸収したエネルギーに比例するように調整して，放射線量の計測に使用する検出器を熱ルミネセンス線量計と呼ぶ。

(3) 光刺激ルミネセンス線量計

ある種の蛍光体は放射線照射終了後に可視光線で照射すると，放射線照射で吸収したエネルギーを蛍光として発光する光刺激ルミネセンス現象が発生する。光刺激ルミネセンス現象の発光強度が，放射線で吸収したエネルギーに比例するように調整して，放射線量の計測に使用する検出器を光刺激ルミネセンス線量計と呼ぶ。

(4) 蛍光ガラス線量計

銀活性リン酸塩ガラスなど特殊なガラスは，放射線照射後に紫外線レーザーで刺激するとオレンジ色の光を発光する。この現象はラジオフォトルミネセンス現象と呼ばれ，発光するオレンジ色の光の強度は，放射線照射で吸収したエネルギーに比例する。ラジオフォトルミネセンス現象を利用して，放射線量の計測に使用する検出器を蛍光ガラス線量計と呼ぶ。

c. 化学反応を動作原理とする検出器

(1) 化学線量計

放射線が物質中を通過すると，物質を構成している原子や分子は電離あるいは励起を起こす。このようにして生じたイオンや励起分子が種となり酸化や還元などの化学反応が発生する。化学線量計は，放射線を照射したときに発生する化学反応による生成物収量が，放射線から吸収したエネルギーに比例することを利用する検出器である。

(2) フィルム線量計

写真フィルムが放射線からエネルギーを吸収すると，ハロゲン化銀の還元反応により黒化する。この黒化度が放射線から吸収したエネルギーに比例することを利用して，放射線量の計測に使用する検出器をフィルム線量計と呼ぶ。

［前畑 京介］

11.2.3 加速器（量子ビーム発生装置）

一様な電場 E の空間では，電荷 q の荷電粒子は qE の力を受ける。電場の力を受けて荷電粒子が移動した直線距離を L とすると，荷電粒子の運動エネルギーは qEL だけ増加する。電場は一様なので，移動した直線の両端の電位差は $V=EL$ となる。つまり，電荷 q の荷電粒子を電位差 V で加速するとき qV の運動エネルギーが得られる。このような原理を利用して，電子や陽子，イオンなどの電荷をもった粒子を高エネルギーまで加速して，量子ビームを発生する装置を加速器と呼ぶ。

加速される荷電粒子の速度が，真空中の光速度に近づくと特殊相対性理論の効果により，粒子の質量が増加する。このため，電子と陽子などのイオンでは加速器の構造が異なる。加速器で陽子やイオンなどの荷電粒子を発生する装置をイオン源と呼ぶ。電子加速器の場合は電子銃で電子を発生する。現在では，高電場の発生や荷電粒子ビームの軌道制御などの方式が異なるさまざまな加速器が実用化されている。

エックス線や中性子は電荷をもたないが，加速器を利用することで間接的に量子ビームを発生させることができる。高エネルギー電子ビームをタングステンなどに衝突させることでエックス線ビームが発生する。一方，中性子ビームは，高エネルギーの陽子ビームや重陽子ビームが引き起こす原子核反応を利用して発生させる。

a. 静電圧加速器

図 11.21 に示す静電圧加速器は，直流高電圧の電位差を直接利用して荷電粒子を加速する加速器である。図 11.21（a）のコッククロフト・ワルトン型加速器は，変圧器の二次側で，整流器 K とコンデンサー C からなる倍電圧整流回路をカスケード的に数段連結して直流高電圧を発生させる。この加速器では，絶縁体の耐電圧の制限により 1 MeV 程度のエネルギーが上限であるが，mA 級の大電流を得ることが可能である。

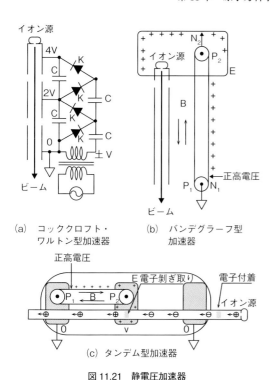

図 11.21 静電圧加速器

図11.21（b）にバンデグラーフ型加速器を示す。この加速器では，二つの滑車 P_1 と P_2 の間に絶縁性ベルト B がかけられている。針状電極 N_1 に数万 V の正電圧を印加すると，針の先端からコロナ放電が起こりベルト表面に正電荷が付着する。この正電荷はベルトで滑車 P_2 の領域まで運ばれ，針状電極 N_2 とベルト間のコロナ放電により高電圧電極 E に蓄えられる。このようにして連続的に正電荷を高電圧電極 E に蓄えることにより，高電圧を発生させる。この加速器では，絶縁体の耐電圧で最高エネルギーが 8 MeV 程度に制限され，ビーム電流は 0.1 mA 程度である。しかし，エネルギーの安定性が高く加速電圧を容易に可変できるので原子核物理学実験に利用される。

図 11.21 (c) に示すタンデム型加速器は，バンデグラーフ加速器の高電圧電極 E の両端に接続した 2 本の加速管で連続加速することにより，加速エネルギーを倍増する．まず，前段の加速管では，正の荷電をもつ粒子に電子を付着して陰イオンとして高電圧電極 E に向かって加速する．次に高電圧電極 E の内部で，陰イオンに付着した電子を剥ぎ取り陽イオンに変換した後，後段の加速管で加速する．

b. 線形加速器

荷電粒子を直流高電圧で加速する方式の加速エネルギーは絶縁技術に依存しており，10 MeV 程度が限界である．そこで，図 11.22 に示すように，円筒加速管を直線上に長さを順次長くして多数個並べ，一つおきに交互に電気的に接続し，高周波電圧を印加することで，荷電粒子が電極の間隙を通過するたびに繰り返し加速される線形加速器が考案された．この加速器では，荷電粒子は電極間の電位差で加速され，円筒加速管を通過する間は加速されずに一定速度で走行する．例えば，図 11.22 の加速管 1 を一定速度で走行している正電荷の粒子が加速管 1 の出口に到達したとき，加速管 1 が正電位，加速管 2 が負電位であれば，その荷電粒子は加速管間の電位差で加速され，加速管 2 の内部を一定速度で走行する．荷電粒子が加速管 2 の出口に到達したとき，加速管 2 が正電位，加速管 3 が負電位であれば，その荷電粒子は加速管間の電位差で再び加速される．このように荷電粒子を加速管間の電位差で繰り返し加速するには，高周波の半周期は円筒加速管内の荷電粒子の走行時間とマッチングする必要がある．電子はイオンよりはるかに軽いので，電子と陽子などのイオンでは加速管の構造と高周波周波数が異なる．

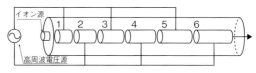

図 11.22 線形加速器

c. サイクロトロン

図11.23に示すように，円形電磁石による一様な磁場中に取り付けた，2個の高周波空洞 D_1 と D_2 の内部でイオンを円運動させながら，イオンが高周波空洞 D_1 と D_2 を通過する半周期ごとに高周波電圧の極性を反転することで，イオンの円軌道の途中にある電極間隙 G_1 と G_2 の電位差により加速する装置がサイクロトロンである。サイクロトロンでは，高周波電源の角振動数を加速されるイオンの円運動の角速度と等しくすると，ひとたび高周波空洞間で加速されたイオンは半周回転して空洞間を通過するたびに同じ電位差で加速される。この条件をサイクロトロン共鳴条件と呼ぶ。粒子は運動エネルギーが高くなると相対論的効果により質量が重くなるため，サイクロトロン共鳴条件を満たさなくなる。このため，陽子は20 MeV 程度のエネルギーまでしか加速できない。また，質量が軽い電子はサイクロトロンでは加速できない。

イオンの軌道に沿って磁場の強度を変化させることで，イオンの回転周期を一定に保つ工夫を施し，陽子などの重い粒子をさらに高いエネルギーに加速するサイクロトロンをAVF（周回変動磁場）[*21] サイクロトロンと呼ぶ。AVFサイクロトロンでは陽子を90 MeV まで加速することが可能である。また，周回運動するイオンのエネルギーの増加に同調して，高周波電圧の周波数を徐々に下げていく方式をシンクロサイクロトロンと呼ぶ。シンクロサイクロトロンでは，陽子は1,000 MeV 程度のエネルギーまで加速が可能である。

d. シンクロトロン

シンクロサイクロトロンによってさらに高いエネルギーまで荷電粒子を加速しようとすると，軌道半径が著しく大きくなるため，電磁石が巨大となる。例えば，陽子を数千 MeV 以上のエネルギーまで加速する加速器には，数十万tを超える鉄材の電磁石が必要となる。そこで，図11.24に示すように，周回状に電磁石を配置して，荷電粒子の軌道を一定に保持しながら加速するシンクロトロンが考案された。

シンクロトロンでは，線形加速器などで一定のエネルギーまで加速した荷電粒子を入射し，高周波電極を通過するたびにさらに高いエネルギーまで加速する。このとき，荷電粒子の軌道を一定に保持するため，荷電粒子のエネルギーに同調して電磁石の磁場は増加させ，高周波電圧の周波数は減少させる。

［前畑 京介］

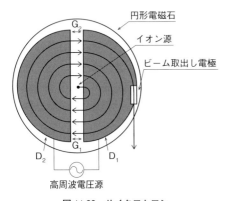

図11.23 サイクロトロン

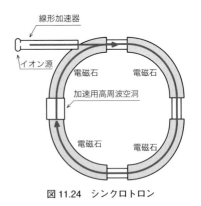

図11.24 シンクロトロン

[*21] AVF：azimuthally varying field

11.3 放射線のいろいろな分野での利用

11.3.1 医学・医療分野での利用

放射線の医学利用は，1895年にレントゲン（Wilhelm C. Röntgen, 1845-1923）がX線を発見したのとほとんど同時に始まった。X線は骨を透過しにくく，それ以外の臓器や筋肉などは透過しやすい性質があるので，人体内を透視することができることから，医療診断に広く用いられるようになった。また，X線は皮膚障害を起こすことが早い段階で知られており，発見直後の1896年には既に乳がんの放射線治療が試みられている。また，1998年にキュリー夫妻（Maria S. Curie, 1867-1934, Pierre Curie, 1859-1906）により放射性同位元素のラジウム226（^{226}Ra）が発見されると，その後まもなく1902年には，それを用いた子宮頸がんの放射線治療が始まった。1913年にクーリッジ（William D. Coolidge, 1873-1975）は，それまでの陰極線管に代わってタングステンを熱陰極として用いたX線管を発明し，大強度のX線が安定して得られるようになり，X線の医学利用は大きく発展した。また，第二次世界大戦をはさんで，サイクロトロン，ベータトロン，リニアック，シンクロトロンなどの粒子加速器が開発され，戦後の原子炉の出現と放射性同位元素，特にコバルト60（^{60}Co）の生成は，その後の放射線医学の進歩，発展に大きな影響を与えた。また，1960年代以降に飛躍的発展を遂げたコンピューターおよび情報処理技術は，放射線計測技術と結びついてコンピューター断層撮影（CT）[*22]が出現し，それまで不可能だった人体の三次元画像化が初めて可能となった。以下では，CTが登場して以降の放射線医学の発展を，診断，治療，核医学の3分野について，最近の進展を中心に概観する。

a. 放射線診断
（1） X線CT

CTの原理は，被写体に対する多方向からの多数の投影データを画像再構成と呼ばれる計算処理をすることによって，被写体の原画像を求めるきわめて一般性のある手法である。投影データを収集するために各種の放射線や電磁波，光，超音波などが媒体として用いられる。歴史的には，核医学で体内の放射性同位元素分布を近似的に得るために用いられていた。本格的装置として最初に実用化されたのは，ハウンスフィールド（Godfrey N. Hounsfield, 1919-2004）らによって開発され，1972年に頭部撮影用装置として登場したX線CTである。検出器としては，当初はシンチレーション検出器やキセノンガス検出器などが用いられてきたが，最近では半導体検出器やフラットパネル検出器なども用いられている。X線CTでは人体の横断面像のことをスライスと呼ぶが，対向したX線管と検出器システムを連続回転させながら人体を乗せた寝台を移動させれば，見掛け上，人体をX線でヘリカル状に走査することになるため，これをヘリカルスキャンと呼ぶ。これにより短時間で多数の横断面像を収集し，これらの横断面像を積み重ねることによって人体の三次元画像を得ることができる。また，検出器を多層化することによって，1回転で多数のスライス像の同時収集が可能となり，撮影時間はさらに短縮される。現在ではほとんどのX線CTはマルチスライスCT（MDCT）[*23]と呼ばれるこのタイプのものとなっており，最新の320列の装置では，人体を移動させずにX線管と検出器システムを連続回転させ，心臓をリアルタイムで三次元透視撮影できる。図11.25に320列CT装置と投影データおよび画像再構成によって得られる横断面像の例を示す。

日本は，人口当たりのCT設置台数が世界で最

[*22] CT：computed tomography
[*23] MDCT：multi-detector row computed tomography

 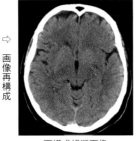

投影データ　　　　　　再構成横断面像
図11.25　X線CT装置と投影データからの画像再構成
[出典：キヤノンメディカルシステムズ株式会社ホームページより一部引用]

も多く，それによる被ばくが問題視されている。CT検診による肺がん発見率は，胸部X線撮影よりも10倍程度高く，がんの早期発見による治療成績の向上が期待される。この肺がん検診には低線量肺がんCTが用いられるが，近年急速に発展した深層学習[*24]に代表されるAIテクノロジーを用いて，より低線量で高画質のCT画像を得る技術が最近注目されている。

X線CTは重なりのない三次元画像が得られるという画期的な特徴によって爆発的に普及し，すべての画像をデジタル化し医療用画像管理システム（PACS）[*25]で取り扱うという流れが加速した。これによって，それまで主流であった高精細ではあるが現像処理などが必要な従来のX線フィルムは，新しく登場したイメージングプレート（IP）[*26]やフラットパネル検出器（FPD）[*27]によって完全に置き換えられた。また，これらの高い空間分解能と濃度分解能をもった平面検出器を用いて，CTの画像再構成に類似の画像処理を行うことによって高解像度の断層画像を得ることができ，被ばく線量も少ないトモシンセシス（tomo-synthesis）と呼ばれる新しい撮影法が開発され，乳房撮影（mammography）や骨格系の撮影などに用いられている。

（2）MRI

X線CTと並んで重要な画像診断として磁気共鳴映像法（MRI）[*28]がある。原子核（通常は水素原子核，すなわち陽子）のスピンは通常は方向がばらばらであるが，磁場強度が0.5～3T（テスラ）の高磁場をかけると，陽子スピンはラーモア周波数と呼ばれる固有の周波数（磁場強度1Tの場合，42.58 MHz）で上向き，または下向きに方向をそろえて歳差運動をする。このとき，外部から同じ共鳴周波数のパルス状の高周波電磁波（RF, radio frequency）を加えると共鳴が起こり，スピンの方向を横方向に一定の角度回転させることができる。パルスを切ると，回転したスピンは一定の緩和時間で元に戻っていき，この過程で信号を発生する。位置によって磁場強度の異なる傾斜磁場を用いれば，共鳴周波数の違いからX線CTの投影データに相当するデータが得られる。1973年にラウターバー（Paul C. Lauterbur, 1929-2007）は，この方法を用いて基礎実験を行い，当時すでに知られていたX線CTの画像再構成法を適用して初めて試料のMRI画像を得た。MRIは被ばくがなく，X線CTでは困難な筋肉や脂肪などの高コントラスト形態画像が得られ，機能MRI（functional MRI）と呼ばれる方法を用いれば機能画像[*29]も得ることができる。最近では，ポジトロン断層撮影（PET）[*30]と組み合わせたPET-MRIや高磁場MRIなどが開発されている。

b. 放射線治療

放射線治療の特徴は，「切らずに直すがん治療」

---

*24　深層学習：ディープラーニング（deep learning）とも呼ばれ，人工知能（AI）などでこれまで利用されてきたニューラルネットワーク（neural network）におけるネットワークの層数を従来よりもはるかに増やして学習させる手法。学習に用いるデータ量の巨大化とコンピュータの進歩により，2010年代以降に飛躍的に発展し，医用画像処理や診断支援などに利用されている。

*25　PACS：picture archiving and communication system

*26　IP：imaging plate

第11章　原子力科学技術の利用と人材育成

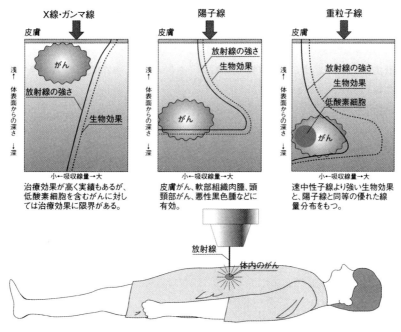

図 11.26　種々の放射線によるがん治療の効果
［日本原子力学会編『原子力がひらく世紀　第3版』p.152（2011）］

といわれるように患者の負担が少なく，臓器の形態と機能を維持しながら治療ができることである。がん細胞には未分化のものや分裂能の高いものが多く，「正常組織よりもがん組織に対する放射線の作用がより大きい」ということがその原理である。しかしながら，正常組織に対しても無視できない影響を与え，放射線障害と呼ばれる副作用を及ぼすことがある。したがって，放射線治療では可能な限り標的としてのがん細胞に線量を集中的に当て，正常細胞には可能な限り線量を少なくするということが最も大きな目標となる。また，同じ線量でも放射線の種類によって生物学的効果が異なり，X線・ガンマ線や電子線よりも中性子や陽子以上の重粒子線の方が効果が大きいことが知られている。こうしたさまざまな要素を取り入れて空間的線量分布を集中させるために，多方向からの照射やブラッグピークの利用，強度変調放射線治療（IMRT）[*31]やホウ素中性子捕捉療法（BNCT）[*32]などが開発されてきた。

図 11.26 は X 線・ガンマ線，陽子線および重粒子線が人体に照射された場合の，人体内の深さに対する線量および生物効果を示している。従来おもに用いられてきた X 線・ガンマ線の線量が皮膚表面近くで大きく，表面から深くなるに伴って単調減少するのに対し，陽子線，重粒子線の場合にはある深さで急激に線量が増加してピークを示す。このピークはブラッグピークと呼ばれ，1946年に物理学者のウィルソン（Robert R. Wilson, 1914-2000）によって，これを利用する陽子線治療の可能性が初めて示された。その後，陽子線治療は世界中の多くの施設で開始され，それにつづいて，日本の放射線医学総合研究所において世界

---

*27　FPD：flat panel detector
*28　MRI：magnetic resonance imaging
*29　機能画像：PET や fMRI（functional MRI）を用いればブドウ糖代謝や血流量，酸素代謝などの生体機能を画像化することができる。これらの画像は，臓器の解剖学的形状を表す形態画像に対して機能画像と呼ばれ，医学のみならず，心理学，認知科学などにも役立っている。
*30　PET：positron emission tomography

に先駆けて放射線治療専用シンクロトロンによる重粒子線治療が開始された。ブラッグピークをがん組織の位置に合わせるだけでなく，照射口を患者の周囲に回転することによって，線量分布をさらに良くする大規模な回転ガントリー装置が，陽子線や一部の重粒子線施設で用いられている。現在では，日本は世界で最も陽子線や炭素線による粒子線治療の盛んな国となっている。

これらの陽子線や重粒子線治療は，荷電粒子を人体外部から照射するので，外部照射と呼ばれるが，最近発展の著しい先端的放射線治療法としてBNCT*32がある。BNCTでは，人体内部のがん組織にホウ素10（^{10}B）を含む薬剤を選択的に取り込ませ，外部から熱中性子などの低エネルギー中性子を照射する。中性子は図11.27に示すように，ホウ素10に捕獲吸収され，リチウム7（^{7}Li）とアルファ粒子（^{4}He）を放出するが，これらの放出荷電粒子は組織中では10 μm以内で静止するので，ほとんどがん組織内のみに線量を与える。BNCTは，最初は原子炉を用いて米国で開始され，脳腫瘍の患者の治療が行われ，日本においても京大原子炉などで治療が行われてきた。一方，原子炉を利用したBNCTは，技術は確立してはいるものの，臨床での安定した利用は近年ますます困難となってきた。このため加速器を利用したBNCTが新たに開発され，いくつかの施設で利用が開始されている。BNCTはこれまで治療の難しかった脳腫瘍や悪性黒色腫などの難治性がんにも適応でき，正常組織への影響も少ないため，今後も普及が進むものと期待されている。

c. 核医学

核医学とは，放射性同位元素（RI）*33を用いて診断を行う分野であり，臓器に集積したRIの三次元分布を断層画像として描出するPETや単一光子断層撮影（SPECT）*34などが用いられる。陽電子放出核種から放出された陽電子は，図11.28に示すように電子と対消滅をする。このとき180°反対方向に放出される消滅線を，対向した検出器によって同時検出し，断層像を得る。現在，PET検査ではほとんどの場合，放射性核種としてブドウ糖代謝の指標となるフッ素18-FDG（^{18}F-FDG）*35と呼ばれる放射性薬剤を用いる。これは，がん細胞は正常細胞に比べて何倍もの量のブドウ糖を取り込むため，FDGががん細胞に集

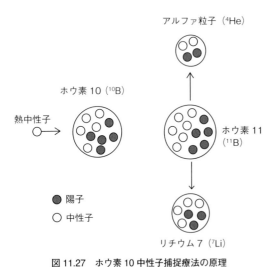

図11.27 ホウ素10中性子捕捉療法の原理

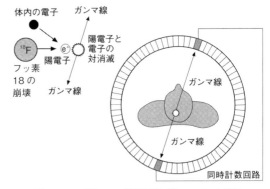

図11.28 ポジトロン断層撮影（^{18}F-FDG）の原理
[日本原子力学会編『原子力が開く世紀 第3版』p.148（2011）を改変]

---

* 31 IMRT：intensity modulated radiation therapy
* 32 BNCT：boron neutron capture therapy
* 33 RI：radio isotope
* 34 SPECT：single photon emission computed tomography
* 35 ^{18}F-FDG：^{18}F fluorodeoxy glucose

積しやすいことを利用している。PETは空間分解能がCTやMRIに比べて悪いため，最近ではこれらの装置を組み合わせたPET/CTが開発され，広く用いられている。また，MRIとPETを同時撮影できるMR-PETも開発されている。また，PETで診断しながら同時にがん治療を行える可能性のあるオープンPETなどの先端的研究も進められている。

放射線の医学利用は，これからも飛躍的に進歩，発展していくことが予想される。上に述べたような先端的技術開発には，物理・工学における専門分野の深い知識をもち，また医学に関する知識と臨床経験を併せ持つ医学物理士（medical physicist）の存在が必須である。残念ながら諸外国，特に米国に比べて日本における医学物理士の数は数十分の1以下であり，きわめて不足している。現在では，全国に医学物理士養成の教育プログラムが数多く整えられているので，興味をもたれた方は，日本医学物理学会のホームページ（http://www.jsmp.org）を参照していただきたい。

［豊福 不可依］

11.3.2 放射線の工業利用

放射線のもつ電離作用，励起作用，写真作用，透過作用などを基にして，さまざまな工業利用がなされている。利用方法には，放射線を①物理・化学現象のトリガーとして用いる場合（電離作用，励起作用に基づく）と，②信号源として用いる場合（写真作用，透過作用に基づく）とがある。図11.29に放射線のいろいろな利用を示す。このうち，破線で囲った部分が工業利用に該当する。図では，①にあたるものは繊維強化プラスチック（FRP）*36であるが，ほかにも以下に示すような例が多くある。②にあたるものは，主幹の右側の枝に複数の例が示されている。

図11.29　放射線のいろいろな工業利用
［出典：原子力文化振興財団「原子力・エネルギー図面集」http://www.ene100.jp/zumen/6-2-5（2018年4月アクセス），破線囲みは筆者］

a. 反応のトリガーとして利用される放射線

放射線の工業利用のうち，①は放射線化学に基礎を置く。有機化合物やその重合体である高分子への応用例が多い。放射線と物質との相互作用の結果，照射された物質の原子・分子の電離（イオン化），励起（エネルギー準位の高い電子状態への遷移）が一次的現象で，その後にラジカル（不対電子をもつ化学種（原子・分子））生成が起こる。この後，対象とする高分子の分子構造によって，橋架け（架橋）が主たる架橋型か，分解（崩壊）が主たる分解型かに分かれる（ただし，照射時の酸素の有無や温度，線種にもよる）。放射線照射後のこれらの化学反応のスキームを図11.30に示す。

まずFRPについて簡単に記す。FRPとは，エポキシ樹脂 $\left(-R_1-O-R_2 \right)$ （エポキシ基をもつプラスチック）などの母材（マトリックス）を硬化剤で硬化させ（キュアリングともいう），ガラス繊維や炭素繊維で強度を増した複合材料（コン

＊36　FRP：fiber-reinforced plastics

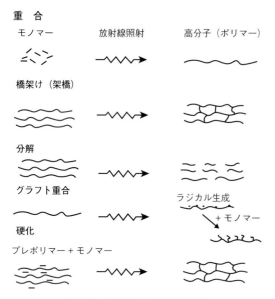

図11.30　高分子の放射線化学反応

［出典：幕内恵三『ポリマーの放射線加工』ラバーダイジェスト社（2000）をもとに筆者改変］

ポジット）をいう。前者をガラス繊維強化プラスチック（GFRP）[*37]，後者を炭素繊維強化プラスチック（CFRP）[*38]という。これらを放射線照射によって硬化させて強度を高める（図11.30でプレポリマーとは重合度の低い物質をいう）。スポーツ・レジャー用品，航空・宇宙用材料に用いられ，核融合炉材料にも期待されている。

(1) 重合

単量体（モノマーという）に放射線を照射し，高分子を合成することであり，放射線重合という。開始反応が放射線照射であることが特徴である。

(2) 架橋（橋架け）

ラジカルを起点として高分子鎖の間に新しい化学結合が形成されることをいう。ゴム（自動車タイヤ，手袋（台所用，手術用など），コンドーム），電線・ケーブルの絶縁材，熱収縮チューブ，発泡マット（浴用，レジャー用）などへの利用がある。例えば，自動車用タイヤでは工程の途中で成形されたゴムに放射線（主として電子線）を照射して，ゴム分子間に架橋構造を導入し強度を向上するために利用される。

従来，架橋には硫黄を含む化合物が用いられたが（このため加硫という），放射線架橋タイヤは廃棄しても硫黄酸化物（SO_x；酸性雨の原因になる）を生じない。放射線架橋タイヤの日本での市場シェアは9割以上ともいわれている。また，最近ではタイヤに限らず自動車用部品（内装など）に放射線を利用した部品が多く使われている。

(3) 分解

側鎖が大きな分子の場合など高分子鎖が切断を起こし，低分子量化する。熱や化学薬品には強いが放射線には弱いフッ素樹脂を低分子量化して，フッ素原子の化学的安定性に由来する高いはっ水・はつ油性を利用して潤滑剤として用いられる。

(4) 医療用具滅菌

分解の利用として特記すべきものとして医療用具滅菌がある。原理は放射線の生物作用であり，水の放射線分解により生じるヒドロキシラジカル（・OH）が生体のDNAにアタックし，DNA鎖切断などの損傷の蓄積で生体が死に至ることを利用して，注射器やメスなどの医療器具の殺滅菌を行うものである。従来は高温蒸気や紫外線，エチレンオキシドガスなどが用いられていた。日本の医療器具の半数程度が放射線滅菌といわれる。なお，工業利用に含めず医療利用とする考え方もある。

(5) グラフト重合

ラジカルを起点として，モノマー（単量体の意味，ただし二重結合をもつ必要がある）が付加して枝が伸びる。グラフトとは接ぎ木の意味である。モノマーのもつ官能基を選択することによって，特定の物質を選択的に吸着できる。消臭剤，海水ウラン捕集，有用金属の捕集（温泉水からのスカンジウム，バナジウムなど），さらには1F事故を受けて，汚染水からの放射性セシウム吸着など

[*37] GFRP：glass-fiber-reinforced plastics
[*38] CFRP：cabon-fiber-reinforced plastics

にも利用されている。

(6) 半導体素子加工プロセス

上記のほか放射線化学的な利用ではないが特記すべき利用法の一つとして半導体素子加工プロセスがある。半導体素子への不純物粒子注入（インプランテーション）としてイオン加速器や研究用原子炉が用いられている。

b. 信号源として利用される放射線

放射線の工業利用のうち信号源として利用される放射線は、放射線検出・計測と関連する。放射線の強度は物質の厚さ（表面からの深さ）に対して次式に示すように指数関数的に減衰する。

$$I(x) = I_0 \exp(-\mu x)$$

ここで、x は物質中の深さ、$I(x)$ は深さ x における放射線強度、I_0 は入射前の放射線強度、μ は線減弱定数（物質に固有の値、また放射線のエネルギーによる）である。

この性質を利用して、透過度 $I(x)/I_0$ から、以下のような利用例がある。

(1) 非破壊検査

物体中の空孔（ボイド）やき裂（クラック）の有無の検査に利用される。溶接検査もこの範疇に入る。原子力施設の構造物や配管などの検査にも放射線透過（探傷）試験が採用されている。

(2) 厚さ計

透過度の相違を利用して、鋼板や紙などの厚さを評価するものである。

(3) レベル計

内容が見えない容器内の液量などを計測するものである。液位が所定のレベル以上あれば、その液体による吸収によって検出される放射線強度が弱くなることを利用している。梱包された商品の物量を監視することにも用いられる。

これら以外にも、信号源的な工業利用として放射線の散乱を利用した地中の水分検知器や、電離電流を利用した火災防止煙感知器などの例がある。

さらに理工学分野や医療分野（特に診断）において、先端的な放射線検出・計測を用いた技術が開発され利用されているが、この項では割愛する。

[工藤 久明]

11.3.3 放射線の農業利用

放射線の化学作用や生物影響に基づき、放射線利用は農業分野でも活発に行われている。図 11.31 に放射線のいろいろな利用を示す。このうち破線で囲った部分が農業利用に該当する。

放射線の農業利用は、①高分子の放射線化学の農業利用、②生物影響に基づく農業利用、③放射線検出技術に基づく農業利用に分類できる。

a. 高分子の放射線化学の農業利用

(1) 植物生長促進剤（PGP）[*39]

天然由来の高分子の多くは、放射線照射により分解し、低分子量化することにより水溶性が上がる。キチン・キトサン（カニ、エビなどの甲殻類に多い；分子の側鎖の構造（厳密には置換度）によりキチンとキトサンとに分かれる）、カラギー

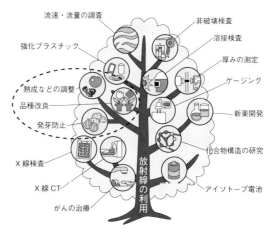

図 11.31　放射線のいろいろな農業利用

[出典：原子力文化振興財団「原子力・エネルギー図面集」http://www.ene100.jp/zumen/6-2-5（2018 年 4 月アクセス、破線囲みは筆者）]

[*39] PGP：plant growth promoter

ナン，アルギン酸（いずれも海藻由来）を低分子化したもの（オリゴマー）が植物の栽培に，散布したり水に混ぜたりして利用される[1]。東南アジア・東アジア諸国で精力的に研究されており，野菜，果物，穀類の生長促進・収量増加が認められている。また，一部の国では，小動物（特に水生のもの：カメなど）の生長促進も試みられている。

(2) 吸水材（SWA）*40

一般的に，架橋型の高分子を放射線照射し網目構造を導入すると溶媒を吸収して膨潤する。特に高分子の自重の数倍から数十倍もの水を吸収できる超吸水性を示す物質となることがあり，ハイドロゲルと呼ぶ[1]。吸水性の指標となるものに，膨潤時重量の乾燥時重量に対する比で与えられる膨潤比（swelling ratio）がある。砂漠など乾燥地帯の灌漑・緑化，家畜のし尿処理（乾燥・堆肥化）としての利用が進められている。さらには，農業分野のみならず，医療・衛生分野へも応用されている（オムツとしての利用など）。

b. 生物影響に基づく農業利用

(1) 品種改良（放射線育種）[2]

放射線照射によりDNAに突然変異を生じさせ，異なる形質をもつ系統の作出に成功している。変異をもたらす原因（変異源）は放射線に限らず，紫外線や化学薬品もある。日本における放射線育種のさきがけとなったものは，耐寒性を向上させたイネの品種「レイメイ」であろう。その後，梨の品種改良として，黒斑病に弱い品種「20世紀」を改良した「ゴールド20世紀」が開発された。茨城県常陸大宮市にある放射線育種場（ガンマフィールド）が大きな役割を果たしている（図11.32）。

最近では，量子科学技術研究開発機構（量研機構，QST）高崎量子応用研究所（群馬県）のTIARA*41をはじめとするイオン加速器からの粒子線を利用して，青いカーネーションや側枝の少ないキクなどの新品種が開発されている。

(2) 食品照射[3]

消費期限の長化，青果物の熟度調整，芽止め，殺菌，滅菌などを目的に，食品に放射線が照射される。日本では馬鈴薯（ジャガイモ）の芽止めのみ許可されており，北海道の士幌農協でガンマ線（γ線）照射が実施されている。同農協で収穫される馬鈴薯の一部にガンマ線を照射し，発芽を抑制（遅滞）させ，端境期の出荷調整に貢献している。世界的には香辛料（スパイス），野菜，肉などにも適用例が多い。

放射線照射された食品には表示義務がある。世界的にはラデュラマーク（RADURA Mark）と呼ばれるものが標準的に使用されている。図11.33に芽止め表示とラデュラマークを示す。

照射食品の不適切な流通（特に輸入）を防いだり，未照射品を照射品と誤ったり，誤って2回以上照射したりすることを防止するために，（その食品が放射線照射されたかどうかの）検知法の確立，標準化が望まれている。

(3) 不妊虫放飼法（SIT）*42

農作物を食い荒らしたり，伝染病を媒介したり

図11.32 放射線育種場（ガンマフィールド）（茨城県常陸大宮市）
[出典：食品産業技術総合研究機構次世代作物開発研究センター放射線育種場パンフレット]

---

* 40 SWA：super water absorber
* 41 TIARA：Takasaki Ion Accelerators for Advanced Radiation Application
* 42 SIT：sterile insect technique

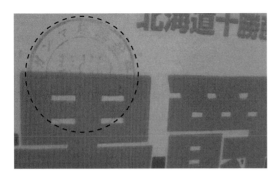

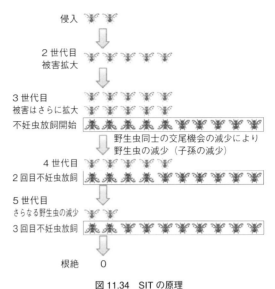

図 11.33 馬鈴薯の芽止め表示とラデュラ（RADURA）マーク
［上図は筆者撮影，下図はインターネット上「RADURA」で検索してヒットした画面］

図 11.34 SIT の原理
□で囲ったウリミバエが不妊虫
［出典：沖縄県病害虫防除技術センター http://www.pref.okinawa.jp/mibae/index.html，2018 年 5 月アクセス（囲みは筆者加筆）］

する害虫（特に蛹）にガンマ線を照射し，不妊化させた後，放飼すると，野生虫同士が交配する確率が減少し，次世代の個体数が減少する。これを繰り返すと，ついには害虫を根絶できる。農薬を用いない害虫の防除方法として注目される。図11.34 に SIT の原理を示す。

日本では，侵入種である害虫が主な対象となる。沖縄と奄美群島のウリミバエ，小笠原諸島のミカンコミバエの根絶で実績を挙げている。また，沖縄と鹿児島のアリモドキゾウムシとイモゾウムシの駆除が進行中である。沖縄県病害虫防除技術センターに詳しい。

世界的にはベネズエラ・キュラソー島のラセンウジバエ，タンザニア・ザンジバル島とエチオピアのツェツェバエ，米国のチチュウカイミバエの駆除などで利用されている。タンザニアとエチオピアでの SIT によるツェツェバエの駆除は国際原子力機関（IAEA）[*43] が主導するプロジェクトである。

(4) 放射線検出技術に基づく農業利用[4)]

陽電子（ポジトロン）放出核種（炭素 11（^{11}C），窒素 13（^{13}N），酸素 15（^{15}O），フッ素 18（^{18}F）など）を含む水や栄養素を植物に摂取させると，陽電子が電子と対消滅を起こし 2 本のガンマ線を放出する。このガンマ線を，時間を追って検出することによって，植物の個体内での水や栄養素の移動の動的可視化に成功している。この技術はPETIS[*44] と呼ばれ，イオン加速器によるポジトロン放出核種の作成，標識化合物（化合物中の原子が放射性同位体であるもの）の調製，消滅ガンマ線の検出，イメージング技術とが協創する技術である。

なお，放射性同位元素のトレーサー（追跡子）としての利用は，環境中の水や物質の移動の指標

---

* 43 IAEA：International Atomic Energy Agency
* 44 PETIS：positron tomography imaging system

としても用いられるが，本項では省略する。

［工藤 久明］

11.3.4 分析・測定分野での進展

1F事故の後，この分野で進展したのは，空間線量の測定および食品汚染検査に関する技術であった。日本においては1945年8月の広島，長崎の原子爆弾投下，1950年代の核実験がもたらすフォールアウトによる放射性物質の汚染以降，今回のような広い範囲での放射性物質の汚染の経験はなかった。

1F事故後，上記に対する技術の対応，特に「食の安全・安心」に対する放射線分析技術が必要とされた。日本では放射性物質の汚染検査に関しては，ゲルマニウム（Ge）半導体検出器での測定が定められており[5]，大量の試料を短時間で測定しなければならない事故直後の状況に対応できなかった。そこで食品の簡易汚染検査方法も，国が定めた測定能力基準を満たせば，Ge半導体検出器で測定したものに準ずるとした[6]。

これには1986年4月に起こったチェルノブイリ原子力発電所事故後にベラルーシで開発された食品の簡易汚染検査装置[6]が役に立った。それは食品をジュース状にして，NaIシンチレーション検出器ではかるもので，例えばセシウム137（^{137}Cs）および134（^{134}Cs）の場合，測定時間数分で数十Bq/kgの検出感度がある。しかし，分析するためには，試料は米，豆など粒状かジュース状にしたものしかはかれない欠点があった。例えば，果物類，野菜類，魚介類などの食品は，食品を丸ごと汚染検査して，放射能の量を知った上で，安心して直接に食したいと考える。

震災直後に，この要望に応える「放射能非破壊検査装置」[7]が開発された。また，事故によって放出されたストロンチウム90（^{90}Sr）が1F近くの地域で観測されている。ここでは放射性セシウムおよびストロンチウム90の検査技術の事故後の進展を紹介する。

a. 放射性セシウムの検出

(1) 放射能非破壊検査装置[7]

食品の放射線を非破壊で測定して，比放射能を求めるには，市民から持ち込まれる食品がどのように汚染しているか分からないので，まず汚染状況を調べる必要がある。検出器としては，小口径の検出器数個から構成され，放射能汚染分布を調べられる機能をもっている必要がある。汚染が一様ならば，以下に示す方法によって精度よく比放射能の値（Bq/kg）を求めることができる。一様でない場合，汚染分布の高い部分を取り出して，再度調べ，一様であることを確認して定量する。

試料の形状が凹凸した試料の場合，試料中のガンマ線（γ線）の吸収は厚さの一次の関数で表すことができるので，吸収の効果は相殺する。試料の厚さが増えることによる検出器と試料との間の立体角が減少する効果は，検出器の径をRとすると，試料の厚さhが増えることによる検出器と試料との間の立体角の減少率が，$1/(1+(h/R)^2)$に比例すると近似できるので，$h/R \ll 1$であれば，この減少率は無視できる。非破壊検査装置では，試料の比放射能A（Bq/kg）に対する定量公式は次式で与えられる[3]。

$$A = N \frac{a\{1 + b' \times (S_0/S_1)M\}}{M}$$

ここで，Nは試料からのガンマ線のカウント数/秒，Mは試料の重量，S_0は検出器の面積，S_1は試料の平均断面積，aおよびb'は定数である。

図11.35は，比放射能の異なった試料を非破壊検査で測定し，次に試料をミンチ状にしてはかった比放射能を比較したものである。非常によく比例していることが分かる。

図11.36は，非破壊検査システムの模式図とその実機の写真である。装置の操作はボタン一つで

第11章　原子力科学技術の利用と人材育成

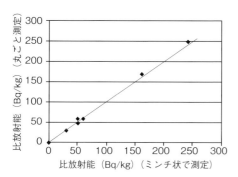

図 11.35　ミンチ状測定と丸ごと測定の整合性
[出典：石井慶造「食品の放射能汚染検査のための放射能非破壊検査装置」*Isotope News*, No.729, pp.21-27（2015）]

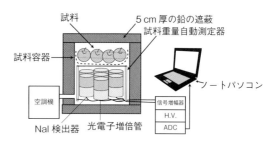

図 11.36　非破壊検査装置の模式図と実機の写真
[出典：石井慶造「食品の放射能汚染検査のための放射能非破壊検査装置」*Isotope News*, No.729, pp.21-27（2015）]

非常に簡単であり，放射能汚染検査が市民にとって身近なものになっている[8]。現在，本装置は福島県内，宮城県内，茨城県内で稼働している。

　(2)　ベルトコンベヤー式非破壊汚染検査機[9]

　漁港のように多量の魚試料を流れ作業で汚染検査できるベルトコンベヤー式非破壊汚染検査機[9]が考案された。小口径の検出器を多数並べ，その上をベルトコンベヤーで試料を移動させ，各々の試料からの放射線を検出することにより，試料の放射能を測定する。ベルトコンベヤーの移動速度は15m/分なので，1m間隔で試料を投入した場合，1時間で900個の試料を処理できる。図11.37にベルトコンベヤー式非破壊汚染検査機の写真を示す。

　本装置は5台が製作され，石巻魚市場に2013年8月に最初に設置以降，魚検査用として北茨城市大津港および女川港，タケノコ検査用として宮城県丸森町耕野地区に，農作物検査用として白石市に設置されている。現在，魚市場では基準値を

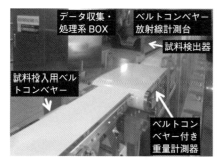
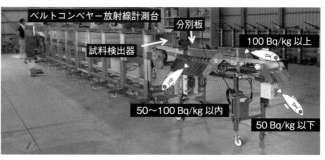

図 11.37　ベルトコンベヤー式非破壊汚染検査機
[出典：石井慶造「ベルトコンベヤー式非破壊放射性セシウム汚染検査機」*Radioisotopes*, 67, 67-73（2018）]

超える魚は検出されていないことが本装置で常に確かめられている。また，丸森町，白石市ではこの装置の利用により基準値を超える農産物は出荷されていない。

　(3)　放射性セシウムのマイクロメートル領域での分布の測定

　2011年の秋，福島県産の玄米の一部で放射性セシウムの比放射能の基準値500 Bq/kgを超えたものが見つけられた。通常，玄米は精米して食すのが一般である。汚染された玄米も精米すると放射能はなくなり，糠が非常に汚染されていることが分かった。

　このことをµmの分解能で実際に示したのが，加速器を用いたマイクロPIXE[*44,10)]分析法であった。PIXE法[11)]とは，加速器からのイオンビームを試料に当て，試料中に含まれている元素を励起して特性X線を発生させ，これを測定することによって元素分析する方法である。

　PIXE法は，水素，炭素，酸素を主体にした生体試料中の金属元素の分析に非常に有効で，これまで医学試料，環境試料などに利用されてきた。イオンビームのビームスポットを1 µm径までに収束させ，試料上を走査してµm領域からの特性X線を測定し，その領域の元素分析を行い，各元素の分布をµmの空間分解能で求める方法がマイクロPIXE法[10)]である。これは，細胞内の元素分布を調べるのに有用な方法である[10)]。

　図11.38は，セシウムを投与した土壌で育てたイネから採取した玄米の断面のリン，硫黄，カリウム，セシウムの分布をマイクロPIXE分析法で調べたものである[12)]。セシウムが糠および胚芽に集中的に分布していることが分かる。これにより，白米にはセシウムが分布していないのが分かる。

　1F事故後，土壌中の放射性セシウムは粘土粒子に吸着されていることが分かった。粘土粒子のように100 µm程度の試料の分析には，ミクロンCTの利用が有効だった。イオンビームをµm径に絞って金属ターゲットに当て，その金属の特性X線の点線源を作成し，これをCTに適用したものがミクロンCTである。これを用いると，1 µmの空間分解能をもつ三次元X線CT画像が得られる（ミクロンCT[13)]）。

　ミクロンCTの特徴は，試料中の調べたい元素のK吸収端またはL吸収端に一致する特性K-X線とそれよりも低い特性K-X線の投影画像の差分を取れば，調べたい元素の吸収端を反映した画素だけが残り，その元素の分布画像が得られることである[14)]。図11.39は，クロムおよびバナジウムのK-X線投影データから得られた各々の断層画像から差分画像を取り，セシウムのL吸収端

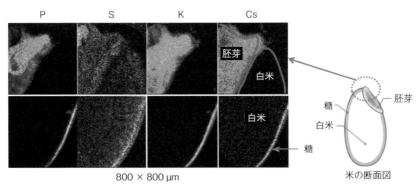

図11.38　マイクロPIXE分析法による玄米のセシウム断面の元素分布

＊44　PIXE：partical induced X-ray emission

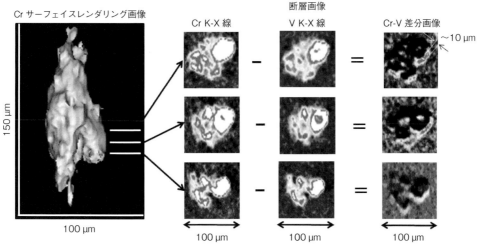

図11.39　ミクロンCTによる粘土粒子の分布

を反映した画像である[15]。セシウムL吸収端画像はセシウムの分布を反映しており，表面10 μmの厚さにセシウムが分布していることが分かる。これは，汚染粘土粒子を粒径別にその比放射能を測定して，比放射能の粒径依存性から推測された結果[16]と一致した。図11.39の左は，クロムK-X線による粘土粒子の表面形態を強調したサーフェイスレンダリング[*45]画像である。100 μm程度の大きさの粘土粒子の形状がよく分かる。

b. ストロンチウム90（^{90}Sr）の検出

事故後のセシウム137，134の汚染については，上記の計測方法が有効である。一方，半減期28.79年のストロンチウム90も少量であるが1Fのごく近くの地域に分布している。ストロンチウム90の放射能を測定する方法としては，ストロンチウム90を試料から抽出して，さらにストロンチウム90の娘核であるイットリウム90（^{90}Y，半減期2.67日）を抽出し，これから放出されるベータ線（β線）を検出し，その放射能が半減期2.67日で減衰することを確認することにより，間接的にストロンチウム90の同定と放射能を求める化学分離（イオン交換法，発煙硝酸法，シュウ酸塩法および溶媒抽出法）による方法[17]が一般的に知られている。この方法は通常，3週間程度の時間がかかる。

1F事故後，質量90の原子の中からストロンチウム90以外の元素を酸化して質量を大きくし，ストロンチウム90をICP-QMS[*46]を用いて分析する方法が開発された[18,19]。この方法での測定時間は30分程度である。

また，ストロンチウム90（ベータ線の最大エネルギー 0.546 MeV）と放射平衡になっている娘核のイットリウム90からのベータ線（最大エネルギー 2.28 MeV）を測定する方法が考えられる。検査したい試料である1F事故によって汚染された土壌などには，ストロンチウム90よりセシウム137（ベータ線の最大エネルギー 1.176 MeV）が多く含まれている。さらに土壌中の自然放射性同位元素であるカリウム40からもベータ線（最大エネルギー 1.31 MeV）が放出されている。

したがって，この方法においては，これらの同位元素からのベータ線と区別する必要がある。事

[*45] サーフェイスレンダリング：二次元画像で物体の表面を強調した立体画像に見える処理
[*46] IPC-QMS：inductively coupled plasma-quadrupole mass spectrometry

故後,チェレンコフ光を測定する原理に基づく巧妙な方法が考え出された。これは,屈折率1.04のシリカエロゲルを発光体として用いると,1.31 MeV以上のエネルギーをもつ電子線に対してはチェレンコフ光が発せられることを利用してストロンチウム90からのベータ線を検出する方法である[20]。

[石井 慶造]

参考文献

1) FNCA Guideline on Development of Hydrogel and oligosaccharides by Radiation Processing. (http://www.fnca.mext.go.jp/english/eb/eb_guideline_HO.pdf,2018年5月アクセス)
2) 田中淳(工藤久明編著)『放射線利用』第13章,オーム社(2011).
3) 小林泰彦(工藤久明編著)『放射線利用』第15章,オーム社(2011).
4) 松橋信平(工藤久明編著)『放射線利用』第16章,オーム社(2011).
5) 「食品中の放射性物質の対策と現状について」厚労省 http://www.mhlw.go.jp/shinsai_jouhou/dl/20131025-1.pdf
6) 「食品中の放射性セシウムスクリーニング法の一部改正について」厚労省 http://www.mhlw.go.jp/stf/houdou/2r985200000246ev.html
7) 石井慶造, Isotope News, 729号, pp.21-27(2015).
8) 福島市ふくしまウェブ「ご家庭の食品中に含まれる放射性物質の測定結果をお知らせします」http://www.city.fukushima.fukushima.jp/soshiki/29/monitaring120403.html
9) 石井慶造, Radioisotopes, 67, 67-73(2018).
10) 石井慶造, 放射線, 23 (1), 53-61(1997).
11) 石井慶造, 放射線, 23 (4), 3-7(1997).
12) S. Koshio, K.Ishii, S. Matsuyama, A. Terakawa, M. Fujiwara, K. Watanabe, S. Oshikawa, K. Kikuchi, S. Itoh, K. Kasahara, S.Toyama, Y.Suzuki, T. Matsuyama, T. Kamiya, T. Satoh, M. Koka, A. Kitamura, *Int. J. PIXE*, 24 (Nos. 1&2), 15-23(2014).
13) 石井慶造, 放射線, 33 (3), 225-233(2007).
14) S. Ohkura, K. Ishii, S. Matsuyama, A. Terakawa, Y. Kikuchi, Y. Kawamura, G. Catella, Y. Hashimoto, M. Fujikawa, N. Hamada, K. Fujiki, E. Hatori, H. Yamazaki, *X-Ray Spectrometry*, 40, 191-193(2011).
15) K. Ishii, T. Hatakeyama, S.Itoh, D.Sata, T. Ohnuma, T. Yamaguchi, H. Arai, H. Arai, S. Matsuyama, A. Terakawa, S-Y. Kim, *Nucl. Instrum. Methods B*, 371, 387-391(2016).
16) K. Ishii, S. Itoh, D. Sata, S. Matsuyama, A. Terakawa, S. Kim, H. Arai, N. Osada, T. Satoh, M. Koka, A. Kitamura, T. Kamiya, *Int. J. PIXE*, 24 (Nos. 3&4), 131-136(2014).
17) 文部科学省『放射能測定法シリーズ2 放射性ストロンチウム分析法』日本分析センター(2003);http://www.kankyo-hoshano.go.jp/series/lib/No2.pdf
18) Y. Takagai, , *et al.*, *Anal. Methods*, 6, 355-362(2014).
19) 高貝慶隆, 古川真, 亀尾裕, 鈴木勝彦, *Isotope News*, 721号, pp.2-7(2014).
20) H. Ito, S. Iijima, S. Han, H. Kawai, S. Kodama, D. Kumogoshi, K. Mase, M. Tabata, Technology and Instrumentation in Particle Physics 2014, June 2-6 2014, Beurs van Verlage, Amsterdam, The Netherlands.

編集委員一覧

編集委員長

工 藤 和 彦　　九州大学名誉教授

副編集委員長

上 坂　　充　　東京大学大学院工学系研究科原子力専攻　教授

編集委員

石 崎 泰 央　　東京電力ホールディングス株式会社原子力安全・統括部
　　　　　　　　原子力安全グループ　マネージャー
井 上　　正　　一般財団法人電力中央研究所　名誉研究アドバイザー
杉 本　　純　　元京都大学大学院工学研究科原子核工学専攻　教授
　　　　　　　　サン・フレア AIRKEP アカデミー　校長・教授
高 橋 千太郎　　京都大学複合原子力科学研究所　特任教授
布 目 礼 子　　公益財団法人原子力環境整備促進・資金管理センター企画部　調査役
宮 野　　廣　　法政大学大学院デザイン工学研究科　客員教授
村 野 兼 司　　東京電力ホールディングス株式会社原子力運営管理部　部長

（五十音順，2019 年 2 月現在）

執筆者一覧

第1章　原子力発電の基礎知識
工藤　和彦　　九州大学名誉教授

第2章　事故の推移と発電所の現状
安達　晃栄　　東京電力ホールディングス株式会社原子力運営管理部運転管理グループ　マネージャー
石川　真澄　　東京電力ホールディングス株式会社福島第一廃炉推進カンパニー
　　　　　　　プロジェクト計画部　部長代理
卜部　宣行　　東京電力ホールディングス株式会社原子力運営管理部　課長
近江　　正　　日本原子力発電株式会社発電管理室　室長代理
小保内　秋芳　東北電力株式会社原子力本部原子力部　部長
小林　義尚　　東京電力ホールディングス株式会社原子力設備管理部　建築総括担当部長
谷　　智之　　東京電力ホールディングス株式会社原子力設備管理部　土木総括担当部長
田邊　恵三　　東京電力ホールディングス株式会社原子力安全・統括部
水野　聡史　　東京電力ホールディングス株式会社原子力設備管理部

第3章　廃炉への道のり
阿部　弘亨　　東京大学大学院工学系研究科原子力専攻　教授
新井　民夫　　技術研究組合国際廃炉研究開発機構　副理事長
　　　　　　　東京大学名誉教授
石川　真澄　　東京電力ホールディングス株式会社福島第一廃炉推進カンパニー
　　　　　　　プロジェクト計画部　部長代理
大隅　　久　　中央大学理工学部精密機械工学科　教授
内田　俊介　　国立研究開発法人日本原子力研究開発機構安全研究センター　嘱託
鈴木　俊一　　東京大学大学院工学系研究科原子力国際専攻　特任教授
瀧口　克己　　東京工業大学名誉教授

福田　俊彦	原子力損害賠償・廃炉等支援機構技術グループ　執行役員
松本　昌昭	株式会社三菱総合研究所原子力安全事業本部廃炉推進グループ　リーダー
宮野　　廣	法政大学大学院デザイン工学研究科　客員教授
柳原　　敏	福井大学附属国際原子力工学研究所　特命教授
山本　章夫	名古屋大学大学院工学研究科エネルギー理工学専攻　教授
林　道　寛	一般財団法人エネルギー総合工学研究所原子力工学センター　特任参事

第4章　事故の教訓を踏まえた安全性向上への取り組み

| 田邊　恵三 | 東京電力ホールディングス株式会社原子力安全・統括部 |
| 谷川　純也 | 関西電力株式会社原子力事業本部安全部門安全技術グループ　マネジャー |

第5章　放射線の基礎知識と人体への影響

飯塚　裕幸	東京大学工学系・情報理工学系等環境安全管理室　特任専門員
飯本　武志	東京大学環境安全本部　教授
高橋　史明	国立研究開発法人日本原子力研究開発機構
	原子力基礎工学研究センター　研究主席
角山　雄一	京都大学環境安全保健機構放射性同位元素総合センター　助教

第6章　事故による放射線の健康影響と放射線の防護・管理

| 鈴木　　元 | 国際医療福祉大学クリニック　教授 |
| 高橋　千太郎 | 京都大学複合原子力科学研究所　特任教授 |

第7章　事故による環境の汚染と修復，住民生活への影響

飯本　武志	東京大学環境安全本部　教授
井上　　正	一般財団法人電力中央研究所　名誉研究アドバイザー
池田　孝夫	日揮株式会社原子力・環境プロジェクト部　チーフエンジニア
川瀬　啓一	国立研究開発法人日本原子力研究開発機構福島研究開発部門
	福島研究開発拠点福島環境安全センター　プロジェクト管理課長
斎藤　公明	国立研究開発法人日本原子力研究開発機構安全研究・防災支援部門
	原子力緊急時支援・研修センター　嘱託
三倉　通孝	東芝エネルギーシステム株式会社エネルギーシステム開発センター
服部　隆利	一般財団法人電力中央研究所原子力技術研究所　研究参事

平岡 英治　　東北大学大学院工学研究科量子エネルギー工学専攻　特任教授
宮原　要　　　国立研究開発法人日本原子力研究開発機構福島研究開発部門
　　　　　　　福島研究開発拠点福島環境安全センター長
八塩 晶子　　株式会社大林組原子力本部原子力環境技術部　上級主席技師

第8章　事故による産業・経済への影響，風評被害
開沼　博　　　立命館大学衣笠総合研究機構　准教授

第9章　日本のエネルギーの確保と原子力
秋元 圭吾　　公益財団法人地球環境産業技術研究機構システム研究グループ
渥美 法雄　　電気事業連合会原子力部長
田中 治邦　　日本原燃株式会社　フェロー
藤原 啓司　　公益財団法人原子力環境整備促進・資金管理センター

第10章　世界の原子力利用
内山 軍蔵　　国立研究開発法人日本原子力研究開発機構パリ事務所　所長
上出 英樹　　国立研究開発法人日本原子力研究開発機構
　　　　　　　高速炉・新型炉研究開発部門　副部門長
河内 哲哉　　国立研究開発法人量子科学技術研究開発機構量子ビーム科学研究部門
　　　　　　　関西光科学研究所　所長
小林 拓也　　国立研究開発法人日本原子力研究開発機構ウィーン事務所　主査
小宮山 涼一　東京大学大学院工学系研究科原子力国際専攻　准教授
佐藤 浩司　　元国立研究開発法人日本原子力研究開発機構
國富 一彦　　国立研究開発法人日本原子力研究開発機構
　　　　　　　高速炉・新型炉研究開発部門　副部門長
白井 敏之　　国立研究開発法人量子科学技術研究開発機構放射線医学総合研究所
　　　　　　　加速器工学部　部長
玉田 正男　　国立研究開発法人量子科学技術研究開発機構量子ビーム科学研究部門
　　　　　　　研究企画室　室長代理
田中　淳　　　国立研究開発法人量子科学技術研究開発機構量子ビーム科学研究部門
　　　　　　　関西光科学研究所　副所長

執筆者一覧

茅 野 政 道	国立研究開発法人量子科学技術研究開発機構	
	量子ビーム科学研究部門　部門長	
内 藤 明 礼	国立研究開発法人日本原子力研究開発機構ワシントン事務所　所長	
日 髙 昭 秀	国立研究開発法人日本原子力研究開発機構原子力人材育成センター　特命嘱託	
	カリファ大学原子炉工学部　客員非常勤教授	
深 田 　 智	九州大学大学院総合理工学研究院エネルギー科学部門　教授	
村 上 朋 子	一般財団法人エネルギー経済研究所戦略研究ユニット	
	原子力グループ　研究主幹	

第11章　原子力科学技術と人材育成

石 井 慶 造	東北大学名誉教授
木 藤 啓 子	一般社団法人日本原子力産業協会人材育成部　総括課長
工 藤 和 彦	九州大学名誉教授
工 藤 久 明	東京大学大学院工学系研究科原子力専攻　准教授
桜 井 　 聡	国立研究開発法人日本原子力研究開発機構原子力人材育成センター長
鳥 羽 晃 夫	一般財団法人原子力国際協力センター
豊 福 不可依	九州大学名誉教授
前 畑 京 介	九州大学大学院工学研究院エネルギー量子工学部門　准教授

（各章の五十音順，2019年2月現在）

索　引

数字，欧文

1F　→東京電力福島第一原子力発電所
2050年に向けたシナリオ　241
3E＋S　225
α線　→アルファ線
β線　→ベータ線
γ線　→ガンマ線
ALARA　138
ALPS　→多核種除去設備
ANDRA　272
AP1000　254
APR-1400　264
APWR　264
ASTRID計画　252, 266
BNCT　305, 306
Bq　→ベクレル
BWR　→沸騰水型軽水炉
CANDU　→加圧型重水炉
CCS　→二酸化炭素回収貯留
CDE　161
CLADS　73
CT　115, 303
DACS　247
DNA　→デオキシリボ核酸
DOE　255, 267, 272
EAL　143
ECCS　→非常用炉心冷却装置
EPR　→欧州加圧水型炉
EPZ　142
EURANOSプロジェクト　154, 195
eV　→電子ボルト

FIT　→固定価格買取制度
FNPP　255
FP　→核分裂生成物
FPD　304
FRP　307
GM計数管　298
HTGR　255
HTTR　268
IAEA　→国際原子力機関　194
ICRP　→国際放射線防護委員会
IMRT　305
INES　47
INL　255
ITER　276
IVR　264
L1, L2, L3　115, 236, 238
LET　116, 118
LMFR/SFR　255
LNTモデル　121, 122
MAYAK　193
MCCI　68, 71
MDCT　303
MOX　228, 229
　——燃料　252, 265
　——燃料加工工場　229
MRI　304
NDCs　246
NDF　51, 53
NEI　254
NRC　48, 254, 274
PAZ　143
PCCV　→プレストレストコンクリート
PGP　309
PHWR　→加圧型重水炉
PIXE法　313, 314

Posiva社　271
PWR　→加圧水型軽水炉
RI　→放射性同位元素
RPS　243
　——法　241
SFR　→ナトリウム冷却高速炉
SKB社　271
SMR　254, 255
SPEEDI　184
SRM　248
SWA　310
TIARA　310
TMI　→スリーマイル島原子力発電所
UNFCCC　→国連気候変動枠組条約
UNSCEAR　112, 115, 126, 135
UPZ　143
VVER　252, 253, 255, 256, 260, 261
WSPEEDI　132, 134
X線　→エックス線

和　文

あ　行

アイダホ国立研究所　255
厚さ計　309
圧力抑制室　8, 41, 93
圧力抑制プール　8, 9
アメリカ合衆国　→米国
アラブ首長国連邦　263
アルファ線　105, 116, 295, 296

索　引

飯舘村　　　　　167, 180, 183, 186, 187
医学物理士　　　　　　　　　　　307
移行係数　　　　　　　　　　210, 211
一次エネルギー供給　　　　　　　231
一次エネルギー総供給量　　　　　231
一次冷却系　　　　　　　　　　　10
一次冷却材
　　──ポンプ　　　　　　　　10, 13
　　──喪失事故　　　　　　　13, 97
一次冷却水　　　　　　　　10, 20, 21
イットリウム　　　　　　　　22, 315
遺伝的影響　　　　109, 117, 119, 120, 121
イメージングプレート　　　　　　304
医療用具滅菌　　　　　　　　　　308
インターナルポンプ　　　　　　　　8
インド　　　　　　　　　　255, 266
インドネシア　　　　　　　　　　270
飲料水　　　　129, 130, 134, 192, 197

ウクライナ　　　　　　　　　　　253
受入・分別施設　　　　　　　　　180
ウラン　　　　　　　　　　　16, 21
ウラン 235　　　　　　　　　　15, 21
ウラン 238　　　　　　　　　15, 18, 23
ウラン資源量　　　　　　　　　　232
ウラン－トリウムサイクル　　　　256
ウラン廃棄物　　　　　　　77, 234, 237
運転期間延長　　　　　　　　228, 229

英国　　　　　　　　　　　250, 268
液体の放射性廃棄物　　　　　　　139
エジプト　　　　　　　　　　　　262
エックス線　　　　　　　105, 295, 301
　　──の発見　　　　　　　　　137
エックス線 CT　　　　　　　　　303
エネルギー安全保障　　　　　225, 241
エネルギー基本計画　　　　228, 231, 240
エネルギー自給率　　　　　　225, 248
エネルギーセキュリティ　　　　　224
エネルギーミックス　　　　　245, 248
エンドステート　　　　　56, 75, 78, 80

応急仮設住宅　　　　　　　　　　188
欧州加圧水型炉　　　　　　252, 255, 264
大熊町　　　　　　　26, 164, 177, 180, 209
屋内退避　　　　　　　135, 142, 143, 182

汚染
　　──形態　　　　　　　　　　63
　　──検査　　　　　　　210, 312, 313
　　──後の修復　　　　　　　　151
　　──状況重点調査地域
　　　　　　　　　157, 167, 170, 176
　　──の分布推定　　　　　　　62
汚染食品　　　　　　　　　　　　127
汚染水　　　　　　　　　　　65, 194
　　──処理　　　　　　　　　63, 66
　　──対策　　　　　　35, 52, 53, 75
汚染土壌　　　　　　　　177, 179, 181
汚染廃棄物　　　　　　　　　　　181
女川原子力発電所　　　　　　　38, 46
オンサイトラボ　　　　　　　　　230
温室効果ガス（排出）削減目標　　280
温室効果ガス排出量　　　　　246, 248

か　行

加圧型重水炉　　　　　　　　5, 14, 254
加圧器　　　　　　　　　　　　11, 13
加圧水型軽水炉　　　　　　5, 9, 97, 252
海上浮揚式原子力発電　　　　　　253
解体廃棄物　　　　　　　　76, 179, 230
買い控え　　　　　　　　　　　　203
外部被ばく　　　　69, 108, 119, 126, 131
壊変　　　　　　　　　　21, 105, 296
改良型ガス冷却原子炉　　　　　　252
改良型 BWR　　　　　　　　　　　8
化学線量計　　　　　　　　　　　298
核医学　　　　　　　　　　　　　306
確定的影響　　　　　　　116, 119, 120, 138
核燃料サイクル　　　　　　229, 231, 255
格納容器スプレイ装置（設備）
　　　　　　　　　　　　　9, 13, 97
核不拡散対策　　　　　　　　　　230
核物質防護　　　　　　　　　　　230
核分裂　　　　　　　　　　　　　15
　　──生成物　　　15, 21, 70, 72, 126
核融合　　　　　　　　　　　　　275
　　──発電　　　　　　　　　　276
確率的影響　　　　　　109, 119, 120, 137
陰膳調査　　　　　　　　　　209, 211
カザフスタン　　　　　　　　　　270
加速器　　　　　　　　　294, 300, 310

葛尾村　　　　　　　167, 180, 183, 185, 187
荷電粒子　　　　　　　　　　104, 294
カナダ　　　　　　　　　　　　　270
可変費　　　　　　　　　　　　　238
ガラス固化体　　　　　　76, 230, 235, 301
カランドリア管　　　　　　　　　14
カランドリアタンク　　　　　　　14
カリウム　　　　　　　106, 113, 210, 314
カリウム散布　　　　　　　　　　210
仮置き場　　　　　　　　　　155, 181
環境汚染　　　　　　　　　　142, 148
環境再生プラザ　　　　　　　154, 191
環境修復　　　　　　　　　　153, 181
　　──実施　　　　　　　　　　158
　　──に関する安全ガイド　　　195
環境生態系に対する放射線影響　　144
環境モニタリング　　　　67, 128, 141
韓国　　　　　　　　　　　259, 270
ガンマ線　　　　　　　105, 295, 296, 304
ガンマフィールド　　　　　　　　310
管理型処分場　　　　　　　　158, 181
帰還困難区域　　　　　　169, 180, 184, 190
気候変動　　　　　　　　　　　　245
技術士（原子力・放射線部門）　　283
基準地振動　　　　　　　　　26, 30, 230
気水分離器　　　　　　　　　　　6, 7
気体廃棄物　　　　　　　　　　　139
揮発性放射性核種　　　　　　　　126
客土　　　　　　　　　　　　　　173
吸引式高圧水洗浄　　　　　　　　176
吸収線量　　　　　　　　109, 117, 118
吸水材　　　　　　　　　　　　　310
急性影響　　　　　　　　116, 117, 118
強度変調放射線治療　　　　　　　305
共鳴吸収　　　　　　　　　　16, 18
居住制限区域　　　　　　　156, 169, 184
緊急時活動レベル　　　　　　　　143
緊急時避難準備区域　　　　　　　184
緊急被ばく　　　　　　　　　　　138
空間線量率
　　　　　63, 65, 128, 148, 150, 164, 175
国直轄除染　　　　　　　168, 171, 175
国別貢献　　　　　　　　　　　　246
クラウド・シャイン　　　　　　　126

索　引

グラフト重合	308	
クリアランス	237	
クリーンアップ	153, 194	
クリーンアップ分科会	153	
警戒区域	156, 167, 183	
計画的避難区域	156, 167, 168, 182	
計画被ばく	111, 138	
蛍光ガラス線量計	300	
軽水炉	4, 6	
――の改良	264	
健康被害	136	
原子核	15, 104, 295	
原子の構造	105, 295	
『原子力がひらく世紀』	284	
原子力関連の学科・専攻	284	
原子力機構法	237	
原子力教育	284	
原子力災害対策特別措置法	182	
原子力産業セミナー	289	
原子力人材育成ネットワーク	287	
原子力損害賠償・廃炉計画支援機構	50	
原子力発電		
――の経済性	238	
――の現状	226	
――の電力量の見通し	229	
原子力発電所	4	
――の運転員の教育訓練	290	
――の状況	228	
――の新増設・リプレース	228, 229	
――のライフサイクル	289	
原子力発電推進国	252	
原子力発電導入検討国	260	
――への支援	292	
原子力複合施設	193	
原子力防災	142, 185	
原子力ルネサンス	238	
原子炉	4	
原子炉圧力容器	6	
原子炉隔離時冷却系	34, 93	
原子炉事故	47	
原子炉建屋内除染	61	
原子炉容器	4, 9, 11, 13	
――内保持システム	264	

減速材	16, 17, 18
現存被ばく	111, 138, 139
原爆被爆者の疫学調査	120
現場保管場	162
玄米への放射性セシウム移行評価	154
減　容	179, 235
減容・安定化処理	235, 236
減容化（焼却）	167, 176, 281
――施設	178
コアキャッチャー	264
ゴイアニア廃病院	194
高圧水洗浄	171
高温ガス炉	255, 268, 269
高温工学試験研究炉	268
航空機モニタリング	128, 149
公衆被ばく	115
――の線量	131
――の要因	112
甲状腺	108, 126, 129
甲状腺がん	136, 144
甲状腺検査	136
甲状腺等価線量	131, 132, 133, 135
甲状腺（内部）被ばく	129, 131
構造健全性	57
――の長期的課題	59
高速核分裂効果	16
高速増殖炉	229, 231
高速中性子	16, 17, 21
高速炉	5, 233, 265, 268
――サイクル実用化研究開発	267
光電効果	107
高濃縮ウラン	21
高排出シナリオ	246
高レベル放射性廃棄物	49, 75, 235
――処分	271
小型モジュラー炉	254
国際原子力機関	181, 230
国際原子力事象評価尺度	47
国際熱核融合実験炉	276
国際放射線防護委員会	109, 137, 156, 195
国連科学委員会	115, 126, 135
国連気候変動枠組条約	246

個人線量当量	110
固体廃棄物の保管管理	38, 52
コッククロフト・ワルトン型加速器	300
固定価格買取制度	225, 243, 257
子ども・被災者支援法	186
固有の安全性	18
コリウム	72
コリメーター	175
コンクリートピット処分	76
コンピューター断層撮影	115, 303
コンプトン効果	107

さ　行

サイクロトロン	301
最終処分	79, 159, 182, 267
――施設	179
最終処分法	236
再循環系統	8
再循環ポンプ	8, 20
再処理事業	230
再生可能エネルギー	225, 226, 240, 241
――利用割合基準	243
最適化の原則	138
サウジアラビア	263
作付面積減	202
砂質土	180
暫定規制値	134
ジェットポンプ	8
シェルター	49
しきい線量	120, 136
磁気共鳴映像法	304
試験操業	206
自己制御性	18
自己点火条件	276
事故炉	46, 54
――の廃炉	51, 56
自主避難者	186
地震対策	30, 86
自然災害対策	227
自然放射線	111, 112, 118, 121
市町村除染	166, 167, 170, 175
実効線量	109, 131, 148, 211

索　引

実効半減期	109
指定廃棄物	156
自動車サーベイ	149
シビアアクシデント	32, 34, 67, 90, 97
——対策	33, 90, 264
ジャガイモの芽止め	310
遮水シート	177
遮水壁	36
遮断型処分場	159
重水減速加圧重水冷却炉	256
重水素	5
重水炉	4, 5, 14, 254, 258
周辺線量当量	110, 148
住　民	
——コミュニティ	190
——説明会	170
——との対話	190
——の理解	181
——避難	182
重粒子線がん治療	275, 305
出荷制限	207, 209
受動的安全設備	264
主　灰	181
生涯がん死亡リスク	191
蒸気乾燥器	6
焼却灰	158, 179
照射線量	109
使用済燃料	21, 22, 229, 230, 235
——プールからの燃料取り出し	37, 53
——保管	74
冗長性の強化	265
小児甲状腺検査	132
除去土壌	157
食　品	
——による内部被ばく	134, 212
——の汚染レベルと流通規制	129
食品汚染	210
——検査	312
食品照射	274, 310
食品輸出規制	216
植物成長促進剤	309
植物ポジトロンイメージング	274
除　染	48, 56, 59, 62, 150
——前後の線量率分布測定結果	165
——前線量率	162
——後線量率	162
——で発生した汚染土壌	177
——で発生した廃棄物	177
——に関する緊急実施基本方針	166
除染活動	151
除染関係ガイドライン	155, 156, 170
除染技術	62, 170
——カタログ	154, 160
除染計画	152, 160
——策定マニュアル	166
除染係数	135, 174
除染効果評価	164
——評価システム	162
除染作業員の被ばく	162
除染情報プラザ	154, 191
除染装置	64
除染特別地域	156, 166, 168
除染モデル事業	154
——実証事業	160
除染ロードマップ	168
ショットブラスト	172, 176
シンガポール	270
新規建設の経済性	239
新規制基準	82, 84, 230
——適合性	227
シンクロサイクロトロン	302
シンクロトロン	302
深　耕	172
人工放射線	111, 113
人材育成	282
震災関連死者数	187
深地層処分	269
シンチレーション検出器	299
シンチレーションサーベイメーター	132
シンチレーションスペクトルメーター	132
森林の放射性物質除去	180
水素爆発	29, 30, 34, 58
水道水	
——汚染	127
——からの内部被ばく	134
——のヨウ素131汚染濃度	130, 135
スウェーデン	258, 271
スケーリングファクター法	49
スチュワードシップ	47, 79
ストロンチウム	193, 312
——の検出	314
スリーマイル島原子力発電所事故	48
——炉心の最終形態	71
スロバキア	254
制御棒	8, 11, 19, 20
静電圧加速器	300
正当化	
——と適正化	195
——の原則	138
生物学的半減期	109
世界原子力協会	292
石　棺	49
セシウム	63, 70, 108, 127, 133, 148, 150, 154, 161, 162, 171, 173, 180, 194, 210, 304, 312, 314, 315
設置変更許可	227
設備利用率	239
繊維強化プラスチック	307
線量当量率	111, 148
線形加速器	301
全寿命調査	121
線量限度	110, 112, 138, 139, 140
全量全袋検査	206
線量・線量率効果係数	118
線量当量	110
線量目標値	140
増倍率	16, 18, 19
即発中性子	18
組織加重係数	109, 110
組織損傷	119, 120
損害の指標	144

た　行

対策地域内廃棄物	156
第3+世代炉	264
耐震安全性評価	26, 30, 86

索　引

耐震バックチェック	32
太陽光発電	
──システム価格の推移	243
──導入容量	243
太陽放射管理技術	247
滞留水	36, 53
台　湾	259
多核種除去設備	36, 65
多重故障	32, 33
多重性	33
脱原子力国	256
脱炭素化	241, 242
ため池の放射性物質対策	
マニュアル	174
多様性	33
単一故障	33
弾性衝突	107
タンデム型加速器	301
地域との対話	153
チェルノブイリ原子力発電所	
事故	48, 49, 154, 193
地下保管型	164
地球温暖化	225, 245, 248, 277
──対策計画	248
地球環境問題	245, 254
地層処分施設	235
遅発中性子	18
チャンネルボックス	8, 19
中間エンドステート	76, 78
中間貯蔵施設	158, 178, 181, 199
中　国	255, 266, 270
中深度処分	76
中性子	15, 20, 106, 107, 108,
	295, 296, 306
中性子線	62, 105
中長期ロードマップ	51, 52, 73
中　東	270
超ウラン核種（元素）	77, 193, 235
長期エネルギー需給見通し	225, 241
超臨界（超過臨界）	16, 18
直線しきい値なしモデル	121, 122
直流電離箱	297, 298
追加被ばく線量	159
津波対策	31, 86

津波高さ	31, 32, 42
低減率	163, 174
低線量被ばく	109, 110, 121, 144
低濃縮ウラン	16, 21
低レベル放射性廃棄物	49, 76, 234
デオキシリボ核酸	116, 118, 308, 310
──の損傷	117, 120
テロ対策	98, 265
電源別発電設備構成比	227
電源別発電電力量構成比	228
電子対生成	107, 116
電磁波	104, 294, 296
電子ボルト	107, 109, 294
天地返し	171
天然ウラン	14, 21
──累積需要	232
電　離	106, 107, 297
電離箱	297
電力需給バランス	225
電力低炭素化	278
ドイツ	256
東海再処理工場	229
等価線量	109, 120, 131, 135, 136
東京電力福島第一原子力発電所	
──1号機事故の特徴	26
──1号機事故の推移	28
──2号機事故の推移	29
──事故	26, 46
──事故原因と対策	34
──事故後のエネルギー需給	
の変化	224
──事故時の対応の問題点	33
──事故による農業・水産業	
への影響，被害	202
──事故による農産物・	
水産物汚染の状況	207
──事故による放射線の	
健康影響	126
──の現状	35
──の廃炉・汚染水対策	52
──の廃炉に向けた研究課題	73
東京電力福島第二原子力発電所	40
動態調査	173
凍土壁	36, 66

東北地方太平洋沖地震	46
突然変異育種	274
特措法	155, 165, 167, 170
特定廃棄物	156
特定避難勧奨地点	160, 183
特定復興再生拠点地域	190
特別地域内除染実施計画	169
閉じた核燃料サイクル	
	253, 265, 266
土壌スクリーニング・	
プロジェクト	210
土壌貯蔵施設	179, 181
土壌の上下入れ替え	161
ドップラー効果	18
富岡町	167, 180, 184, 187, 190
トリチウム	66, 106, 114, 305
──対応策	67
トルコ	260
トレンチ処分	76, 237
トロン	113
な　行	
内部脅威対策	230
内部被ばく	108, 109, 112, 119, 127,
	131, 132, 134, 163, 209
長崎原爆被爆者の疫学調査	120
ナトリウム冷却高速炉	
	255, 265, 267
鉛冷却高速炉	265
浪江町	128, 132, 167, 180, 187
二酸化ウラン	71
二酸化炭素回収貯留	231, 247
二酸化炭素排出係数	225
二酸化炭素排出量	225, 247
二次冷却水	12
日本原子力学会	153, 282
──の住民との対話	190
ニュートリノ	296
熱中性子	16, 108
──利用率	17
熱ルミネセンス線量計	121, 299
年間積算線量	164, 171, 182
年間被ばく線量	159

粘性土		180
燃料集合体	7, 8, 9, 12, 14, 20, 21	
燃料デブリ	35, 50, 60, 70	
──の性状推定		68
燃料デブリ取り出し	38, 53, 60, 69	
──工法の開発		74
──作業時の臨界の評価		70
──の技術的課題		72
──法の選択		71
燃料ペレット		21, 68
燃料棒	7, 9, 12, 21, 59	
農産物の汚染		127

は　行

バイオマス		243, 245
廃棄体埋設量		49, 235, 236
廃棄物	53, 76, 79, 139, 159, 160,	
	161, 179, 234, 235	
──関係ガイドライン	155, 157	
──処理・処分		74, 75
──貯蔵施設		178
廃止措置		49, 50, 75
廃炉		50, 51, 52, 54, 75
──の管理目標		54, 55
──の工法		56
──の作業		57
──の被ばくリスク		56
──のリスク低減		54
廃炉・汚染水対策関係閣僚会議		51
パイロット輸送		178
発電単価		238
発電電力量	224, 229, 238, 243	
パリ協定		246, 277
──締結		247
パルス電離箱		298
パロマレス地域の環境汚染		194
バングラデシュ		258
半減期		106, 297
半地下保管型		164
バンデグラーフ型加速器		300
反転耕		173
半導体検出器		298
反応度		16, 19, 71
晩発影響		117

東日本大震災		26
光刺激ルミネセンス線量計		299
光量子科学		275
非常用復水器		29, 34
非常用炉心冷却装置		
	8, 13, 264, 265	
ピット処分		236
飛　程		108
避難解除		180, 182
避難区域		162, 169, 183
避難指示		182, 200
──区域		169, 183, 185
避難指示解除		169, 186, 187
──準備区域		168, 183
避難者数		185
避難生活		185
避難範囲		182
飛　灰		181
非破壊検査		309, 312, 313
被ばく経路		126, 140
海洋・河川液体廃棄物		
による──		141
大気気体廃棄物による──		140
被ばく参考レベル		139
被ばく状況と防護対策		111
被ばく線量	111, 115, 128, 131, 151,	
	156	
──限度		139
診断で受ける──		115
被ばくリスク		56, 115
ピーモルフ		60
表層土壌除去		161
表土の削り取り（剝ぎ取り）		
	162, 164, 171	
表面汚染密度		174
比例計数管		298
広島原爆被爆者の疫学調査		120
品種改良		310
フィルム線量計		300
フィンランド		252, 271
風　評		213
──の外国への影響		217
──の国内への影響		215
風評被害		200, 213
──対策		151

フェーシング		36, 38
フォローアップ除染		174, 180
複合災害		200, 219
福島環境再生事務所		154
福島県民健康調査		136
福島再生加速化交付金		174
福島産品の買い控え		203
福島第一原子力発電所　→東京		
電力福島第一原子力発電所		
福島特別プロジェクト		153, 191
福島復興		153, 192
福島復興再生特別措置法		188
復水器		6, 7, 34, 67
双葉町	26, 167, 180, 184, 188, 207	
復　興		219
──拠点		190
──公営住宅		188
──事業		200
──バブル		200
沸騰水型軽水炉		6, 262
物理的半減期		108, 131
不妊虫放飼法		274, 311
ブラスト工法		170
プラズマ		276, 277
フラットパネル検出器		304
フランス		266, 272
プール型SFR		265, 266
プルサーマル		21, 231
プルトニウム	21, 22, 194, 229, 233	
フレコンバッグ		177
プレストレストコンクリート		13
ブローアウトパネル		29
分離プルトニウム		233
米　国		254, 266, 268, 272
米国エネルギー省		26, 27, 255
米国原子力エネルギー協会		254
米国原子力規制委員会		254, 272
ベクレル		67, 110, 295, 297
ベータ線		105, 108, 295, 296
ペタワットレーザー		275
ベラルーシ		261
ヘリカル炉		277
ベルギー		258
ボイド効果		18

崩　壊	105, 296	
崩壊熱	21, 27	
放射性壊変	105, 296	
放射性セシウム	127, 128, 131, 132,	
	133, 148, 150, 210, 312	
地表に沈着した――	161	
放射性同位元素	296, 303, 313	
放射性廃棄物	49, 50, 56, 75, 139, 236	
――の処分	75, 111, 234	
――の取り扱い	77	
――の分類	76	
放射性物質	104, 106	
――による環境汚染	148	
放射性物質汚染対処特別措置法	167	
放射性プルーム	126	
放射線	104, 106, 111, 113, 115, 136,	
	137, 151, 294	
――のエネルギー	109	
――の管理	137	
――の健康影響	119, 126	
――の人体への影響	115	
――の単位	109	
――を原因とする健康被害	136	
放射線育種	310	
放射線影響	116, 120, 151, 190	
――分科会	153	
放射線加重係数	109, 110	
放射線がん治療	274, 304	
放射線検出器	297	
放射線サーベイ	160	
放射線重合	308	
放射線障害	115, 118, 138, 305	
放射線診断	303	
放射線防護	109, 110, 137	
――の状況と問題点	141	
――の理念と原則	137	
放射能	104, 295, 297	
――の単位	109	
ホウ素中性子捕捉療法	305	
ホウ素濃度〈調整〉	11, 12	
歩行サーベイ	149	
ボフニチェ原子力発電所事故	47	
ポーランド	262	
ホールボディカウンター		
	133, 163, 211	
――による検査	210	

ま　行

マイクロ PIXE 法	314
マイナーアクチノイド	21, 264
マルチスライス CT	303
水‐ジルカロイ反応	9, 13
南相馬市	132, 134, 167, 179, 180, 187
ミニマンボウ	60
未臨界	16, 71
面的除染	169
モニタリング	128, 148
――ポスト	142

や　行

有機系の廃棄物	178
輸入規制	215
ヨウ素	9, 96, 106, 108, 130, 133, 139
陽電子	105, 296

ら　行

ラドン	113
リスクコミュニケーション	
	153, 191
リトアニア	262
粒子線治療	274
量子ビーム	273, 294
臨　界	15, 70
臨界事故	47
臨界超過	16
臨界プラズマ条件	276
臨界未満	16
ルーマニア	254
励　起	107, 116, 299, 307
冷却塔	7
レーザー核融合	277
レベル計	309
連鎖反応	15
ロシア	253, 265
六ヶ所再処理工場	229, 230
六ヶ所低レベル放射廃棄物	
埋設センター	76
ロボット（技術）	59, 60, 61

原子力のいまと明日

平成 31 年 3 月 25 日　発　　　行
令和 元 年 10 月 25 日　第2刷発行

編　者　一般社団法人 日本原子力学会

発行者　池　田　和　博

発行所　丸善出版株式会社
〒101-0051　東京都千代田区神田神保町二丁目17番
編集：電話(03)3512-3261／FAX(03)3512-3272
営業：電話(03)3512-3256／FAX(03)3512-3270
https://www.maruzen-publishing.co.jp

© Atomic Energy Society of Japan, 2019

組版・株式会社 明昌堂／印刷製本・株式会社 日本制作センター
ISBN 978-4-621-30373-3　C 0040　　　　　Printed in Japan

本書の無断複写は著作権法上での例外を除き禁じられています。